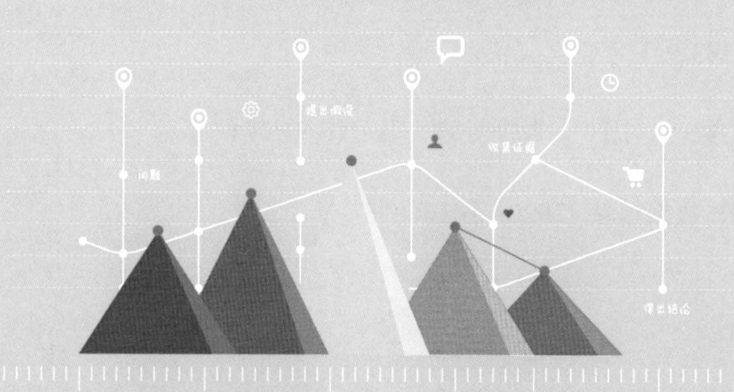

数据分析思维

分析方法和业务知识

猴子·数据分析学院◎著

清華大學出版社
北京

内容简介

本书分为两篇：第一篇为“方法”，介绍了指标、分析方法以及如何用数据分析解决问题；第二篇为“实战”，介绍如何应用第一篇的方法来解决工作中的问题。“实战”篇讲解了不同行业的业务知识，以及如何用数据分析解决问题的案例，每一章都从业务模式、业务指标、案例分析三个方面展开。

通过本书的学习，你会熟悉数据分析的方法，并将其灵活应用在自己所处的行业中。数据分析工具的操作不在本书讲解范围内，本书重点介绍的是面对问题，如何展开分析的数据分析思维。

本书适合数据分析师以及所有在工作中需要运用数据分析问题、解决问题的职场人士参考阅读。

图书在版编目（CIP）数据

数据分析思维：分析方法和业务知识 / 猴子・数据分析学院著．—北京：清华大学出版社，2020.10（2022.5 重印）

ISBN 978-7-302-56383-9

Ⅰ．①数…　Ⅱ．①猴…　Ⅲ．①数据处理　Ⅳ．① TP274

中国版本图书馆 CIP 数据核字 (2020) 第 166873 号

责任编辑：杜　杨
封面设计：杨玉兰
版式设计：方加青
责任校对：徐俊伟
责任印制：丛怀宇

出版发行：清华大学出版社
网　　址：http://www.tup.com.cn，http://www.wqbook.com
地　　址：北京清华大学学研大厦A座　　**邮　　编：**100084
社 总 机：010-83470000　　**邮　　购：**010-83470235
投稿与读者服务：010-62776969，c-service@tup.tsinghua.edu.cn
质 量 反 馈：010-62772015，zhiliang@tup.tsinghua.edu.cn
印 装 者：三河市天利华印刷装订有限公司
经　　销：全国新华书店
开　　本：188mm×260mm　　**印　　张：**19.5　　**字　　数：**485千字
版　　次：2020 年 11 月第 1 版　　**印　　次：**2022 年 5 月第 7 次印刷
定　　价：99.00元

产品编号：083716-01

前 言

数据分析不是某个固定的职位，而是人工智能时代的通用能力。你会看到各行各业的招聘中都会要求应聘者具备数据分析能力。所以，具备数据分析能力可以极大地提升你在职场中的竞争力。

然而，很多人掌握了数据分析工具（如Excel、SQL、Python等），面对工作还是不知道如何展开分析，经常会遇到下面这些问题：

（1）手里拿了一堆数据，却不知道怎么去利用；

（2）业务部门不满意，总觉得你分析得不深入；

（3）准备面试或找到新工作后，不知道如何快速掌握该行业的业务知识。

为了帮助从事数据分析相关工作的读者解决以上问题，具备数据分析的能力，我邀请从猴子·数据分析学院毕业，并且已经从事数据分析相关工作多年的学员一起编写了这本书。

本书分为两篇，第一篇为“方法”，介绍了指标、分析方法以及如何用数据分析解决问题。为了将方法的原理展示清楚，本篇内容特意用了比较少的数据。

第二篇为“实战”，介绍如何应用第一篇的方法来解决工作中的问题。将在这一篇分享来自不同行业的业务知识，以及如何用数据分析解决问题的案例，每一章都从业务模式、业务指标、案例分析三个方面展开。

通过本书的学习，你会熟悉数据分析的方法，并将其灵活应用在自己所处的行业中。这样当你在工作中遇到新的问题时，也能够知道如何展开分析。需要读者注意的是，数据分析工具的操作不在本书讲解范围内，本书重点介绍的是面对问题，如何展开分析的数据分析思维。

本书第1～3章由猴子编写；第4章由徐婷、张磊编写；第5章由陈俊宇编写；第6章由冯傲、周荣技、宋飞编写；第7章由李凯旋编写；第8章由胡彪编写；第9章由刘英华编写；第10章由刘凯悦编写；第11章由韦春敏编写；第12章由王丹编写；第13章由郑露编写；第14章由吴桐、陈旭清编写；第15章由蔡婉芳、岳航运编写。

在公众号“猴子数据分析”对话框回复“资料”获取本书的案例数据，还可以获得更多关于数据分析的学习资料。也可回复“投稿”获取投稿信箱 ，和我们分享你所在行业的案例，我们将选择优秀内容，增补到书籍的下一版中。也欢迎你在豆瓣写下本书书评，发送截图到公众号对话框，可领取神秘福利。由于作者水平有限，书中疏漏之处在所难免。在感谢您选择本书的同时，也希望您能够把对本书的意见和建议告诉我们。

作者

目录

第1篇 方 法

第2篇 实 战

第1篇　方法

第1章　业务指标

为什么要学习业务指标？

找到工作的学员在社群内部分享求职经验时，说到两个重要的能力：

（1）理解数据，懂得从数据中发现业务指标。这就要求你学会如何看懂数据；

（2）使用相关指标去分析数据，使用多个指标去分析一个问题。这就要求你知道常见的指标有哪些。

为了帮助你掌握这些能力，本章内容包括3部分：

（1）如何理解数据？

（2）常用的指标有哪些？

（3）如何选择指标？

1.1　如何理解数据？

拿到数据以后，可以按照图1-1的步骤来理解数据。

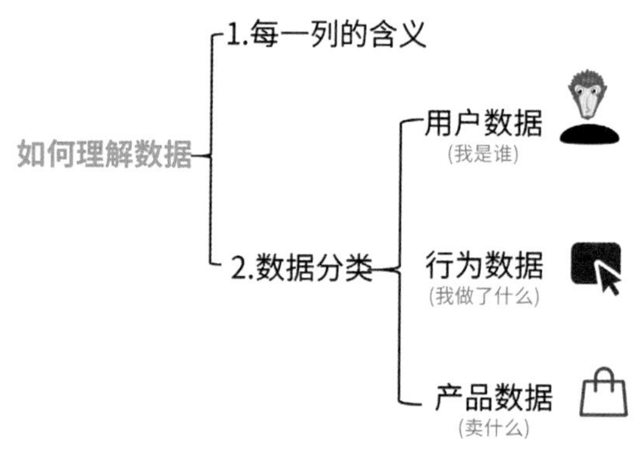

图1-1　理解数据

第1步，弄清楚数据里每一列的含义。例如拿到一份Excel数据，要理解清楚每一列表示什么意思。不懂的地方，要和数据提供方沟通清楚。

第2步，对数据进行分类，有助于后期的分析。通常将数据分为3类：用户数据（我是谁）、行为数据（我做了什么）、产品数据（卖什么）。

1）用户数据：我是谁

用户数据是指用户的基本情况，包括姓名、性别、邮箱、年龄、家庭住址、教育水平、职业等。

2）行为数据：我做了什么

行为数据是记录用户做过什么的数据。例如淘宝上，用户行为可以是用户在某个产品页面的停留时间、浏览过哪些产品、购买了哪些产品等。行为数据主要包括用户做了哪些行为、发生行为的时间等。

3）产品数据：卖什么

一个平台里的东西都可以看作产品，例如淘宝里的商品、优酷上的视频、公众号里的文章都可以看作产品。产品数据包括产品名称、产品类别、产品评论、库存等。

举个例子，图1-2里的3个Excel文件是从我的公众号（猴子数据分析）里导出的数据。

用户分析.xlsx　图文分析.xlsx　菜单分析.xls

数据分类	列名
用户数据	性别，年龄，地区
行为数据	点击某个菜单的次数，分享量，收藏数
产品数据	文章标题，日期，阅读量

图1-2　数据分类

第1个文件“用户分析”里记录了关注公众号的用户信息。第2个文件“图文分析”里记录了公众号发过的文章信息。第3个文件“菜单分析”里记录了用户点击公众号菜单栏的信息。

现在对这3个文件的数据进行分类。“用户数据”包括的列名有性别、年龄、用户所在地区。“行为数据”包括点击某个菜单的次数、文章的分享量和收藏量。把公众号发过的文章看作产品，这样“产品数据”就包括文章的标题、发布文章的日期、文章阅读量。

有些数据从不同角度来看，可以属于不同的分类。例如，对于文章的收藏量而言，收藏是一个行为，那么收藏量可以看作是行为数据；另外，收藏是产品被收藏，那收藏量也可以看作是产品数据。对于数据的分类不是绝对的，要根据具体业务去灵活定义。

1.2　常用的指标有哪些?

什么是指标？

现代管理学之父彼得·德鲁克提出用管理促进企业增长（图1-3），他讲过一句非常经典的话：“如果你不能衡量，那么你就不能有效增长。”

图1-3　彼得·德鲁克

那么如何去衡量呢？就是用某个统一标准去衡量业务，这个统一标准就是指标。接下来分别看下用户数据、行为数据、产品数据相关的指标有哪些。

1.2.1 用户数据指标

假设我有一个鱼塘，为了扩大鱼塘的规模，我每天都会从外部渠道买新的鱼放到鱼塘里，这些新买的鱼就是鱼塘里的新增用户。

鱼塘里的一部分鱼感觉鱼塘非常棒，有好吃的，环境也好，经常在水里活蹦乱跳，很活跃，这些鱼就是活跃用户。剩下的一部分鱼感觉鱼塘没啥意思，就不活跃，经常待在一个角落里，这些鱼就是不活跃用户。

随着时间的推移，一部分鱼觉得鱼塘没意思，就离开跑到其他鱼塘里了，这些鱼就是流失用户。留下来的鱼就是留存用户。

你会看到，鱼塘里有3种用户：新增用户、活跃用户、留存用户（图1-4）。其中活跃用户对应的是不活跃用户，留存用户对应的是流失用户。

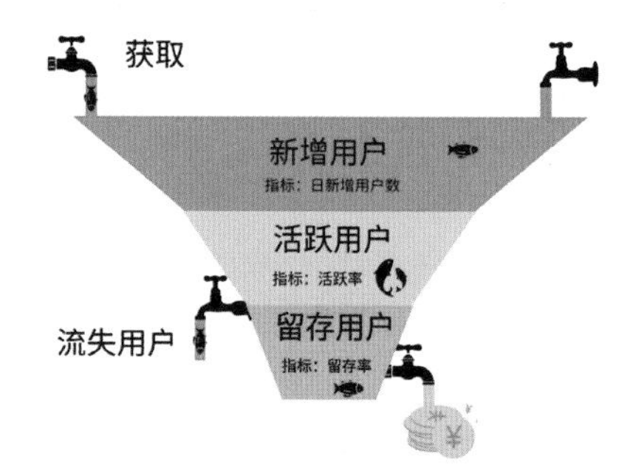

图1-4　用户数据指标

村里有很多人都有鱼塘，为了成为村里的首富，我必须找到合适的指标来衡量鱼塘里鱼的留存、活跃等情况，从而制定对应的运营策略，才能靠养鱼赚到钱。用户数据相关的指标包括：

（1）对于新增用户使用的指标：日新增用户数。

（2）对于活跃用户使用的指标：活跃率。

（3）对于留存用户使用的指标：留存率。

下面分别来讲解下这3个用户数据指标。

1）日新增用户数

日新增用户数就是产品每天新增的用户是多少。

例如，图1-5是我的公众号最近30天的日新增用户数（公众号的日新增用户数是指每天新关注公众号的人数），将每天的新增用户用折线连起来，就可以看出用户增长或者下跌的趋势。

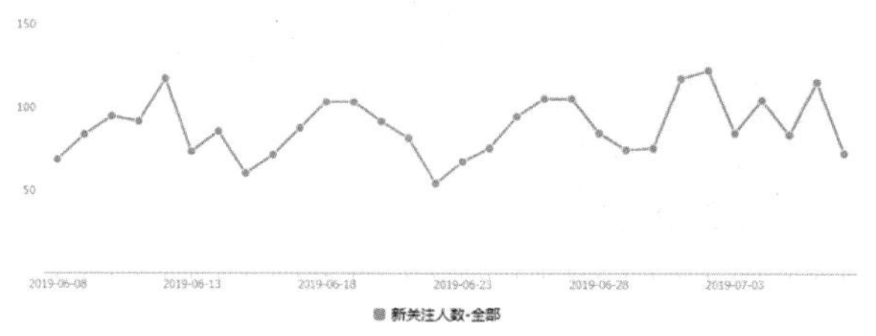

图1-5　公众号日新增用户数

为什么要关注新增用户呢？

一个产品如果没有用户增长，用户数就会慢慢减少，越来越惨淡，例如人人网。同时，新增用户来自产品推广的渠道，如果按渠道维度来拆解新增用户，可以看出不同渠道分别新增了多少用户，从而判断出渠道推广的效果。

2）活跃率

在讲解活跃率之前，需要先知道活跃用户数。怎么定义活跃呢？是某个用户登录了App算活跃用户？还是打开使用了App里哪个功能算活跃用户？不同的产品定义不一样，所以看到这样的指标，一定要搞清楚活跃是怎么定义的。

活跃用户数按时间又分为日活跃用户数、周活跃用户数、月活跃用户数。

日活跃用户数：一天之内活跃的用户数。例如把打开公众号文章定义为活跃，日活跃用户数就是一天内打开公众号文章的人数。

周活跃用户数：一周之内至少活跃一次的用户总数。例如把打开公众号文章定义为活跃，周活跃用户数就是一周内打开公众号文章的人数。

月活跃用户数：一个月之内至少活跃一次的用户总数。例如把打开公众号文章定义为活跃，月活跃用户数就是一个月内打开公众号文章的人数。

图1-6是三大电商2018年3月的月活跃人数。

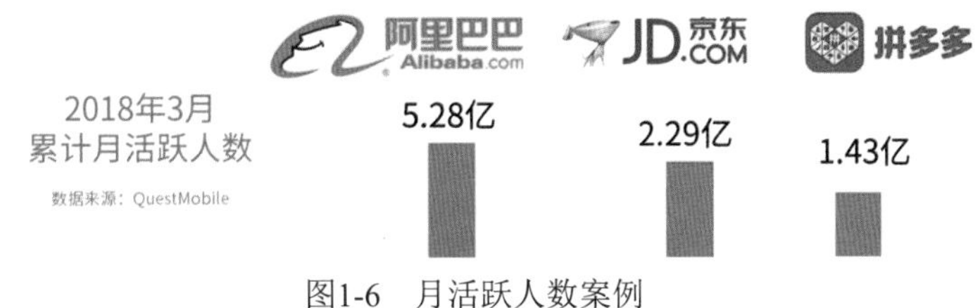

图1-6 月活跃人数案例

需要注意的是，统计人数要去掉重复的数据。例如，小明每天都在看我的公众号文章，每天活跃1次，1个月30天活跃30次。那么，月活跃人数是30吗？当然不是，1个人1个月内活跃多次，也是1个人，所以月活跃人数是1。

活跃率是活跃用户在总用户中的占比，计算时用活跃用户数除以总用户数。根据时间可分为日活跃率、周活跃率、月活跃率等（图1-7）。

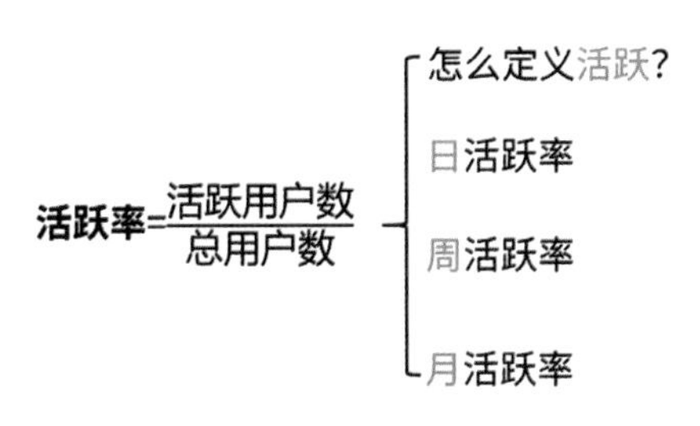

图1-7 活跃率

电视剧《硅谷》第三季里，当大家开心地庆祝公司产品Pied Piper安装用户数突破 50万的时候，公司的CEO Richard却在担心。他在担心什么呢？

因为在这50万安装用户里，只有1.9万用户是活跃的，也就是产品的日活跃率不到4%（日活跃率=日活跃用户数/总用户数=1.9/50=3.8%）。这么低的活跃率说明产品存在很大的问题。

在接下来，公司团队的主要任务就是抓这个指标，想各种办法来提高活跃率。

3）留存率

什么是留存？通过渠道推广过来的新用户，经过一段时间可能会有一部分用户逐渐流失了，那么留下来的用户就称为留存用户，也就是有多少人留下来了。

所以留存和流失正好是相反的概念，好比一对分手的恋人，一个爱上了别人跑了，一个还爱着对方，留在原地。

还是通过公众号来举例，把取消关注公众号的用户定义为流失用户，那么继续关注公众号的用户就是留存用户。图1-8是我公众号（猴子数据分析）后台的数据。

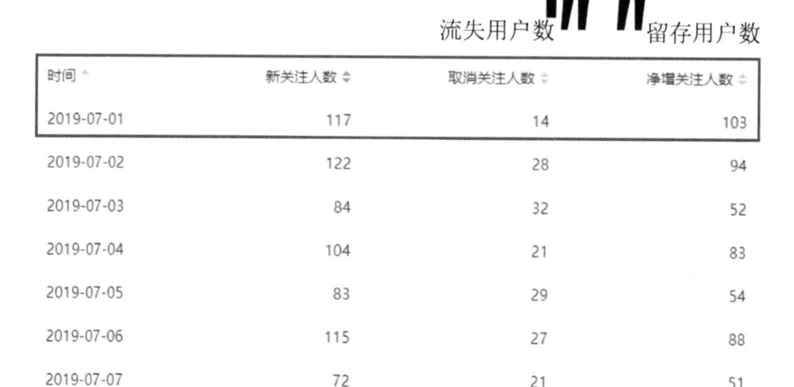

时间	新关注人数	取消关注人数	净增关注人数
2019-07-01	117	14	103
2019-07-02	122	28	94
2019-07-03	84	32	52
2019-07-04	104	21	83
2019-07-05	83	29	54
2019-07-06	115	27	88
2019-07-07	72	21	51

图1-8　公众号后台的数据

7月1日有117人新关注了我的公众号，其中有14人又取消了关注，那么新关注的人里，剩下的103人就是这一天的留存用户数。

再例如在游戏App中，从推广渠道过来的新用户，在一段时间内还会再次登录游戏账号的就是留存用户。

为什么要关注留存呢？

留存可以评估产品功能对用户的黏性。如果一个产品留存低，那么说明产品对用户的黏性就小，就要想办法来提高留存了。留存反映了不同时期获得新用户的流失情况，如果留存低，就要找到用户流失的原因。

反映用户留存的指标，用留存率来表示。第1天新增的用户中，在第N天还使用过产品的用户数，除以第1天新增总用户数，就是留存率。

这里需要注意的是“还使用过产品”，不同业务对于这块定义不一样，要根据具体情况来确定。例如，公众号“还使用过产品”是指还关注该公众号，而另一款App中，“还使用过产品”是指还打开过App。

根据时间，留存率又分为次日留存率、第3日留存率、第7日留存率、第30日留存率等，计算方法如下：

次日留存率：第1天新增的用户中，在第2天使用过产品的用户数/第1天新增总用户数；

第3日留存率：第1天新增的用户中，在第3天使用过产品的用户数/第1天新增总用户数；

第7日留存率：第1天新增的用户中，在第7天使用过产品的用户数/第1天新增总用户数；

第30日留存率：第1天新增的用户中，在第30天使用过产品的用户数/第1天新增总用户数。

例如某个App，把打开App定义为使用过产品，这款App每天的留存用户数如图1-9所示。

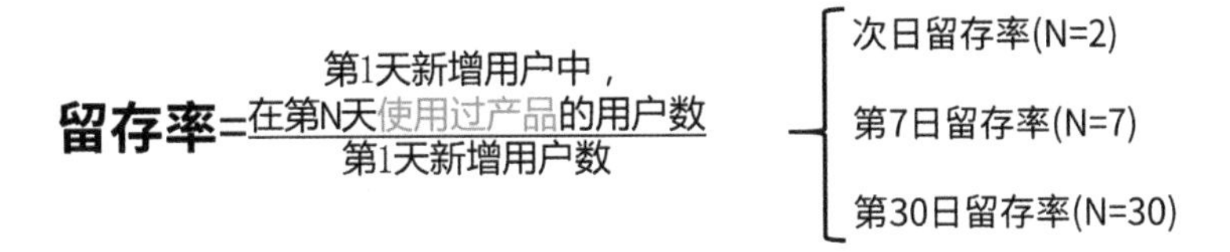

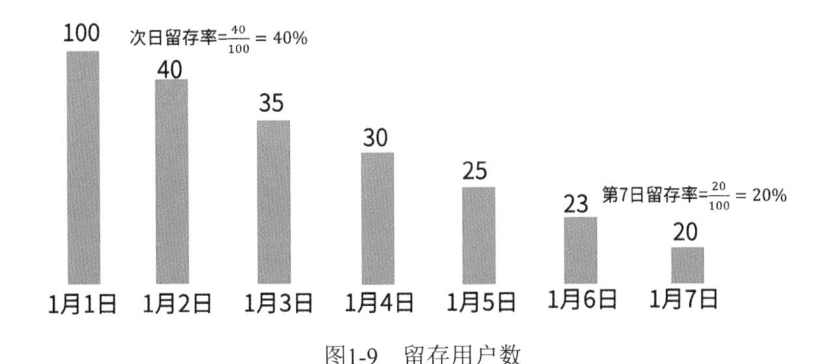

图1-9　留存用户数

第1天新增用户100个，第2天这100个人里有40个人打开过App，那么次日留存率=40/100=40%。如果第7天这100个人里有20个人打开过App，那么第7日留存率=20/100=20%。

Facebook有一个著名的40-20-10法则，也就是新用户次日留存率为40%，第7日留存率为20%，第30日留存率为10%，有这个表现的产品属于数据比较好的。

用户数据指标有3个：日新增用户数、活跃率、留存率（图1-10）。

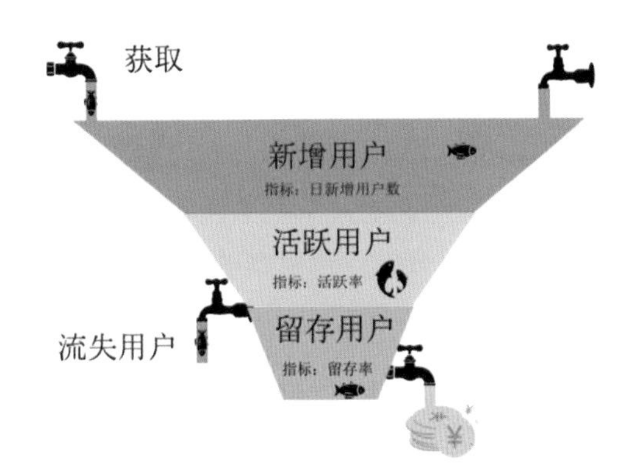

图1-10　用户数据指标

1.2.2 行为数据指标

行为数据相关的指标包括：PV和UV、转发率、转化率、K因子（图1-11）。

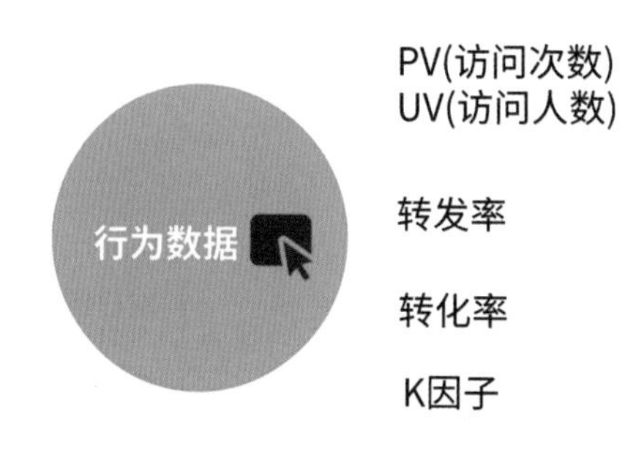

图1-11 行为数据指标

1）PV和UV

PV（访问次数，Page View）：一定时间内某个页面的浏览次数，用户每打开一个网页可以看作一个PV。例如，某一个网页1天中被打开10次，那么PV为10。

UV（访问人数，Unique Visitor）：一定时间内访问某个页面的人数。例如，某一个网页1天中被1个人打开过10次，那么UV是1。虽然这位用户在1天中打开该网页10次，但是这位用户都只能算一个人，所以UV是1，而不是10。

不同的产品，有时候指标名称叫得不一样，但是本质上是指PV和UV。例如，图1-12是我公众号的菜单分析数据，其中的菜单点击次数就是PV，菜单点击人数就是UV。

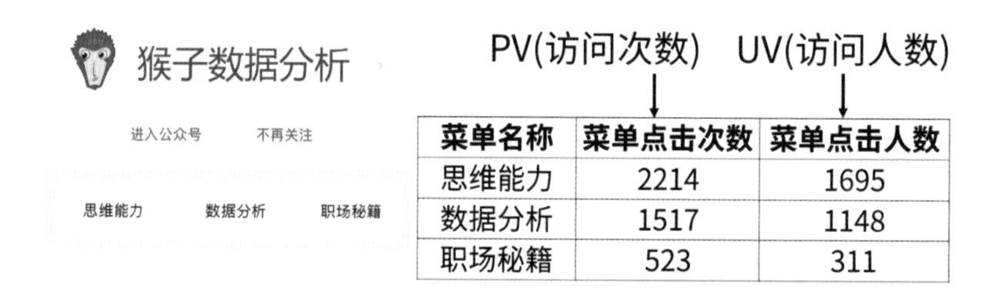

菜单名称	菜单点击次数	菜单点击人数
思维能力	2214	1695
数据分析	1517	1148
职场秘籍	523	311

图1-12 公众号的菜单分析数据

通过比较PV或者UV的大小，可以看到用户喜欢产品的哪个功能，不喜欢哪个功能，从而根据用户行为来优化产品。例如，比较上面的菜单栏点击次数（PV），点击次数最多的菜单名称表示用户最喜欢这个菜单的功能，那么就可以将该菜单放到公众号显著的位置。

2）转发率

现在很多产品为了实现“病毒式”推广都有转发功能，转发率=转发某功能的用户数 / 看到该功能的用户数（图1-13）。

例如，公众号推送一篇文章给用户，有10万用户打开了文章，其中有1万用户转发了这篇文章，那么该文章转发率=1万（转发这篇文章的用户数）/10万（该文章的UV访问人数）。

$$转发率=\frac{转发某功能的用户数}{看到该功能的用户数}$$

图1-13　转发率

3）转化率

转化率的计算方法与具体业务场景有关，下面举几个例子（图1-14）。

转化率：与具体业务有关

$$店铺转化率=\frac{购买产品的人数(10)}{到店铺的人数(100)}$$

$$广告转化率=\frac{点击广告的人数(10)}{看到广告的人数(100)}$$

图1-14　转化率

例如你有一家淘宝店铺，转化率=购买产品的人数 / 所有到达店铺的人数。“双11”当天，有100个用户看到了你店铺的推广信息，被吸引进入店铺，最后有10个人购买了店铺里的东西，那么转化率=10（购买产品的人数）/100（到店铺的人数）=10%。

如果仔细观察，你就会发现，这里的购买产品的人数、到店铺的人数，都是前面讲到的使用某个功能的访问人数（UV）。

在广告业务中，广告转化率=点击广告进入推广网站的人数 / 看到广告的人数。例如经常使用百度，搜索结果里会有广告，如果有100个人看到了广告，其中有10个人点击广告进入推广网站，那么转化率=10（点击广告进入推广网站的人数）/ 100（看到广告的人数）=10%。

4）K因子

K因子（K-factor）可用来衡量推荐的效果，即一个发起推荐的用户可以带来多少新用户。K因子= 平均每个用户向多少人发出邀请 × 接收到邀请的人转化为新用户的转化率。

假设平均每个用户会向20个朋友发出邀请，而平均的转化率为10%的话，K 因子=20×10%=2。

当K>1时，新增用户数就会像滚雪球一样增大。如果K<1的话，那么新增用户数到某个规模时就会停止通过自传播增长。

1.2.3　产品数据指标

产品数据相关的指标包括：用来衡量业务总量的指标，例如成交总额、成交数量；用来衡量人均情况的指标，例如客单价；用来衡量付费情况的指标，例如付费率、复购率；以及与产品相关的指标（图1-15）。

产品数据

总量：成交总额、成交数量

人均：客单价

付费：付费率、复购率

产品相关的指标

图1-15　产品数据指标

1）总量

用来衡量业务总量的指标有：成交总额、成交数量、访问时长（图1-16）。

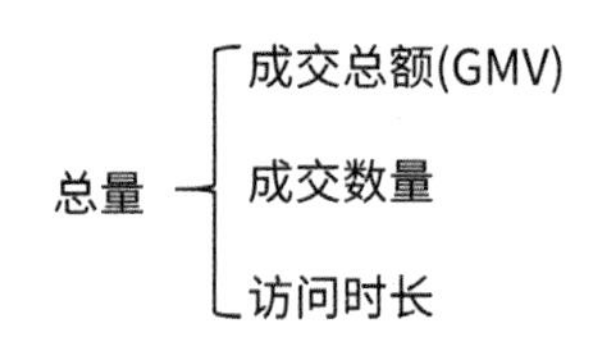

阿里巴巴 Alibaba.com 2018年GMV 4.82万亿元

图1-16　总量指标

如果你经常看分析报告，一定会看到GMV（Gross Merchandise Volume），它就是指成交总额，也就是零售业说的“流水”。需要注意的是，成交总额包括销售额、取消订单金额、拒收订单金额和退货订单金额。

成交数量对于电商产品就是下单的产品数量。对于教育行业，就是下单课程的数量。

访问时长指用户使用App或者网站的总时长。

2）人均

用来衡量人均情况的指标有人均付费、付费用户人均付费、人均访问时长。

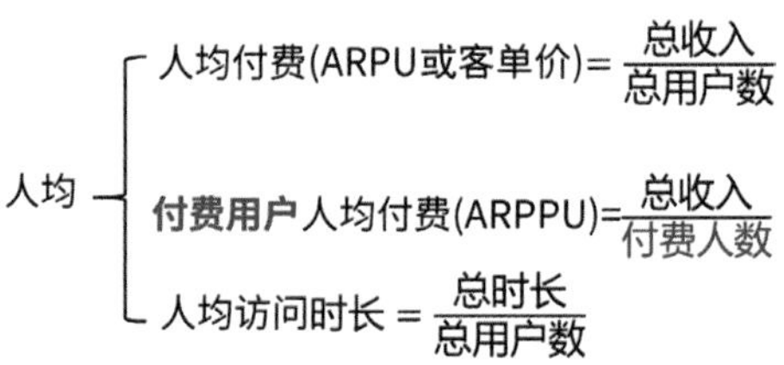

人均

$$\text{人均付费(ARPU或客单价)}=\frac{\text{总收入}}{\text{总用户数}}$$

$$\text{付费用户人均付费(ARPPU)}=\frac{\text{总收入}}{\text{付费人数}}$$

$$\text{人均访问时长}=\frac{\text{总时长}}{\text{总用户数}}$$

人均付费=总收入/总用户数，人均付费在游戏行业也叫ARPU（Average Revenue Per User），在电商行业也叫客单价。

付费用户人均付费（ARPPU，Average Revenue Per Paying User）=总收入/付费人数，这个指标用于统计付费用户的平均收入。

人均访问时长=总时长/总用户数，用于统计每个人使用产品的平均时长。

来看一个例子（图1-17），截至 2018 年 3 月 30 日，在过去12个月的人均消费，阿里巴巴是

8732元，京东是4426元，拼多多是673.9元。

图1-17 三大电商2018年人均付费

3）付费

付费相关的指标有付费率、复购率（图1-18）。

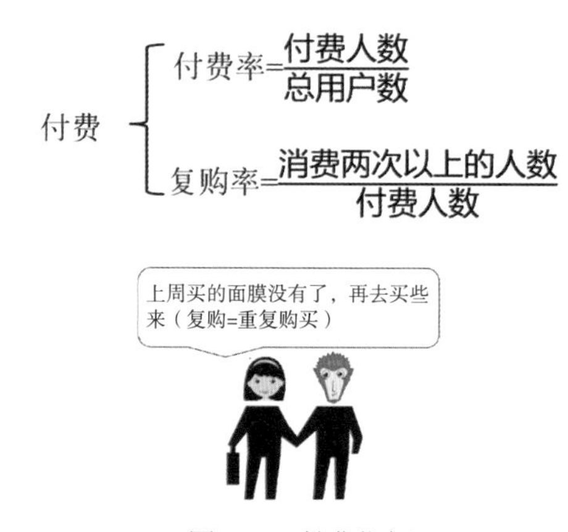

图1-18 付费指标

付费率=付费人数/总用户数。付费率能反映产品的变现能力和用户质量。例如，某App产品有100万注册用户，其中10万用户有过消费，那么该产品的付费率=付费人数（10万）/总用户数（100万）=10%。

复购率是指重复购买频率，用于反映用户的付费频率。复购率指一定时间内，消费两次以上的用户数/付费人数。例如，微信收账管理小程序可以帮助商家统计通过微信转账的用户，图1-19是某商家2019年的统计界面，其中累计顾客数（付费人数）是1099，回头客数（重复购买用户数）是46，那么复购率= 重复购买用户数（46）/付费人数（1099）=4.2%。

图1-19 微信收账管理小程序

4）产品

产品相关的指标是指从产品的角度去衡量哪些产品好，哪些产品不好。通过找出好的产品来进行重点推销，不好的产品去分析原因。

常见的几个指标是热销产品数、好评产品数、差评产品数。这里可以根据具体的业务需求，灵活扩展使用。

对于公众号来说，每篇文章就是一个产品。我每个月会把公众号里的全部文章按转发率来排名，从而发现哪些文章是大家比较喜欢的。当发现大家最喜欢求职类文章后，就按类别将文章放到菜单栏“求职秘籍”里，这样就用数据保证了里面的内容是热销产品，也就是转发率高的文章（图1-20）。

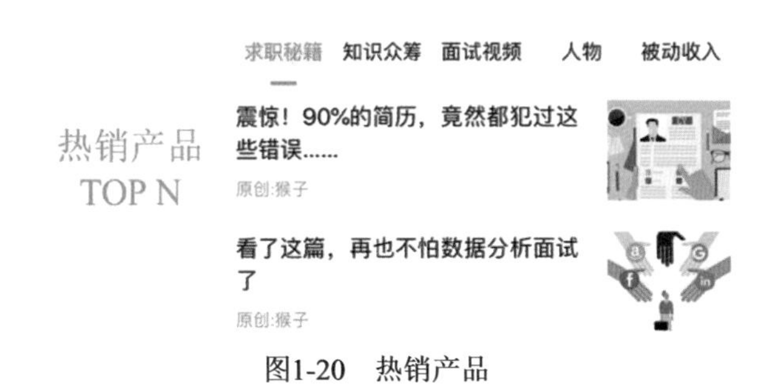

图1-20　热销产品

前面的指标可以用图1-21来记住。

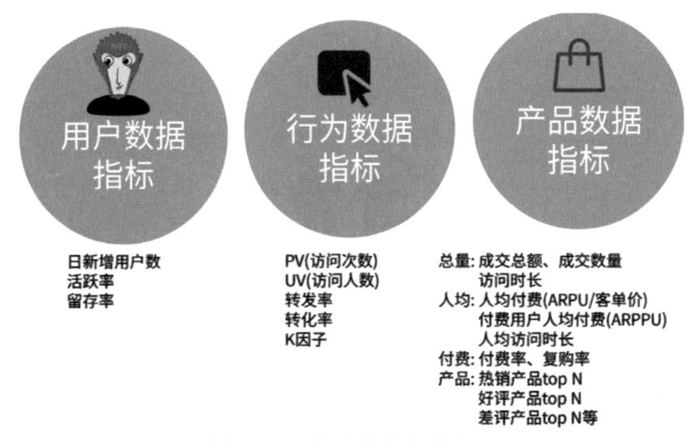

图1-21　常用的业务指标

1.2.4　推广付费指标

在付费做广告推广时，涉及考察推广效果的指标。从不同的付费渠道可以分为以下指标：展示位广告、搜索广告、信息流广告（图1-22）。

渠道	推广付费指标	含义
展示位广告	按展示次数付费(CPM)	有多少人看了该广告
搜索广告	按点击次数付费(CPC)	有多少人点击了该广告
信息流广告	按点击次数(CPC)或按投放的实际效果（CPA）	效果如何

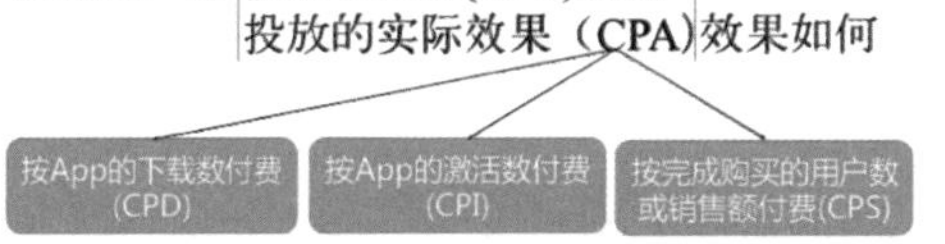

按App的下载数付费(CPD)

按App的激活数付费(CPI)

按完成购买的用户数或销售额付费(CPS)

图1-22　推广付费指标

1）展示位广告

展示位广告出现在网站或手机 App 的顶部、App 的开屏等。开屏广告就是当用户打开手机 App 时，会有几秒的广告时间，例如打开微博、知乎时会先给你展示一个开屏广告。

这种类型的广告通常是按展示次数付费（CPM，Cost Per Mille），也就是有多少人看到了该广告。

2）搜索广告

例如搜索引擎（百度等）的关键字搜索广告、电商搜索广告（淘宝直通车等）。广告主为某一个搜索关键词出价，用户看到的搜索结果是按广告主出价的高低来排名的。

这种类型的广告是按点击次数付费（CPC，Cost Per Click），也就是有多少人点击了该广告。

3）信息流广告

例如微博、今日头条、知乎、朋友圈（信息流）里的广告。这种广告是根据用户的兴趣爱好来推荐的。这种类型的广告按点击次数付费（CPC）或者按投放的实际效果付费（CPA，Cost Per Action）。

按投放的实际效果付费（CPA，Cost Per Action）包括：

CPD（Cost Per Download）：按 App 的下载数付费；

CPI（Cost Per Install）：按安装App 的数量付费，也就是下载后有多少人安装了App；

CPS（Cost Per Sales）：按完成购买的用户数或者销售额来付费。

这几个指标其实就在我们的日常生活中，例如你打开知乎App，在开屏的几秒展示的广告叫作按展示次数付费（CPM）；你对这个广告感兴趣，点击了广告，叫作按点击次数付费（CPC）；看到广告里的介绍，你没忍住下单购买了商品，叫作按投放的实际效果付费（CPA）。

在决定将产品投放到哪个渠道的时候，要清楚你的目标用户是谁，目标用户在哪。如果你是一款为企业服务的软件，在娱乐网站打广告就非常不合适。目前主流广告平台都支持这三种方式的付费：按展示次数付费（CPM）、按点击次数付费（CPC）和按投放的实际效果付费（CPA）。广告主可以按自己的产品需求来灵活选择。

一般来说，如果是推广一个新的产品，要选择按App的下载数付费（CPD）。因为新产品还没有人知道，用下载数来衡量，是比较划算的。等有一定的品牌影响力积累了，再用按点击次数付费（CPC）或者按投放的实际效果付费（CPA）。

1.3 如何选择指标?

这么多指标，如何选择呢？选择指标的时候，需要考虑两点。

（1）好的数据指标应该是比例。通常要想理解一个数字的真实含义，最好把它除以一个总数，换算成一个比例。

例如，告诉你公众号打开次日文章用户数（活跃用户数）是1万，让你分析公众号是否有问题。这其实是看不出什么的，如果告诉你总粉丝量是10万，那么可以计算出次日活跃率=1万（活跃用户数）/ 10万（总用户数）=10%。和行业平均活跃率（公众号的平均活跃率是5%）比较，会发现这个公众号活跃率很高。

所以，在求职面试或者工作里看到指标的时候，要看这个指标是不是个比例。如果不是，你需要换算成比例。

（2）根据目前的业务重点，找到北极星指标。

北极星指标就是衡量业务的核心指标。为什么叫北极星指标呢？在电影《金蝉脱壳》（图1-23）中，主角为了知道监狱所在的位置，做了一个仪器。通过这个仪器可以测量北极星的高度，然后通过这个数据算出所在地区的经纬度。所以，北极星在野外活动中可以为人们指明方向。

图1-23　电影《金蝉脱壳》

在实际业务中，北极星指标一旦确定，可以像天空中的北极星一样，指引着全公司向着同一个方向努力。

北极星指标没有唯一标准。不同的公司关注的业务重点不一样，即使是同一家公司在不同的发展阶段，业务重点也不一样，所以要根据目前的业务重点，去寻找北极星指标。这里介绍几个例子（图1-24），希望对你有启发。

案例	北极星指标（核心指标）
Instagram	照片分享率
facebook myspace a place for friends	月活跃用户率
听 喜马拉雅FM	用户收听时长

图1-24　北极星指标案例

来看第一个例子，图片分享App Instagram在早期的社交功能和现在不一样，当时市面上已经有了facebook这种多功能的社交产品，如果做的产品和facebook一样，是很难走下去的。在分析用户需求后，公司发现用户对分享照片的需求很大，于是公司团队找到的北极星指标是照片分享率，再以照片为核心去设计产品，最后只留下了照片、评论和点赞功能，并增加了美化拍照的滤镜。改变几个月后，专注于图片社交分享的Instagram正式推出，上线一天便获得25000个用户，3个月后这个数字达到100万。

第二个例子是facebook。在facebook成立之前，世界最大的社交网站是myspace。myspace被facebook打败有很多原因，但是两个公司有一个区别：myspace关注的核心指标是“注册用户数”，而facebook在成立的早期就把核心指标定为“月活跃用户率”。

第三个例子是音频App喜马拉雅。喜马拉雅的用户最重要的行为是什么？是听音频，所以他们公司内部定的核心指标是用户的收听时长，就是每一个用户进来以后，他能听多久的音频。

1.4 指标体系和报表

很多数据分析招聘的要求里会写“构建指标体系”，所以建立指标体系是数据分析人员的一项基本技能。下面从4个问题出发，系统介绍指标体系：

（1）什么是指标体系？

（2）指标体系有什么用？

（3）如何建立指标体系？

（4）建立指标体系有哪些注意事项？

1）什么是指标体系

实际工作中，想要准确说清楚一件事是不容易的。例如，你在金融公司工作，工作中可能会听到这样的对话：“大概有1万多人申请贷款吧”“有很多人都没有申请通过”“感觉咱们的审核太严了”。

同事之间这样闲聊说话没什么问题，但是如果是向领导汇报或者是数据分析师在回答业务部门问题的时候就不能这么说了，一定要用准确的数据和指标来描述清楚。例如上边的对话可以改成：

5月4日新申请贷款用户10450人，超目标达成1450人；

5月4日当日申请贷款用户10450人，当日通过2468人；

截至5月6日，5月4日申请贷款的10450名用户中有3690人通过申请，申请通过率35.31%。

上面通过一个指标“申请通过率”说清楚了申请贷款用户的情况。但是实际工作中，往往一个指标没办法解决复杂的业务问题，这就需要使用多个指标从不同维度来评估业务，也就是使用指标体系。指标体系是从不同维度梳理业务，把指标有系统地组织起来。简而言之，指标体系=指标+体系，所以一个指标不能叫指标体系，几个毫无关系的指标也不能叫指标体系。

2）指标体系有什么用

在讨论一个人是否健康的时候，常常会说出一些名词：体温、血压、体脂率等。当把这些指标综合起来考量，大概就能了解一个人的健康状况。

同样，对于一家公司的业务是否正常（健康），可以通过指标体系对业务进行监控。当业务出现异常时，就能以最快的速度发现问题，开始分析，然后解决这些问题，最大化地减少损失。指标体系的作用包括：

- 监控业务情况；
- 通过拆解指标寻找当前业务问题；

- 评估业务可改进的地方，找出下一步工作的方向。

3）如何建立指标体系

可以用图1-25的方法建立指标体系。

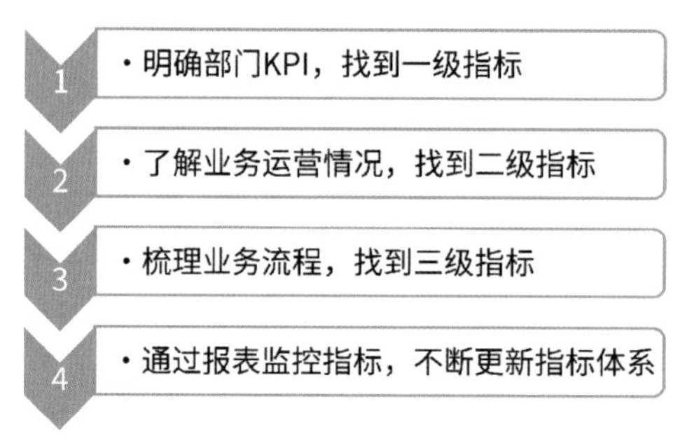

图1-25　建立指标体系的方法

（1）明确部门KPI，找到一级指标。

一级指标是用来评价公司或部门运营情况最核心的指标。例如，某旅游公司在会员积分方面的开销较大，业务部门关心成本，定的KPI是合理利用积分抵扣金额，节省成本，所以该部门一级指标定为积分抵扣金额。

一级指标并非只能是一个指标，有可能需要多个指标来综合评价。例如，某网贷公司产品部门的主要职能是开发出符合市场需求的贷款产品，在提升业务量（放款量）的同时，也需要监控业务质量（放款逾期率），所以该部门的KPI有两个：贷款产品放款金额、贷款产品的坏账率。

贷款产品卖得好光看“放款金额”还不够，还要关注毛利润，同时也需要看用户数，因为用户数直接和获客成本挂钩，要防止营销成本太高、实际没利润这样不可持续情况的发生。所以该部门确定了三个一级指标：放款金额、毛利润、用户数。

（2）了解业务运营情况，找到二级指标。

有了一级指标以后，可以进一步将一级指标拆解为二级指标。具体如何拆解，要看业务是如何运营的。例如销售部门一般按地区运营，就可以从地区维度拆解。市场部门一般按用户运营，就可以从用户维度拆解。

例如，前面的案例中一级指标是积分抵扣金额，从订单维度拆解为：积分抵扣金额=积分抵扣的订单数×平均订单抵扣金额，从会员维度拆解为：积分抵扣金额=积分抵扣的会员数×人均抵扣金额。一级指标、二级指标的结构如图1-26所示。

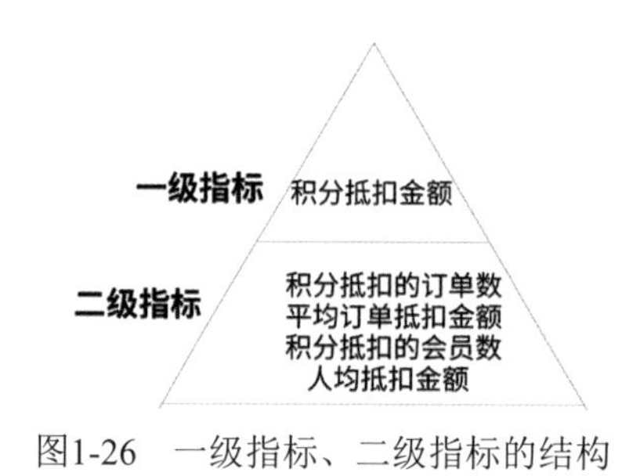

图1-26　一级指标、二级指标的结构

（3）梳理业务流程，找到三级指标。

一级指标往往是业务流程最终的结果，例如积分抵扣金额，是业务流程（会员->购买旅游产品->使用积分抵扣->支付金额）最后的一个结果。光看一个最后结果是无法监督、改进业务流程的，这就需要一些更细致的指标，也就是添加三级指标。例如，在业务流程中不同会员等级可以抵扣的金额不一样，不同旅游产品线可以抵扣的金额比例也不一样。所以，需要把二级指标按照业务流程拆解为更细的三级指标。在会员业务节点可以拆解为LV1级会员数、LV2级会员数、LV3级会员数、LV4级会员数。在购买旅游产品业务节点可以拆解为酒店订单数、机票订单数、跟团游订单数、自由行订单数（图1-27）。

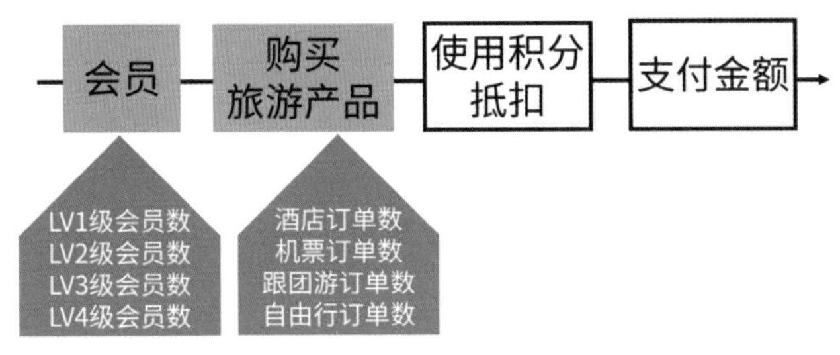

图1-27 三级指标

最后确定的指标如图1-28所示，因为一级指标、二级指标、三级指标的结构像金字塔，所以图1-28也叫作指标体系金字塔。

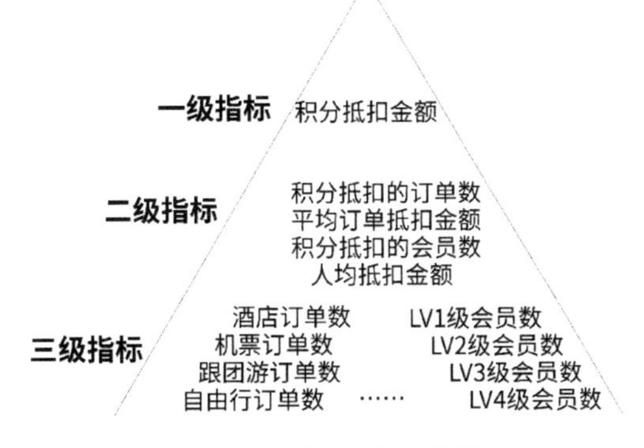

图1-28 指标体系金字塔

每个指标可以从3个方面确定统计口径：

- 指标业务含义：这个指标在业务上表示什么？
- 指标定义：这个指标是怎么定义的？
- 数据来源：从什么地方收集的原始数据？数据统计的时间范围是什么？

（4）通过报表监控指标，不断更新指标体系。

报表就是报告状况的表，是通过表格、图表来展示指标，从而方便业务部门掌握业务的情况。每天汇总更新的报表叫做日报，每周汇总更新的报表叫做周报。例如，图1-29是猴子·数据分析学院的报表，通过该报表可以了解新老用户的付费情况。

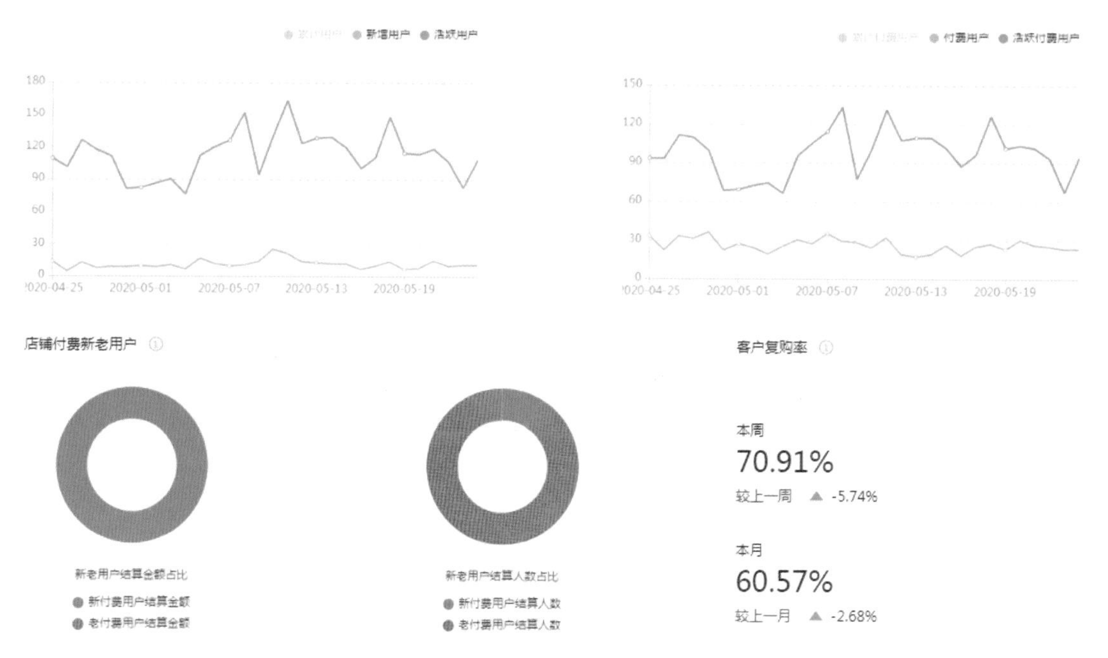

图1-29 猴子·数据分析学院的报表

图1-30是用户在知乎每周收到的创作者周报，可以了解每周的创作数据。

图1-30 创作者周报

在前面步骤找到了一级指标、二级指标和三级指标，到这一步可以把这些指标制作到报表中，通过报表监控指标，不断更新指标体系。如何制作报表呢？可以通过图1-31的5步来制作报表。

图1-31　报表制作步骤

现在通过一个案例详细阐释制作报表的步骤。

（1）需求分析。

某旅游公司在会员积分方面的开销较大，业务部门想做一个会员积分报表，监控会员积分使用情况，也为日后优化规则做准备。业务部门想要通过报表知道这些问题：支付订单时有多少会员在使用积分进行抵扣？每个月抵扣了多少金额？

（2）建立指标体系。

前文建立的指标体系如图1-32所示。

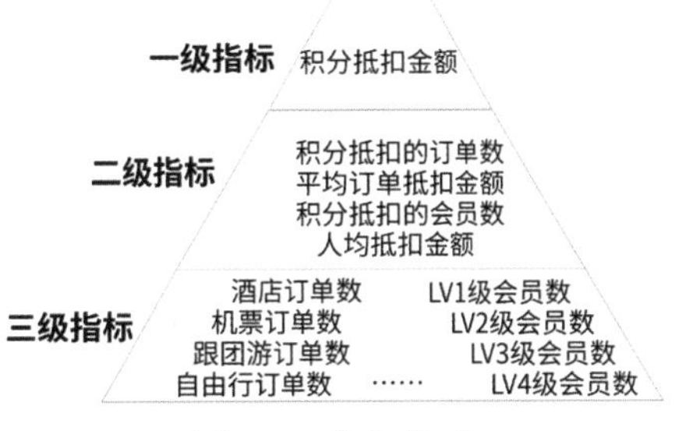

图1-32　指标体系

（3）设计展现形式。

报表默认设置是显示全部订单类型、全部会员等级的数据。需要看更详细的数据时，再点击报表上的小三角形展开查看详细数据。报表在筛选器方面，提供时间、订单类型、会员等级的筛选功能。经过和业务部门确认，报表的样式如图1-33所示。

会员积分抵扣情况

时间	订单类型	会员等级	抵扣总金额（万元）	抵扣订单数	抵扣会员数	平均订单抵扣金额（元）	人均抵扣金额（元）
2019年10月	▼全部	▶全部	1500	75000	50000	200	300
2019年10月	酒店	▶全部	300	20000	10000	150	300
2019年10月	机票	▶全部	...	...	...	...	...
2019年10月	跟团游	▶全部	...	...	...	...	...
2019年10月	自由行	▶全部	...	...	...	...	...
...	...	...	...	...	...	...	...

图1-33　报表的样式

（4）编写需求文档。

把上述指标体系和报表需求整理成一份文档，给到开发部门。

（5）报表开发。

报表开发出来之后，如果验证过数据没有问题，就可以告知业务部门。

4）建立指标体系有哪些注意事项

建立指标体系需要注意以下4个问题。

（1）没有一级指标，抓不住重点。

工作里最常见的情况是你获得的报表是从离职同事那里交接过来的，或者是领导给你的指标，你只是负责定时更新报表。但是为什么这样做报表？做完了报表给谁看？其实你是不清楚的。

想要弄清楚这些，需要知道一级指标是什么。如果不能围绕一级指标来做事会闹出笑话来。

例如，某银行的一级指标是放款金额。为了激励员工，根据KPI给分行经理制定的奖励规则如下：

- 投诉率最低的五个分行经理各奖励2000元现金；
- 分行客服月通话时长平均≥3.5小时，奖励3000元。

某个分行经理带领团队只放出贷款20万元，在150家分行中排名最后一名，也就是该分行经理远远没有完成指定的放款金额。但是因为上面KPI完成得好，其奖励反而比某些完成放款金额目标的分行经理高。这种不以一级指标（放款金额）为前提的激励方案就是无效的方案。

（2）指标之间没有逻辑关系。

如果不按照业务流程来建立指标体系，虽然指标很多，但是指标之间没有逻辑关系，以至于出现问题的时候，找不到对应的业务节点是哪个，没办法解决问题。

（3）拆解的指标没有业务意义。

有的报表上的指标很丰富，但是却没有实际的业务意义，导致报表就是一堆“没有用”的数字。例如，在销售部门，最关注的是销售目标有没有达成，现在达成了多少，接下来的每天应该达成多少，哪些区域达成最高，哪些区域达成最低。如果不围绕这个业务目标拆解指标，而是随意把指标拆解为用户年龄、性别，这就与业务没有任何关系，只是为了拆解而拆解。

（4）一个人就完成了指标体系和报表，也不和业务部门沟通。

建立指标体系不是一个人能够完成的，需要业务部门（市场、运营、产品等部门统称为业务部门）、数据部门（这里把数据分析师所在的部门统称为数据部门）、开发部门相互之间进行协作。

业务部门会不断提出新的业务需求。如果业务部门认可数据部门做出的分析报告，并希望以后可以随时查询到相关的数据，那么数据部门会把数据产品化，也就是协助开发部门把数据产品做进公司后台系统，一般形式就是报表。日常工作中，业务部门、数据部门、开发部门是像图1-34这样紧密协作的。

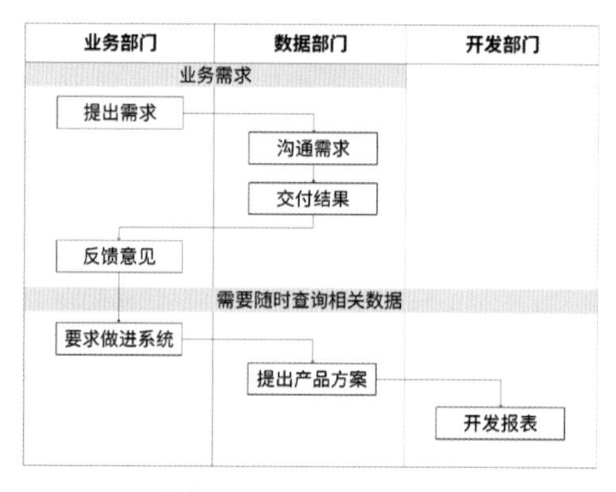

图1-34　部门协作关系

建立指标体系需要各部门紧密沟通，还需要对公司业务和各部门职能的深刻理解，也就是这本书后面章节讲述的业务知识，在此基础上再掌握建立指标体系的方法，不断进行尝试，就能够搭建出合适的指标体系。

下面再来看一个金融行业的报表案例，里面涉及的指标含义不需要理解，在金融行业章节会有详细介绍，这里大概了解工作中的报表是如何应用的就可以。

贷款产品的业务流程是用户贷款申请、资质审核、放款、用户贷后还款、逾期欠款催收，可以根据业务流程建立指标体系，一般会用三张报表去监控业务运行情况：贷前放款报表、贷后逾期报表、贷后催收报表。

（1）贷前放款报表。

表1-1是“贷前放款报表”，记录了当月每个贷款产品的申请放款情况。

表1-1 贷前放款报表

产品名称	目标放款	放款金额（元）	达成率	日均申请量	月申请量	月交单量	申请通过率	审批通过量	审批通过率	放款量	签约率	月累计申请额（元）	当月申请月放款金额（元）	当月累计放款金额（元）	月放款额笔数	月放款额占比	累计放款额（元）	累计放款量	累计放款额占比	累计放款量占比
贷款产品A																				
贷款产品B																				
贷款产品C																				

贷前放款报表中，从最初的目标放款额开始，按放款业务流程（用户申请、资质审核、用户贷后还款）的各个业务节点的数据都记录在内，从这张报表中可以很直观地去对比各贷款产品的数据差异，从中发现问题并及时分析调整。

（2）贷后逾期报表。

当给用户发放完贷款之后，接下来就需要用户分期还款了。正常情况下，大部分用户都会按时还款，但是不可避免会有用户不能及时还款而发生逾期。这时就需要用表1-2“贷后逾期报表”来监控各个逾期阶段的情况，以便尽早催收贷款挽回损失。

表1-2 贷后逾期报表

产品名称	逾期剩余本金（元）	1~8天放款逾期率	9~30天放款逾期率	31~60天放款逾期率	61~90天放款逾期率	91~180天放款逾期率	9~180天放款逾期率	180天以上放款逾期率	放款逾期率
产品A									
产品B									
产品C									

贷后逾期报表记录了公司各个贷款产品贷后逾期情况，也就是放款给用户后，有多少人逾期了，逾期未还的占比（逾期率）是多少。如“1～8天放款逾期率”就等于当前逾期1～8天的合同未还金额，除以该产品总放款金额。

（3）贷后催收报表。

当用户还款出现逾期时，为了尽可能地挽回损失，要进行欠款催回，于是就有了表1-3“贷后催收报表”来帮助监控催收情况。

表1-3　贷后催收报表

	入催率			迁徙率		
申请日期	每日维护总量	C-M1户数	C-M1户数比率	入M2户数	C-M2户数比率	M1-M2户数比率
1月13日						
1月12日						
1月11日						
1月10日						

贷后催收报表记录了用户贷后逾期进入催收阶段的数据情况。表中的第一部分入催率主要用于衡量用户未还款进入催收环节的情况，各指标含义如下：

- 每日维护总量：公司目前的放款总合同数量；
- C-M1户数：逾期天数在30天以内的总合同数；
- C-M1户数比率：逾期天数在30天以内的总合同数除以总放款合同数。

表中的第二部分迁徙率主要用于衡量催收部门的工作效果，各指标含义如下：

- 入M2户数：逾期30天以上且在60天以内的合同数；
- C-M2户数比率：逾期30天以上且在60天以内的合同数除以总放款合同数；
- M1-M2户数比率：逾期30天以上且在60天以内的合同数除以逾期天数在30天以内的总合同数。

因为用户逾期要先经过M1才会到M2阶段，这其中就涉及一个转化问题，只有在M1阶段没有被催收人员催回的合同才会进入M2逾期阶段，所以如果M1-M2户数比率很低，就说明很多合同在M1阶段逾期时就被催收人员及时催回，没有转入M2。通过监控M1-M2户数比，就可以看到催收人员的工作效率如何了。

本章作者介绍

猴子，中国科学院大学硕士，“猴子·数据分析学院”创始人，公众号“猴子数据分析”创始人，前IBM工程师。其“分析方法”课程入围知乎年度口碑榜TOP 10，首创的“闯关游戏学习数据分析模式”深受用户喜欢。

第2章　分析方法

这一章介绍常用的分析方法。为什么要学习分析方法？首先来看以下几个症状。

症状一：没有数据分析意识。

症状表现：经常会说“我觉得”“我感觉”“我认为”（图2-1）。

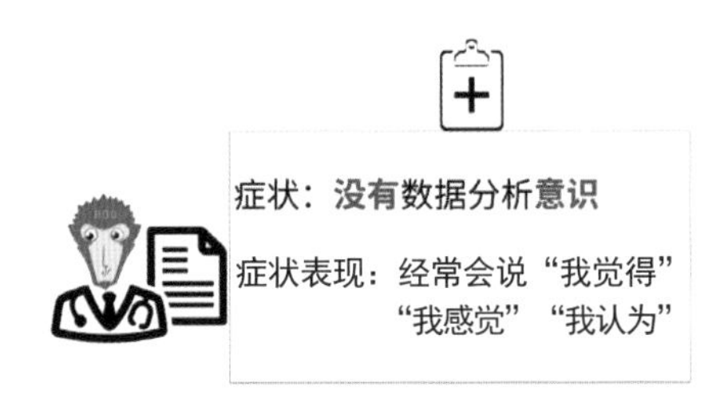

图2-1　症状一及表现

这类人一切工作靠拍脑袋决定，而不是靠数据分析来支持决策。这就导致：

写了100篇文章也不知道什么类型的文章用户会喜欢；

推广了10个付费渠道，却不知道钱花得有没有效果；

上线了无数个产品功能，却不知道什么功能对用户更有价值。

他们靠感觉来做事情，而不是用数据分析来做决策。这也是为什么他们浑浑噩噩工作了多年以后，却依然徘徊在基础岗位。

症状二：统计式的数据分析。

症状表现：做了很多图表，却发现不了业务中存在的问题（图2-2）。

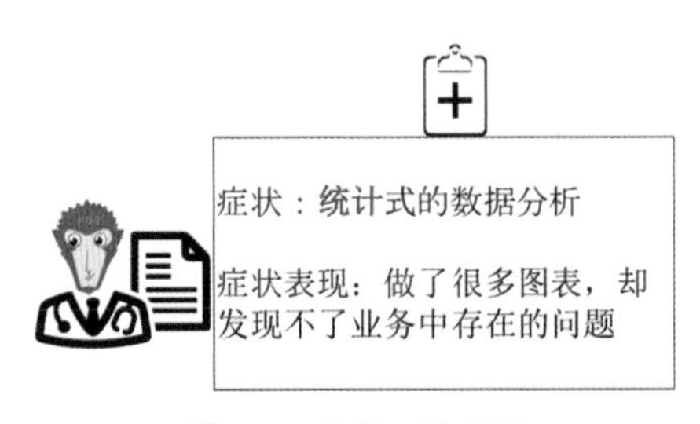

图2-2　症状二及表现

这类人每天也按时上班，也用数据做了很多图表，但是只是统计、分析之前已经知道的现象。例如分析结论只是“这个月销售有所下降”，却不会深入分析现象背后发生的原因，从而也得不出什么具有价值的结论。

他们最害怕老板问这样的问题：为什么这个数据会下降？采取什么措施可以解决问题？

症状三：只会使用工具的数据分析。

症状表现：这类人平时学了很多工具（Excel、SQL或者Python等），谈起使用工具的技巧头头是道，但是面对问题，还是不会分析（图2-3）。

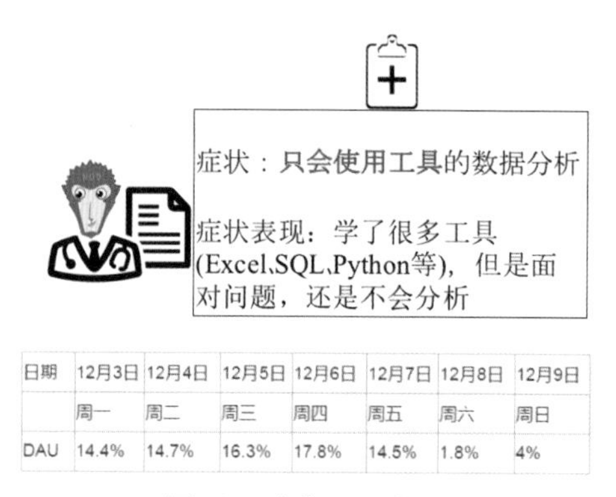

日期	12月3日	12月4日	12月5日	12月6日	12月7日	12月8日	12月9日
	周一	周二	周三	周四	周五	周六	周日
DAU	14.4%	14.7%	16.3%	17.8%	14.5%	1.8%	4%

图2-3　症状三及表现

例如面试或者工作里经常遇到这样的问题：

上图表格是一家公司App的一周日活跃率，老板交给你以下任务：

（1）从数据中你看到了什么问题？你觉得背后的原因是什么？

（2）提出一个有效的运营改进计划。

你可能有这样的感觉：

面对问题，没有思路，怎么办呢？

面对一堆数据，我该如何下手去分析呢？

这些症状是大部分运营人员、产品经理和数据分析相关从业人员的真实日常写照。学会分析方法就是帮助你解决这些问题，它可以弥补你数据分析能力的不足。

什么是分析方法？

面对问题，通常的想法是零散的，没有一点思路。如果能将零散的想法整理成有条理的思路，从而快速解决问题，那该多好呀！

有什么方法可以将零散的想法整理成有条理的分析思路呢？这些方法就是分析方法。掌握了分析方法就可以具备这种能力（图2-4）。

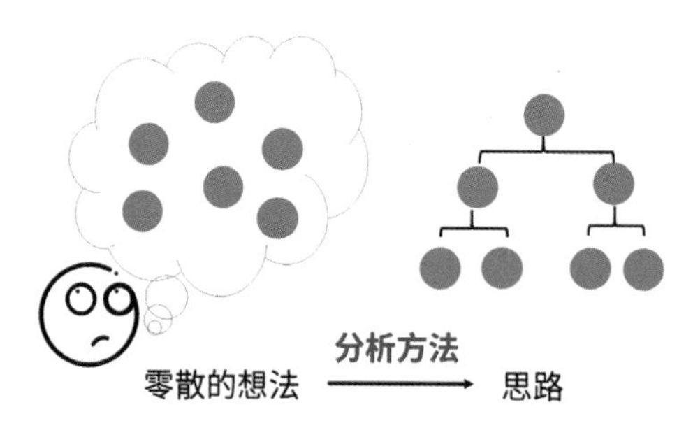

图2-4　分析方法

将分析方法和盖房子做个类比（图2-5），分析方法就好比在盖房子前画的设计图，用来指导如何盖房子，是分析问题的思路。数据分析的技术工具好比盖房子中的挖土机等工具。在设计图的指导下才知道如何使用挖土机来盖好房子。同样，在分析方法的指导下你才能知道如何使用工具（Excel、SQL或者Python等）去分析数据，解决业务问题。

	盖房子	数据分析
要解决什么问题	如何盖房子	某个业务问题
分析问题的思路	设计图	分析方法
技术工具	挖土机	Excel、SQL、Python

图2-5　类比

常用的分析方法有哪些？

根据业务场景中分析目的的不同，可以选择对应的分析方法。常用的分析方法如表2-1所示。

表2-1　常用的分析方法

分析目的	分析方法	案例
将复杂问题变得简单	逻辑树分析方法	费米问题
行业分析	PEST分析方法	中国少儿编程行业研究
多个角度思考	多维度拆解分析方法	如何找相亲对象？
对比	对比分析方法	女朋友胖吗？
如何分析原因	假设检验分析方法	警察是如何破案的？
A和B有什么关系	相关分析方法	豆瓣如何推荐电影？
留存和流失分析	群组分析方法	微博
用户价值分类	RFM分析方法	信用卡会员服务
用户行为分析	AARRR模型分析方法	拼多多
转化分析	漏斗分析方法	店铺哪个环节有问题?

如果你的分析目的是想将复杂问题变得简单，就可以使用逻辑树分析方法，例如经典的费米问题就可以用这个分析方法。

如果你的分析目的是做行业分析，那么就可以用PEST分析方法，例如你想要研究中国少儿编程行业。

如果你想从多个角度去思考问题，那么就可以用多维度拆解分析方法，例如找相亲对象，需要从多个角度去分析是否合适。

如果你想进行对比分析，就要用到对比分析方法，例如你朋友问自己胖吗，就是在对比。

如果你想找到问题发生的原因，那么就要用到假设检验分析方法，其实破案剧里警察就是用这个方法来破案的。

如果你想知道A和B有什么关系，就要用到相关分析方法，例如豆瓣在我们喜欢的电影下面推荐和这部分电影相关的电影。

如果你想对用户留存和流失分析，就要用到群组分析方法，例如微博用户留存分析。

如果你想对用户按价值分类，那么就要用到RFM分析方法，例如信用卡的会员服务，就是对用户按价值分类，对不同用户使用不同的营销策略，从而做到精细化运营。

如果你想分析用户的行为或者做产品运营，就要用到AARRR模型分析方法，例如对拼多多的用户进行分析。

如果你想分析用户的转化，就要用到漏斗分析方法，例如店铺本周销量下降，想知道是中间哪个业务环节出了问题。

这几个分析方法是最常用的，掌握它们，可以帮助解决大部分问题。后文会分别讲解各个分析方法，最后再通过几个案例来看如何在实际的问题中灵活使用这些分析方法。

在工作或者面试中，会经常听到分析思维、分析思路、分析方法。这三个词语有什么关系呢？其实简单来说，它们都是指分析方法。因为分析方法是将零散的想法整理成有条理的分析思路。有了分析思路，你就具备了分析思维。

下文在讲到每一个分析方法的时候，会从4个问题出发来学习：

（1）是什么？先知道这个知识是什么；

（2）有什么用？知道在什么场景下使用这个知识；

（2）如何用？通过实际例子来看这个知识如何使用；

（4）使用这个知识的注意事项。

2.1 5W2H分析方法

2.1.1 什么是5W2H分析方法?

这个方法里面的5W、2H是英文单词的缩写。

5W是指对于所有的现象都追问5个问题：what（是什么）、when（何时）、where（何地）、why（为什么）、who（是谁）。

2H是指再追问2个问题：how（怎么做）、how much（多少钱）。

当遇到要解决的问题，可以从5W、2H这7个问题出发来解决。

2.1.2 5W2H分析方法能解决哪些问题?

5W2H分析方法可以帮助我们解决简单的问题，下面举几个例子。

案例1：如何设计一款产品？

这时候可以用5W2H分析方法：

what（是什么）：这是什么产品？

when（何时）：什么时候需要上线？

where（何地）：在哪里发布这些产品？

why（为什么）：用户为什么需要它？

who（是谁）：这是给谁设计的？

how（怎么做）：这个产品需要怎么运作？

how much（多少钱）：这个产品里有付费功能吗？价格是多少？

案例2：设计一款App的调查问卷，如何设计问卷上的问题？

这时候可以用5W2H分析方法：

what（是什么）：你用这款App做什么事情？

when（何时）：你通常在什么时间使用这款App？

where（何地）：你会在什么场景使用这款App？

why（为什么）：你为什么选择这款App？

who（是谁）：如果你觉得你喜欢这个产品，你会推荐给谁？

how（怎么做）：你觉得我们需要加入什么功能才是比较新颖的？

how much（多少钱）：如果你认为这个App对你有帮助，你会花多少钱去购买App里的服务？

2.1.3　5W2H分析方法解决不了什么问题？

5W2H分析方法很好理解，但是在复杂的商业问题面前不起作用。

这是因为复杂的商业问题不会只有一个原因，而是由多个原因引起的。例如“销量为什么下降”，就可能是由多个原因导致的。这时候就需要运用其他分析方法。

2.2　逻辑树分析方法

2.2.1　什么是逻辑树分析方法？有什么用？

逻辑树分析方法是把复杂问题拆解成若干个简单的子问题，然后像树枝那样逐步展开（图2-6）。

图2-6　逻辑树

为了更符合人类的思考过程，我们把图2-6这棵树倒过来，或者横着放，就是常用的逻辑树分析方法。通过逻辑树分析方法，我们可以把一个复杂的问题变成容易处理的子问题（图2-7）。

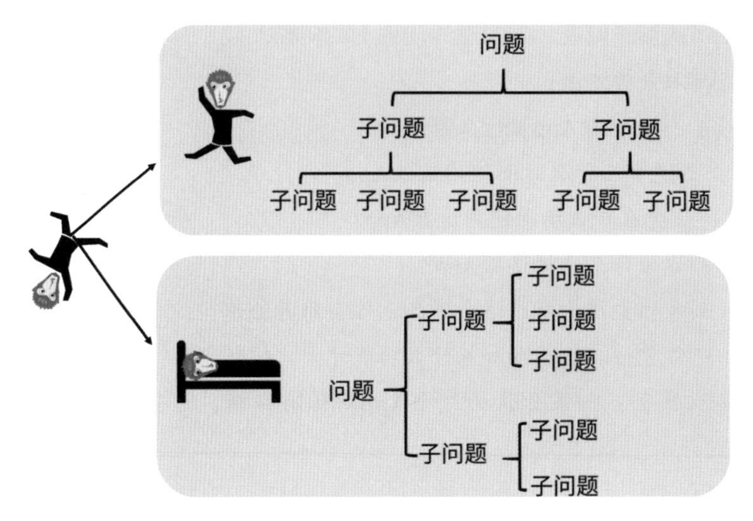

图2-7 逻辑树分析方法

2.2.2 如何使用逻辑树分析方法？

不管是实际生活中还是工作中，我们经常会使用逻辑树分析方法来分析问题。例如现在你想给自己做一个年度计划，但是要做的事情很多，思路很零散。为了理顺你的思路，可以用逻辑树分析方法，把年度计划这个复杂问题拆分成技能学习、读书、健身、旅行这几个子问题（图2-8）。

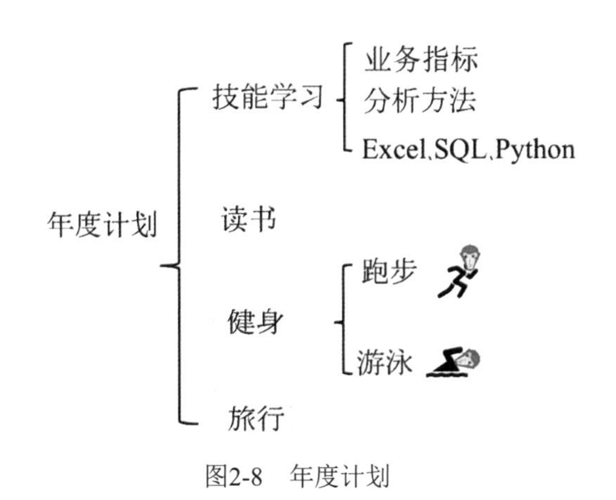

图2-8 年度计划

技能学习是为了储备技能，抓住人工智能时代的红利。想要零基础从数据分析开始学起，可以进一步拆解为学习业务指标、分析方法、Excel、SQL、Python等。这样一步一步把年度计划拆解成一个一个的子问题，解决了子问题就订好了年度计划。

我们都知道马斯克是特斯拉电动车公司的老板，但是他也有很多其他生意。图2-9是他在第68届国际宇航大会上公布的火星殖民计划。

图2-9　马斯克

他的目标是用宇宙飞船每次携带200位乘客前去火星，旅行的时间将会在80天左右。通过大概20～50次的运输，能在火星上建立完全自给自足的城市。预计40～100年后，也许会有100万人在火星上生存繁衍。

这个目标是不是很宏伟？或者说是不是有点扯？但是马斯克将这个复杂的问题用逻辑树分析方法拆解成了一个一个可以解决的子问题。

首先，马斯克说，火星移民面临的最大问题是什么呢？

是需要很多钱。要花多少钱呢？去一趟火星，一个人要100亿美元。

马斯克希望把去一次火星的成本，从100亿美元，降到20万美元，约合人民币130万元左右，这样就会有很多人愿意在临终之前，去一趟火星看看。

那么问题又来了，成本从100亿美元降到20万美元，怎么实现这个目标呢？

马斯克又把这个问题拆解成了4个子问题。

第一，火箭得是可以重复使用的。

如果发射一次，就烧坏一个火箭，太费钱了。如果能把火箭发射出去，再让它飞回来，下次发射继续用，成本就可以降下来了。马斯克2002年成立了SpaceX公司，2015年底就实现了火箭发射以后的再回收。

第二，飞船如果直接载满整个太空航行所需要的燃料，再发射，火箭就会非常沉重，成本很高昂。怎么解决呢？

马斯克说，在太空轨道上，对飞船进行补给。

也就是，先用火箭推进器把飞船送到太空轨道，这时候不用装那么多燃料，只要足够把火箭送上太空就行。然后推进器迅速返回发射台，装上燃料箱，再飞到轨道，把燃料补给飞船。完成这一过程之后，推进器返回地球，而飞船则将前往火星。

采用这种方式，前往火星的成本可以减到原来的1/500。

第三，在火星上制造燃料，让飞船能够从火星返回地球，这样返程的燃料就不用从地球上带了，也降低了好多发射成本。

第四，使用正确的燃料。马斯克对比了可能的几个选项，例如煤油、氢气、氧气等。但他最后认为选择甲烷更好，因为甲烷在火星上制造起来容易。

经过逻辑树分析方法，马斯克就把一个天方夜谭般的目标，拆解成了一系列非常具体的子问题。马斯克还给自己拉了一张时间表，在21世纪20年代的后半段，将人类送上火星。

我们经常会说某个人工作能力强，那什么是工作能力？就是像马斯克这样，能用逻辑树分析方法把一个大目标拆解成小任务的能力。

再进一步，我们经常会说到领导力，就是把目标拆解成员工可以执行的小任务的能力。

前面我们举了逻辑树分析方法在生活中的两个例子，一个是如何做年度计划，一个是特斯拉CEO如何在工作中拆解问题。其实，逻辑树分析方法是由科学家费米提出来的，这种分析问题的方法在面试中会经常用到，例如：北京有多少辆特斯拉汽车？某胡同口的煎饼摊一年能卖出多少个煎饼？深圳有多少个产品经理？一辆公交车里能装下多少个乒乓球？一个正常成年人有多少根头发？

这类估算问题，被称为“费米问题”（图2-10）。为什么面试会问这种问题呢？

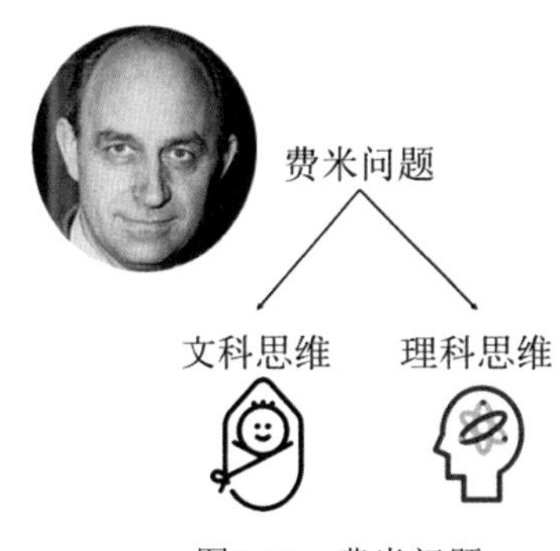

图2-10 费米问题

这类问题能把两类人清楚地区分出来：一类是具有文科思维的人，他们擅长赞叹和模糊想象，主要依靠的是第一反应和直觉，例如小孩；另一类是具有理科思维的人，他们擅长通过逻辑推理、分析解决具体问题。理科思维不是人天生就有的，需要经过长期的训练。

公司招聘需要的是能把事情做成、具有严密逻辑推理、分析能力的人，所以费米问题可以考察出一个人有什么样的思维方式。一般人拿到费米问题，就会摸不着头脑，不知道怎么解决，干脆凭感觉瞎猜一个数字。这其实忽视了面试官考察的目的，他不是要你算出一个确定的数字，而是想考察你面对问题的分析思路。所以，你需要把自己的思路说出来，来证明你的思维方式是理科思维。

回答费米问题，可以用到逻辑树分析方法，将一个复杂的问题拆解成子问题，然后逐一解决。下面我们就用一个例子来学习下如何解决这类问题。

有人曾经问费米：“芝加哥有多少钢琴调音师？”什么是钢琴调音师呢？为了保持钢琴的音准，需要定期由专业人员检查、调整不准确的音。从事这类工作的人被称为钢琴调音师。

对于这个问题，可以使用逻辑树分析方法来拆解。钢琴调音师数量=全部钢琴调音师1年的总工作时间/一位调音师每年的工作时间。所以，可以把这个问题拆解为两个子问题（图2-11）：

（1）全部钢琴调音师1年的总工作时间；

（2）一位调音师每年工作时间。

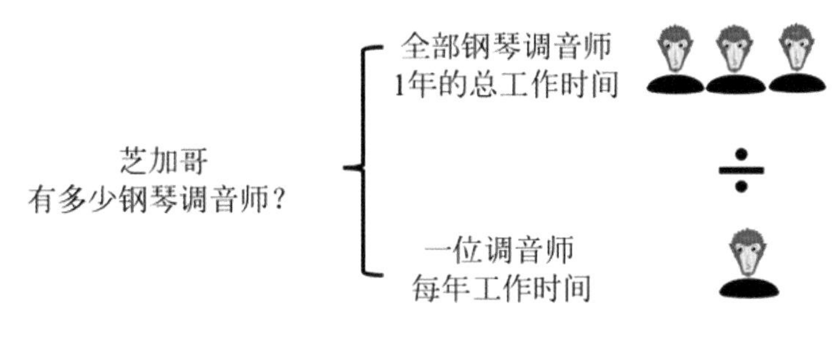

图2-11 拆解问题

对于全部钢琴调音师1年的总工作时间，又可以拆解成3个子问题（图2-12）：

（1）有多少架钢琴；

（2）钢琴每年要调几次音；

（3）调一次得多长时间。

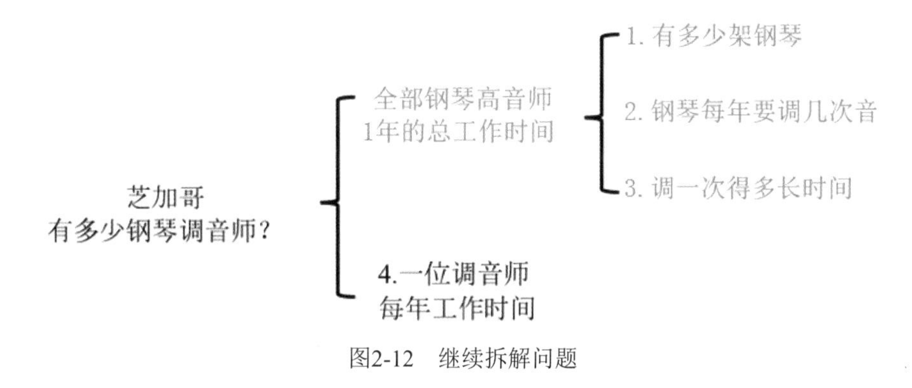

图2-12 继续拆解问题

现在我们一个个去解决这些子问题。

第1个子问题：有多少架钢琴（图2-13）？

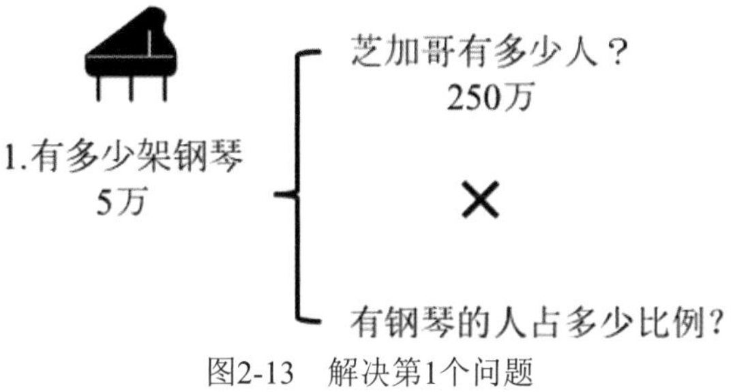

1.有多少架钢琴
5万

芝加哥有多少人？
250万

×

有钢琴的人占多少比例?

图2-13 解决第1个问题

我们再把它拆分，首先需要知道芝加哥有多少人，其次需要知道拥有钢琴的人所占的比例。芝加哥的人口可以通过网络查出来，大概有250万人。有钢琴的人占的比例是多少？具体数据不知道，但是我们可以猜一下。钢琴对普通家庭来说比较贵，而且钢琴占地较大，不方便放在家里，所以我们猜家庭拥有钢琴的比例是1%。为什么是1%，不是5%呢？因为1%通常表示概率极低，有的机构拥有钢琴数量比个人多，例如音乐学院，所以我们再猜个数字，大概是2%左右。有了这些数据，就可以算出芝加哥大概有5万架钢琴。

下面来看第2个和第3个子问题（图2-14）。

第2个子问题：钢琴每年要调几次音？钢琴调音师属于稀缺行业，人肯定不多，钢琴也不像吉他需要频繁地调音，估计是一年1次。

第3个子问题：调一次得多长时间？大概是2小时。

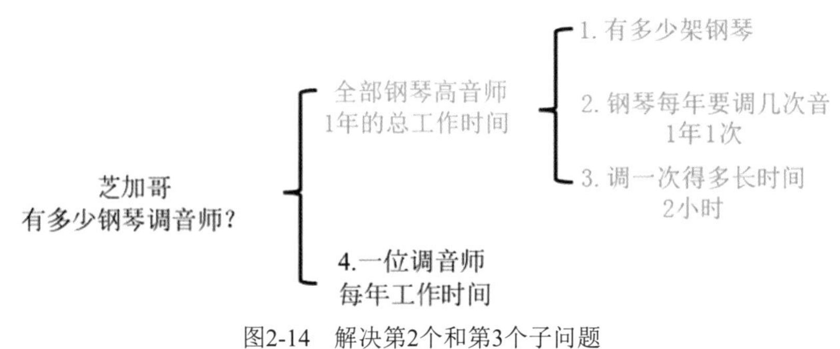

图2-14 解决第2个和第3个子问题

第4个子问题：一位调音师每年工作多长时间呢（图2-15）？

美国每年有四个星期是假期，一年大概有50个星期。按一周工作5天，每天8小时来算，这三个数相乘，就可以得到一位调音师每年工作时间是2000小时。

但是钢琴调音师要四处跑，路上肯定要花时间，所以减去20%用在路上的时间，调音师每年大概工作1600（2000-2000×20%）小时。

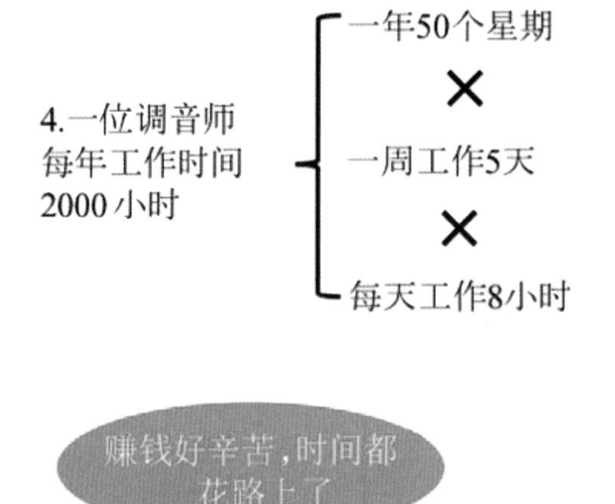

图2-15 解决第4个子问题

现在我们把4个子问题汇总一下（图2-16）。

全部钢琴调音师1年的总工作时间是3个子问题的数字相乘，一共是10万小时，而调音师每年工作1600个小时，我们用全部钢琴调音师1年的总工作时间，除以 一位调音师每年工作时间，就得到了62.5。再四舍五入，费米预测芝加哥大概有63位调音师。

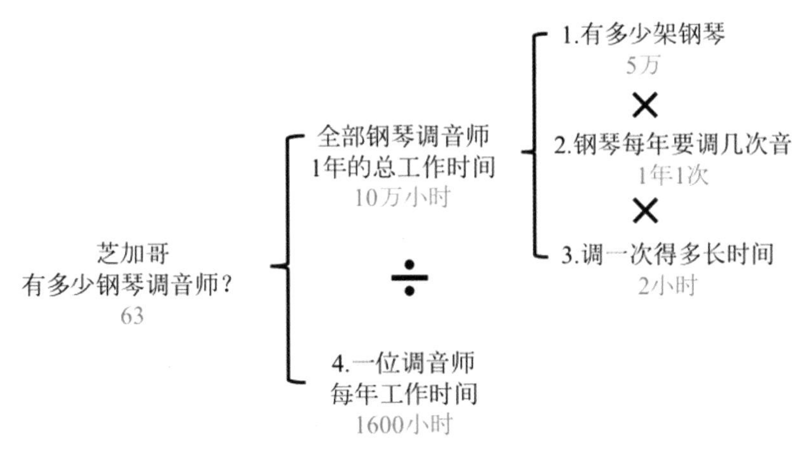

图2-16　汇总子问题

这个答案准不准呢？后来费米找到了一张芝加哥钢琴调音师的名单，上面一共有83人，有不少人名还是重复的。所以费米估算出来的结果已经相当准了。

2.2.3　注意事项

需要注意的是，逻辑树分析方法在解决业务问题时，经常不是单独存在的，会融合在其他分析方法里，辅助解决问题。在后面其他分析方法的学习中，你会看到使用了逻辑树的拆解图，来将一个复杂问题拆解成各个子问题。

2.3　行业分析方法

2.3.1　什么是行业分析方法？有什么用？

什么时候需要进行行业分析呢？当个人在对自己进行职业规划，思考选择哪个行业更好的时候；当公司需要对外部环境或者行业竞争对手有所了解，制定发展规划的时候；当面对重大问题，需要分析行业问题的时候。

如何进行行业分析呢？就是用PEST分析方法。

PEST分析方法是对公司发展宏观环境的分析，所以经常用于行业分析。通常是从政策、经济、社会和技术这四个方面来分析的（图2-17）。

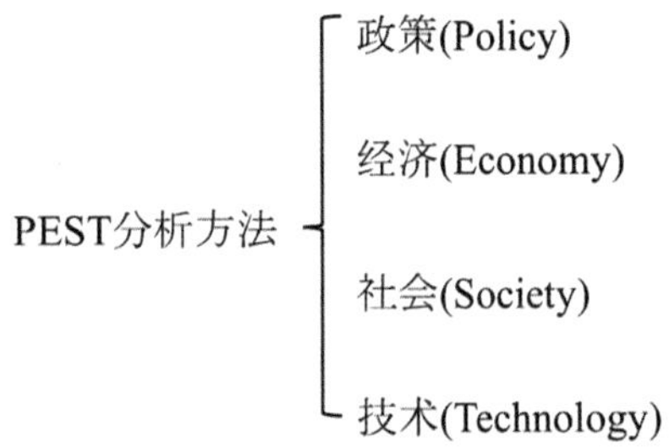

PEST分析方法
- 政策(Policy)
- 经济(Economy)
- 社会(Society)
- 技术(Technology)

图2-17　PEST 分析方法

2.3.2　如何使用行业分析方法？

现在通过一个具体的例子来看下如何应用PEST分析方法。

政策环境主要包括政府的政策、法律等。例如可以从这样几个问题去展开研究：

相关法律有哪些？对公司有什么影响？

投资政策有哪些？对公司有什么影响？

最新的税收政策是什么？对公司有什么影响？

图2-18是艾瑞网《2018年中国少儿编程行业研究报告》的政策环境分析。

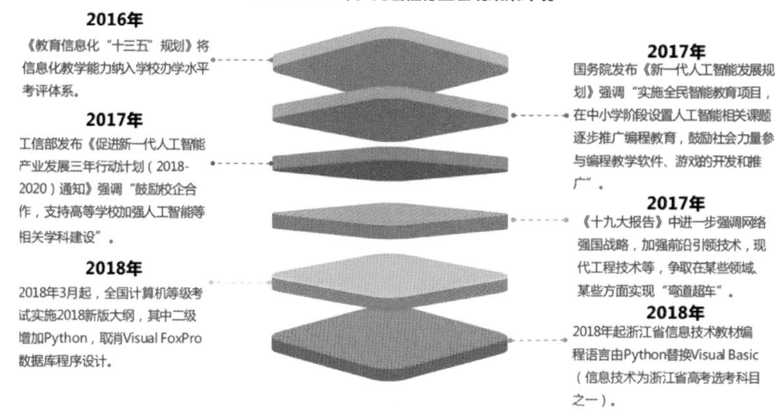

图2-18 政策环境分析

经济环境主要指一个国家的国民收入、消费者的收入水平等。经济环境决定着公司未来市场能做多大。图2-19是艾瑞网《2018年中国少儿编程行业研究报告》的经济环境分析，从中可以得出教育重要性促使支出提升。

图2-19 经济环境分析

社会环境主要包括一个地区的人口、年龄、收入分布、购买习惯、教育水平等。

图2-20是艾瑞网《2018年中国少儿编程行业研究报告》的社会环境分析，从中可以得出适龄人口数量的增长促使家长着眼未来。

少儿编程行业宏观环境

社会（Society）：适龄人口数量的增长促使家长着眼未来

- 2016年元旦正式实施的“全面二孩”政策促使2016年人口出生率为12.95‰，是自2002年以来的最高值。根据卫计委的公布数据显示，2017年新生儿数量较2016年略有下降，但二孩比例却在上升。
- 南开大学人口与发展研究所教授原新预测，“十三五”期间（2016年-2020年），中国每年出生人口的规模会在1700万-1900万人之间波动。自2018年起，我国3-16岁人口数量将持续增长，增长率保持在0.6%-0.9%之间。
- 随着家长对于教育重视程度的日趋提高，以及家长对于国家人工智能相关政策的理解，同时伴随着适龄人口数量的增长；越来越多的家长将孩子的培养目标集中在提高孩子未来竞争力身上。作为孩子综合能力培养的学科的少儿编程发展也迎来契机。

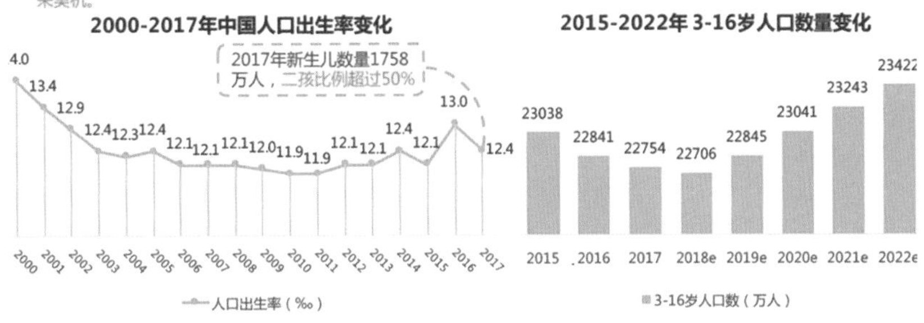

来源：艾瑞网《2018年中国少儿编程行业研究报告》

图2-20　社会环境分析

技术环境是指外部技术对公司发展的影响。图2-21是艾瑞网《2018年中国少儿编程行业研究报告》的技术环境分析，包括5G技术、大数据等。

少儿编程行业宏观环境

技术（Technology）：助力行业高壁垒形成

- 少儿编程行业的发展方向离不开国家政策的培育，同时行业发展的好与坏则直接与技术相关。目前在线编程教育仍存在一系列待解决的问题，网络速度，带宽直接影响直播教学的质量；数据收集及分析与教学效果有着很密切的关系。倘若可以进行一定的技术升级，行业必将进入快速稳定的发展。

少儿编程行业宏观技术环境

来源：艾瑞网《2018年中国少儿编程行业研究报告》

图2-21　技术环境分析

2.4 多维度拆解分析方法

2.4.1 什么是多维度拆解分析方法?

对于多维度拆解分析方法，要理解两个关键词：维度、拆解。我们通过一个案例来说明（图2-22）。

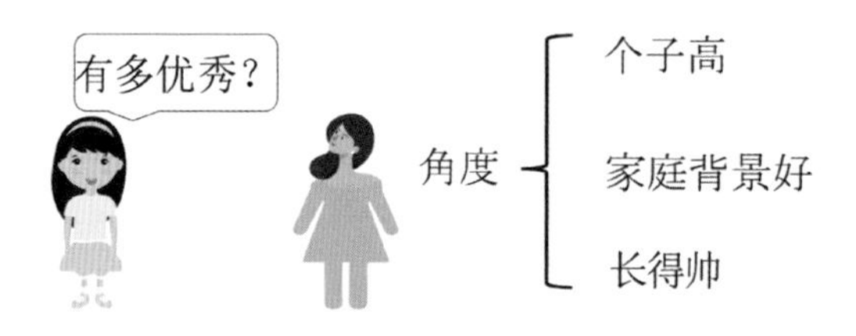

图2-22 多维度拆解案例

老妈看扎扎单身多年，给她介绍相亲对象。

老妈：“这个男生很优秀。”

扎扎：“怎么优秀了？”

老妈：“你看这小伙子，个字高，长得又帅，而且家庭条件也不错。”

扎扎：“哦，原来是个高富帅呀。”

什么是维度呢?

老妈从不同的角度来看这个男生，这里的角度就是维度。

什么是拆解呢?

拆解其实就是做加法，A=维度1+维度2+维度3+…，上面的例子中，老妈把优秀拆解成个子高、家庭背景好、长得帅（图2-23）。也就是优秀=个子高（维度1）+家庭背景好（维度2）+长得帅（维度3）。

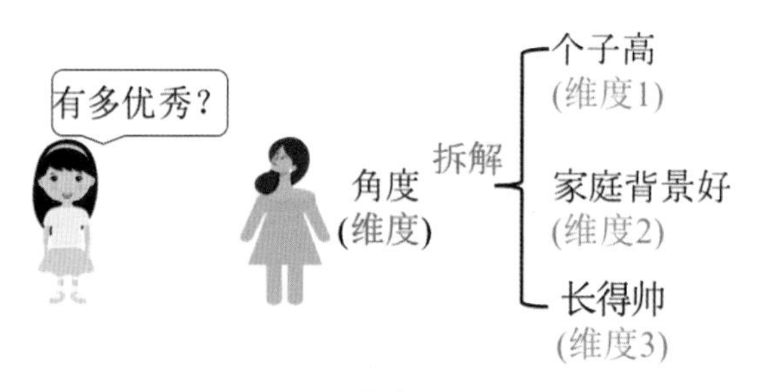

图2-23 多维度拆解方法

2.4.2 多维度拆解分析方法有什么用?

我们先来看一个案例。2012年中国15～59岁的劳动年龄人口数量为9.37亿人，比上年末减少345万人，下降幅度为0.6个百分点。这是多年增长后劳动年龄人口首次下降。这一人口结构变化趋势意味着在中国人口红利消失，老龄化人口越来越多。如果你的亲戚去医院看病，不知选择哪家医院更好，这时候你学到的分析方法能起到非常关键的作用。

假设在每个医院最近收治的1000例患者中，A医院有900例患者存活。然而，B医院只有800例患者存活（图2-24）。这样看起来，A医院的存活率更高，应该选择A医院。你的选择真的是正确的吗？

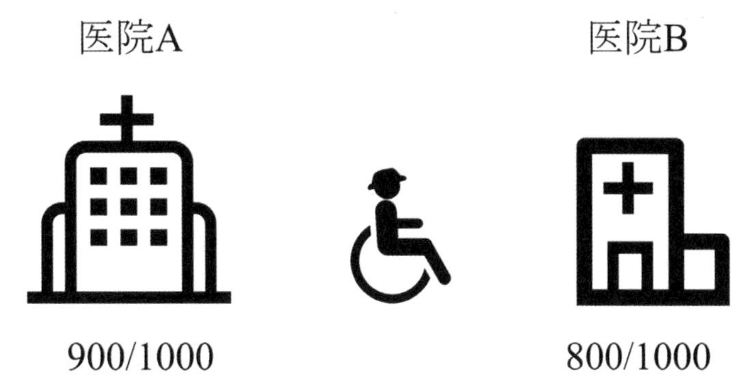

图2-24　医院对比

现在我们使用多维度拆解分析方法来看下。

光看患者整体时，我们可能注意不到“数据构成要素的差异”。现在根据患者的健康状况，我们将每家医院入院的总人数拆解为两组，一组是轻症患者，一组是重症患者（图2-25）。然后我们再来计算患者存活率，会有什么发现呢？

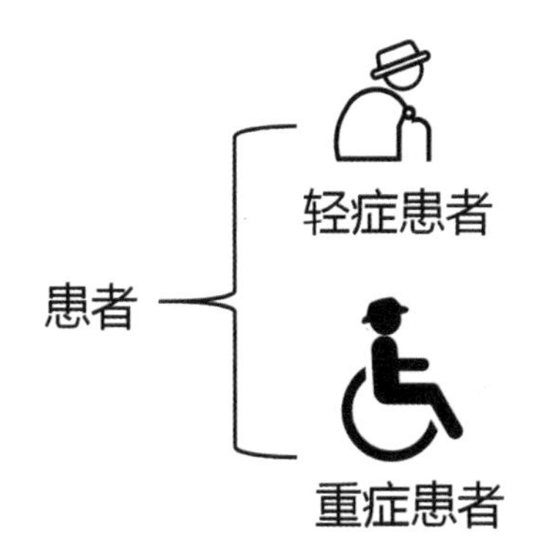

图2-25　对患者拆解

我们来比较A医院和B医院的重症患者组。

A医院有100例患者入院时是重症患者，其中20例存活。

B医院有400例患者入院时是重症患者，其中200例被救活了。

所以，对于重症患者，去B医院的存活率更高，是更好的选择（图2-26）。

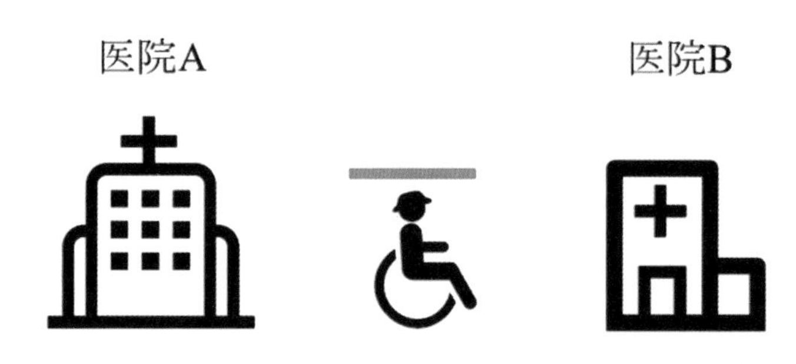

图2-26　重症患者分析

那如果亲人入院时是轻症患者呢？用同样的方法分析，出人意料，轻症患者在B医院的生存率也超过了A医院的生存率，B医院依旧是更好的选择。

通过多维度拆解数据，我们发现了和一开始截然相反的结论，这种现象被称为“辛普森悖论”（Simpson’s Paradox），也就是在有些情况下，考察数据整体和考察数据的不同部分，会得到相反的结论。

只看数据整体，我们可能注意不到“数据内部各个部分构成的差异”。如果忽略这种差异进行比较，就有可能导致无法察觉该差异所造成的影响。正如前面的案例，关注数据整体（入院的全部患者）和关注数据内部的不同部分（按健康状态将患者拆解为两组数据），就看到了不同的风景。

这就好比我们玩过的俄罗斯套娃，整体看是一个，拆解开以后里面还有其他东西（图2-27）。

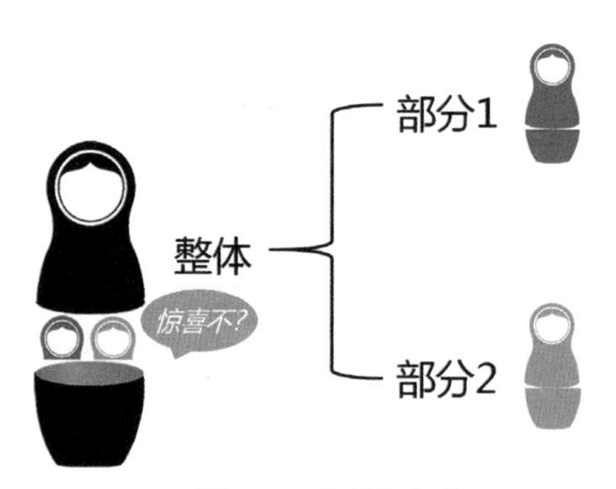

图2-27　整体与部分

所以，我们需要从多个维度去观察数据，并相互验证，才能得出相对可靠的结论。例如我们可以把用户拆解成：用户=老用户（维度1）+新用户（维度2），从而可以看到老用户和新用户的数据表现分别是什么。

辛普森悖论时不时出现在现实生活中。英国一项调查显示，在20年里，吸烟者生存率高于不吸烟者。但是把参与者按年龄维度分组后，发现不吸烟组人群的平均年龄显著较高，所以年龄才是导致不吸烟组生存率低的原因。

2.4.3　如何使用多维度拆解分析方法？

那么问题就来了，从哪些维度去拆解呢？

一般会从指标构成或者业务流程的维度来拆解。

1）从指标构成来拆解

从指标的定义来看指标的构成。例如，某店铺最近做了一个活动，但是活动后发现预期销售额没达成，原因是什么呢？可以从指标定义来拆解，销售额 =新用户销售额+老用户销售额，所以销售额可以拆解为新用户销售额、老用户销售额。然后可以继续拆解新用户的转化和老用户的复购：

新用户销售额=新用户数×转化率×新用户客单价；

老用户销售额=老用户数×复购率×老用户客单价。

这样拆解后，有利于后续找到原因来制定对应的决策。如果是“新用户”导致的销售额目标没达成，可以对新用户发小额无门槛的折扣券，因为新用户往往还没有对店铺建立信任，不会第一次就购买很多。如果是“老用户”导致的销售额目标没达成，可以对老用户发高额满减折扣券，起到提升复购率的效果。

2）从业务流程来拆解

按业务流程进行拆解分析，例如按用户购买产品的业务流程来拆解。

现在通过一个例子来学习如何使用多维度拆解分析方法。一家线上店铺做了一波推广，老板想看看推广效果如何，你该怎么办呢？

推广效果最直观的是看用户增长了多少，定义衡量指标为新增用户数。这里的新增用户数是指看到推广渠道的广告，进入店铺的人数。

我们可以按指标构成如城市、性别、渠道来拆解新增用户数（图2-28）。

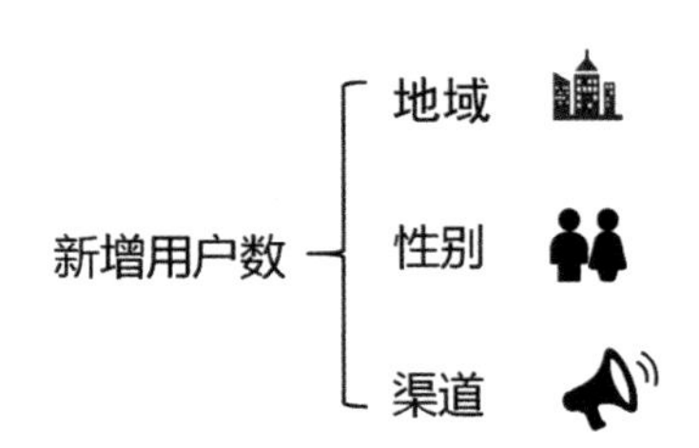

图2-28　从指标构成拆解

按照地域细分，考察一线、二线、三线及以下等不同城市的新增用户数量情况。

按照性别细分，考察男性用户、女性用户分别是多少。

按照渠道细分，考察公众号、百度、头条哪个渠道的用户来源多。

从地域维度（图2-29）来看，北京、上海等一线城市新增用户多，说明一线城市的用户对公司产品更感兴趣。

地域	用户数	占比
广东省	10397	17.58%
北京	8267	13.98%
上海	6343	10.72%
浙江省	3883	6.57%
江苏省	3584	6.06%
四川省	2685	4.54%
湖北省	2423	4.10%

图2-29　地域维度

从性别维度（图2-30）来看，男性用户多于女性用户。

性别	用户数	占比
男	37336	60.29%
女	24555	39.65%
未知	34	0.05%

图2-30　性别维度

从渠道维度（图2-31）来看，假设渠道A新增用户数最多，渠道B新增用户数接近A，渠道C新增用户数最少 。那么，渠道A、渠道B、渠道C哪个用户渠道的质量更高呢？

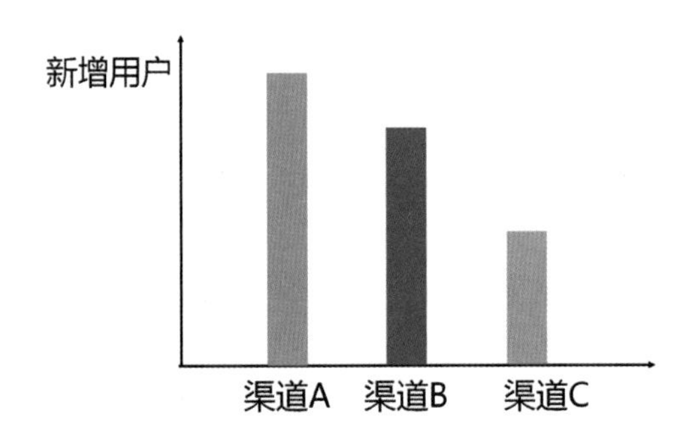

图2-31　渠道维度

店铺做推广的目的，最终是为了给店铺带来销量，所以我们可以从业务流程来拆解分析，考察哪个渠道来的用户更愿意在店铺购买。

我们可以继续从业务流程来拆解渠道数据。用户购买的业务流程，可以分为4步：

第1步，看到渠道的广告；

第2步，被广告吸引进入店铺；

第3步，在店铺选择感兴趣的商品；

第4步，选择好商品，最终决定购买。

按业务流程拆解后，我们看到虽然渠道A带来的用户多，但是最终购买人数却低于渠道B带来的用户数。所以，渠道B的用户质量更高（图2-32）。

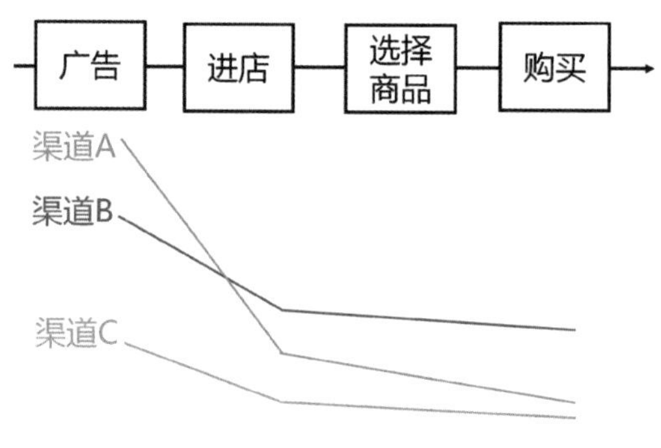

图2-32 从业务流程拆解

再来看一个案例，来更加熟悉多维度拆解分析方法 。

有一款App，在观察用户留存率的时候，发现低年龄用户的留存率比高年龄用户的留存率低很多。这里的低年龄用户是指18岁以下的用户，例如初中生、高中生。进一步观察发现，这些低年龄的用户大多是使用一下App就再也不用了。

根据这个问题，可以从指标构成、业务流程来拆解问题。

1）从指标构成拆解

如果把18岁以下都算作低龄，那么这个划分又不够细，因为18岁以下包含了3个学生阶段：小学生、初中生、高中生。不同学生阶段的用户行为差异是比较大的，所以可以按年龄维度来细分（图2-33）。

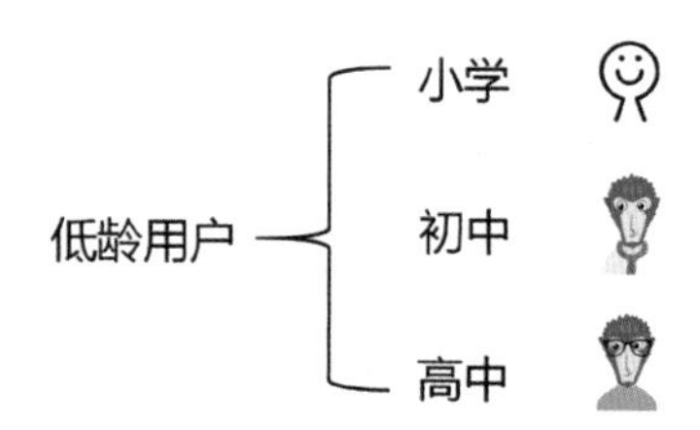

分析维度1：不同的低龄用户表现是否有差异？

图2-33 从指标构成拆解

由此得到分析维度1：不同的低龄用户表现是否有差异？

2）从业务流程拆解

新用户使用App的业务流程如下：

第1步，新用户下载App，然后注册；

第2步，用户看到App首页推荐的内容。新用户注册的时候，App会让用户选择感兴趣的话题，然后App根据用户的选择，给他推荐相关的内容。例如豆瓣、小红书等App就是这样的注册流程。

推荐的内容如果不准确，会影响用户的体验。例如我挑选兴趣的时候选了电影，结果推荐系统给我推荐了旅行，那跟我的预期就会差很远，就会觉得这个平台没有我想看的信息，自然就会离开。所以，这一步我们可以提出问题：推荐的内容可能不是低年龄用户想看的，从而导致留存率差。

第3步，用户还可能会在App里搜索自己感兴趣的内容。

当用户下载了这个App注册的时候，希望在这个平台上找到对自己有价值的东西。如果没找到，那用户很大概率会流失。这一步我们可以提出问题：低年龄用户可能搜不到想看的内容，从而导致留存率差。由此我们得到分析维度2和分析维度3（图2-34）。

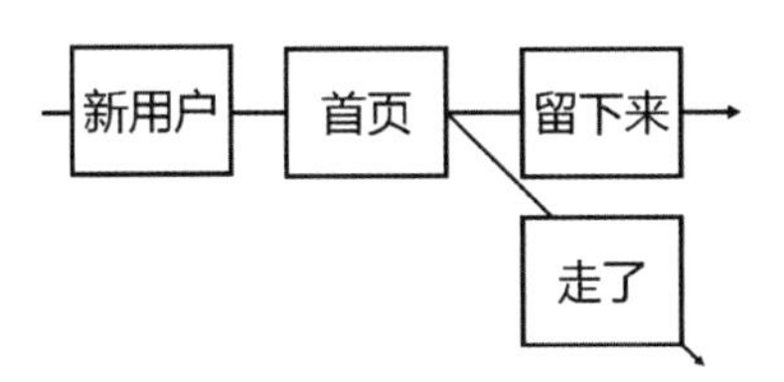

分析维度2：新用户想要看到什么？

分析维度3：推荐的内容是用户想看的吗？

图2-34　从业务流程拆解

从指标构成和业务流程拆解，我们就将一个复杂的问题拆解为3个子问题（图2-35）。

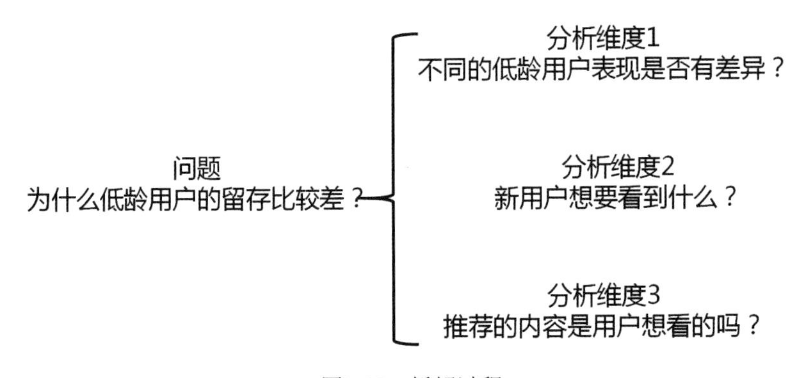

图2-35　拆解过程

2.4.4 注意事项

前面我们讲到，只看数据整体，可能注意不到“数据内部各个部分构成的差异”，导致“辛普森悖论”。所以在有些情况下，考察数据整体和考察数据的不同部分，会得到相反的结论。

2.4.5 总结

可以用图2-36记住多维度拆解分析方法。

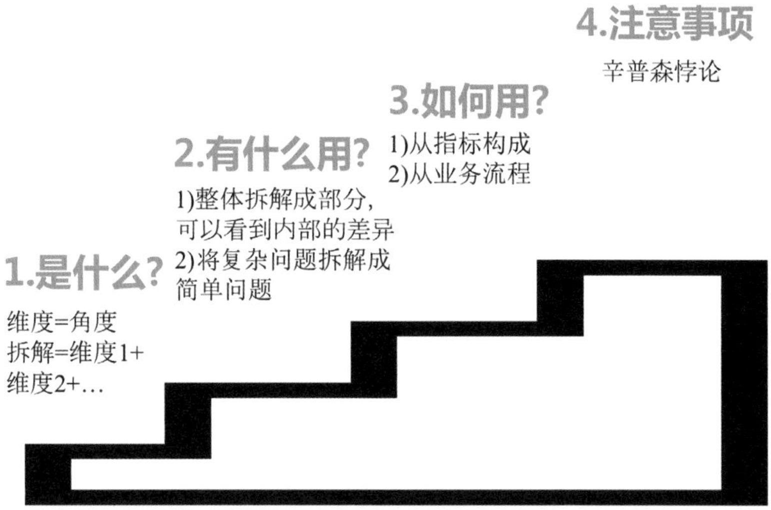

图2-36　多维度拆解分析方法

第1个问题：是什么？

对于多维度拆解分析方法要理解两个词：一个是“维度”，即我们日常生活中说的角度；另一个是“拆解”，其实就是做加法，问题=维度1+维度2+…

第2个问题：有什么用？

有两个作用。第一个作用是，只看数据整体，我们可能注意不到“数据内部各个部分构成的差异”，所以需要拆解数据来分析。

第二个作用是，遇到一个复杂问题，不知道怎么解决的时候，我们可以用多维度拆解分析方法将一个复杂问题变成可以解决的子问题。这背后的原理其实就是我们之前讲过的逻辑树分析方法。

第3个问题：如何用？

一般会从指标构成或者业务流程的维度来拆解。

（1）从指标构成来拆解：分析单一指标的构成。例如单一指标为用户，而用户又可以拆解为新用户、老用户。

（2）从业务流程来拆解：按业务流程进行拆解分析，例如不同渠道的用户付费率。

第4个问题：注意事项。

要注意“辛普森悖论”，也就是在有些情况下，考察数据整体和考察数据的不同部分，会得到相反的结论。使用多维度拆解分析方法，可以防止“辛普森悖论”。

2.5　对比分析方法

2.5.1　什么是对比分析方法？有什么用？

对比分析方法在我们生活中经常遇到。女友天天对我进行灵魂拷问：我和对面那个女孩谁胖？这就是对比分析方法。

女友通过对比分析方法来判断自己体重是不是出了问题。在数据分析中，我们通过对比分析方法，来追踪业务是否有问题。例如，我的公众号日活跃率是4%，你说是高还是低？这个日活跃率有问题吗？这时候，就需要用对比分析方法来追踪业务是不是有问题。正所谓，没有对比就没有好坏。

我们再来看一个对比分析方法在生活中应用的案例。为了讨好女友，我准备给她买件衣服，在商场看中一件衣服要299元。我心里想，299元是不是有点小贵。店主过来指着另一件衣服说："你看这件衣服，只要899元！"

我一比较，顿时觉得299元这件衣服挺实惠的。

发现没有？899元的那件衣服根本就不是拿来卖的，而是用来让你对比的。

心理学家给这种现象发明了一个术语叫作价格锚定（图2-37），也就是通过和价格锚点对比，一些商品会卖得更好。

图2-37　价格锚定

《经济学人》是美国的畅销经济学杂志，它做过一个订阅实验，给用户以下3个选项进行选择：

（1）只订阅电子版，59美元一年；

（2）只订阅纸质版，125美元一年；

（3）订阅纸质版+电子版，125美元一年。

第2个选项和第3个选项的价格一样，但是第3个选项提供的服务更多。

实验结果显示，只有16%的人选择了第1个选项，有84%的人选了第3个选项，也就是有更多的人愿意花更多的钱去订阅杂志（图2-38）。

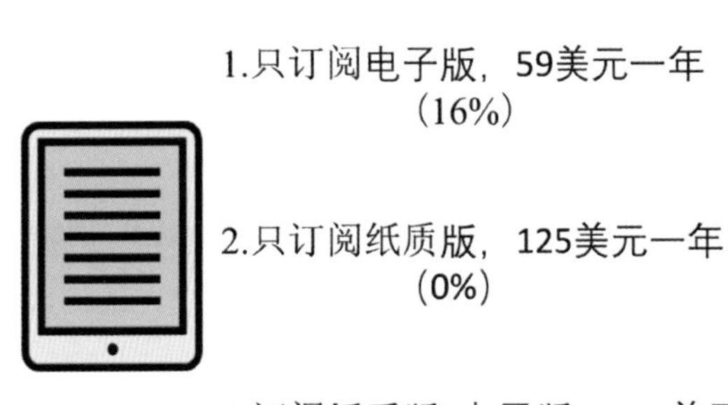

图2-38　实验结果

如果把第2个选项去掉，对用户有影响吗？

去掉第2个选项，选择125美元（原来的第3个选项）的用户减少到了32%（图2-39）。

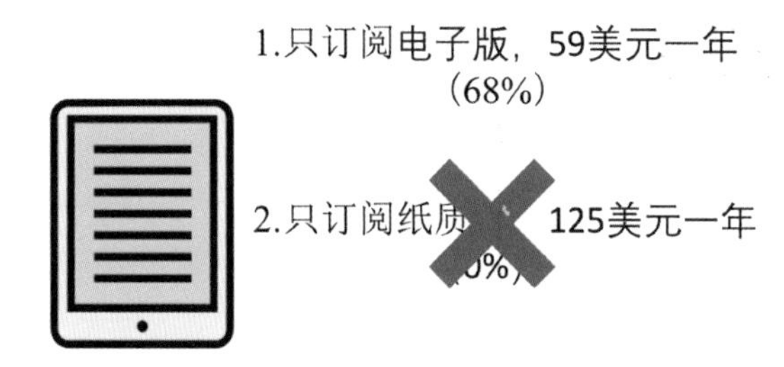

图2-39 去掉第2个选项的结果

如果没有之前第2个选项，用户会和第1个选项对比，发现花125美元不划算。当有第2个选项的时候，用户就会将比较对象换成第2个选项，这样才能体现出第3个选项的优惠。

2.5.2 如何使用对比分析方法?

想要进行对比分析，我们要弄清楚两个问题：和谁比，如何比较。

1. 和谁比

和谁比一般分为两种：和自己比，和行业比。

雷军在小米上市之前做了一个公开承诺："小米的硬件综合净利润率永远不会超过5%。如有超过的部分，将超出部分全部返还给用户。"我们用对比分析方法来分析下这句话背后的真实含义。

1）和自己比

在小米的招股说明书中可以看到，小米2015年的硬件毛利率是-0.3%，2016年是3.4%。净利润率=毛利率-其他成本，所以再考虑上其他成本，小米和自己的历史业绩比，硬件净利润率肯定小于5%。

2）和行业比

遇到问题，想知道是行业趋势还是自身原因，就可以和行业值对比。作为硬件行业的领头羊海尔公司，在2017年净利润率是4.3%，也达不到5%。

所以，通过对比分析方法可以看出，硬件净利润率能达到5%的公司几乎就没有，所以雷军这个承诺其实是一种经过数据分析得出的结论，既不会让小米陷入无法实现承诺的困境，又可以在用户心中留下"小米性价比高"的产品形象。

2. 如何比较

前面我们了解了对比分析方法的第一个问题：和谁比。现在我们来看第二个问题：如何比较。一般从3个维度比较：数据整体的大小、数据整体的波动、趋势变化（图2-40）。

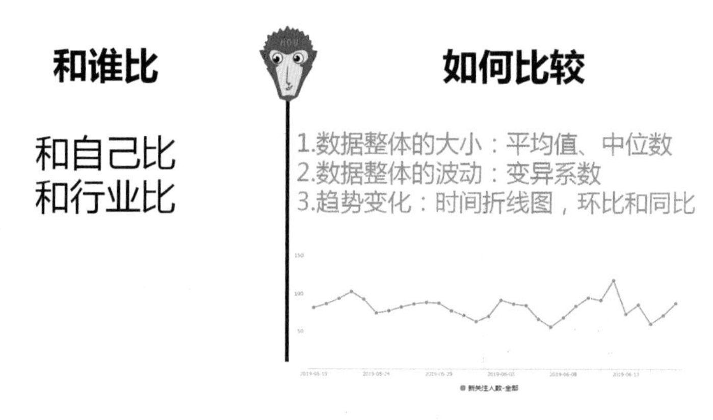

图2-40 如何比较

1）数据整体的大小

某些指标可用来衡量整体数据的大小。常用的是平均值、中位数，或者某个业务指标。

2）数据整体的波动

标准差除以平均值得到的值叫作变异系数。变异系数可用来衡量整体数据的波动情况。

3）趋势变化

趋势变化是从时间维度来看数据随着时间发生的变化。常用的方法是时间折线图，环比和同比。

时间折线图是以时间为横轴、数据为纵轴绘制的折线图。从时间折线图上可以了解数据从过去到现在发生了哪些变化，还可以通过过去的变化预测未来的动向。

环比是和上一个时间段对比，用于观察短期的数据集。例如本周和上周对比，本月和上月对比（某数据在2020年12月比2020年11月下降10%）。

同比是与去年同一个时间段进行对比，用于观察长期的数据集。例如某数据在2020年12月比2019年12月下降10%（图2-41）。

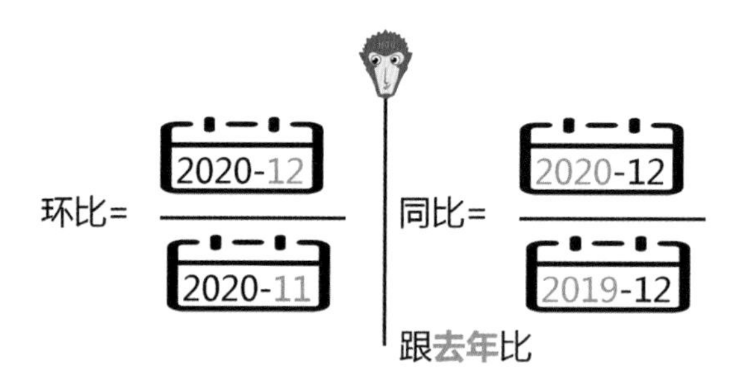

图2-41 环比和同比

前面我们知道了比较的两个问题：和谁比、如何比较。在实际应用对比分析方法的时候，为了防止遗漏我们可以用图2-42的“对比表格”来记录比较的维度，防止遗漏重要信息。

其中，第一列是比较的维度，中间几列是比较对象，最后一列是比较结论，用于记录每一行的比较结果。

和谁比：和自己比？
和行业比？

从哪几个维度去比较	比较对象A	比较对象B	比较结论
衡量整体的大小：平均值，中位数			
衡量波动：变异系数			
衡量趋势变化：时间折线图，环比、同比			

图2-42　对比表格

2.5.3　注意事项

在进行比较的时候，要注意比较对象的规模要一致。例如，折线图（图2-43）的横轴是月份，纵轴是每天平均销售额。从这个折线图反映的趋势来看，似乎可以得出比较结论：地区B的业务没有其他地区的好。

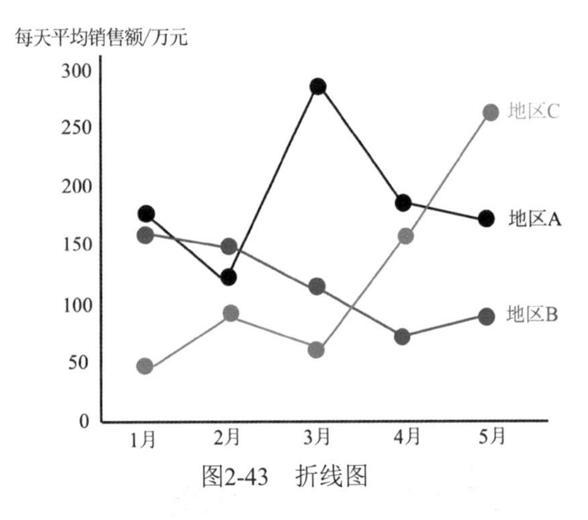

图2-43　折线图

当你把这个图表和分析结论拿给领导看时，领导说：“这些地区的店铺数量不一样，直接比较可以吗？”原来图片里统计的是公司在各个地区的店铺总销量，各地区店铺数量不一样，也会影响所在地区的销售额。这就好比，苏宁易购在某一线城市和某三线城市的店铺数量不一样，两地每天的平均销售额差别也很大（图2-44）。

	地区A	地区B	地区C
店铺数量	15	5	10

图2-44　各地区店铺数量

所以，比较对象的规模要一致，这样才有可比性。那么这个案例里的问题如何解决呢？

可以用每个地区的销售额除以店铺数量，这样就可以算出各个区域的单个店铺的平均销售额。从图2-45可以发现，与其他地区相比，地区B的销售业绩并不差。

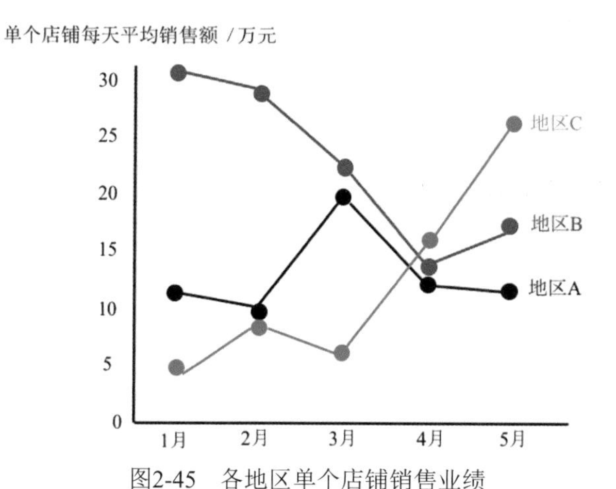

图2-45 各地区单个店铺销售业绩

A/B测试的背后也是用了对比分析方法。什么是A/B测试？

做过App功能设计的读者朋友可能经常会面临多个设计方案的选择，例如某个按钮是用蓝色还是黄色，是放左边还是放右边。传统的解决方法通常是集体讨论表决，或者由某位专家或领导来拍板，实在决定不了时也有随机选一个上线的。虽然传统解决办法多数情况下也是有效的，但A/B测试可能是解决这类问题的一个更好的方法。

简单来说，A/B测试就是为同一个目标制定两个版本，这两个版本只有某个方面不一样，其他方面保持一致。例如两个版本只有按钮的颜色不一样，让一部分用户使用A版本（实验组），另一部分用户使用 B版本（对照组）。试运行一段时间后，分别统计两组用户的表现，然后对两组数据进行对比分析，最后选择效果更好的版本正式发布给全部用户（图2-46）。

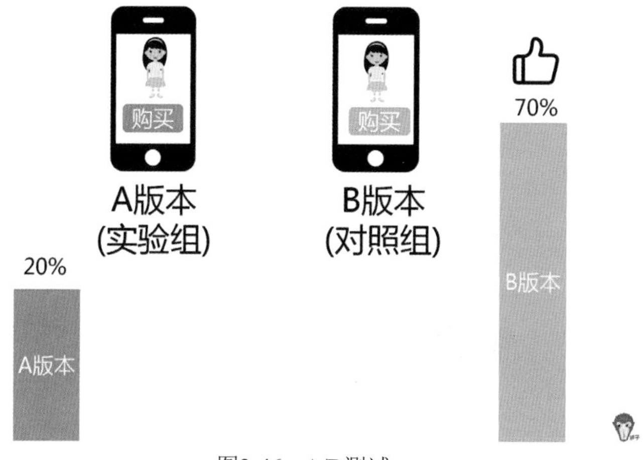

图2-46 A/B测试

A/B测试是怎么来的呢？

2007年，谷歌的产品经理丹·西罗克是奥巴马竞选团队“新媒体分析部门”的负责人。他用A/B测试优化了竞选网站的“捐款”按钮，使得捐款金额增加了5700万美元。他对这个“捐款”按钮做了什么呢？

西罗克在奥巴马捐赠页面上进行了A/B测试，发现：

（1）对于第一次访问竞选网站的用户，按钮文字是“捐赠并领取礼物”效果最好；

（2）对于长期访问竞选网站，但是从来没有捐款的用户，按钮文字是“捐款”效果最好；

（3）对于过去曾经捐过款的用户，按钮文字是“捐助”效果最好。

在奥巴马就任总统后，西罗克创办了一家网站优化公司（Optimizely），这家公司的客户名单里是各个总统的竞选团队。

现在A/B测试已经广泛应用于互联网公司的产品优化。例如，缤客是一家线上国际旅游公司，类似于携程。这家公司每年要做大量的A/B测试来提升用户体验。

这家公司是如何做A/B测试的呢？

一般而言，如果一家公司要做A/B测试，要设立一个专门的团队。但是缤客通过内部一个专门做A/B测试的平台，把A/B测试这件事情变得简单，几乎每个员工都可以方便地进行各种测试来验证自己的想法。

在这家公司做A/B测试的流程是这样的：

（1）发起申请，在申请里写清楚：为什么做这次A/B测试？A/B测试的受益者是用户还是旅行社？以前做过哪些A/B测试？

（2）如果申请通过，A/B测试就上线了。平台会自动监控测试过程和生成分析报告。

再来看一个案例。在经济形势不好的时候，拉动消费有一个办法是发消费券。用户领取消费券后，在结账的时候就可以抵扣对应的金额。但是消费券还有个不好的影响——日本曾经向用户发放过消费券，但是效果却不好。因为一旦不发消费券了，消费很快就会下降，也就是没有长期效果。

为了拉动受疫情影响的消费，杭州在2020年3月底到4月向本地居民发放了消费券，效果如何呢？北京大学光华管理学院的研究团队和蚂蚁金服研究院联合发布的一份报告，对这次消费券发放效果进行了研究。

研究团队使用的方法就是A/B测试。实验组是杭州3月27日第一期消费券发放后的用户，对照组是没有领消费券的用户。在消费券过期后，与对照组相比，实验组的消费没有明显减少。也就是说，用户并没有因为之前用了消费券，之后就减少消费，所以这次消费券发放效果很好。

这次效果好的原因在于，之前日本发的是实体现金券，而这次杭州发的是数字消费券。数字消费券的一大好处就是方便，用户在支付宝、微信等平台上就能领取。

2.5.4　总结

可以用图2-47记住对比分析方法。

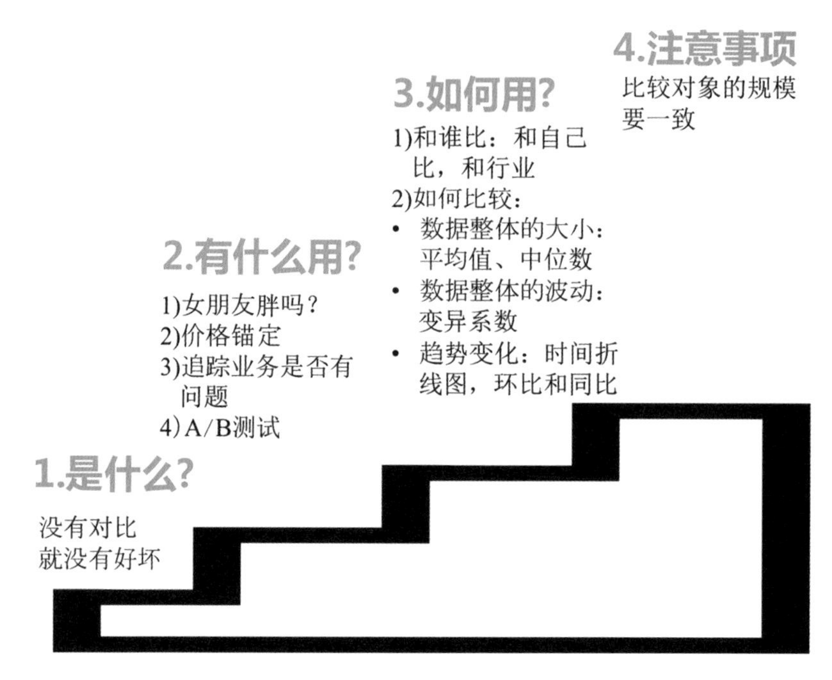

图2-47　对比分析方法

第1个问题：是什么？

当我们对几个对象进行比较的时候，就要用到对比分析方法。正所谓，没有对比就没有好坏。

第2个问题：有什么用？

在日常生活中，我们经常会用到对比分析方法，例如女友通过对比分析方法来判断自己体重是不是出了问题。

在心理学中有“价格锚定”，通过和价格锚点对比，一些商品会卖得更好。

在数据分析中，我们通过对比分析方法，来追踪业务是否有问题，例如A/B测试。

第3个问题：如何用？

进行对比分析，我们要弄清楚两个问题：和谁比，如何比较。

和谁比是指，要弄清楚是和自己比还是和行业比。和自己比是指和自己过去的历史数据比较。遇到问题，想知道是行业趋势，还是自身原因，就可以和行业值对比。

对于如何比较，一般我们有以下3个维度：

（1）用平均值、中位数，或者某个业务指标来衡量整体数据的大小。

（2）用变异系数来衡量整体数据的波动情况。

（3）从时间维度来看数据随着时间发生的趋势变化。常用的方法是时间折线图、环比和同比。

我给出了一个对比表格模板（图2-48），你可以把它看作一个万能模板，防止遗漏比较的信息。每当进行对比分析的时候，把这个表格填满就可以了。

第4个问题：注意事项。

在进行比较的时候，要注意比较对象的规模保持一致。

和谁比：和自己比？
和行业比？

从哪几个维度去比较	比较对象A	比较对象B	比较结论
衡量整体的大小： 平均值，中位数			
衡量波动：变异系数			
衡量趋势变化： 时间折线图，环比、同比			

图2-48　对比表格模板

2.6　假设检验分析方法

2.6.1　什么是假设检验分析方法?

假设检验分析方法底层思想其实很简单，就是逻辑推理。这个逻辑推理，在我们生活中无处不在。如果你看过《神探狄仁杰》《白夜追凶》《唐人街探案》这些破案片，就会发现，剧中的破案高手都有一个破案套路，那就是先假设某个人是嫌疑人，然后找证据，如果有足够的证据证明该嫌疑人犯罪，才宣判嫌疑人有罪。

同样在现实中，法官在审理案件的过程中，也首先会假设被告方无罪，而指控方的工作就是搜集证据来说服法官或陪审团，最后得出罪犯有罪的结论。

我们平常说某个人心思细腻、逻辑严谨，其实你也可以做到，那就是掌握逻辑推理的方法：假设检验分析。假设检验分析方法是一种使用数据来做决策的过程。假设检验分析方法分为3步（图2-49）：

图2-49　假设检验分析方法的步骤

1）提出假设

根据要解决的问题，提出假设。例如警察破案的时候会根据犯罪现场提出假设：这个人有可能是嫌疑人。

2）收集证据

通过收集证据来证明。例如警察通过收集嫌疑犯的犯罪数据，来作为证据。

3）得出结论

这里的结论不是你主观猜想出来的，而是依靠找到的证据得到的结论。例如警察不能主观地去猜想，然后下结论说这个人是罪犯，而是要通过收集的数据（证据）来证明这个人是不是罪犯。

2.6.2 假设检验分析方法有什么用?

由于假设检验分析方法背后的原理是逻辑推理，所以学会这个方法以后，可以显著提高我们的逻辑思维能力。

假设检验分析方法的另一个作用是可以分析问题发生的原因，也叫作归因分析（图2-50）。例如面试过程中，面试官问“为什么申请量上升了，放款量反而下降了？”这类问“为什么”的题是工作中经常遇到的场景，例如是什么原因导致活跃率下降等。这类问题就是分析原因。通过找到问题发生的原因，才能根据原因制定对应的策略。

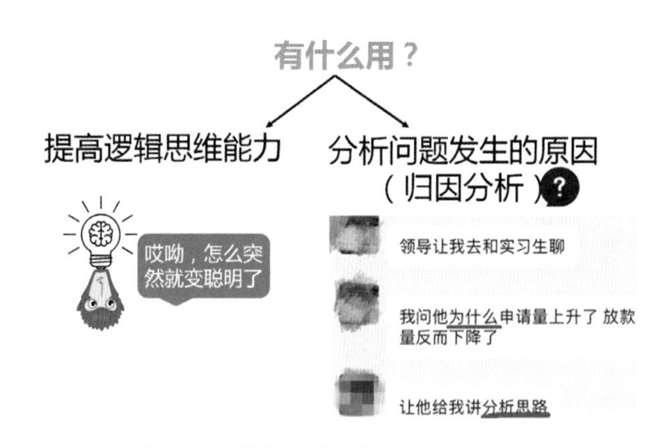

图2-50　假设检验分析方法的作用

下面通过案例看下假设检验分析方法是如何起作用的。

电影《决战中途岛》讲述的是第二次世界大战中，太平洋战争重要的转折点——中途岛海战。在电影里，美军发现了日军的一段密码。破译密码后，得到一个关键词：AF。这表示日军将要在AF岛发动进攻。

可是，这个AF到底代表哪个岛呢？

美军内部出现了两种意见，夏威夷情报处认为AF是中途岛，而华盛顿情报处认为AF是阿留申群岛。如果你是作战的指挥官该听谁的呢？

你可能会说，在两个岛上都部署航母，这样做到万无一失。理想是美好的，但是现实却是残酷的。因为当时美国的航母比日军少，它只能把有限的资源集中放到一个岛上。确定这个岛是中途岛还是阿留申群岛，直接决定了战局的胜败。

现在假设检验分析方法派上了用场，目前有两个假设：假设1是AF是中途岛，假设2是AF是阿留申群岛（图2-51）。

图2-51　《决战中途岛》案例

如何验证假设呢？需要收集证据。

夏威夷海军情报处的负责人想到，很久以前，他也捕获过一条包含AF的信息，当时信息显示：日军飞机的航线会经过AF。根据那次的观察，他认为AF就是中途岛。

为了验证这个假设，美军发出了一个假情报：中途岛上的淡水处理器坏了，为的是看到日军获取到假情报的反应。果然不久就截获到日军向外发送的情报信息：AF缺淡水。

这就验证了假设，得出结论：AF是中途岛。

指挥官根据这个分析结论做出了决策，把有限的兵力埋伏在中途岛。最终美军在中途岛大胜，从而扭转了整个太平洋战场的局势。

2.6.3　如何使用假设检验分析方法？

前面我们提到假设检验分析方法的步骤分为3步：提出假设、收集证据、得出结论。

那么现在问题就来了，人们建立假设时，很容易依赖之前的经验做出假设，这可能会无意识地排除一些重要的假设。

如何客观地提出假设呢？

我们可以按用户、产品、竞品这3个维度提出假设（图2-52），来检查提出的假设是否有遗漏。这3个维度分别对应公司的3个部门：用户对应运营部，产品对应产品部，竞品对应市场部。这3个维度有助于在发现问题原因以后，对应落实到具体部门上，有利于把问题说清楚。

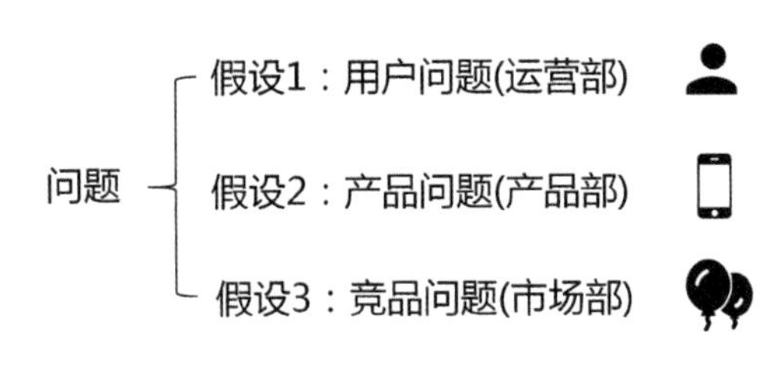

图2-52　从3个维度提出假设

从这3个维度，我们可以提出3种假设：

（1）假设用户有问题：可以从用户来源渠道这个维度来拆解分析，或者画出用户使用产品的业务流程图来分析原因；

（2）假设产品有问题：可以研究这段时间销售的产品是否符合用户的需求；

（3）假设是竞品导致的问题：可以看竞品是不是在搞什么优惠活动，用户跑到竞争对手那里了。

我们还可以从4P营销理论出发来提出假设。什么是4P营销理论呢？

4P营销理论产生于20世纪60年代的美国，它是随着营销组合理论的提出而出现的。营销组合实际上有几十个要素，这些要素可以概括为4类：产品、价格、渠道、促销。

（1）产品：公司提供给目标市场的有形或无形产品，包括产品实体、品牌、包装、样式、服务、技术等；

（2）价格：用户购买产品时的价格，包括基本价格、折扣价格、付款期限及各种定价方法和定价技巧等；

（3）渠道：产品从生产公司到消费用户所经历的销售路径。

（4）促销：是指企业利用各种方法刺激用户消费，来促进销售的增长。包括广告、人员推销、营业推广等。例如买一送一、过节打折等。

为了寻找销售业绩下降的原因，可以利用4P营销理论从4个维度提出假设（图2-53）。

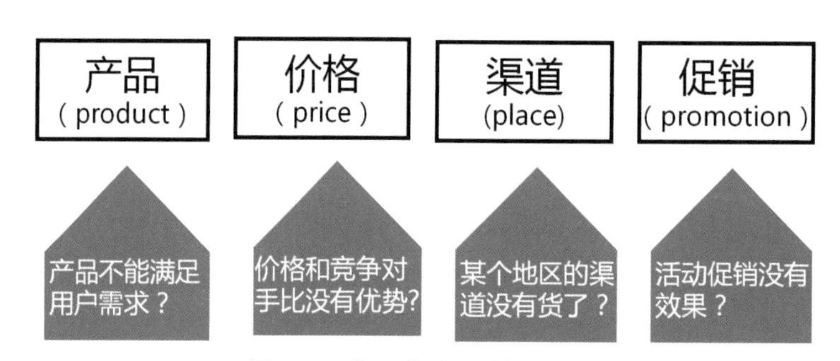

图2-53　从4P营销理论提出假设

4P营销理论是从公司角度出发研究产品的。还可以从用户角度出发去研究产品，也就是从用户使用产品的业务流程来检查提出的假设是否有遗漏。

例如，某线上店铺最近给新会员的折扣券的领取率降低，原因是什么呢？可以先画出业务流程，根据业务流程，提出以下假设（图2-54）：

假设1：进入店铺的用户减少？例如流量减少或者推广引入了大量低质的用户。

假设2：想领取会员卡的用户减少？例如店铺增设了不用领卡就能领取的其他折扣券，分散了用户的注意力。

假设3：成为会员后，想领折扣券的用户减少？例如折扣券需要达到某个门槛才能使用，门槛设置太高对用户失去吸引力。

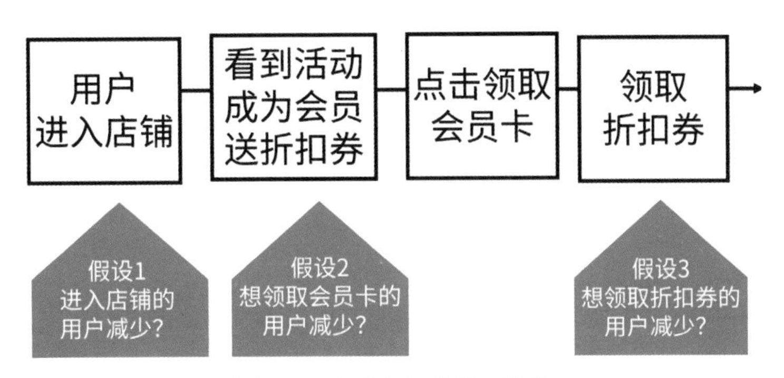

图2-54　从业务流程提出假设

从业务流程提出假设，这里其实是用到了我们之前讲过的多维度拆解分析方法。

下面通过一个案例来看下如何使用假设检验分析方法来查找问题发生的原因。

解读报表里数据的波动是数据分析的基本功，在面试中会经常考。提出报表解读问题之前，对方通常会给你一个表格。例如图2-55里的表格是一家公司App的一周日活跃率，老板交给你以下任务：

从数据中你看到了什么问题？你觉得背后的原因是什么？

案例　**如何解读周报？**

日期	12月3日	12月4日	12月5日	12月6日	12月7日	12月8日	12月9日
	周一	周二	周三	周四	周五	周六	周日
日活跃率	14.4%	14.7%	16.3%	17.8%	14.5%	1.8%	4%

图2-55　解读数据

遇到这类问题，需要先对数据进行可视化，因为光从表格我们无法直观地看出数据随时间变化的趋势。根据这个表格，我们可以绘制出折线图（图2-56），看下数据随着时间变化的趋势。

日期	12月3日	12月4日	12月5日	12月6日	12月7日	12月8日	12月9日
	周一	周二	周三	周四	周五	周六	周日
日活跃率	14.4%	14.7%	16.3%	17.8%	14.5%	1.8%	4%

日活跃率

时间

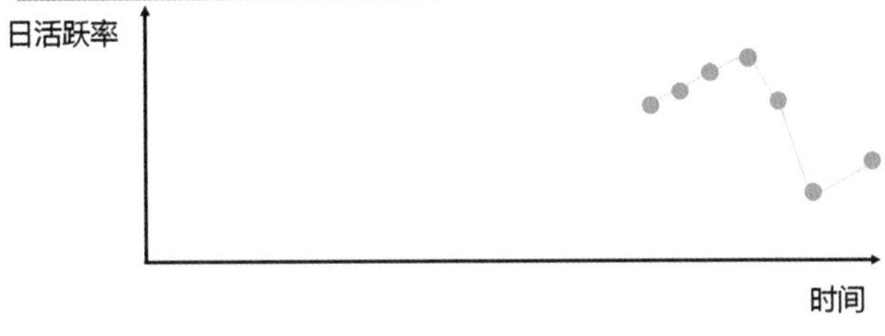

图2-56　绘制折线图

接下来怎么分析呢？你可能会说，发现了一个问题，周六数据下降了。

之前我们讲到对比分析方法的时候，说到没有对比，就没有好坏。周六的数据和这周数据比较是下降了，那么有没有可能是这个App本身每周六就不活跃，因为周末放假大家想休息？

所以，为了更好地对比分析，对于报表解读问题，你还要问面试官往前几周的数据是怎样的，这样可以从整体上看出数据在一个较长时间范围内是怎样变化的。同时，可以看出数据变化是规律的，还是真的有问题。

你可以这样问面试官：前几周的数据是怎样的？我想和这周数据进行对比分析。

这时候面试官会给你前几周的数据，假设是图2-57的情况。

问题：本周六的日活跃率下降了5%

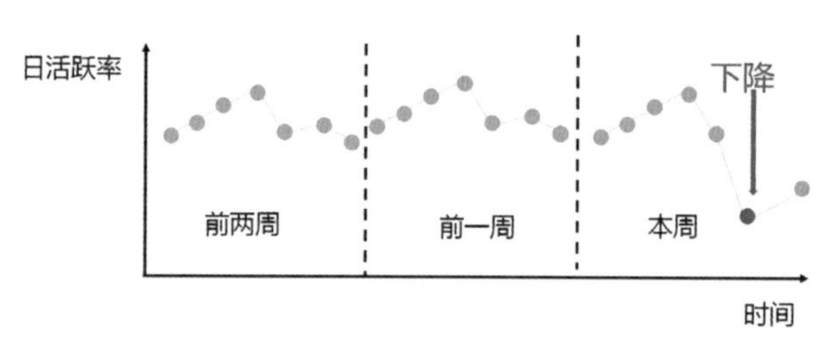

图2-57　前几周数据

通过和前几周数据对比，发现这个App的规律是每周末的活跃率都有稍微的下降。但是这周六和前几周的周六相比，下降更明显。我们可以计算出前几周周六的平均日活跃率，和这周六的日活率比较，假设发现本周六的日活率下降了5%。

所以，我们把问题明确为：本周六的日活率比前几周周六的平均日活跃率下降了5%。那么，本周六日活率为什么突然下降了呢？如何查找问题发生的原因呢？这时候假设检验分析方法就派上用场了。

假设检验分析方法的第1步是提出假设。如何提出假设呢？我们可以使用前面讲到的方法，从用户、产品、竞品这3个维度提出假设（图2-58）。

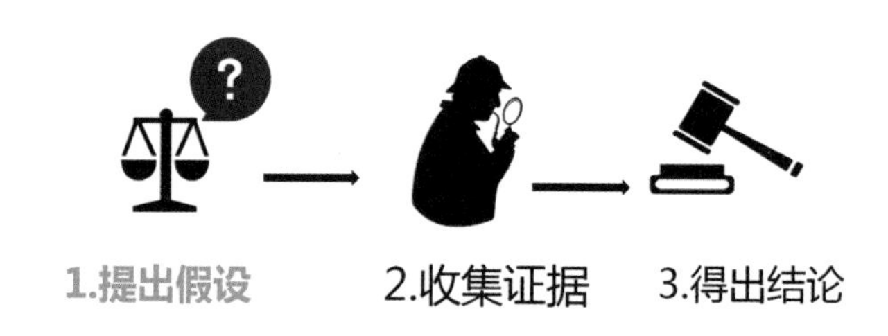

假设1：用户问题？(运营部)
假设2：产品问题？(产品部)
假设3：竞品问题？(市场部)

图2-58　提出假设

现在我们来看假设检验分析方法的第2步：收集证据。为了理清楚思路，在开始分析之前，可以做一个图，将问题、假设、数据从上至下连起来（图2-59）。

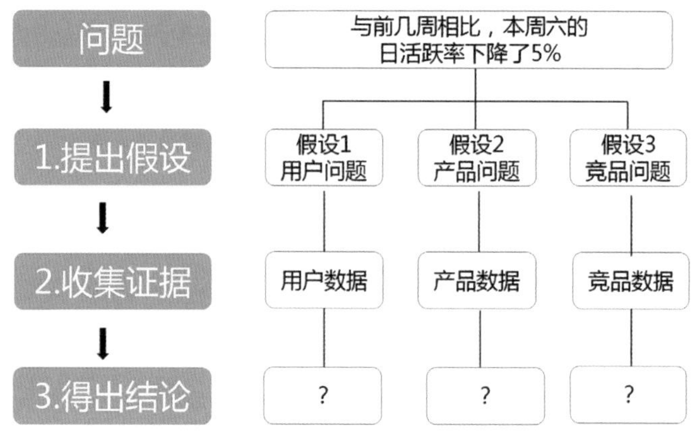

图2-59　分析图

对于这个案例，问题是与前几周周六相比，本周六的日活跃率下降了5%。我们提出了3个假设，为了验证假设，我们需要收集证据。

对于假设1的用户问题，我们需要从用户数据中找出证据。

对于假设2的产品问题，我们需要从产品数据中找出证据。

对于假设3的竞品问题，我们需要从竞品数据中找出证据。

也就是说，要找什么数据，是与你要验证的假设有关系。根据第2步收集的证据，我们得出第3步的结论。

这张图就像我们走路的地图一样，不管我们后面分析到哪里，都可以从这张地图上清楚地看到我们位于地图的哪个位置。

我们先来看第1个假设：用户有问题。

如果是用户方面的问题，那我们可以找到对应的用户数据。将活跃用户数按渠道维度拆解，发现来自渠道B的活跃用户数出现了明显的下跌（这里按渠道拆解，用到了我们之前讲过的多维度拆解分析方法）。

最后可以得出结论，获取用户的渠道B有问题，从而导致了本周六的日活跃率下跌（图2-60）。

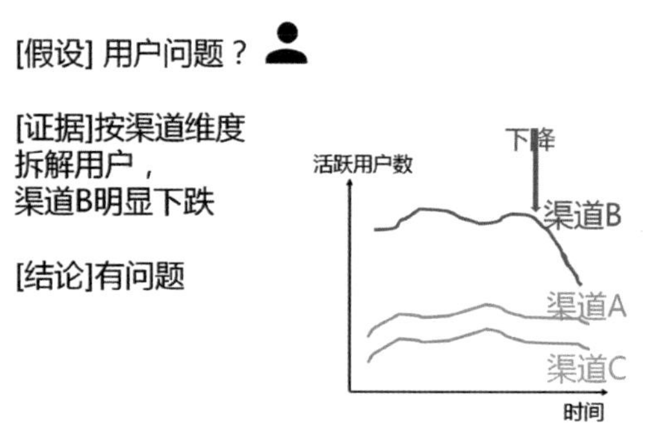

图2-60　第1个假设

我们再来看第2个假设：产品有问题。

这时候就需要找相关部门了解情况，一起去排查问题了。例如，服务器是不是崩溃了？最近是否上线了产品新版本，其中新功能有问题？或者是没有处理产品版本问题导致？甚至可以去问客服，最近是不是有大量投诉，投诉原因是什么？还可以查看用户对产品满意度方面的数据。

假设最后经过调查，产品没有问题（图2-61）。

[假设] 产品问题？

[证据] 找相关部门了解情况

[结论] 没有产品问题

图2-61　第2个假设

我们再来看假设3：日活跃率下降是竞品问题导致的。

竞品问题是指竞争对手有什么大动作，例如竞争对手在搞活动促销，用户都跑到竞争对手那边了。通过调研发现，竞品最近没有搞大的活动。最后得出结论：没有竞品问题（图2-62）。

[假设] 竞品问题？

[证据] 竞品最近没有搞大的活动

[结论] 没有竞品问题

图2-62　第3个假设

整个分析思路如图2-63所示。

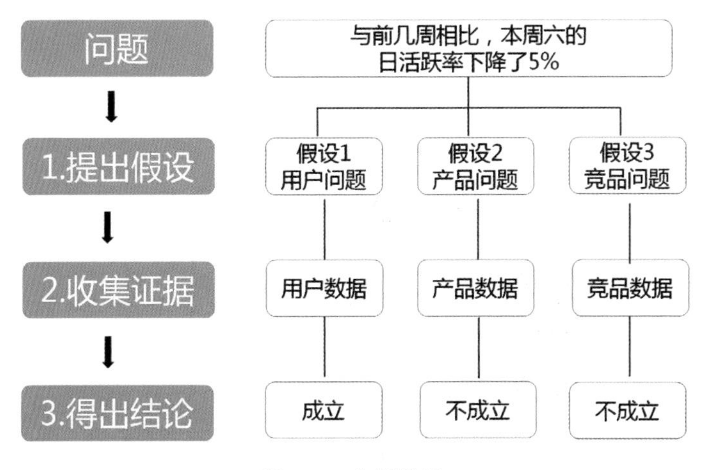

图2-63　分析思路

你可能会问了，既然假设1发现了问题，为什么还要去验证假设2和假设3？这是因为一个问题发生可能是由多个原因造成的，需要找到不同的原因，这样后面决策的时候，才能分别根据不同原因制定不同的策略。

那么分析到这里就结束了吗？当然不是，我们需要多问几个为什么：为什么渠道B的数据下跌了？这时候可以跟负责渠道推广的同事了解情况，例如发现渠道B的投放活动在周六那天正好结束了，导致App的新用户少了，从而导致了日活跃率下降。

综上，假设检验分析方法有3个步骤：提出假设，收集证据，得出结论。得出结论以后，分析还没有停止，要多问几个为什么，然后用数据去验证可能的原因。不断重复假设这个分析过程，直到找到问题的根源（图2-64）。

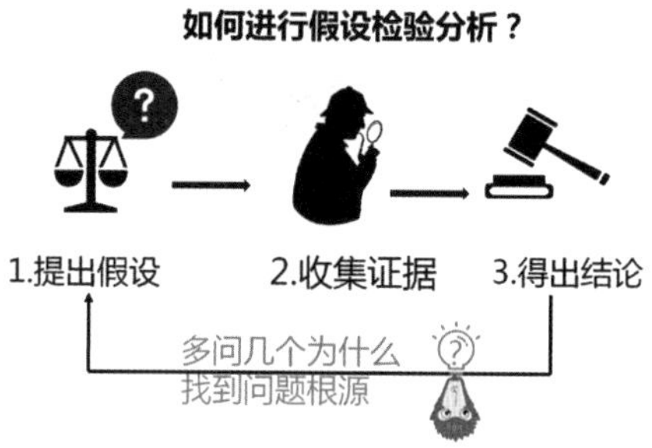

如何进行假设检验分析？

1.提出假设　2.收集证据　3.得出结论

多问几个为什么

找到问题根源

图2-64　假设检验分析过程

在假设检验里面我们还要用到其他分析方法，例如刚才的案例在提出问题部分，使用了对比分析方法；在搜集证据的过程中，使用了多维度拆解分析方法对用户按渠道进行拆解。

2.6.4　注意事项

假设检验分析方法需要注意4个地方：

（1）第3步得出的结论不是主观猜想出来的，而是要依靠找到的证据去证明；

（2）假设检验的3步是一个需要不断重复的过程。在得出结论以后，分析还没有停止，要多问几个为什么，然后用数据去验证。不断重复假设分析的这个过程，直到找到问题的根源；

（3）在使用假设检验分析方法的过程中，还要用到其他分析方法；

（4）在开始分析之前，为了理清楚思路，可以做一个假设检验分析图（图2-65），将问题、假设、数据从上至下连起来。

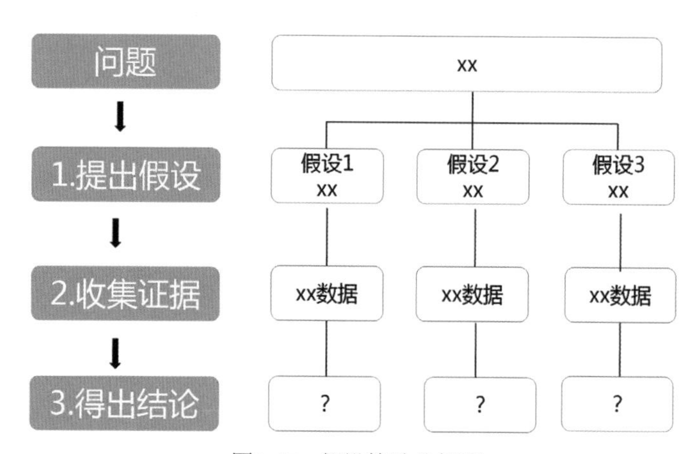

图2-65　假设检验分析图

下面来看一个案例：有一款App，在观察用户留存率的时候，发现低年龄用户的留存率比高年龄用户的留存率低很多（图2-66）。

案例

为什么低年龄用户的留存率很差？

图2-66 留存率案例

这里的低年龄用户是指18 岁以下的用户，例如初中生、高中生。进一步观察发现，这些低年龄的用户大多是使用一下App就再也不用了。为什么低年龄用户的留存率很差呢？

有可能是低年龄用户白天还在上学，平日不能玩手机，只能周末玩，这导致低年龄用户留存率比较差。这个假设听起来很合理，也符合逻辑，但真实情况是这样吗？我们需要用数据来验证。

为了不让提出的假设有遗漏，我们可以从业务流程提出假设（图2-67）。

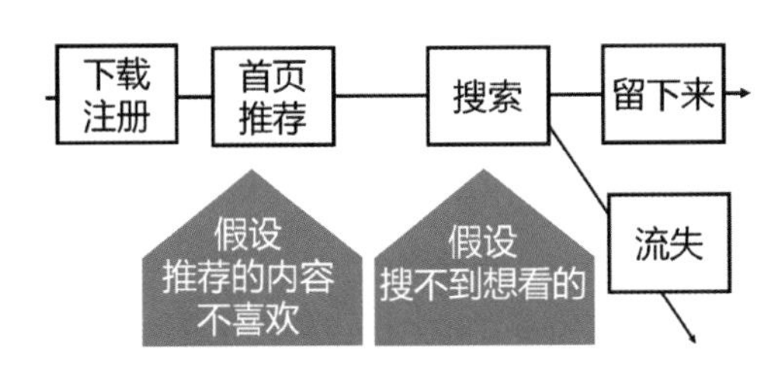

图2-67 从业务流程提出假设

第1步，新用户下载App，然后注册；

第2步，用户看到App首页推荐的内容。新用户注册的时候，App会让用户选择最感兴趣的话题，然后App根据用户的选择，给他推荐相关的内容。推荐的内容如果不准确，会影响用户的体验。例如用户挑选兴趣的时候选了电影，结果系统给他推荐了旅行，那跟用户的预期就会差很远，用户就会觉得这个平台没有他想看的信息，自然就会离开。所以，这一步我们可以提出假设：推荐的内容不是低年龄用户想看的，从而导致留存率差；

第3步，用户还可能会在App里查找自己感兴趣的内容。当用户下载了这个App注册的时候，希望在这个平台上找到对自己有价值的东西。如果没找到，那用户很大概率会流失。这一步我们可以提出假设：低年龄用户搜不到想看的，从而导致留存率差。

这样我们就提出了3个假设（图2-68）：

假设1：低年龄用户白天上学没时间用App，周末才玩手机，可能导致留存率差。对于这一点我们可以通过用户的留存数据来验证；

假设2：推荐的内容不是低年龄用户喜欢的。这一点我们可以通过搜索相关的数据来验证；

假设3：低年龄用户搜不到喜欢的内容。这一点我们可以通过与用户兴趣相关的数据来验证。

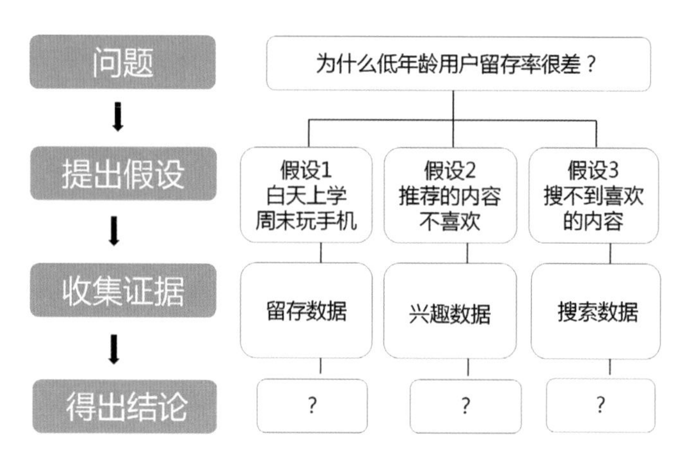

图2-68　提出3个假设

首先来看假设1：低年龄用户白天还在上学，平日上课不能玩手机，只能周末玩手机，这可能导致低年龄用户留存率比较差。

之前我们把18岁以下用户都算在低年龄用户，但是18 岁以下包含了3个学生阶段：小学生、初中生、高中生。如果我们按年龄维度来拆解用户，来比较他们的留存率，他们会不会有什么不同呢？将低年龄用户按年龄划分成3组，分别是小学生、初中生、高中生，然后和正常留存率的高年龄用户去比较。这里要用到对比分析方法，我们把之前讲过的对比万能模板拿出来。通过比较次日留存率，在比较表格里填好对应的数值（图2-69）。这里高年龄的次日留存率作为正常值，和小学生、初中生、高中生的次日留存率比较。表格里空白的地方不是本次比较的范围，所以没有填写。

对比表格

和谁比：和高年龄次日留存率

从哪几个维度去比较	低年龄（小学生）	低年龄（初中生）	低年龄（高中生）	高年龄	比较结论
衡量整体的大小：次日留存率	1%	2%	9.5%	10%	1.小学生和初中生有问题 2.高中生正常
衡量波动：变异系数					
衡量趋势变化：时间折线图，环比、同比					

图2-69　和高年龄次日留存率比

通过对比，可以发现：①小学生和初中生的次日留存率很差；②高中生的次日留存率和高年龄用户的次留存率没有太大的差别。所以导致留存率差的是小学生和初中生这一部分的低年龄用户，后面的分析也把研究对象细化到小学生和初中生。

前面我们提出的假设是，低年龄用户白天上课不能玩手机，只能周末玩手机。

为了验证这一假设，我们需要比较低年龄用户工作日的留存率和周末的留存率。如果工作日的留存率低，但是周末的留存率高，可以证明我们的假设是成立的。因为工作日上课，没时间玩手机，留存率差是正常，周末玩手机了，留存率就不差了。

相反，如果工作日的留存率低，周末的留存率也低，那可以说明我们的假设是不成立的。

通过比较表格里的数据发现，用户工作日和周末的留存率一样差（图2-70），留存率并不会在周末恢复回来。可以得出的结论是假设不成立，也就是在周末可以用手机的时间段，这部分用户也没有回来。

对比表格

和谁比：和自己的留存率比

从哪几个维度去比较	低年龄（小学生）	低年龄（初中生）	比较结论
衡量整体的大小：留存率	工作日留存率1% 周末留存率0.9%	工作日留存率2% 周末留存率2.1%	假设不成立
衡量波动：变异系数			
衡量趋势变化：时间折线图，环比、同比			

图2-70　和自己的留存率比

通过收集证据，我们发现假设1不成立（图2-71），也就是在周末可以用手机的时间段，这部分用户也没有回来。

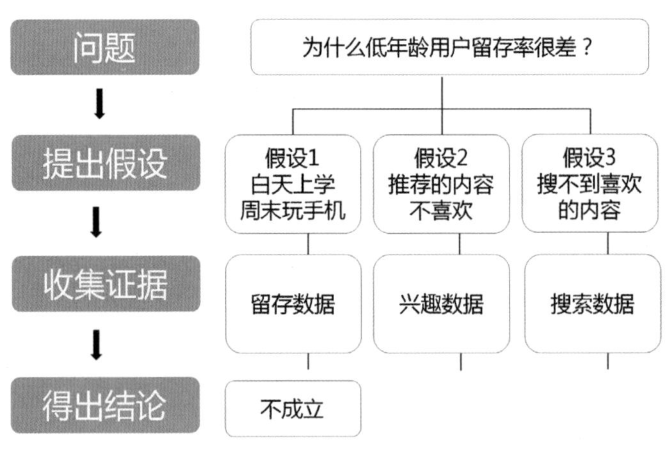

图2-71　假设1不成立

现在，我们来看第2个假设：推荐的内容不是低年龄用户喜欢的。

根据分析目标，我们把用户感兴趣的内容和App推荐给他们的内容进行比较，就可以看出App推荐的是不是用户喜欢的了。

对于用户感兴趣的内容，可以找用户兴趣数据，这些数据是在用户注册App时选择的感兴趣话题，这部分数据都记录在App数据库中。然后分析这部分用户对什么最感兴趣。

通过对小学生的兴趣进行排序，发现这部分用户对壁纸、游戏最感兴趣； 通过对初中生的兴趣进行排序，发现这部分用户对游戏、动漫最感兴趣。

我们再来看下App推荐给这部分用户的内容是什么。通过分析数据，发现App在给用户推荐的时候，没有对低年龄用户细分，也就是小学生、初中生、高中生推荐的都是电影、读书这类话题（图2-72）。这样一对比就可以发现：App推荐的内容不是用户喜欢的。

对比表格

和谁比：和App推荐内容比较

从哪几个维度去比较	低年龄（小学生）	低年龄（初中生）	App推荐内容	比较结论
衡量整体的大小：兴趣	壁纸、游戏、学习	游戏、动漫、学习	电影、读书	推荐的内容不是用户喜欢的
衡量波动：变异系数				
衡量趋势变化：时间折线图，环比、同比				

图2-72 和APP推荐内容比较

这就证明了假设2成立（图2-73），也就是App推荐的内容不是这部分用户喜欢的。

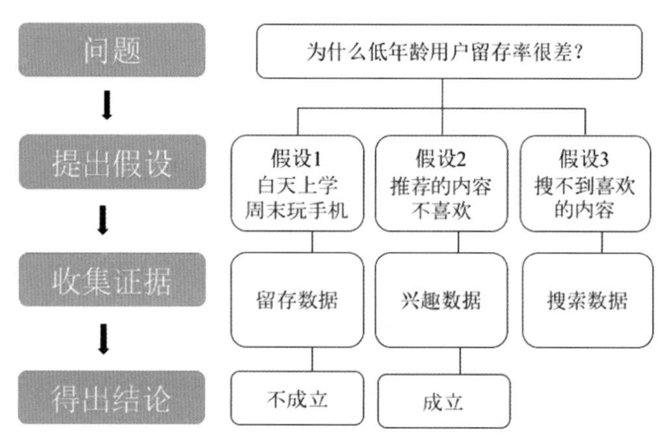

图2-73 假设2成立

现在我们来看假设3：用户搜不到自己喜欢的内容，导致了留存率很差。

想要弄清楚这个问题，需要查看用户的搜索数据，看看他们想在App里搜到什么。根据这个分析目标，我们可以获取到小学生和初中生的搜索数据，发现他们搜索最多的是壁纸、游戏、音乐，他们搜索壁纸的需求是想找到好看的图片来当头像，但是这个App里面这方面的内容很少，导致用户搜不到。

这就证明了假设3成立（图2-74），也就是这部分用户在App上搜不到他们喜欢的内容。

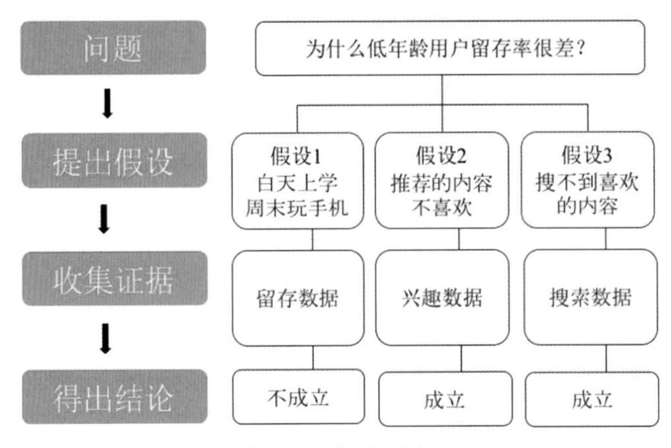

图2-74 假设3成立

通过假设检验分析方法，我们明确了“低年龄用户留存率很差”的具体情况和原因：

（1）小学生和初中生留存率差，高中生留存率不差；

（2）App给小学生和初中生推荐的内容不是他们喜欢的，导致留存率差；

（3）App里小学生和初中生喜欢的内容不多，导致他们搜不到喜欢的内容，从而导致留存率差。

这个分析结论有什么用呢？可以根据查找的原因给出建议，方便领导根据你的建议制定决策，例如：

（1）在资金有限的前提下，对低年龄用户做付费推广的时候，要精准投放广告，重点推广匹配App的用户，例如高中生；

（2）在做个人推荐的时候，要对用户按年龄进行细分，根据用户的喜欢推荐用户喜欢的内容；

（3）如果产品定位包括小学生和初中生，后期要在App里增加他们感兴趣的内容，例如壁纸等。

再来看一个案例：复购率下降，如何分析原因？

产品A是专为在校学生和职场人士提供技能培训课程的。最近发现，用户的复购率非常低，比竞争对手低50%。

复购率是重复购买频率，用于反映用户的付费频率。例如你在淘宝上买了一次商品，下次又买了一次，这就是复购。复购率低说明用户在这个平台上买过一种产品后，不愿意再买另一种产品了。

为什么用户的复购率低呢？可以使用假设检验分析方法来查找原因。我们先来梳理下产品的业务流程，方便从业务流程提出假设（图2-75）：

第1步，用户查看课程详细介绍，选择喜欢的课程；

第2步，用户上课学习；

第3步，助教对用户学习中遇到的问题进行答疑。

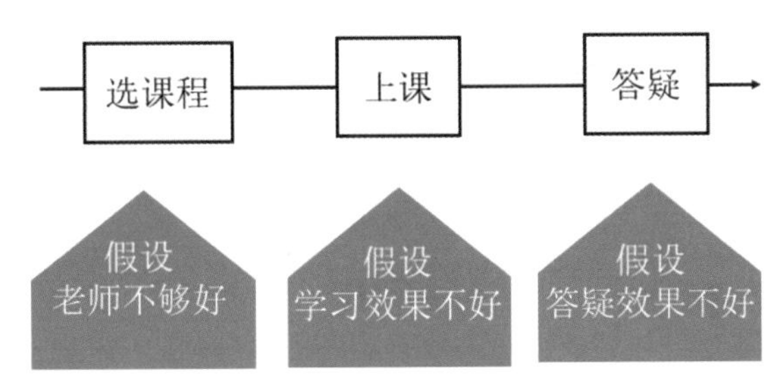

图2-75　从业务流程提出假设

对于第1步，可以提出假设：老师不够好，用户在第1步就放弃购买课程了；

对于第2步，可以提出假设：用户的学习效果不好；

对于第3步，可以提出假设：助教的答疑效果不好，没有解决用户的问题。

整个案例的分析过程如图2-76所示。

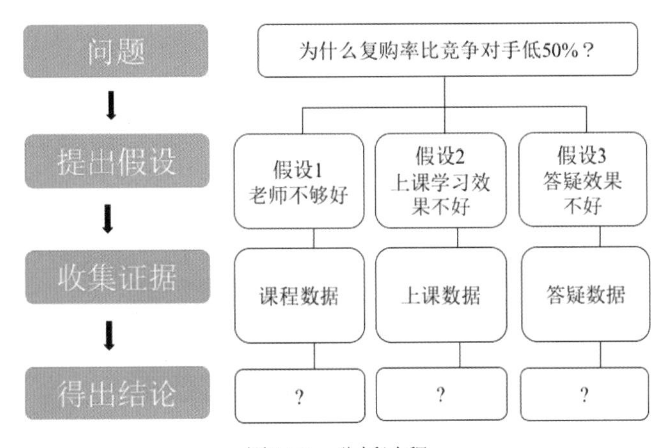

图2-76　分析过程

我们先来看假设1：老师不够好。

通过对比发现，产品A和竞争对手聘请的都是头部老师。但是，进一步对比两个产品的课程介绍页面，发现产品A给用户提供的老师介绍很简单，几句话就介绍完了；而竞争对手会详细介绍老师的信息，包括个人经历、教学特点、性格等。这能帮助用户更好地了解老师，建立对课程的信任（图2-77）。

图2-77　老师对比

所以得出结论是假设1不成立，不是老师不够好。真正的原因是对课程老师介绍得不够详细（图2-78）。

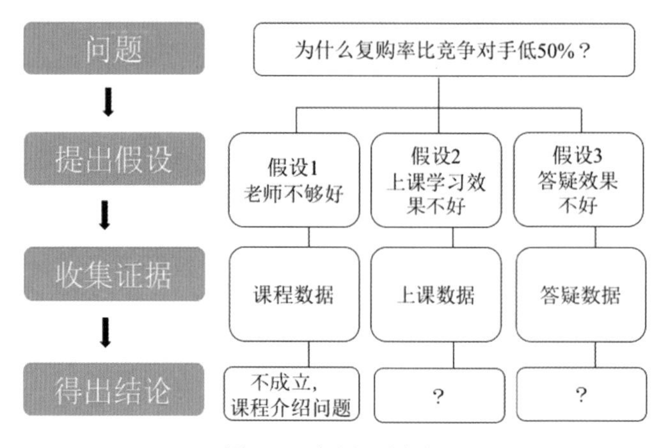

图2-78　假设1不成立

我们再来看第2个假设：用户上课的学习效果不好。

通过调研发现，产品A上课的模式是预约，例如预约10天后，报名的人一起上课。而竞争对手的上课模式是闯关游戏，报名了课程以后，随时可以开始上课，免去了等待时间。相比而言，用户更喜欢竞争对手的上课模式，因为它更加灵活，不会限制时间，什么时候方便什么时候学习。而产品A必须要等到某个固定时间才能开课（图2-79）。

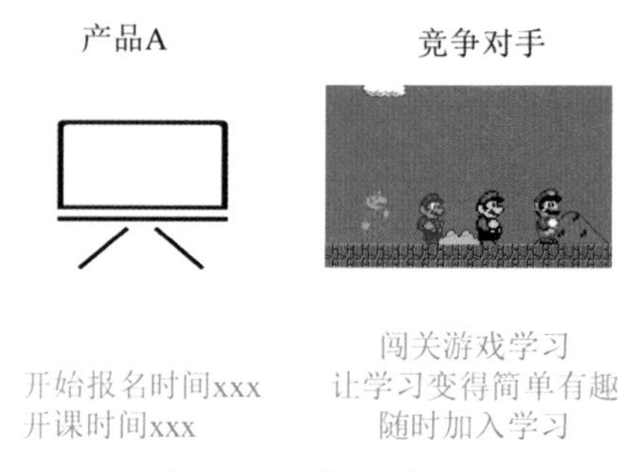

图2-79　对比课程

所以，假设2是成立的，产品A没有竞争对手的上课模式灵活，导致了复购率低（图2-80）。

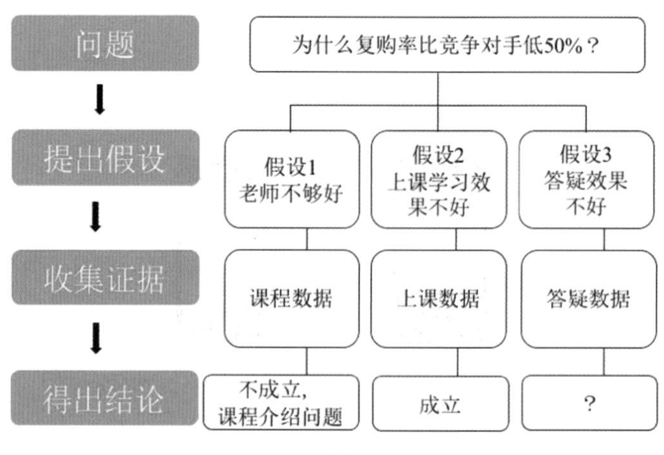

图2-80　假设2成立

我们再来看第3个假设：答疑效果不够好。

产品A把助教当成了一个单纯的销售人员，在社群里每天推送的是广告，而对学员学习课程中遇到的问题，并没有实时回答。竞争对手则把助教当作了一个全流程跟踪服务管理人员，他会贯穿整个学习过程，不仅1对1地点评学员作业，对提出的问题也会实时回答（图2-81）。

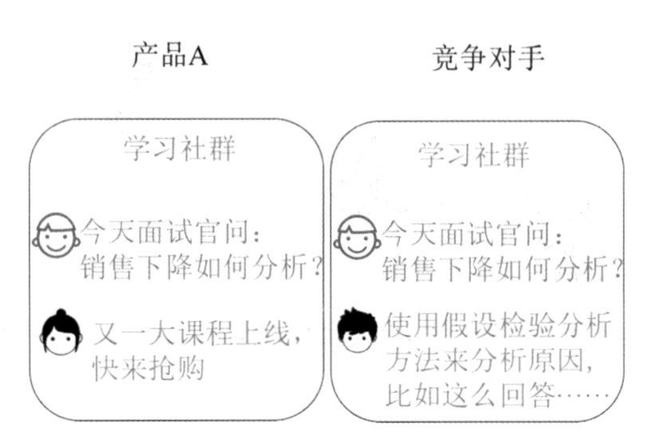

图2-81　对比答疑

所以，假设3也是成立的（图2-82）。

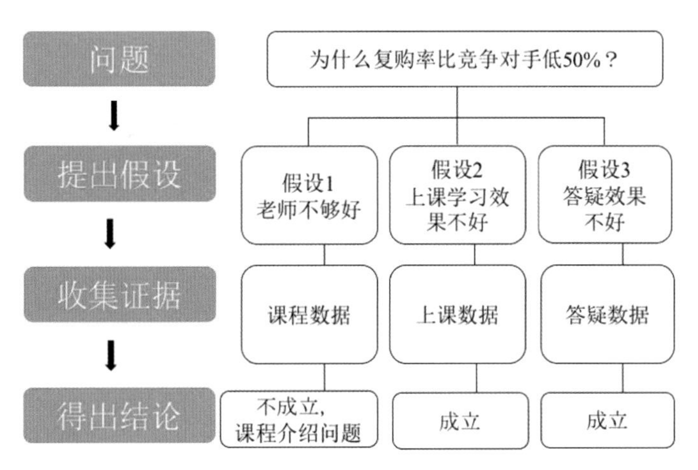

图2-82　假设3成立

我们总结下，产品A复购率比竞争对手低50%，是因为下列原因：

（1）在课程介绍页面，老师介绍得不够详细；

（2）课程采用了某个时间定时开课的模式，导致用户上课不够灵活，不能够随时加入学习，这对平日还有其他事情的用户来说，不够方便；

（3）助教答疑效果不好，把助教当成了一个单纯的销售人员，而不是全流程地跟踪用户，为用户服务。

2.6.5　总结

可以用图2-83记住假设检验分析方法。

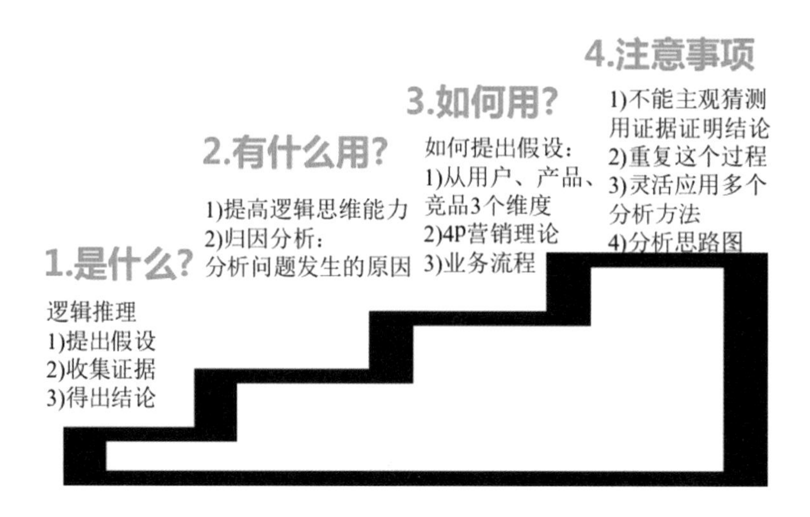

图2-83　假设检验分析方法

第1个问题：是什么？

假设检验分析方法就是逻辑推理，是一种使用数据来做决策的过程。它分为3步：提出假设，收集证据，得出结论。

第2个问题：有什么用？

假设检验分析方法背后的原理就是逻辑推理，所以学会这个方法以后，可以显著提高我们的逻辑思维能力。

假设检验分析方法的另一个作用是可以分析问题发生的原因，也叫作归因分析。以后分析问题发生的原因，就可以使用假设检验分析方法。

第3个问题：如何用？

可以使用3个方法来客观地提出假设，同时防止遗漏假设：

（1）从用户、产品、竞品这3个维度提出假设；

（2）从4P营销理论提出假设；

（3）从业务流程提出假设。

第4个问题：注意事项。

需要注意4个地方：

（1）第3步得出的结论不是主观猜想出来的，不能是“我猜、我觉得、我认为、我感觉”，而是要依靠找到的证据去证明结论；

（2）假设检验这3步是一个需要不断重复的过程。在得出结论以后，分析还没有停止，要多问几个为什么、可能的原因是什么，然后用数据去验证可能的原因。不断重复假设分析的这个过程，直到找到问题的根源；

（3）在使用假设检验分析方法的过程中，还要用到其他分析方法，例如前面的案例里在第1步提出假设的过程中，使用了多维度拆解分析方法；在第2步收集证据的过程中，使用了对比分析方法；

（4）在开始分析之前，为了理清楚思路，可以做一个图，将问题、假设、数据从上至下连起来。

以后在使用假设检验分析方法时，只需要记住以下两张图就可以。图2-84是假设检验分析方法的步骤。图2-85是分析思路图，可以帮助你快速地将问题、假设、数据从上至下连起来。

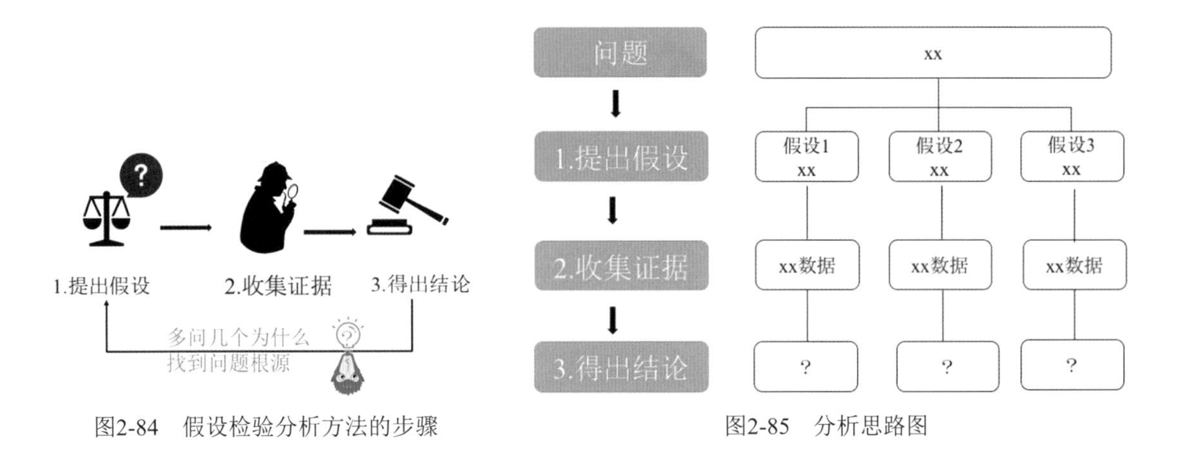

图2-84 假设检验分析方法的步骤

图2-85 分析思路图

2.7 相关分析方法

2.7.1 什么是相关分析方法?

有时候我们研究的问题只有一种数据，例如人的身高；但是，还有另外一些问题需要研究多种数据，例如身高和体重之间的关系（图2-86）。当我们研究两种或者两种以上的数据之间有什么关系的时候，就要用到相关分析。如果两种数据之间有关系，叫作有相关关系；如果两种数据之间没有关系，叫作没有相关关系。

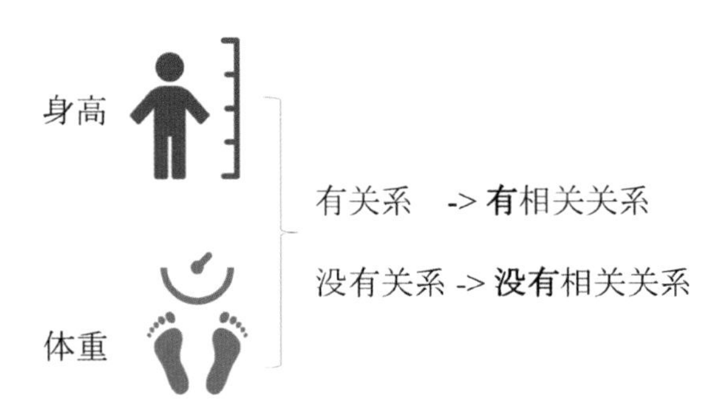

图2-86 相关分析

相关分析在日常生活中随处可见，下面举几个例子。

工作压力过大会致人死亡吗？答案是肯定的，有大量证据表明工作压力会导致早逝，尤其会增大心脏病猝死的概率。你认为什么样的工作更容易使职场人士猝死，是“权力大、责任也大”的工作，还是“缺乏控制力和话语权”的工作（图2-87）？

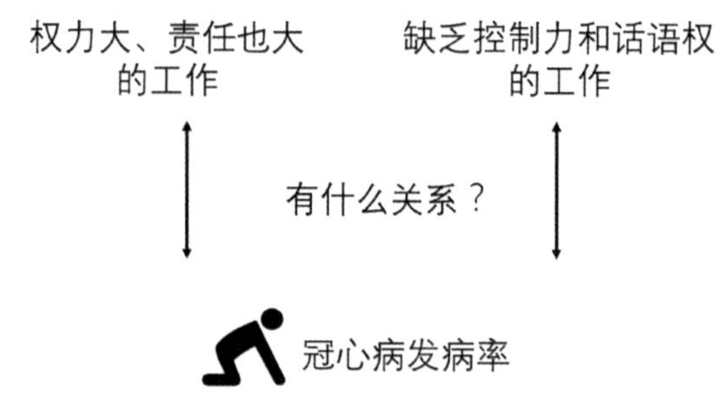

图2-87 相关分析案例

其实最危险的一类工作，是对自己的工作任务“缺乏控制力”。《赤裸裸的统计学》中提到一个案例，针对数千名英国公务员的多项调查发现，那些对自己的工作没有支配能力的雇员，也就是基本上对干什么、怎么干没有话语权的人，相比起那些拥有更多决策权的雇员来说，猝死率更高。

你看，并不是那些“权力大，责任也大”的工作容易让人猝死，而是那种等着上司给你布置任务，但自己又没有权力决定做什么、花多少时间完成的工作，容易把人压得喘不过气来。例如，公司高管们几乎每天都要做出重要决策，这些决策关系到公司的未来存亡，但他们所承受的风险要远远小于他们的秘书，因为秘书必须完成领导安排的各种任务，他们对工作“缺乏控制力”。

研究人员是如何得出这种结论的？

很显然，类似于上面的问题都无法用随机试验的方式解决，因为我们不可能把人强行分配到各个工作岗位并强迫他们在那里工作好几年，然后再看看谁因公殉职。

实际操作中，研究人员在很长一段时间里对英国政府系统的数千名公务员进行了详细的数据收集，这些数据经过分析，能提供有意义的相关关系，例如这两种工作和“冠心病发病率”之间的关系等。

再来看一个例子。某个地区的用户在搜索引擎里搜的信息，和这个地区房价有什么关系呢？

谷歌首席经济学家哈尔·瓦里研究发现，如果更多人搜索“八成按揭贷款”，或者“涨幅”“涨价的速度”，这个地区的房价就会上涨；如果更多人搜索“快速卖房的流程”或者“按揭超过房价”，这个地区的房价就会下跌。也就是说，用户在搜索引擎里搜的信息和这个地区的房价有相关关系。

2.7.2 相关分析方法有什么用？

相关分析的作用有以下三点：

（1）在研究两种或者两种以上数据之间有什么关系，或者某个事情受到其他因素影响的问题时，可以使用相关分析（图2-88）。

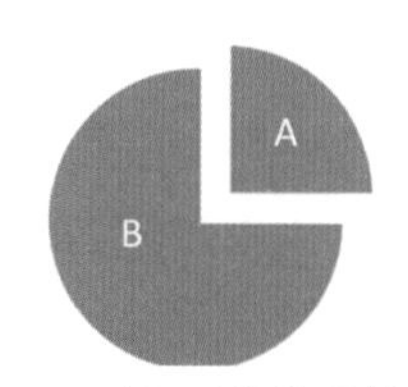

图2-88 研究两种数据的关系

在职场中经常会被问到的一个问题是，子产品对整体产品有多少贡献度或者说影响度。例如，对于微信读书这款产品，评估

“想法”这个子模块的用户留存对整体产品留存的影响度。这时候就可以使用相关分析，研究子产品和整体产品有什么关系。

（2）在解决问题的过程中，相关分析可以帮助我们扩大思路，将视野从一种数据扩大到多种数据（图2-89）。

图2-89　扩大思路

举个例子，在分析“为什么销量下降”的过程中，可以研究哪些因素和销售量有关系，例如产品价格、售后服务等。使用相关分析，可以知道哪些因素影响销量，哪些对销量没有影响，从而快速锁定问题的原因。

（3）相关分析通俗易懂（图2-90）。这在实际工作中很重要，因为数据分析的结果需要得到其他人的理解和认可，所以要方便大家沟通。很多分析方法看上去很高端，但是没有相关知识的人不容易理解。而相关分析通俗易懂，你不需要向对方解释什么是“相关”的含义及分析结果的意义，对方也能够理解。

图2-90　通俗易懂

2.7.3　如何使用相关分析方法?

来看一个案例，表2-2记录了20名学生为考试花费的学习时间和取得的成绩。现在想知道学习时间和成绩这两种数据之间有什么关系。

表2-2　学生考试数据

学习时间（小时）	成绩
0.5	10
0.75	22
1	13
1.25	43
1.5	20
1.75	22
1.75	33
2	50
2.25	62
2.5	48
2.75	55
3	75
3.25	62
3.5	73
4	81
4.25	76
4.5	64
4.75	82
5	90
5.5	93

数据放到这样一个表格里，无论如何也没办法发现这两种数据之间有什么关系。所以，需要想办法将这些数据放到图形上。我们用横轴表示学习时间，纵轴表示成绩，然后将每个学生的数据画到图2-91中。

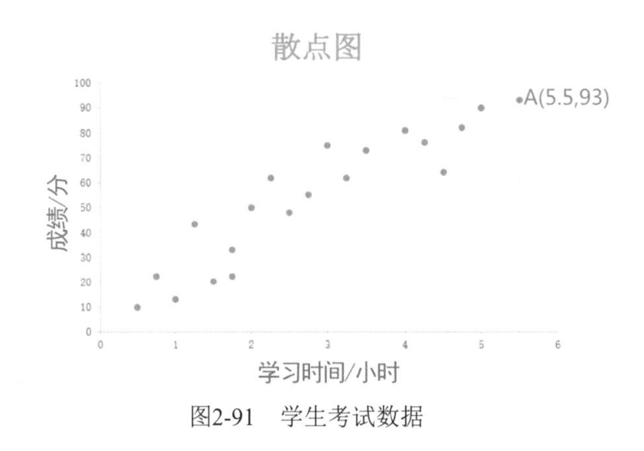

图2-91　学生考试数据

每个学生的数据在图中就是一个点，例如图中的点A，表示这名学生的学习时间是5.5小时，成绩是93分。这样的图叫作散点图，散点图可以直观地显示出两种数据之间的相关关系。

那么，这两种数据之间有多大程度的相关关系呢？“相关系数”就是用来衡量两种数据之间的相关程度的，通常用字母r来表示。相关系数有两个作用：

（1）相关系数的数值大小可以表示两种数据的相关程度（图2-92）。这个数值就好比给两部电影打分，一个8.6分，一个7.8分，这两部电影都是好电影，但是如果比较一下，肯定8.6分的更好。根据数值大小可以进行相关程度的比较。

相关系数(r)

1 数值的大小表示相关程度

图2-92　相关程度比较

（2）相关系数数值的正负可以反映两种数据之间的相关方向，也就是说两种数据在变化过程中是同方向变化，还是反方向变化。

相关系数的范围是-1～1，-1、0和1这三个值是相关系数的极值（图2-93），下面解释一下相关系数的3个极值。假如有两种数据a和b，把这两种数据画在散点图上，横轴用来衡量数据a，纵轴用来衡量数据b。

如果相关系数=1，数据点都在一条直线上，表示两种数据之间完全正相关，两种数据是同方向变化。也就是数据a的值越大，数据b的值也会越大。

如果相关系数=-1，数据点都在一条直线上，表示两种数据之间完全负相关，两种数据是反方向变化。也就是数据a的值越大，数据b的值反而会越小。

2 数值的**正负**表示两个变量的相关方向

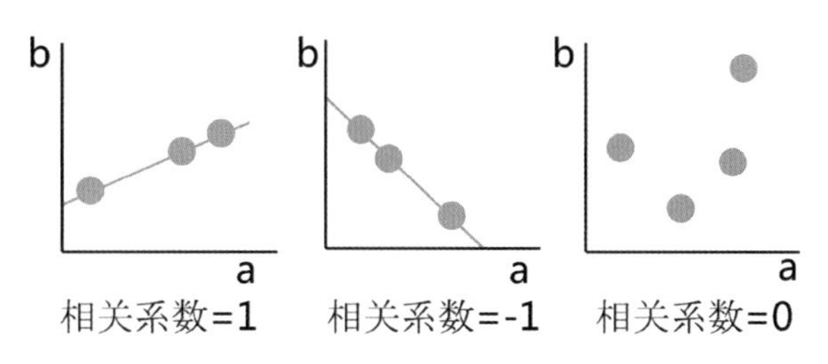

图2-93　相关系数的3个极值

如果相关系数=0，表明两种数据之间不是线性相关，但有可能是其他方式的相关（例如曲线方式）。

如果相关系数>0，说明两种数据是正相关，是同方向变化，也就是一种数据的值越大，另一种数据的值也会越大；如果相关系数<0，说明两种数据是负相关，是反方向变化，也就是一种数据的值越大，另一种数据的值反而会越小，如图2-94所示。

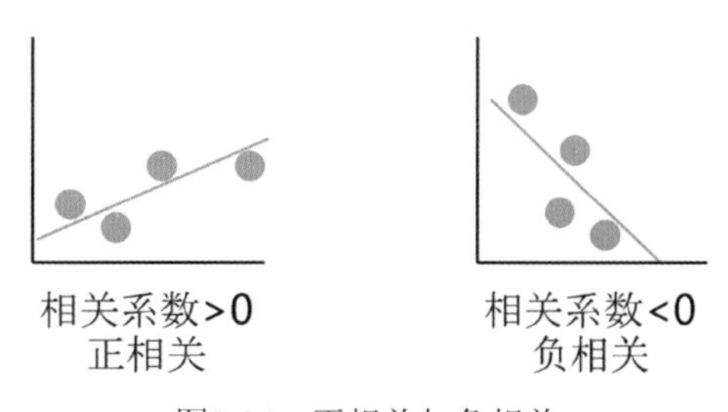

图2-94　正相关与负相关

相关系数的绝对值越大，说明两种数据的相关程度越高。

那么，相关系数是什么数值时，可以判断两种数据之间有“相关关系”呢（图2-95）？

如何判断有“相关关系”？

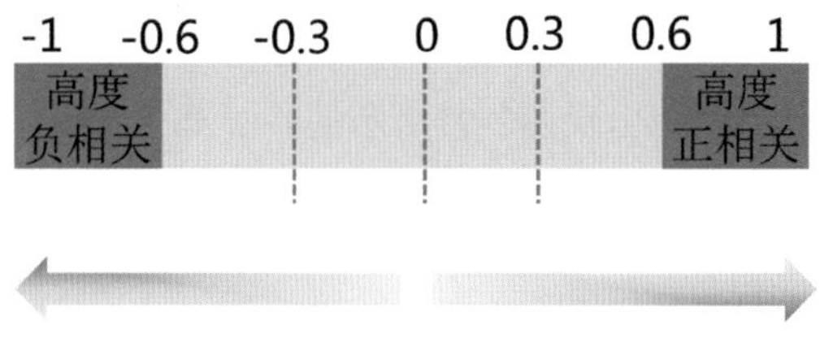

图2-95　相关关系判断

判断相关系数的数值大小并没有统一规定，一般将相关系数分为3部分：

如果相关系数的绝对值在0～0.3，就认为是低度相关；

如果相关系数的绝对值在0.3～0.6，就认为是中度相关；

如果相关系数的绝对值在0.6～1，就认为是高度相关。

根据这个大致的相关系数分类，就可以知道两种数据的相关程度。

通过前面的内容，知道了相关系数的两个作用：

（1）相关系数的数值大小可以表示两种数据的相关程度，系数值大于0.6或者小于-0.6，表示两种数据之间高度相关；

（2）相关系数数值的正负可以反映两种数据之间的相关方向。

2.7.4 如何用Excel实现相关分析？

很多工具可以方便地得到两种数据的相关系数，例如Excel、SQL或者Python。现在使用Excel来看下如何得到相关系数。

首先，需要按照图2-96来安装Excel的数据分析功能：

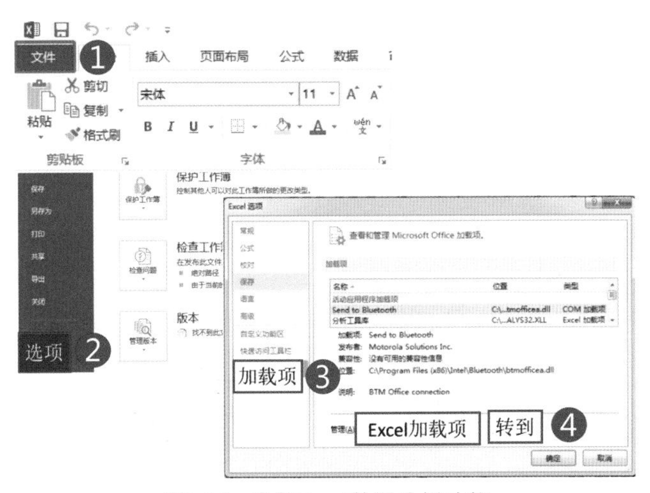

图2-96 安装Excel数据分析功能

第1步，单击Excel左上角的“文件”；

第2步，单击“选项”，弹出“Excel选项”对话框；

第3步，在“Excel选项”对话框中选择“加载项”；

第4步，在“管理”下拉列表框中选择“Excel加载项”，然后单击“转到”。

最后单击“确定”按钮，就会出现图2-97所示的“加载宏”对话框。在对话框里选择“分析工具库”就安装好了Excel的数据分析功能。

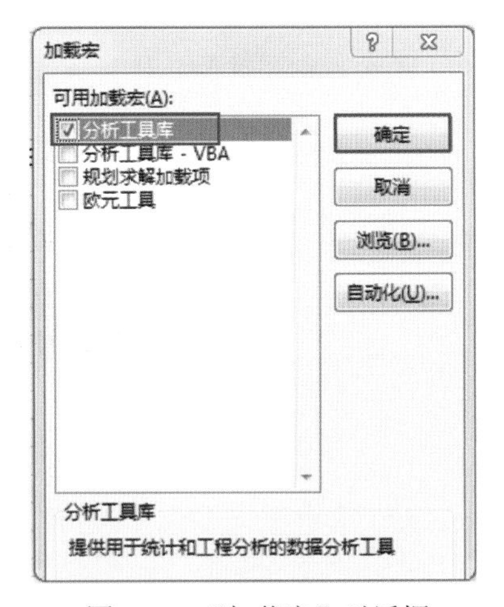

图2-97 “加载宏”对话框

安装好后，就可以使用这个工具进行相关分析了。具体操作如下（图2-98）：

第1步，单击“数据”选项卡下的“数据分析”功能；

第2步，选择“相关系数”后单击“确定”按钮，就会弹出“相关系数”对话框。

“相关系数”对话框中的操作步骤如下（图2-99）：

第1步，设置输入区域，选择要对哪几列做相关性分析。这个案例里选择“学习时间”和“成绩”这两列数据；

第2步，如果选择的数据里包括了列名，那么勾选“标志位于第一行”；

第3步，单击“确定”按钮后就会得到相关系数。

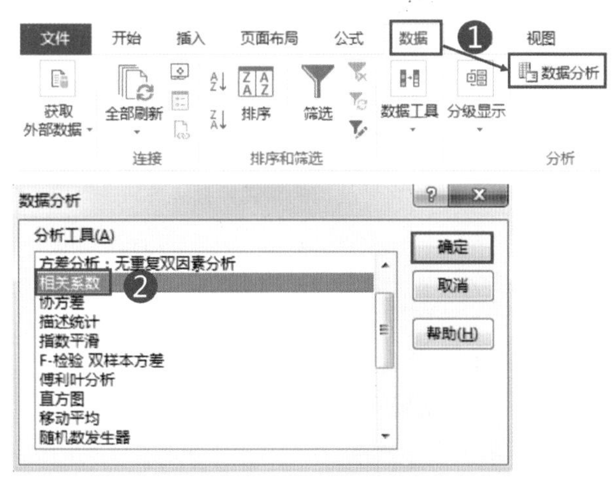

图2-98　进行相关分析

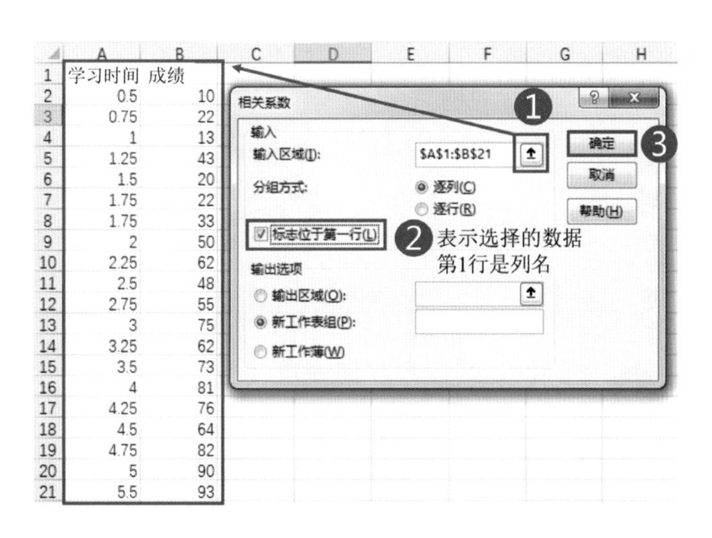

图2-99　相关系数设置

相关系数返回的是一个表格，这个表格叫作相关系数矩阵。矩阵对角线上的值都是1，因为数据自己与自己的相关系数是1。例如，表2-3中行名“学习时间”与列名“学习时间”的相关系数值是1。对角线两侧对应的值是一样的，学习时间和成绩的相关系数值是0.92，与成绩和学习时间的相关系数值是一样的。所以，以后再看到相关系数矩阵时，只需要看对角线一边的值就可以了。

表2-3　相关系数矩阵

	学习时间	成绩
学习时间	1	0.92
成绩	0.92	1

“学习时间”和“成绩”之间的相关系数是0.92，这个值表示什么意思？通过前面介绍的相关系数的两个功能，可以知道：

（1）这个值大于0.6，表示是高度正相关。也就是说“学习时间”和“成绩”有很高的相关关系；

（2）这个值大于0，表示是正相关，也就是“学习时间”越长，“成绩”也越高。

为什么要使用相关系数矩阵来表示相关系数呢？因为当有两种以上的数据时，这个相关系数矩阵可以让人一眼就能确定任何两种数据之间的相关系数。例如，表2-4是4种数据的相关系数矩阵。

表2-4　4种数据的相关系数矩阵

	A	B	C	D
A	1	0.9	-0.3	0.7
B	0.9	1	0.8	-0.03
C	-0.3	0.8	1	0.05
D	0.7	-0.03	0.05	1

现在想知道哪些因素和A有相关关系，那么，只需要看A这一列的相关系数就可以了。发现B和A的相关系数是0.9，C和A的相关系数是-0.3，D和A的相关系数是0.7。所以，B、D和A有高度相关关系。

现在接着前面的案例来绘制出散点图，操作步骤如下（图2-100）：

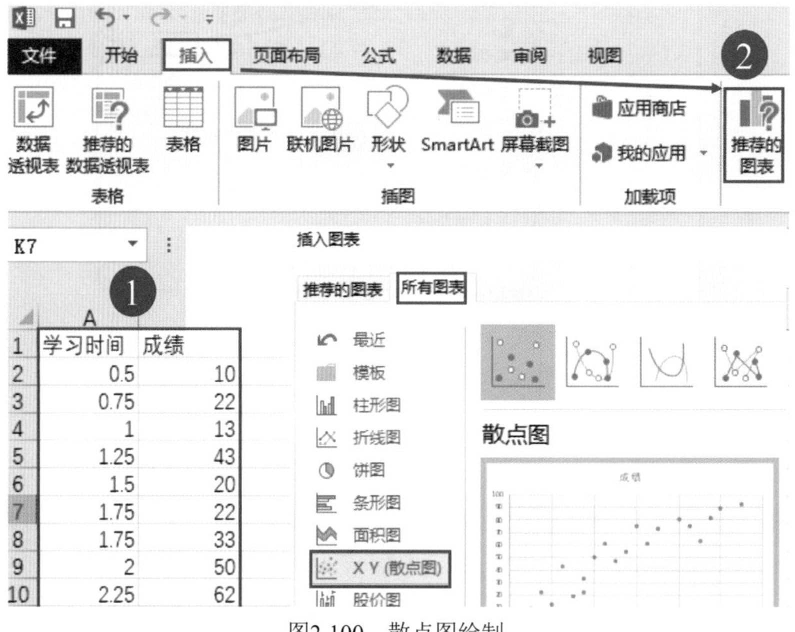

图2-100　散点图绘制

第1步，选择要绘制图形的数据，也就是学习时间和成绩这两列的数据；

第2步，单击“插入”选项卡下的“推荐的图表”功能，就可以打开Excel的所有图表；

第3步，在所有图表里选择散点图。

操作之后，数据旁边就生成了散点图（图2-101）。单击“插入”里的“文本框”，可以在散点图旁边写上相关系数。

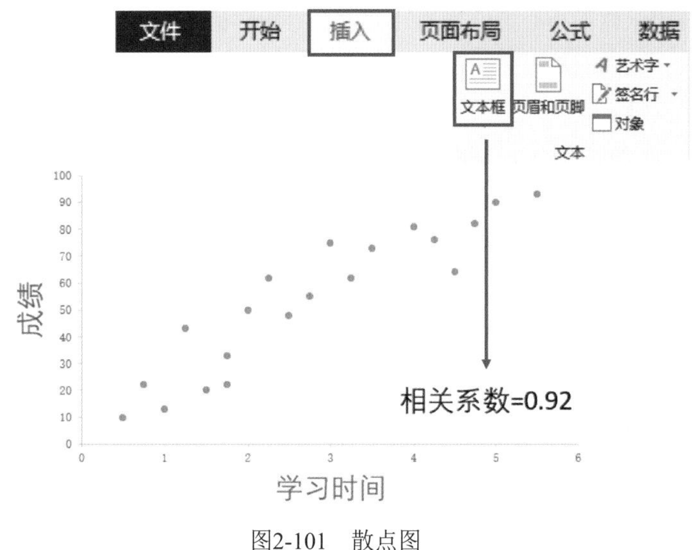

图2-101　散点图

总结一下，相关分析就是得到相关系数，通过相关系数来衡量两种数据的相关程度。

通常，在做相关分析的时候，会在散点图上给出相关系数，这么做的好处是：

（1）如果有人不了解相关分析，可以通过散点图直观地看到两种数据之间的关系，也可以理解分析结果；

（2）通过散点图可以直观地发现异常值（异常值是指与其他数据差别比较大的数据），有异常值和没有异常值的相关系数差别会很大。例如图2-102里的数据，从整体上看，随着a升高，b是上升的趋势。但是，左上方的数据就不符合这个趋势，它就是异常值。连同这个异常值一起计算，得到的相关系数是0.3，并不太高。如果去掉异常值再计算，相关系数就会增大到0.8。

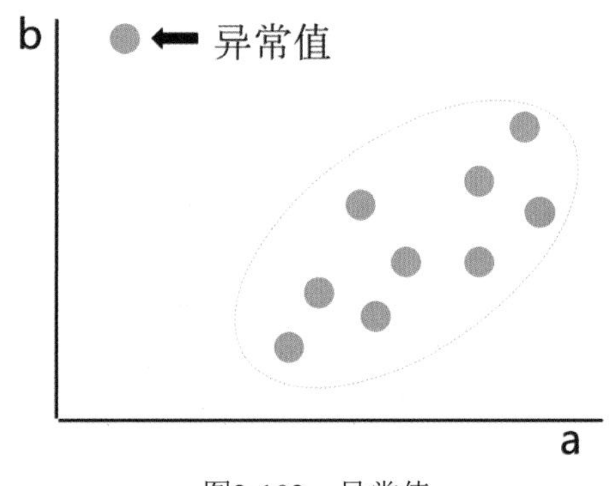

图2-102　异常值

那么，要不要去掉异常值呢？需要根据实际情况去调查这些异常值是怎么产生的。处理异常值一般有3种情况：

（1）异常值可能是一个被错误记录的数据值，如果是这样，就可以在进一步分析之前把它修正。例如在人口登记系统中，你误将某名男性婴儿的性别输入成“女”，这种情况下的异常值，就需要进一步核实修正；

（2）异常值也可能是一个被错误包含在数据里面的值，如果是这样，则可以把它删除。例如在人口登记系统中，你不小心把宠物的姓名“王二狗”记录进去了，记录的年龄是10岁，身高是1米，这明显不符合正常情况下的10岁儿童身高。识别出异常值后，可以进行核对，如果是错误数据，一定要将其删掉；

（3）异常值也可能是一个反常的数据值，它是被正确记录并且属于数据集，这种情况下，它应该被保留。例如你所在的公司发布了一款产品，没想到全球用户都喜欢用，发布会当天销售量暴增。这时候的销售量比日常销售量高出很多，属于异常值，但是这个值代表了销售的实际数值，应该保留。

2.7.5 如何应用相关分析解决问题？

这里介绍一种应用相关分析的模式（图2-103），就是使用相关分析来找出哪些因素与分析目标有相关关系。

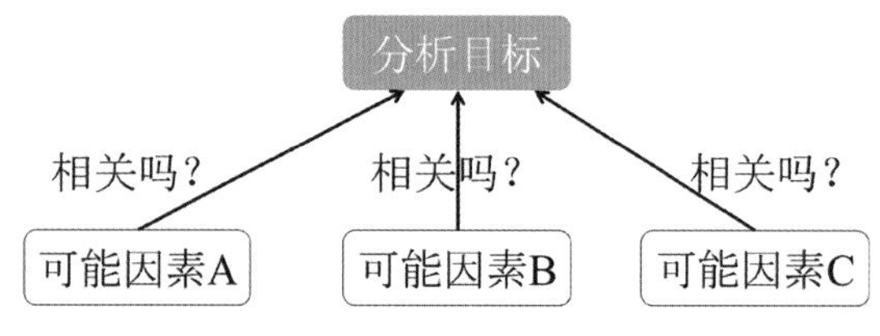

图2-103 应用相关分析的模式

例如，分析目标是“为什么销售额下降”，通过假设检验我们找出了A、B、C这3个可能原因。然后分别计算出A、B、C和“销售额”的相关系数，通过观察这些相关系数的大小，得知哪些因素对销售额影响更大。公司资源有限，一个阶段只能集中解决一个问题，通过相关分析，优先解决那些影响大的因素。

在前面讲的“假设检验分析方法”中有一个案例，分析目标是“为什么产品A的复购率比竞争对手低50%”。通过假设检验分析方法发现是3个原因导致的（图2-104）：

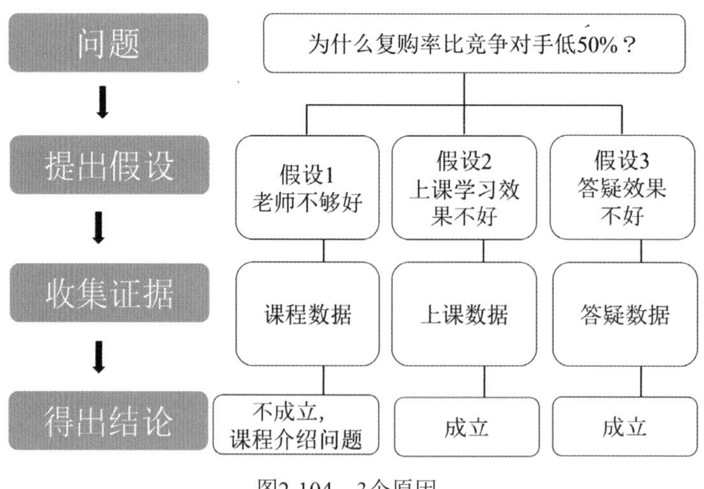

图2-104 3个原因

（1）在课程介绍页面，老师介绍得不够详细；

（2）课程采用了某个时间定时开课的模式，导致用户上课不够灵活，不能够随时加入学习，这对平日还有其他事情的用户来说，不够方便；

（3）助教答疑效果不好，把助教当成了一个单纯的销售人员，而不是一个全流程跟踪用户、为用户服务的助教。

因为公司资源有限，一个阶段只能集中解决一个问题，那么优先解决哪个问题呢？这时候就要分析这3个因素哪个对复购率影响最大。

这时候可以通过相关分析，来确定影响最大的因素。通过分析，发现跟复购率相关度最高的因素是助教的答疑效果，那么，就可以优先提高助教的答疑服务，进而显著提高产品A的复购率。

前面讲到相关分析的3个作用，这里再补充一个相关分析的优势。相关分析可以和其他分析方法结合，帮助进行深入分析（图2-105）。

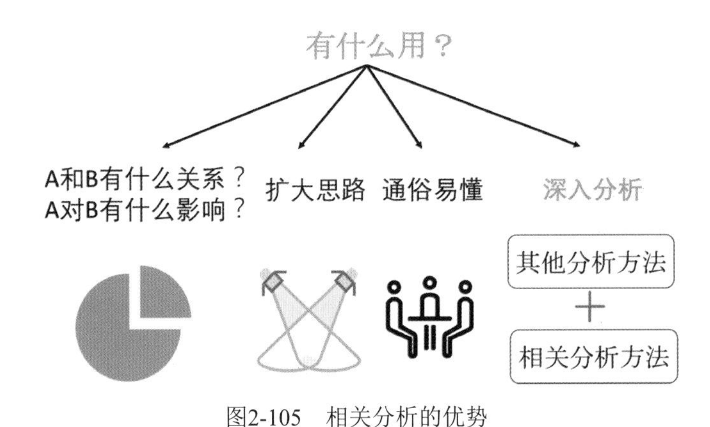

图2-105　相关分析的优势

这样可以避免只使用单独的一种分析方法，而是用其他方法做补充，使得分析结论完整而丰富。例如，在使用假设分析方法找到原因以后，可以使用相关分析，进一步分析出哪些因素影响大。

2.7.6　注意事项

相关分析有很多好处，可以方便地应用在实际工作中。但是如果使用不正确，往往会得出一些错误的结论。使用相关分析的注意事项：相关关系不等于因果关系。在使用的时候注意这一点，可以提高分析的质量。

什么是因果关系？因果关系的意思是A的发生会导致B，B的发生是因为A。例如在控制其他因素的前提下，暴饮暴食和肥胖，就是一种因果关系，吃太多会导致肥胖，之所以肥胖是因为吃太多。

但是，如果A和B有正相关关系，A提升B也提升，我们却不能由此简单得出结论：B提升的原因就是A。实际上，要么是存在某个第三方因素C影响了B，要么就是“纯属巧合”（图2-106）。

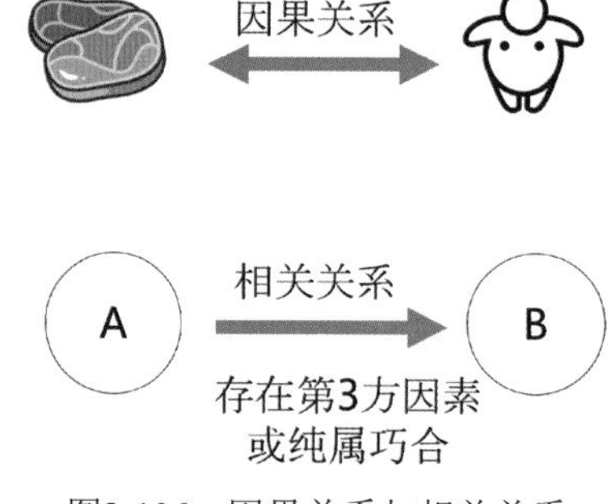

图2-106　因果关系与相关关系

例如，学校和孩子的成功有相关关系，学校越好，这个学校的孩子将来也越成功。那么，你能说学校和孩子成功有因果关系吗？

根据法国一个社会学研究结果，学校在一个人的成长过程当中只有15%的作用，它跟孩子的成长、成功只有相关关系。唯一和孩子成功成长有因果关系的是家庭。这里家庭就是存在的第3方因素，家庭教育越好，孩子越成功。

再来看《简单统计学》中的一个例子，图2-107是美国的啤酒销量和已婚人口的数量，二者的相关系数达到了惊人的0.99。

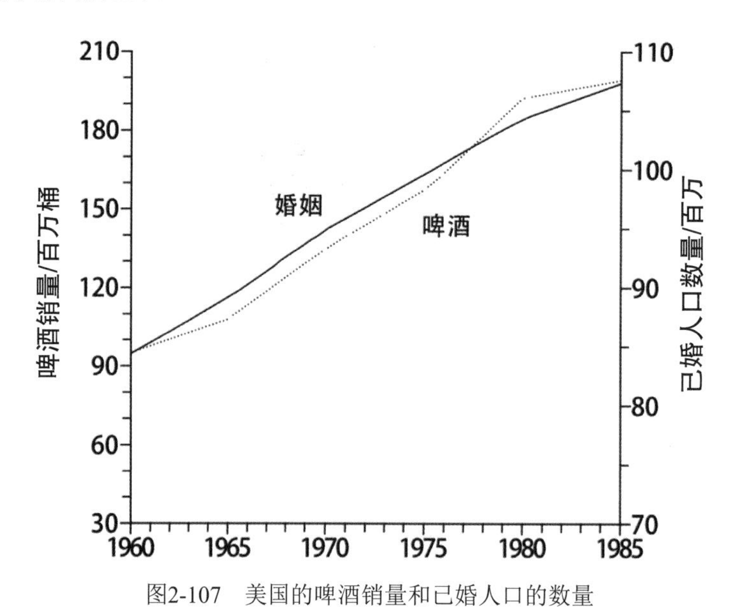

图2-107　美国的啤酒销量和已婚人口的数量

我们能说饮酒导致了婚姻？或者反过来说，结婚导致了饮酒？显然，啤酒销量和已婚人口的数量没有因果关系，这是纯属巧合。正确的解释应该是，当人口随时间增长时，啤酒消费量、已婚人口数量也会增长。

如何判断两种数据之间是相关关系，还是因果关系呢？可以使用“单变量控制法”，也就是控制其他因素不变，只改变其中一个因素，然后观察这个因素对实验结果的影响。例如，每天早上公鸡一打鸣，太阳就会升起。如果我们把公鸡杀掉，太阳还是会升起，完全不受公鸡的影响。所以，“太阳升起”和“公鸡打鸣”是相关关系，而不是因果关系（图2-108）。

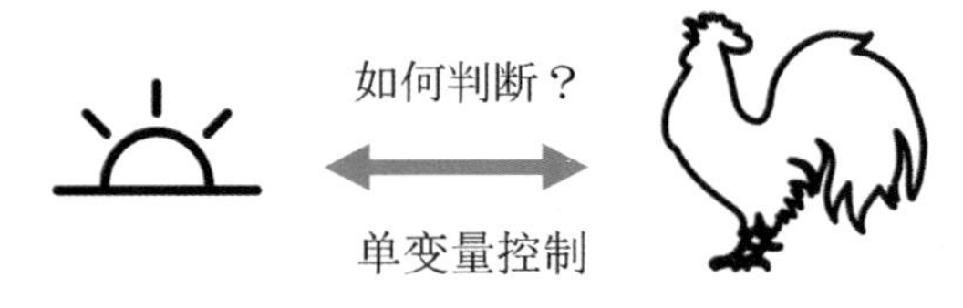

图2-108　太阳升起和公鸡打鸣是相关关系

在《魔鬼经济学》中有这样一个案例：有数据表明，在竞选中花钱越多的候选人，胜出的可能性也越大。所以有这样一种观点，认为在选举中，竞选资金的多少直接决定了竞选结果（图2-109）。

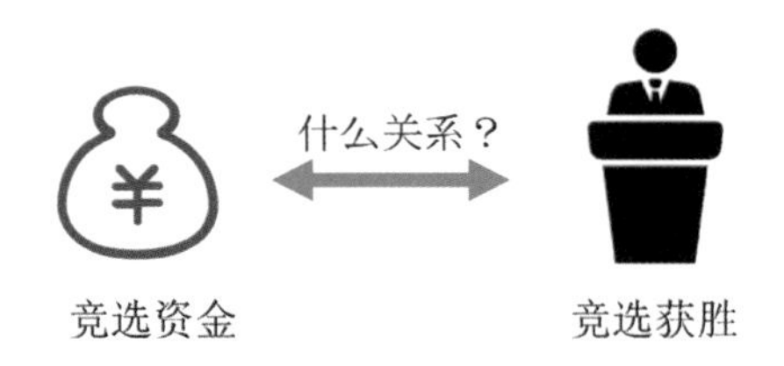

图2-109　竞选资金与竞选结果

但是作者指出，这只意味着竞选资金和竞选获胜之间存在相关关系，而并不能证明具有因果关系。有可能是别的原因，同时导致了竞选资金多和竞选获胜这两个结果。

作者通过数据分析发现，候选人的个人魅力是存在的第3方因素。个人魅力强的候选人，胜出的概率大，而选民也更愿意给他捐款。也就是说，个人魅力才是决定一个候选人能否获胜的根本原因，而不是竞选资金的多少。

作者是如何证明这个因果关系的呢？就是我们前面讲到的"单变量控制法"，也就是保持候选人之间相对魅力值不变，然后改变他们的竞选资金，看看竞选资金的变化是否真正影响了最后的竞选结果。

作者发现，从1972年以来，有两位候选人在短短几年内多次成为竞选总统的对手。由于时间间隔较短，又是相同的两位候选人，可以假定他们之间的相对魅力值变化不大，而他们每次的竞选支出都不一样。

数据分析发现，在这种情况下，候选人的资金多少对选举结果根本没有影响。有魅力的候选人即使开支减半，也只会丢掉1%的选票；而反过来，魅力不足的候选人即使开支翻倍，也最多只能涨1%的选票。

那么，什么时候需要相关关系，什么时候需要因果关系呢？

在大部分时候，是无法找到因果关系的，但仅仅知道相关关系也能帮助我们。沃尔玛公司有一个著名的统计案例。他们发现，在美国，每当有飓风来临的时候，超市里一种草莓味道的饼干就会销量大增。显然，这两者之间只是相关关系。对于这种问题，没人知道背后的真实原因，但是利用好"相关分析"就够了，以后再有飓风来的时候，超市就要多准备一些这样的饼干。

人工智能技术就是建立在相关分析的基础上的，例如豆瓣的电影推荐（图2-110）、淘宝的购物推荐，背后都是对用户的行为进行相关分析。

图2-110 电影推荐

而对于另外一些问题，需要找出事件背后的原因。这时候就需要先通过研究发现相关关系，然后再进一步去研究背后的原因，找出事件之间的因果关系。

举个例子，小明是一家防晒霜公司的数据分析师。最近他接到一个任务，分析防晒霜的销量，看看如何以最好的方式来进行品牌营销。

小明通过分析发现，蜜蜂数量和防晒霜的销量高度相关，也就是，如果蜜蜂数量越多，那么防晒霜销量也就越高（图2-111）。于是，他告诉销售团队，需要考虑在广告中提到蜜蜂，这可以增加防晒霜的销量。

有些问题
需要找到事件背后的原因(因果关系)

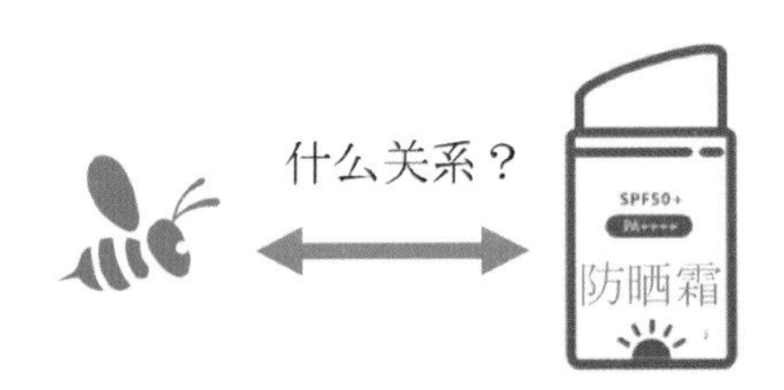

图2-111 蜜蜂与防晒霜

销售部门负责人听了他的建议后，反问道：这两种数据之间是有相关关系，但是它们之间有因果关系吗？也就是，蜜蜂数量多是用户购买防晒霜的原因吗？销售部门经过进一步分析发现，在蜜蜂多的日子里，通常天气也好，于是用户就会增加户外运动。用户买防晒霜是因为他们在进行户外活动，所以户外活动频率和防晒霜销量才是因果关系。最后销售部门的广告决策不是在广告中提到蜜蜂，而是提到户外活动，这样才能增加防晒霜的销量。（参考文献《赤裸裸的统计学》）。

2.7.7 总结

可以用图2-112记住相关分析方法。

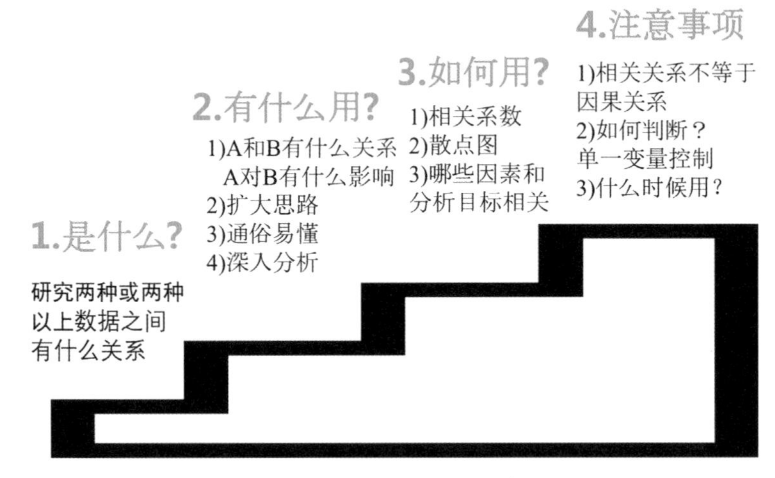

图2-112 相关分析方法

第1个问题：是什么？

当我们研究两种或者两种以上数据之间有什么关系的时候，就要用到相关分析。

第2个问题：有什么用？

（1）在研究两种以上数据之间有什么关系，或者某个事情受到其他因素怎样的影响等问题的时候，就可以使用相关分析；

（2）在解决问题的过程中，相关分析可以帮助我们扩大思路，将视野从一种数据扩大到两种甚至多种数据；

（3）通俗易懂，便于和其他人沟通，方便得到他人的理解和认可；

（4）相关分析可以和其他分析方法相结合，帮助进行深入分析。

第3个问题：如何用？

相关分析就是得到相关系数，相关系数有两个作用：

（1）相关系数的数值大小可以表示两种数据的相关程度。一般相关系数的值大于0.6或者小于-0.6，表示两种数据之间高度相关；

（2）相关系数的数值正负可以反映两种数据之间的相关方向。

通常，在做相关分析的时候，会在散点图上给出相关系数。还介绍了一种应用相关分析的模式，就是找出哪些因素与分析目标相关。

第4个问题，注意事项。

需要注意的是相关关系不等于因果关系。

如何判断两种数据之间是相关关系，还是因果关系呢？

要用到“单变量控制法”，也就是控制其他因素不变，只改变其中一个因素，然后观察这个因素对实验结果的影响。

什么时候需要相关关系，什么时候需要因果关系呢？

大部分时候无法找到因果关系，但是仅仅知道相关关系也能帮助我们。对于有些问题，需要找出事件背后的原因。这时候就需要先通过研究发现相关关系，然后再进一步去找出背后的原因，找出事件之间的因果关系。

2.8 群组分析方法

2.8.1 什么是群组分析方法？

“群组分析方法”（也叫同期群分析方法）是按某个特征，将数据分为不同的组，然后比较各组的数据，说白了就是对数据分组然后来对比。这个分析方法在我们生活中经常可见，例如，在学校上体育课的时候，体育老师考虑到男生和女生的运动项目不一样，会把男生分为一组打篮球，女生分为一组跳绳。这其实是按性别对学生进行了分组（图2-113）。

图2-113 群组分析方法

在职场里，常见的分组就是公司为了方便沟通，会按项目建立不同的微信群（图2-114）。

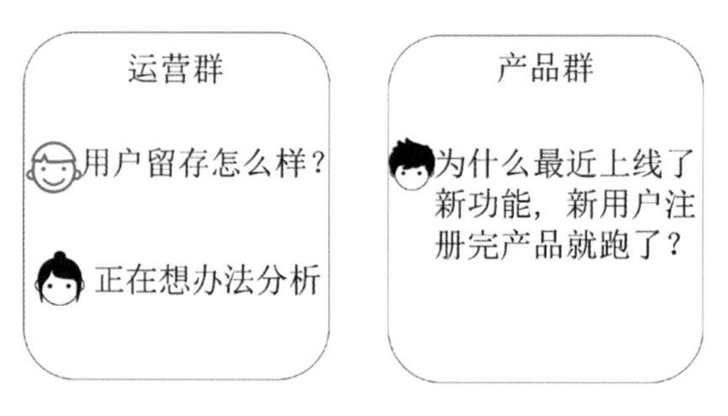

图2-114 不同微信群

2.8.2 群组分析方法有什么用？

产品会随着时间发布新的版本，产品改版的效果如何？版本更新后用户是增长了，还是流失了？像这类问题，就需要将用户按时间分组，然后比较不同组的用户留存率。所以，群组分析方法常用来分析用户留存率（或者流失率）随时间发生了哪些变化，然后找出用户留下或者离开的原因。

留存问题中如何对用户分组？通常是按用户开始使用产品的月份来分组，例如用户注册的那个月或者第1次购买的那个月。

分组后，考察每组用户的留存率随着时间发生了哪些变化，例如1个月后留存率是多少，2个月后留存率是多少（图2-115）。对留存率高的用户组，分析他们为什么留存；对留存率低的用户组，分析他们为什么流失。

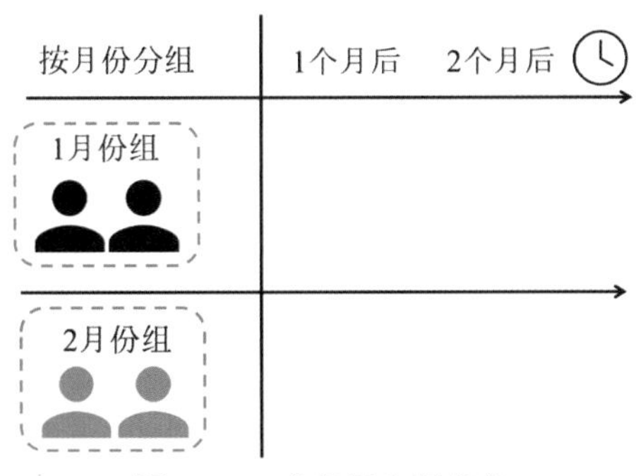

图2-115　考察用户留存率

2.8.3　如何使用群组分析方法?

假设现在是4月初，为了分析产品用户的留存，我们将前3个月的用户划分到不同的组。

把在1月份注册产品的用户划分到一个组，叫作“1月份组”，把在2月份注册产品的用户划分到一个组，叫作“2月份组”，把在3月份注册产品的用户划分到一个组，叫作“3月份组”，初步整理出图2-116里的表格。

留存率随时间是如何变化的？

分组			
1月份组			
2月份组			
3月份组			

制作表格时间：4月1号

图2-116　按注册时间分组

为了研究清楚每个组里的用户留存率随时间发生了哪些变化，可以给这个表加入几列，用于记录用户从开始注册产品到几个月后的留存率，这样就得到了图2-117所示的表格。

分组	1个月后	2个月后	3个月后
1月份组	留存率	留存率	留存率
2月份组	留存率	留存率	
3月份组	留存率		

5月份

制作表格时间：4月1号

图2-117　记录留存率

第1行是1月份组用户的留存率随着时间的变化情况。为什么右下方有许多空白单元格？因为表格的制作时间是4月初，而3月份组里的用户是3月份开始注册产品的，1个月后才到了4月份，2个月后是5月份，3个月后是6月份，5月份和6月份都还没有数据，所以表格有空白。所以，对于这种群组分析表格，由于时间原因，右下角有些数据是空白（图2-118）。

群组分析表格

分组	1个月后	2个月后	3个月后
1月份组	留存率	留存率	留存率
2月份组	留存率	留存率	
3月份组	留存率		

制作表格时间：4月1号

图2-118　空白表格没有数据

表格里的留存率是多少？可以按行来计算（图2-119）。例如，表格第1行是1月份组，1月份注册的有10个人，1个月后有6人卸载产品不再使用了，还留下4个人。那么1个月后的留存率=留下的人数（4）/1月份组总人数（10）=40%。

如何计算留存率？

分组	1个月后	2个月后	3个月后
1月份组	40%	留存率	留存率
2月份组	留存率	留存率	
3月份组	留存率		

$$留存率=\frac{留下的人数(4人)}{1月份组总人数(10人)}$$

图2-119　计算留存率

按同样的方法，可以算出每一行的留存率，最后得到表2-5。

表2-5　留存率

分组	1个月后	2个月后	3个月后
1月份组	40%	30%	20%
2月份组	50%	45%	
3月份组	10%		

从这个表格里能分析出什么？当群组分析表格里的数据比较多的时候，直接分析起来比较困难。这时可以把各个组的数据绘制成折线图（图2-120），这样从图形上就可以很容易地发现数据随时间发现了哪些变化。

横轴是时间，纵轴是留存率。这样表格里的每个留存率在折线图上就是一个点，例如3月份组1个月后的留存率是10%，就是图2-120的红色点。把每个组的留存率数据点连成折线，就可以绘制出每个组的留存率折线图。

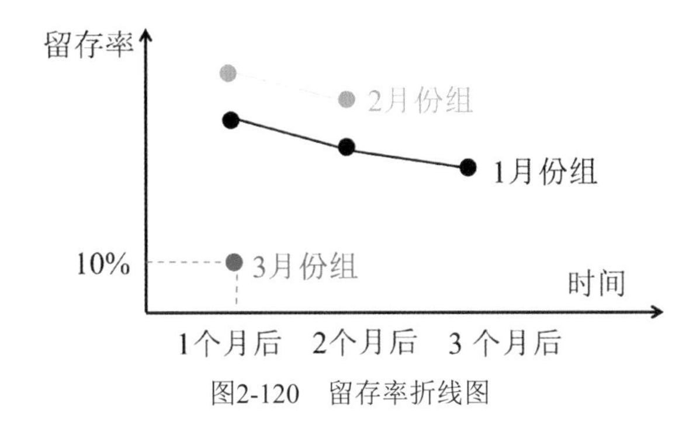

图2-120　留存率折线图

通过比较各个组的留存率折线图，可以发现3月份组的留存率突然下降了，然后就可以分析为什么这个月的留存率下降了。所以，通过群组分析方法，可以观察某个指标随着时间发生了哪些变化。

你可能会说，图2-120里的数据太简单了。这里用少量数据是为了帮助你理解群组分析的原理，下面会通过几个实际案例来讲解群组分析方法是如何应用的。

案例一：视频平台用户流失分析。

你肯定用过腾讯、优酷、爱奇艺等视频平台，这类视频平台的用户是按月付费成为会员才能看某些电视剧。用户可以在任意月份取消订购，这类取消订购的用户就是流失用户。为了分析用户为什么流失，我们可以使用群组分析方法。

表2-6是某视频平台的新增用户数，表格的第1列“分组”是按新用户注册的月份分组，每一行是对应组之后各个月留存下来的用户（数据来源：《精益数据分析》）。

表2-6　某视频平台的新增用户数

分组	新增用户数										
	当月	1个月后	2个月后	3个月后	4个月后	5个月后	6个月后	7个月后	8个月后	9个月后	10个月后
1月份组	150	140	130	125	118	105	102	97	95	95	95
2月份组	180	172	160	150	140	130	121	118	118	118	
3月份组	200	190	178	169	155	142	135	132	128		
4月份组	270	188	175	170	153	144	137	131			
5月份组	350	247	228	216	202	189	178				
6月份组	450	307	288	269	258	244					
7月份组	225	210	195	180	166						
8月份组	235	218	207	197							
9月份组	240	224	211								
10月份组	250	233									

我们来看1月份组这一行，当月也就是1月份新增用户数是150人，1个月后这个群里有140人留存下来，2个月后这个群里有130人留存下来。

2月份组这一行，当月也就是2月份新增用户数是180人，1个月后这个群里有172人留存下来，2个月后这个群里有160人留存下来。

现在来计算这个表格里的留存率。拿“1月份组”这一行来说，1个月后的留存率=留下的人数（140）/ 1月份组总人数（150） =93.33%，2个月后的留存率=留下的人数（130）/ 1月份组总人数（150） =86.67%，如图2-121所示。

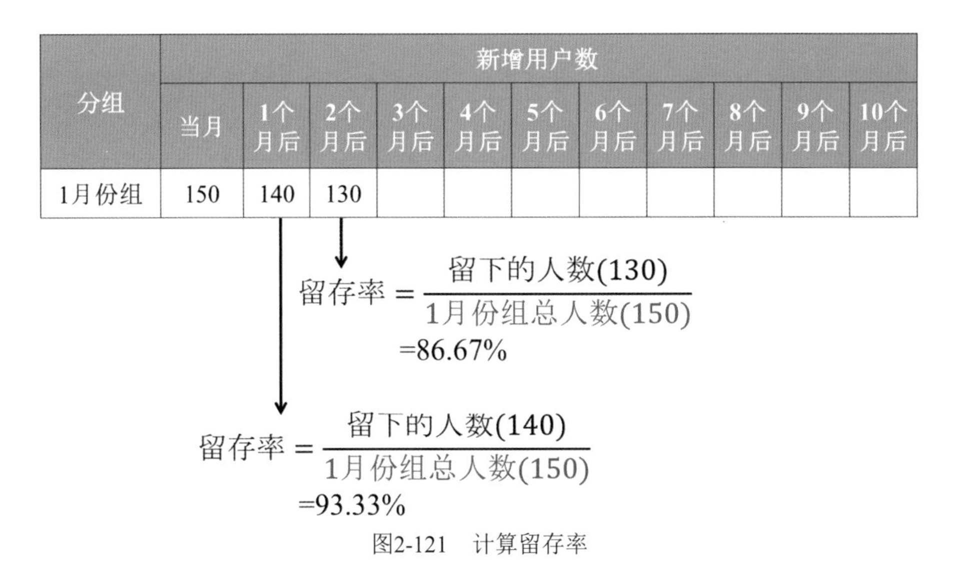

图2-121 计算留存率

按照这样的方法，可以把每一行的留存率计算出来，就得到了表2-7的数据。

表2-7 某视频平台的用户留存率

分组	1个月后	2个月后	3个月后	4个月后	5个月后	6个月后	7个月后	8个月后	9个月后	10个月后
1月份组	93.33%	86.67%	83.33%	78.67%	70.00%	68.00%	64.67%	63.33%	63.33%	63.33%
2月份组	95.56%	88.89%	83.33%	77.78%	72.22%	67.22%	65.56%	65.56%	65.56%	
3月份组	95.00%	89.00%	64.50%	77.50%	71.00%	67.5%	66.00%	64.00%		
4月份组	69.36%	64.81%	62.96%	56.67%	53.33%	50.74%	48.52%			
5月份组	70.57%	65.14%	61.71%	57.71%	54.00%	50.86%				
6月份组	66.22%	64.00%	59.78%	57.33%	54.22%					
7月份组	93.33%	86.67%	80.00%	73.78%						
8月份组	92.77%	88.09%	83.83%							
9月份组	93.33%	87.92%								
10月份组	93.20%									

当群组分析表格里的数据较多，直接分析比较困难。这时可以把各个组的数据绘制成折线图，这样就可以很容易地发现数据随时间发生了哪些变化。

把每个组的数据绘制成一条折线，横轴是时间，纵轴是留存率，然后比较各个组的折线。因为9月份组和10月份组的数据很少，所以没有绘制到图上。从图2-122中可以发现，当1、2、3月份组的折线趋于平稳时，4、5、6月份组的折线还在继续下行。

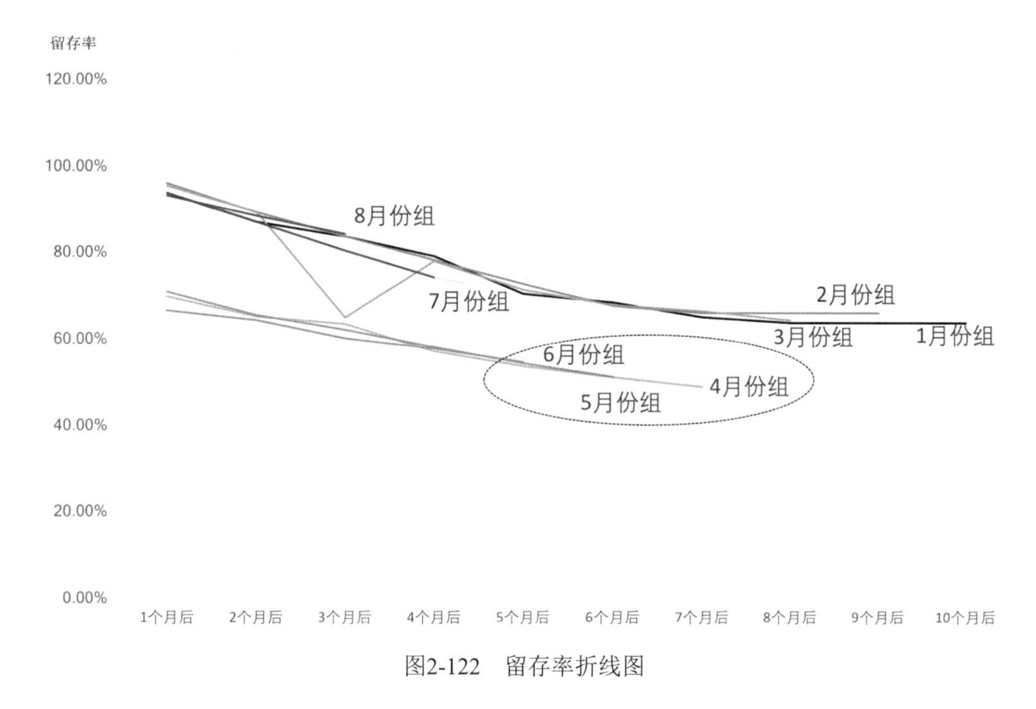

图2-122　留存率折线图

图2-122的折线太多，可以把1月份组和4月份组单独拿出来比较，就是图2-123，可以看出两组的留存率差别很大。

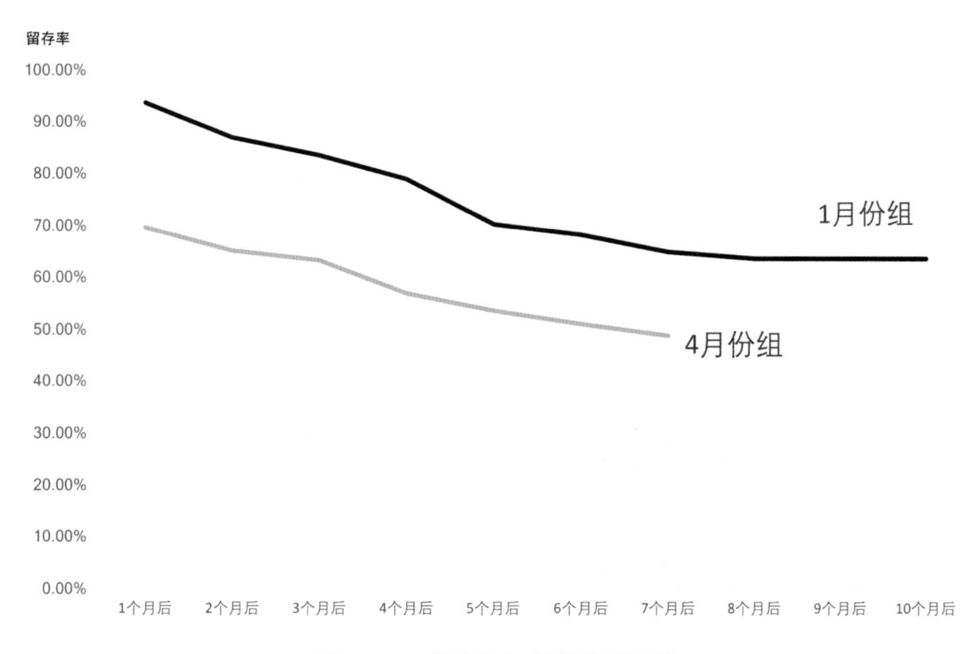

图2-123　1月份组和4月份的折线图

通过群组分析方法，我们发现留存率低的是4、5、6月份组。接下来就可以继续分析为什么这3个月的用户留存率下降。例如，有可能是下面几种原因：

（1）公司最近上线了新功能，但是这些新功能并不适合新用户；

（2）公司最近推广活动带来了新用户，但是公司的产品对这些新用户没有价值，导致用户流失。

这时就可以使用前文的假设检验、相关分析等方法来进一步研究，找到问题发生的原因。

最后我们复盘下用户流失分析这个案例。第1步，使用群组分析方法，找到留存率低的组；第2步，分析为什么这些组留存率低，可以使用假设检验、相关分析等方法进一步研究（图2-124）。

图2-124 用户流失分析

案例二：推特用户留存分析。

前面在使用“群组分析方法”时，一般按用户开始使用产品的月份来分组，但这不是唯一的分组规则。工作里业务场景不一样，需要灵活根据业务需求来确定分组规则。现在来看看推特团队是如何使用“群组分析方法”来发现留存率低的问题，以及如何分组的（案例来自《增长黑客》）。

推特是国外版的“微博”，在发展的早期阶段，团队通过数据分析发现，在新用户注册时，根据用户的兴趣选择，向他推荐30个最可能感兴趣的账号，这样才可以使新用户成为长期活跃用户。那么，为什么是关注“30个”用户账号呢？

这个数据可不是团队一拍脑袋决定的，而是使用群组分析方法得出的结论。当时，推特面临的是很多人注册后就不再使用产品了，留下来的活跃用户极少。为什么用户留存率低呢？为了解决这个问题，团队按每月使用推特的天数对用户进行分组分析。由于没有当时的真实数据，为了方便理解，表2-8中的数据是模拟数据。

表2-8 推特用户数据

分组	当月用户数	1个月后用户数
使用1天组	100	1
使用2天组	200	4
使用3天组	300	9
使用4天组	400	40
使用5天组	500	150
使用6天组	600	300
使用7天组	1000	900
使用8天组	1000	950
…	…	…

“分组”这一列是某月份用户使用推特的天数，“当月用户数” 这一列是对应这组里有多少用户，“1个月后用户数”是1个月后，有多少人留存下来继续使用产品。这样分组后，用“1个月后用户数”除以“当月用户数”，就可以得到各组的留存率，如表2-9所示。

表2-9 推特用户的留存率

分组	当月用户数	1个月后用户数	留存率
使用1天组	100	1	1%
使用2天组	200	4	2%
使用3天组	300	9	3%
使用4天组	400	40	10%
使用5天组	500	150	30%
使用6天组	600	300	50%
使用7天组	1000	900	90%
使用8天组	1000	950	95%
…	…	…	…

将最后一列的留存率绘制成折线图，比较各组的留存率变化（图2-125）。其中，横轴是各个组，也就是这个月使用产品的天数，纵轴是每个组对应的留存率。从图中可以看出，当月使用推特7天是一个拐点，这之后留存率慢慢稳定在90%以上。也就是说，一个月使用至少7天的人中，有90%～100%会留存到下一个月。

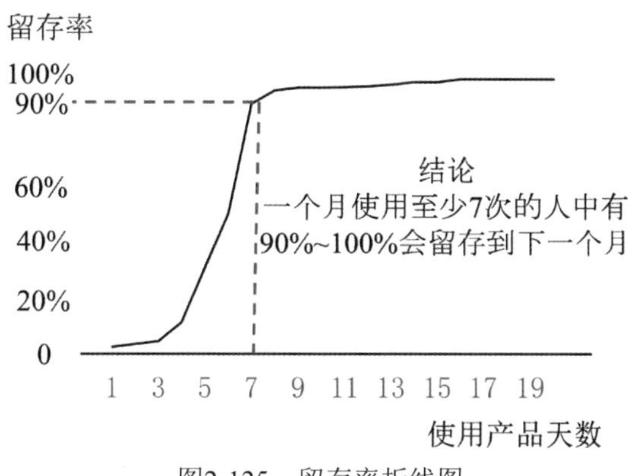

图2-125 留存率折线图

那么，一个月使用至少7天的用户比例高吗？推特团队将用户分为三组，分组规则如下：

（1）核心用户，也就是每个月至少访问7天的人；

（2）一般用户，也就是使用产品不那么频繁的人；

（3）冷漠用户，也就是使用一次产品后就不再用的人。

分组后统计每一组的用户比例，推特团队发现核心用户有20%，这个比例是比较高的（表2-10）。

表2-10 用户占比

分组	用户数	占比
核心用户	2000	20%
一般用户	5000	50%
冷漠用户	3000	30%

核心用户组为什么留存率高呢？如果能找到这些用户有哪些共同行为，那么就找到了用户留存下来的原因。接下来推特团队进行了相关分析，在前面的相关内容里，我们学习过应用相关分析解决问题的模式，就是找出哪些因素与分析目标有相关关系（图2-126）。例如，可以分别计算出因素A、B、C和“分析目标”的相关系数，通过观察这些相关系数的大小，得知哪些因素对“分析目标”影响大，哪些影响小。公司资源有限，一个阶段只能集中解决一个问题，通过相关分析，优先解决那些影响大的因素。

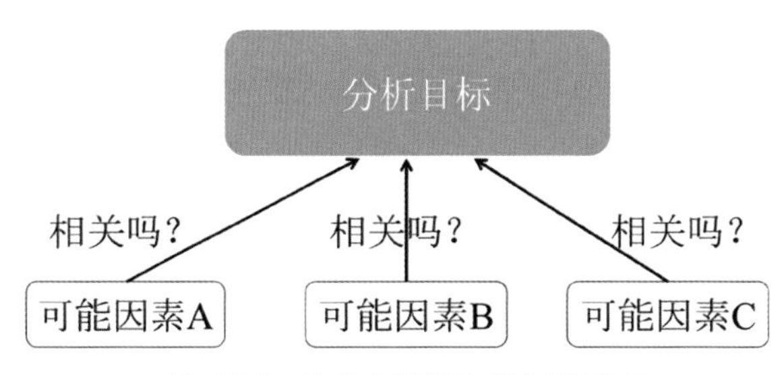

图2-126 相关分析解决问题的模式

推特团队通过相关分析发现，关注人数和留存率高度相关。当用户关注人数在30人以上，用户就会留存下来。通过继续深入分析，推特团队又找到了一组相关关系：用户关注的30个人里有多少人关注他们和留存率高度相关（图2-127）。

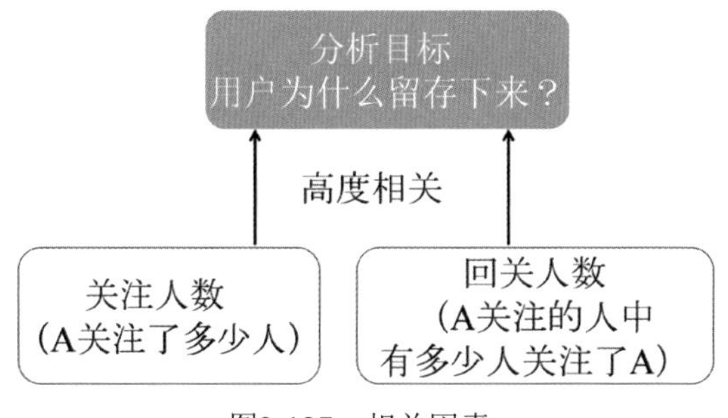

图2-127 相关因素

为什么回关人数越多，用户留存率越高呢？为了找到这个问题的答案（因果关系），团队对用户进行了电话采访，发现了这背后的原因：如果不到1/3的人“回关”，那么推特就会像一个新闻网站，而市面上还有很多其他新闻网站可以选择；如果超过1/3的人“回关”，那么推特就跟其他社交产品没有什么区别，例如微信中大家都是互相关注的状态，也没法体现出推特的独特之处；只有达到1/3这个比例的时候，才能体现出推特的特点，也就是让用户及时了解他们关心的圈子里发生的新鲜事。

通过使用群组分析方法和相关分析方法，推特团队找到了用户留存率低的原因。最后，他们利用分析结论优化了产品，就是在新用户注册的时候，根据用户的兴趣选择向他推荐30个他最可能感兴趣的账号，这样才可以使新用户成为长期活跃用户。

现在复盘下前面的两个案例，就可以总结出使用群组分析解决问题的模式（图2-128）。

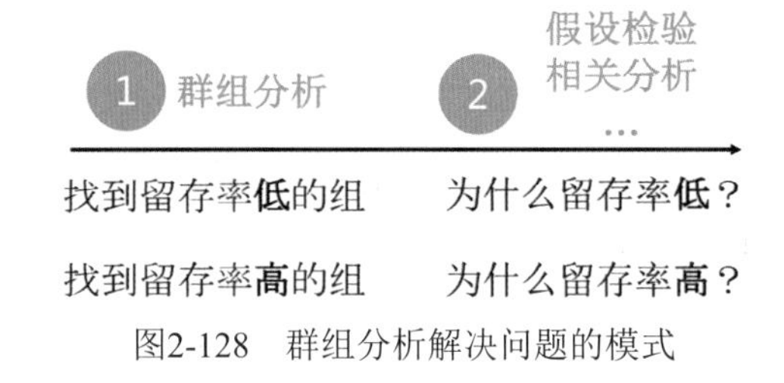

图2-128　群组分析解决问题的模式

在分析用户留存或者流失问题的时候，可以先使用群组分析方法找到留存率低的组；然后使用假设检验、相关分析等方法，分析这些组留存率低的原因。还可以先使用群组分析方法找到留存率高的组，然后分析为什么这些组留存率高。例如，分析留存率高的用户更多使用产品的哪些功能，他们为什么留下。找到原因以后，就可以对应地优化产品。例如，可以将腾讯视频里的用户按照观看时间来分组，发现留存率高的用户喜欢看某些类型的电视剧，那么就可以在产品主页里主推这类电视剧。

案例三：金融行业逾期分析。

贷款的流程如图2-129所示：①贷款申请人填写申请资料；②贷款平台审核；③如果通过审核，贷款平台会把贷款打入申请人的银行账户，也就是放款；④在贷款到期时，申请人需要按时还款。如果申请人没有按时还款，那么贷款平台的催收人员会提醒还款。没有按时还款的用户，叫作逾期用户。

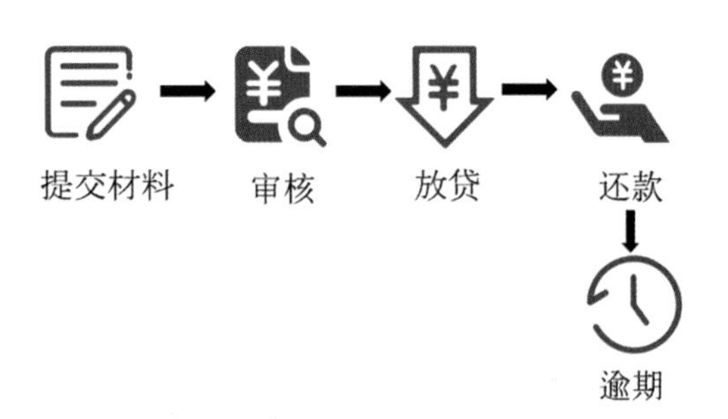

图2-129　贷款流程

逾期率是贷款到期的用户里未还款用户的占比。例如，有1000名用户的贷款到期，过了还款日期，有100人没有还款，那么逾期率就是100/1000 = 10%。

平台放款后，万一用户不还款怎么办？作为贷款平台，就要考虑这种风险。这时就可以使用群组分析方法来分析放贷后，用户的还款表现。

例如某贷款产品的期限是7天，在产品发放过程的第4周开始，公司为了降低逾期率，调整了审核条件。

为了检验调整后的审核条件是否有效，需要分析审核条件变化前后用户逾期率的变化。为此使用群组分析方法来观察逾期率随着时间发生了哪些变化。

该产品的账龄分析如表2-11所示，表格中第一列是按每周（7天贷款期限）的还款日期分组，例如W1是“第1周的贷款”，W2是“第2周的贷款”。每一行是这一组用户贷款到期后的第几天，例如“1”表示的是贷款到期后的第一天，以此类推。

表2-11 产品账龄分析

周数	贷款到期后的天数													
	1	2	3	4	5	6	7	8	9	10	11	12	13	14
W1	31.0%	26.7%	23.1%	21.6%	20.5%	19.7%	18.4%	18.2%	17.9%	17.7%	17.5%	17.1%	17.1%	17.1%
W2	36.3%	31.6%	29.2%	27.6%	25.8%	24.9%	22.9%	22.3%	21.8%	21.8%	21.8%	21.6%	21.2%	20.9%
W3	39.5%	33.6%	30.8%	28.9%	27.2%	25.7%	25.2%	24.2%	23.3%	22.5%	22.3%	22.1%	21.9%	21.9%
W4	31.2%	26.9%	23.6%	21.8%	20.3%	18.9%	17.9%	16.8%	16.6%	16.4%	16.0%	16.0%	16.0%	15.8%
W5	32.0%	30.7%	26.3%	22.9%	21.7%	19.7%	18.2%	16.8%	16.0%	16.0%	15.3%	15.1%	14.6%	15.3%
W6	30.9%	26.5%	23.7%	21.6%	20.2%	19.0%	17.2%	16.5%	16.0%	15.1%	15.1%	14.6%	14.6%	14.6%
W7	30.2%	27.5%	24.7%	22.6%	19.8%	18.3%	17.8%	16.4%						
W8	31.2%													

单元格里的数据是逾期率，也就是当前天数未还款的用户的占比。例如W1（第1周）贷款到期后的第1天对应的数据是31%，表示逾期率是31%，也就是第1周放款的用户当中，在逾期1天时仍未归还的用户占31%。

表2-11的制作时间是第8周贷款到期后的第2天，而此时我们还无法获取第2天及后续的数据，因此W8这一行只有一个数据。同理，此时第7周也只有8天的数据，剩余数据暂时还无法获取。

从表2-11中可以获得哪些信息呢？

首先，看表2-12方框中W2和W3对应的逾期率分别是36.3%和39.5%，而这一列其余的逾期率几乎都是31%左右。

表2-12 产品账龄分析

周数	贷款到期后的天数													
	1	2	3	4	5	6	7	8	9	10	11	12	13	14
W1	31.0%	26.7%	23.1%	21.6%	20.5%	19.7%	18.4%	18.2%	17.9%	17.7%	17.5%	17.1%	17.1%	17.1%
W2	36.3%	31.6%	29.2%	27.6%	25.8%	24.9%	22.9%	22.3%	21.8%	21.8%	21.8%	21.6%	21.2%	20.9%
W3	39.5%	33.6%	30.8%	28.9%	27.2%	25.7%	25.2%	24.2%	23.3%	22.5%	22.3%	22.1%	21.9%	21.9%
W4	31.2%	26.9%	23.6%	21.8%	20.3%	18.9%	17.9%	16.8%	16.6%	16.4%	16.0%	16.0%	16.0%	15.8%
W5	32.0%	30.7%	26.3%	22.9%	21.7%	19.7%	18.2%	16.8%	16.0%	16.0%	15.3%	15.1%	14.6%	15.3%
W6	30.9%	26.5%	23.7%	21.6%	20.2%	19.0%	17.2%	16.5%	16.0%	15.1%	15.1%	14.6%	14.6%	14.6%
W7	30.2%	27.5%	24.7%	22.6%	19.8%	18.3%	17.8%	16.4%						
W8	31.2%													

通过比较不同组的数据，发现相对于W1而言，W2和W3的第1天逾期率明显地升高了。随后产品调整了风控策略，W4的逾期率下降为31.2%，恢复到了正常水平。

其次，观察表的右半部分。表2-13方框中的数据是从W2到W7的第8天逾期率。从W2到W7，整体呈现下降趋势，从22.3%下降到了16.4%，从第4周开始，用户逾期8天的占比有明显下降。

表2-13　产品账龄分析

周数	贷款到期后的天数													
	1	2	3	4	5	6	7	8	9	10	11	12	13	14
W1	31.0%	26.7%	23.1%	21.6%	20.5%	19.7%	18.4%	18.2%	17.9%	17.7%	17.5%	17.1%	17.1%	17.1%
W2	36.3%	31.6%	29.2%	27.6%	25.8%	24.9%	22.9%	22.3%	21.8%	21.8%	21.8%	21.6%	21.2%	20.9%
W3	39.5%	33.6%	30.8%	28.9%	27.2%	25.7%	25.2%	24.2%	23.3%	22.5%	22.3%	22.1%	21.9%	21.9%
W4	31.2%	26.9%	23.6%	21.8%	20.3%	18.9%	17.9%	16.8%	16.6%	16.4%	16.0%	16.0%	16.0%	15.8%
W5	32.0%	30.7%	26.3%	22.9%	21.7%	19.7%	18.2%	16.8%	16.0%	16.0%	15.3%	15.1%	14.6%	15.3%
W6	30.9%	26.5%	23.7%	21.6%	20.2%	19.0%	17.2%	16.5%	16.0%	15.1%	15.1%	14.6%	14.6%	14.6%
W7	30.2%	27.5%	24.7%	22.6%	19.8%	18.3%	17.8%	16.4%						
W8	31.2%													

不仅仅是第8天，对第8天以后每周的逾期率进行分析，也可以得出这一结论。这说明在调整了风控策略以后，不仅到期后第1天逾期率有所下降，后续天数的逾期率同样也有所下降。

通过上述分析，可以得出结论：在调整风控策略后用户逾期率有了显著的下降，这证明了风控策略的调整是有效的。

2.8.4　注意事项

使用群组分析方法需要注意如何分组，除了按时间分组，还可以根据具体的业务场景来确定。例如，上述第1个视频平台案例里，是根据用户注册月份分组；在第2个推特案例里，是根据某个月用户使用产品的天数来分组；在第3个金融行业逾期分析案例里，是根据贷款到期日分组。

2.8.5　总结

可以用图2-130记住群组分析方法。

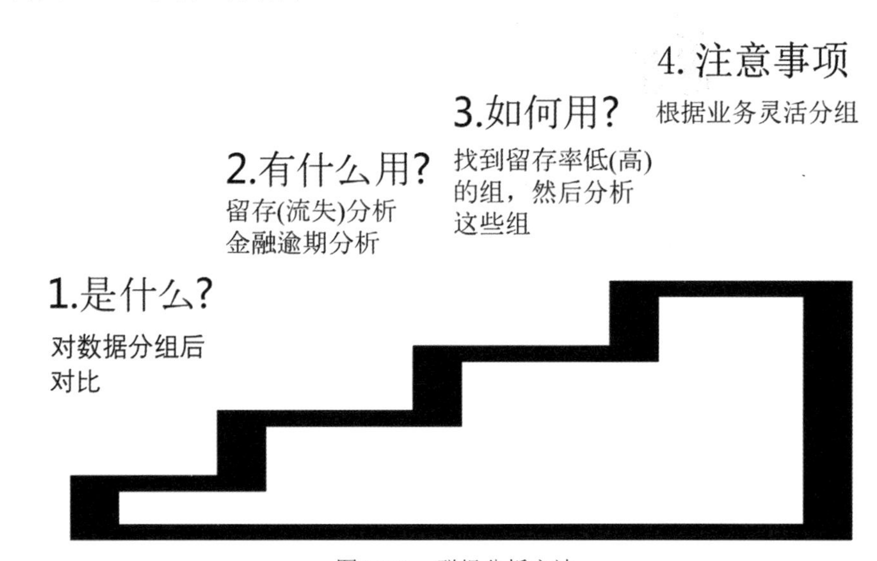

图2-130　群组分析方法

第1个问题：是什么？

“群组分析方法”是按某个特征，将数据分为不同的组，然后比较各组的数据。

第2个问题：有什么用？

群组分析方法常用来分析用户留存率（流失率）随时间发生了哪些变化，然后找出用户留下或者离开的原因。在金融行业，群组分析方法还可以用于用户逾期分析。

第3个问题：如何用？

先使用群组分析方法，找到留存率低或留存率高的组；然后使用假设检验、相关分析等方法，研究为什么这些组留存率低或留存率高。找到原因以后，就可以对应地优化产品。

当群组分析表格里的数据比较多的时候，直接分析起来比较困难，这时可以把数据绘制成折线图，这样就可以很容易地发现数据发现了哪些变化。

第4个问题：注意事项。

使用群组分析方法需要注意如何分组，除了按时间分组，还可以根据具体的业务场景来确定。

2.9 RFM分析方法

2.9.1 什么是RFM分析方法？

RFM是3个指标的缩写：最近1次消费时间间隔（Recency）、消费频率（Frequency）、消费金额（Monetary），通过这3个指标对用户分类的方法称为RFM分析方法（图2-131）。

图2-131　RFM分析方法

这里举个例子来说明这3个指标是什么意思。你有一家店铺，小明是这家店铺的用户，今天是这个月的30号。

（1）最近1次消费时间间隔（R）是指用户最近一次消费距离现在多长时间了。小明最近1次在店铺买东西是这个月26号，上一次消费距离现在（这个月30号）过去了4天，所以小明的最近1次消费时间间隔是4天。

（2）消费频率（F）是指用户一段时间内消费了多少次。如果对“一段时间”的定义是最近30天，发现小明最近30天在店铺消费了2次（小明在1号、26号进行了消费）。

（3）消费金额（M）是指用户一段时间内的消费金额。如果对“一段时间”的定义是最近30天，发现小明最近30天总共在店铺消费5000元。

这3个指标针对的业务不同，定义也不同，要根据业务来灵活定义。各指标特征如下：

- 对于最近1次消费时间间隔（R），上一次消费离得越近，也就是R的值越小，用户价值越高。
- 对于消费频率（F），购买频率越高，也就是F的值越大，用户价值越高。
- 对于消费金额（M），消费金额越高，也就是M的值越大，用户价值越高。

把这3个指标按价值从低到高排序，并把这3个指标作为坐标轴，就可以把空间分为8部分，对应图2-132的8类用户。

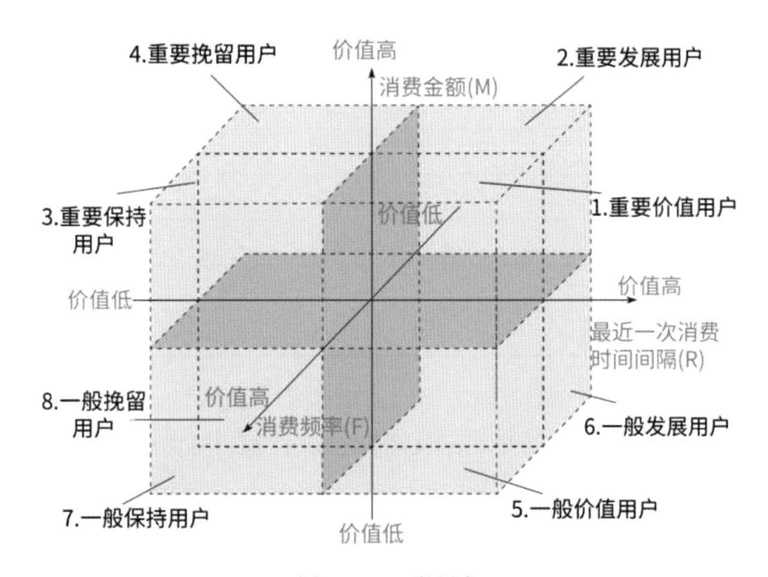

图2-132 8类用户

把图2-132里对应不同RFM值的用户，总结到表2-14里，就得到了用户分类的规则。

表2-14 用户分类规则

用户分类	最近一次消费时间间隔（R）	消费频率（F）	消费金额（M）
1.重要价值用户	高	高	高
2.重要发展用户	高	低	高
3.重要保持用户	低	高	高
4.重要挽留用户	低	低	高
5.一般价值用户	高	高	低
6.一般发展用户	高	低	低
7.一般保持用户	低	高	低
8.一般挽留用户	低	低	低

2.9.2 RFM分析方法有什么用?

例如店铺某个月收入大幅下跌，通过分析，发现原来店铺几个重要的用户被竞争对手挖走了，而这几个用户贡献了店铺80%的收入。

出现这个问题，是因为该店铺没有对用户分类，对全部用户采取的都是一样的运营决策。怎么对用户分类，识别出有价值的用户呢？

这时候就可以用RFM分析方法把用户分为8类，对不同价值的用户使用不同的运营决策，把公司有限的资源发挥到最大的效果，这就是我们常常听到的精细化运营（表2-15）。例如第1类是重要价值用户，这类用户最近一次消费时间较近，消费频率也高，消费金额也高，要提供VIP服务。

表2-15　精细化运营

用户分类	最近一次消费时间间隔（R）	消费频率（F）	消费金额（M）	精细化运营
1.重要价值用户	高	高	高	
2.重要发展用户	高	低	高	
3.重要保持用户	低	高	高	
4.重要挽留用户	低	低	高	
5.一般价值用户	高	高	低	
6.一般发展用户	高	低	低	
7.一般保持用户	低	高	低	
8.一般挽留用户	低	低	低	

日常生活中接触到的会员服务就是这方面的经典案例，按会员等级提供不同的服务。根据企鹅智库《2017中国会员经济数据报告》显示（图2-133），用户对信用卡、酒店、航空公司的会员体系最满意。

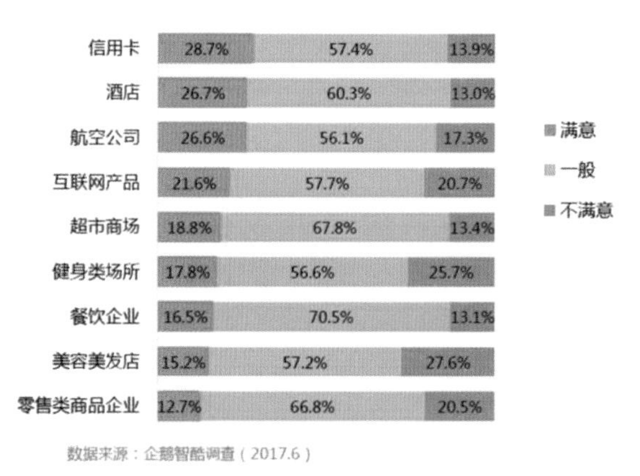

图2-133　会员服务满意度

2.9.3 如何使用RFM分析方法?

前面提到RFM分析方法可以把用户分为8类，具体是如何做到的呢？

第1步：计算R、F、M的值。要得到R、F、M这3个指标，一般需要数据的3个字段：用户ID或者用户名称、消费时间、消费金额。从这3个字段可以计算出R、F、M这3个指标。

以图2-134中的原始数据为例，假设现在是2020年1月30日，分析最近30天的用户。其中，小明最近一次消费是2020年1月26日，与今天（1月30日）的间隔是4天。他在最近30天消费了2次，总共消费金额是5000元。

1.计算R、F、M值

原始数据，现在是2020.1.30

用户ID	用户名称	消费时间	消费金额
1	小明	2020.1.1	1000元
1	小明	2020.1.26	4000元

计算出RFM值

用户ID	用户名称	最近一次消费时间间隔（R）	消费频率（F）	消费金额（M）
1	小明	4天	2次	5000元

图2-134 计算R、F、M值

用这个方法，计算出表2-16里两位用户的R、F、M值。同时在表格里加了3列，用于后面对计算出的R、F、M 3个值打分。

表2-16 计算R、F、M值

用户ID	最近一次消费时间间隔（R）	消费频率（F）	消费金额（M）	R值打分	F值打分	M值打分
1	4天	2次	5000元			
2	2天	15次	1000元			

第2步：给R、F、M值按价值打分（图2-135）。注意这里是按指标的价值打分，不是按指标数值大小打分。对于最近1次消费时间间隔（R），上一次消费离得越近，也就是R的值越小，用户价值越高。

图2-135 给R、F、M值打分

将R、F、M 3个指标分别按价值从小到大分为1～5分。这个案例里，对于最近1次消费时间间隔（R），大于20天的打1分，10～20天的打2分，5～10天的打3分，3～5天的打4分，3天以内打5分。

把这3个指标的打分规则，整理到表2-17里。实际业务中，如何定义打分的范围，要根据具体的业务来灵活掌握，没有统一的标准。

表2-17　各指标打分规则

按价值打分（分数）	最近一次消费时间间隔（R）	消费频率（F）	消费金额（M）
1	20天以上	2次以内	1000元以内
2	10～20天	2～6次	1000～1500
3	5～10天	6～8次	1500～3000元
4	3～5天	10～20次	3000～5000元
5	3天以内	20次以上	5000元以上

根据打分规则，可以对表2-16计算出的R、F、M值进行分类，在最后3列填上对应的分值，如表2-18所示。

表2-18　填上对应分值

用户ID	最近一次消费时间间隔（R）	消费频率（F）	消费金额（M）	R值打分	F值打分	M值打分
1	4天	2次	5000元	4	1	4
2	2天	15次	1000元	5	4	2

第3步：计算价值平均值。

分别计算出R值打分、F值打分、M值打分这3列的平均值，如表2-19所示。

表2-19　计算价值平均值

用户ID	最近一次消费时间间隔（R）	消费频率（F）	消费金额（M）	R值打分	F值打分	M值打分
1	4天	2次	5000元	4	1	4
2	2天	15次	1000元	5	4	2
价值平均值				4.5	2.5	3

第4步：用户分类。

在表格里增加3列，分别用于记录R、F、M 3个值是高于平均值，还是低于平均值。

如果一行里的R值打分大于平均值，就在R值高低列里记录为“高”，否则记录为“低”。F值、M值也这样比较，最终得到了表2-20里的值。

表2-20　记录分值高低

用户ID	R值打分	F值打分	M值打分	R值高低	F值高低	M值高低
1	4	1	4	低	低	高
2	5	4	2	高	高	低

然后和用户分类表格里定义的规则进行比较，就可以得出用户属于哪种类别，如图2-135所示。

用户分类规则

用户分类	最近一次消费时间间隔（R）	消费频率（F）	消费金额（M）
1.重要价值用户	高	高	高
2.重要发展用户	高	低	高
3.重要保持用户	低	高	高
4.重要挽留用户	低	低	高
5.一般价值用户	高	高	低
6.一般发展用户	高	低	低
7.一般保持用户	低	高	低
8.一般挽留用户	低	低	低

用户ID	R值分类	F值分类	M值分类	R值高低	F值高低	M值高低	用户分类
1	4	1	4	低	低	高	4.重要挽留用户
2	5	4	2	高	高	低	5.一般价值用户

图2-135　用户分类

总结下前面的内容，用RFM对用户分类的过程如下（图2-136）：

（1）使用原始数据计算出R、F、M值；

（2）给R、F、M值按价值打分，例如按价值从低到高分为1～5分；

（3）计算价值的平均值，如果某个指标的得分比价值的平均值低，标记为“低”。如果某个指标的得分比价值的平均值高，标记为“高”；

（4）和用户分类规则表比较，得出用户分类。

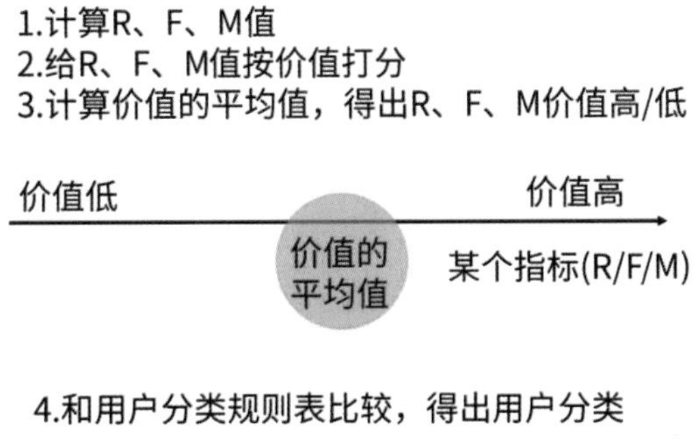

图2-136　用RFM对用户分类的过程

现在再回过头看前面这个分类图，你就会恍然大悟：坐标轴的中心，可以理解为某个指标价值的平均值（图2-137）。

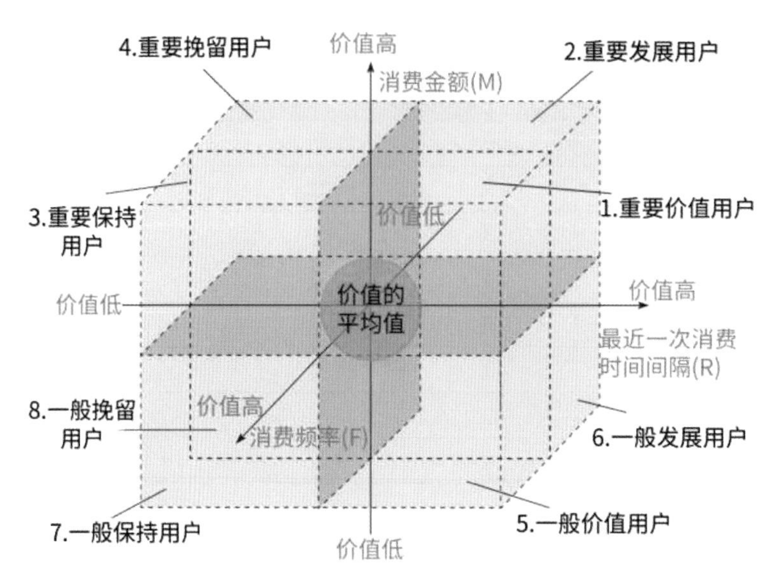

图2-137　价值的平均值

用户分类后，如何精细化运营呢？由于不同公司业务不一样，运营策略也不一样。这里举例说明前4类用户供参考（表2-21）：

表2-21　精细化运营策略

用户分类	最近一次消费时间间隔（R）	消费频率（F）	消费金额（M）	精细化运营
1.重要价值用户	高	高	高	VIP服务
2.重要发展用户	高	低	高	想办法提高消费频率
3.重要保持用户	低	高	高	主动联系
4.重要挽留用户	低	低	高	分析哪里出了问题
5.一般价值用户	高	高	低	
6.一般发展用户	高	低	低	
7.一般保持用户	低	高	低	
8.一般挽留用户	低	低	低	

（1）重要价值用户，RFM三个值都很高，要提供VIP服务；

（2）重要发展用户，消费频率低，但是其他两个值很高，要想办法提高他的消费频率；

（3）重要保持用户，最近消费时间距离现在较远，也就是R值低，但是消费频率和消费金额高。这种用户，是一段时间没来的忠实客户。应该主动和客户保持联系，提高复购率；

（4）重要挽留客户，最近消费时间距离现在较远，消费频率低，但消费金额高。这种用户即将流失，要主动联系用户，调查清楚哪里出了问题，并想办法挽回。

这样通过RFM分析方法来分析用户，可以对用户进行精细化运营，不断将用户转化为重要价值用户。

2.9.4 注意事项

（1）R、F、M指标在不同业务下定义不同，要根据具体业务灵活应用。举个例子，你现在是滴滴打车的一名运营人员，如果用RFM分析方法对用户进行分类，你会如何定义R、F、M这3个指标呢？

对应这里的业务，R可以定义为“上一次打车距离现在多少天”；F可以定义为“过去30天的打车次数”；M可以定义为“过去30天内打车的总金额”。

为什么F不是“历史打车总数”呢？因为滴滴打车满足的是用户高频的短途出行需求，如果用户连续一个月未使用，即可定义为流失用户，所以“一段时间”可以定义为“最近30天”。如果是滴滴的代驾或者货车业务，是低频的需求，可以把“一段时间”定义为“一年或者1个季度”。

（2）R、F、M按价值如何确定打分的规则。分值一般分为1～5分，也可以根据具体业务灵活调整。每个分值的范围要根据具体业务来定，就好比你在开车，车速控制在哪个范围，可以根据路况灵活把握。

此外，FRM打分的规则可以与业务部门沟通，进行头脑风暴。或者使用聚类的方法对R、F、M的值进行分类，然后给每个类别打分。

（3）R、F、M这三个指标可以灵活和其他分析方法结合使用。例如，某个店铺做活动以后，希望对老用户的表现做复盘总结。可以使用对比分析方法来比较该店铺今年和去年同样活动中老用户的复购情况。

可以使用R值来衡量老用户的复购情况。R值定义为老用户最后一次消费时间间隔，这样R值可以反映老用户的活跃程度和复购周期。可以简单理解为R值越小，用户越活跃、复购周期越短。表2-22是老用户今年和去年活动的R值分布。

表2-22 老用户的R值分布

R(最后一次消费时间间隔）/天	去年人数	今年人数	人数同比减少	去年人数占比	今年人数占比	占比同比减少
R≤30	927	1114	187	4.30%	6.08%	1.78%
30<R≤90	2951	2503	-448	13.68%	13.66%	-0.02%
90<R≤180	6273	1783	-4490	29.09%	9.73%	-19.36%
180<R≤270	3379	2700	-679	15.67%	14.73%	-0.94%
270<R≤360	2157	2998	841	10.00%	16.36%	6.36%
360<R≤720	5880	7230	1350	27.26%	39.45%	12.19%
总计	21567	18328	-3239	100.00%	100.00%	—

为了方便观察数据，把表中的数据进行可视化，如图2-138所示，图中的柱形图对应的数据是表格中的去年人数和今年人数，折线对应的数据是表格中的人数同比减少。从图中可以看出，折线的两个低点分别是90＜R≤180的区间和总计。

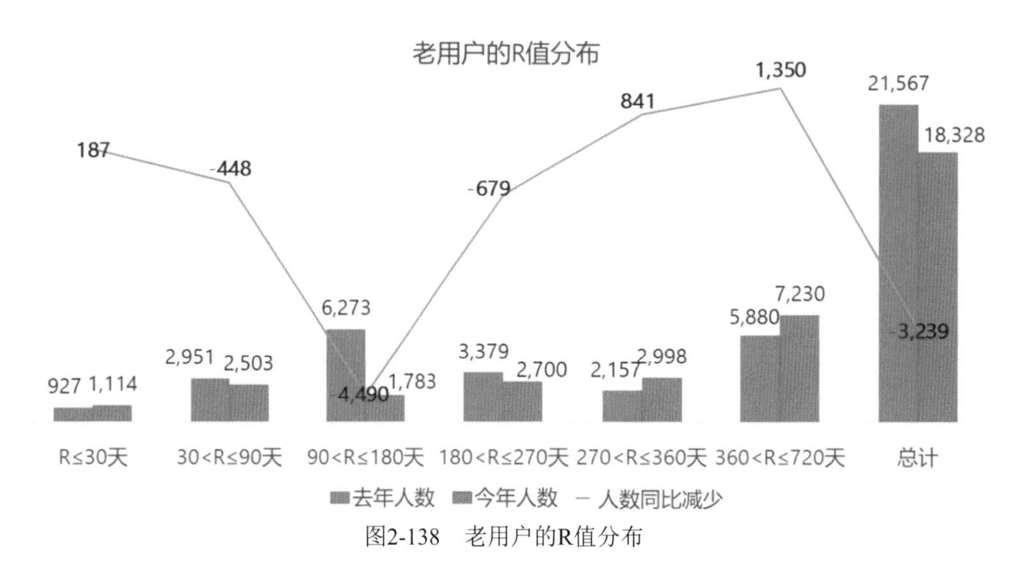

图2-138　老用户的R值分布

引起“老用户复购下降”的主要区间在折线的低点90<R≤180区间，下降了4490人，甚至超过了总计的下滑人数（3239人）。将表2-22中的去年人数占比、今年人数占比、占比同比减少数据做成图2-139，也显示90＜R≤180区间下降显著。

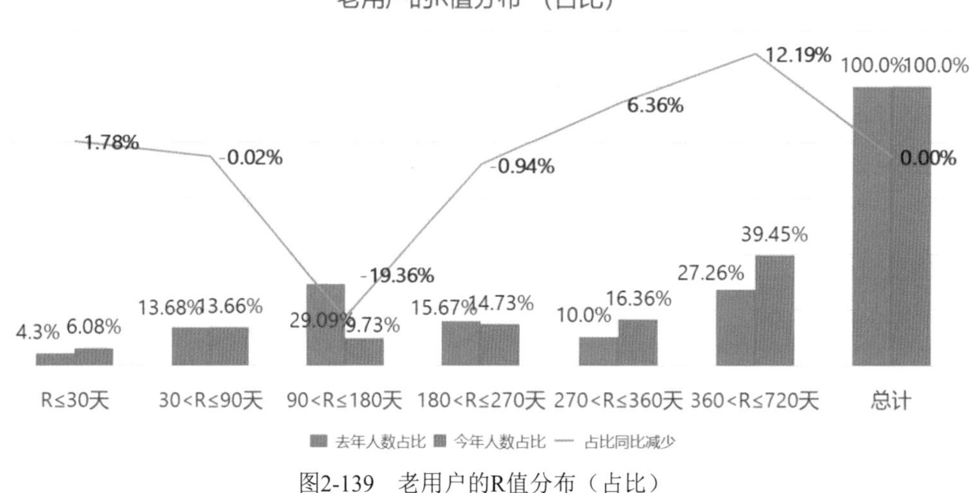

图2-139　老用户的R值分布（占比）

除了90<R≤180区间复购人数下降显著，还可以看下是否有其他相对显著的变化，发现360<R≤720的复购提升最明显。

对比分析后，将问题缩小到两类用户：90<R≤180和360<R≤720区间的老用户，接着就可以深入分析这两类用户了。

2.9.5　总结

可以用图2-140记住RFM分析方法。

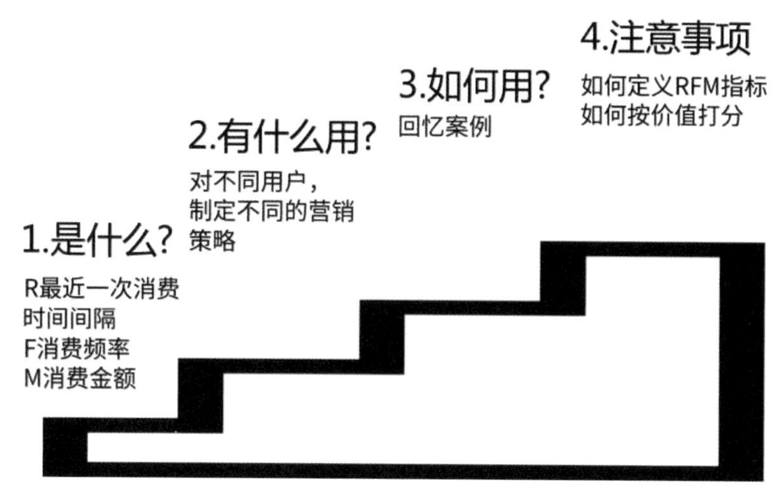

图2-140　RFM分析法

第1个问题：是什么？

RFM是3个指标的缩写：最近一次消费的时间间隔（R）、消费频率（F）、消费金额（M）。

第2个问题：有什么用？

通过RFM分析方法可以把用户分为8类，这样就可以对不同用户使用不同的营销策略，例如信用卡的会员服务。

第3个问题：如何用？

可以回顾案例中用RFM分析方法对用户分类的过程。现在有很多工具如Excel、SQL、Python等都可以实现RFM。工作里用到的时候，可以搜索对应的实现工具，就可以快速实现了。

第4个问题：注意事项。

（1）不同业务中R、F、M的定义不同，要根据具体业务灵活应用。

（2）R、F、M按价值确定打分的规则一般分为1～5分，也可以根据具体业务灵活调整。

2.10　AARRR模型分析方法

2.10.1　什么是AARRR模型分析方法?

AARRR模型对应产品运营的 5 个重要环节（图2-141），分别是：

（1）获取用户（Acquisition）：用户如何找到我们？

（2）激活用户（Activation）：用户的首次体验如何？

（3）提高留存（Retention）：用户会回来吗？

（4）增加收入（Revenue）：如何赚到更多钱？

（5）推荐（Referral）：用户会告诉其他人吗？

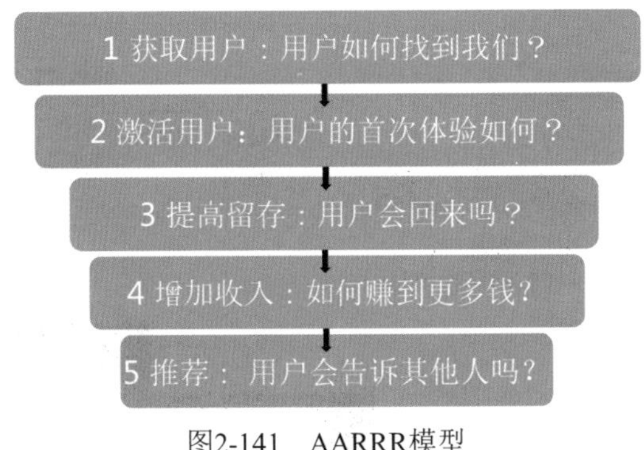

图2-141　AARRR模型

如果把产品看作一个鱼塘，使用产品的用户看作鱼塘里的鱼，AARRR模型的5个环节可以描述如下（图2-142）：

（1）获取用户：想办法给鱼塘里添加新的鱼，从而扩大鱼塘的规模；

（2）激活用户：让鱼塘里的鱼喜欢上这里的环境；

（3）提高留存：随着时间的推移，一部分鱼觉得鱼塘没意思，就离开跑到其他鱼塘里了，这些鱼就是流失用户；留下来的鱼就是留存用户。所以要想办法把用户留住；

（4）增加收入：鱼塘有盈利模式才能活下去，所以要想办法赚到更多钱；

（5）推荐：让更多的人知道这个鱼塘，才能扩大鱼塘的规模。对应产品，就是让用户推荐给其他人，才能让产品有更多新用户。

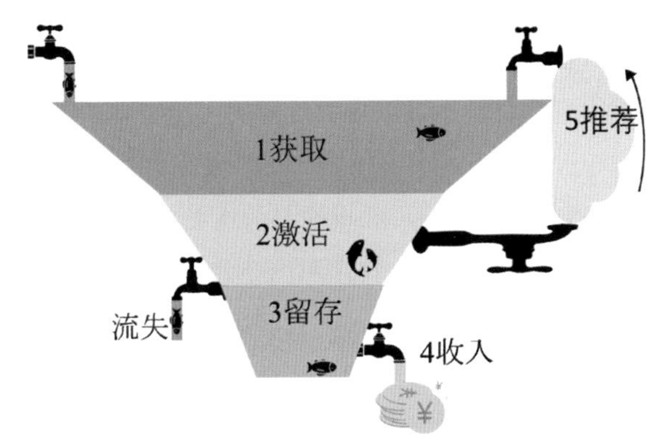

图2-142　鱼塘分析

2.10.2　AARRR模型分析方法有什么用?

因为AARRR模型涉及用户使用产品的整个流程，所以它可以帮助分析用户行为，为产品运营制定决策，从而实现用户增长。例如，使用其他分析方法定位到问题的原因是留存率低，那么就可以参考AARRR模型里留存这一环节的策略来提高留存率。

2.10.3　AARRR模型分析方法如何使用？有哪些注意事项？

接下来，分别看下AARRR模型的每一个环节如何使用，以及有哪些注意事项。

1. 获取用户：用户如何找到我们?

在“获取用户”这一环节，需要关注以下指标（图2-143）：

（1）渠道曝光量：有多少人看到产品推广的信息；

（2）渠道转换率：有多少人因为看到广告转换成用户；

（3）日新增用户数：每天新增用户是多少；

（4）日应用下载量：每天有多少用户下载了产品；

（5）获客成本：获取一个客户所花费的成本。

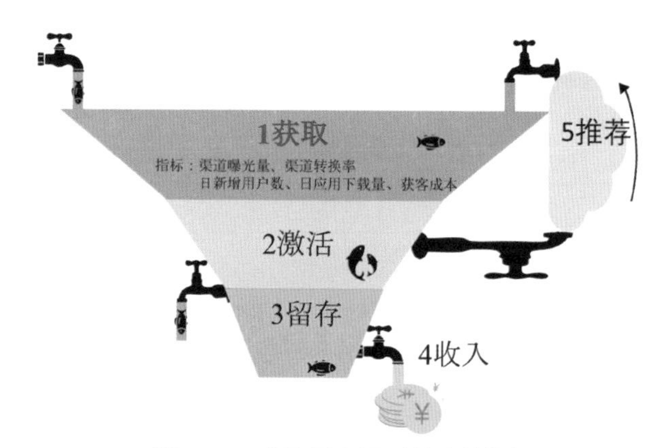

图2-143　获取用户需要关注的指标

在互联网行业中，很多创业公司死掉并不是因为它们的业务或产品不行，而是因为它们的获客成本很高，并且没有办法降下来。

肖恩最初是在硅谷的Dropbox公司工作，这是一家做云存储业务的创业公司。这家公司开始时每获得一名用户的成本高达400美元，而它提供的付费服务每年是99美元。肖恩对低成本获客提供了两个建议：一是语言，二是渠道。

1）语言

语言就是指怎么说才能打动用户的心，例如广告的文案。2001年iPod问世时，广告语是“将1000首歌放在你的口袋里”（图2-144），这么一句话就让用户知道了这个产品的魅力所在。

图2-144　iPod广告文案

2）渠道

渠道是指产品投放在什么地方才能让用户看到。主要有四类渠道：搜索引擎、应用市场、付费渠道、口碑渠道。

（1）搜索引擎是指通过搜索引擎来提高产品在搜索结果页面的排名。

（2）应用市场是给手机安装各类App的平台。安卓系统下的应用市场可以分为两类：一类是手机厂商自营的应用商店，另一类是一些大型互联网公司或者第三方平台开发的应用市场。目前主流的应用市场如表2-23所示。

表2-23　主流应用市场

	手机厂商自营	第三方平台开发
第一梯队	华为、vivo、oppo	应用宝（腾讯）、Google Play、苹果 App Store 、百度
第二梯队	小米、三星、魅族	阿里应用分发平台、豌豆荚、PP助手、UC商店
第三梯队	联想、一加	酷安、安智、木蚂蚁、机锋、应用汇

（3）付费渠道在第1章里已经写过，包括展示位广告、搜索广告和信息流广告。这里以应用市场为例来介绍付费渠道。

付费推广后，App在安卓应用市场内的排名会有所提升。应用市场常见的推广位置有总榜排名、专题页、分类页和推荐页，如图2-145所示。

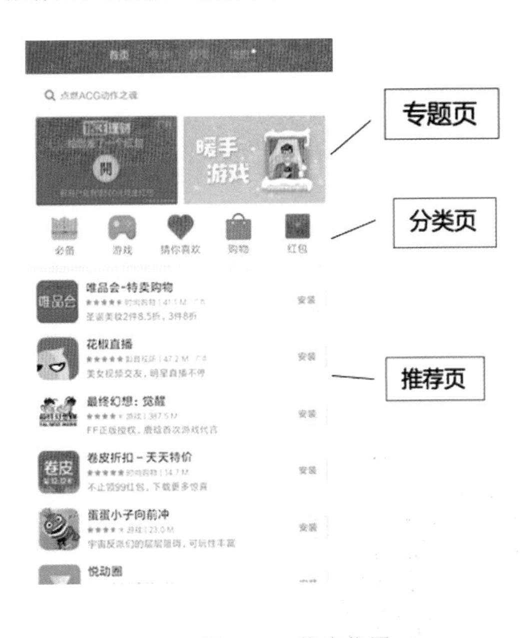

图2-145　推广位置

苹果App Store的推广方式与安卓应用市场有所区别。国内比较主流的推广方式是应用商店优化（ASO，App Store Optimization）。通过对App的名称、关键字、描述、评价和下载量进行优化，来提升App的搜索排名，从而获得大量的下载。

（4）口碑渠道是用户主动把产品推荐给周围的人。例如，特斯拉几乎不在广告上花钱，因为车主会主动推荐给周围的朋友。2019年《彭博商业周刊》针对5000位特斯拉 Model 3 车主进行了一次用户调研，有99%的车主表示会把 Model 3 推荐给家人和朋友，这是一个非常惊人的推荐率。

不管是以哪种渠道推广来获取用户，本质上都是提高产品出现在用户面前的概率。例如，特斯拉的Model X的“鹰翼门”（图2-146）就是为了提高产品出现在用户面前的概率而设计的。在社交网络上，疯传着很多Model X 的图片，这让更多人看到了特斯拉的这个产品。

图2-146　特斯拉的Model X的“鹰翼门”

获取用户时，需要注意降低用户参与的门槛。有的App好不容易把用户吸引过来，但是整个注册过程超级烦琐，用户一看太麻烦就跑了。社交软件WhatsApp（类似国内的微信）被facebook以190亿美元收购。WhatsApp将所有精力都用在了如何让自己的产品更加简单易用，不需要创建用户名或密码就能使用。由于它的简单易用，WhatsApp的口碑传播非常好。

2. 激活用户：用户的首次体验如何?

很多产品注册用户不少，但是打开率却不高。这一环节要做的是激活他们，让用户真正地使用产品。这就需要先弄明白产品的“啊哈时刻”。什么叫“啊哈时刻”呢？就是用户情不自禁地喜欢上产品亮点、发出赞叹的时刻。例如，网易云音乐在众多音乐软件中突围的亮点就是评论。用户打开软件，可能第一件事不是听歌，而是看评论。

要想激活用户，需要绘制一幅通往“啊哈时刻”的路径图。例如你负责的产品是个购物软件，在新用户体验到“啊哈时刻”之前，必须要完成这些步骤：下载App、注册账户、找到所需商品、放入购物车、填写邮寄地址、付款。在上述一系列环节中，到底用户停留在了哪一步，不再愿意继续下去？是搜不到想要的东西，还是创建账户太麻烦？可以计算每个节点用户的转化率（也就是完成每个步骤的用户比例），看用户是在哪个阶段流失的，以此来优化产品，改提高用户体验。

所以，激活用户需要关注“啊哈时刻”和活跃率指标（图2-147）。

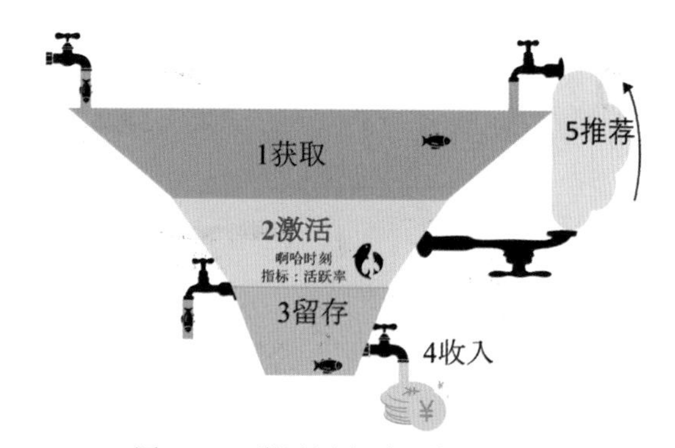

图2-147　激活用户需要关注的指标

下面来看一个关于用户激活的经典案例：拼多多如何激活用户？

许多电商App在使用过程中有着多余的跳转，导致用户最终放弃了支付。用户在淘宝上通过搜索商品来购物的流程有6个环节，通过浏览商品来购物的流程有7个环节。拼多多为了减少购物环节，从进入首页到支付只有4个环节。拼多多是如何做到的呢？它通过4大方法将购物变得简单（图2-148）：

（1）首页直接推荐产品，不放无效信息，不需要用户点击多次才到达商品页面；

（2）没有设置购物车，一件产品直接购买支付，减少了用户犹豫的时间；

（3）所有商品都包邮，用户不需要和客服沟通是否包邮；

（4）先付款后拼团，将支付环节提前，这样可以让用户提前用团购价完成支付，随后再找人拼团，拼成功了就发货，不成功就退款。

图2-148　拼多多页面

激活用户还可以通过游戏的玩法，给用户发放奖励来唤醒用户，例如打卡、积分、发优惠券等。拼多多的拼团玩法就很好地激活了用户，在各种群里都可以看到用户在拼团、砍价。

3. 留存：用户会回来吗？

用户被激活之后，第三个环节就是如何让用户变成回头客留存下来。留存的核心目标是让用户养成使用习惯。这一环节需要关注留存率指标（图2-149）。

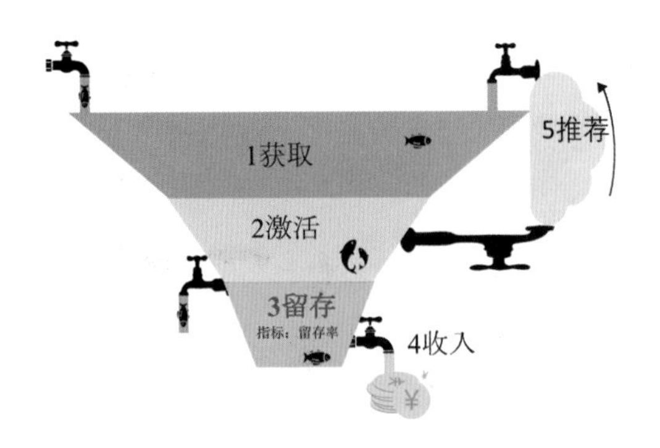

图2-149　留存需要关注的指标

如果产品留存率低怎么分析原因呢？可以用群组分析方法来找到原因。下面来看几个经典案例。

亚马逊刚推出会员服务时，许多人说这个计划必定会失败，因为美国的配送成本很高，而以99美元的会员费给会员免费配送一年，亚马逊肯定会亏。但亚马逊的真正目标是改变人们的习惯，让用户在购物中习惯会员优惠价格，习惯免运费，从而不再去其他商家买东西，进而提高了用户留存。

蚂蚁森林是阿里巴巴推出的一款在支付宝里的游戏，用户可以到其他用户的页面上去偷取能量，当能量累计到一定程度，就可以申请种一棵树。蚂蚁森林会在现实中种一棵树，并为用户发一个植树的证书。截至2020年3月12日，蚂蚁森林的用户数超过5.5亿，累计种下1.22亿棵真树，成功提升了支付宝的用户黏性，提高了留存。

4. 增加收入：如何赚到更多钱？

这一环节的目标是如何赚到更多钱。收入分为服务收入、广告收入。服务收入是指产品里的付费服务，例如网易音乐的会员服务，用户开通会员才能听某些歌曲。广告收入是指依靠投放在产品里的广告而获取的收入，例如公众号发推广文案就可以带来广告收入。这一环节需要关注以下指标（图2-150）：

（1）用来衡量业务总量的指标，例如成交总额、成交数量；

（2）用来衡量每个人平均情况的指标，例如客单价；

（3）用来衡量付费情况的指标，例如付费率，复购率。

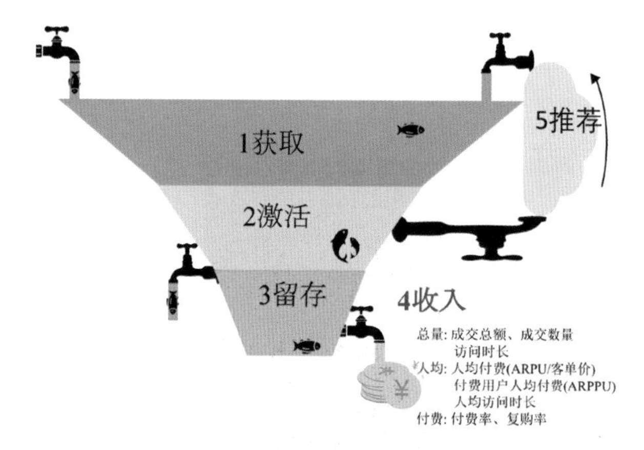

图2-150　收入需要关注的指标

这一环节有个概念需要重视，那就是“夹点”，它指的是损失潜在收益的地方。例如电商购物中，用户从选择商品到支付之间，很多人会中途放弃付费。要评估这些常见的夹点，分析用户在这些关键环节放弃的原因。

有段时间facebook发现用户流失比较严重得。之前用户注销账号的确认页面有一段提示：“你确定要注销吗？”如果用户点击“确认”按钮，就注销了。后来facebook改变了确认流程，在注销结束之前增加了一个页面，在上面把跟你互动比较紧密的五个朋友的头像列出来，然后配上文字：“你确定要注销吗？”潜台词就是，你如果要注销的话，你的朋友可就再也看不到你了，你再考虑一下？就是这个页面给facebook增加了3%的留存率。

5. 推荐：用户会告诉其他人吗？

前面的4个环节做完，就到了第5个环节——推荐，也叫病毒营销或者自传播。美国作家马尔科姆·格拉德威尔在《引爆点》这本书中用流行病来类比营销：引爆一种流行病需要三个条件——传染物本身、传染物发挥作用所需的环境、人们传播传染物的行为。

1）传染物本身

传染物本身是说要对自己的产品有足够的了解。试着问自己一个问题：我的产品是否真正解决了用户的痛点？如果你是写文章的，就要考虑你的文章能为用户带来哪些真正的价值；如果你是做餐饮的，则要考虑你的菜品是否真的为用户所喜欢。

2）传染物发挥作用所需的环境

传染物发挥作用所需的环境，也就是指用户所在的环境，对应前面讲的AARRR模型的第一环节“获取用户”。要思考使用产品的用户经常在哪些环境（如社区、大学等）出现。

3）人们传播传染物的行为

在对自己的产品有了深刻洞察，同时找了目标用户后，还要考虑人们会因为什么目的去分享你的产品，让更多的人看到你的产品。这个条件对应的就是AARRR模型的第五个环节——推荐，即病毒式营销。

这一环节需要关注的指标有转发率、转化率、K因子。

来看几个这一环节的经典案例。

许多健身App鼓励用户将运动轨迹分享到微信朋友圈来打卡，从而实现用户的自传播（图2-151）。如果没有这种自传播，产品的信息流就会中断，无法实现自增长。

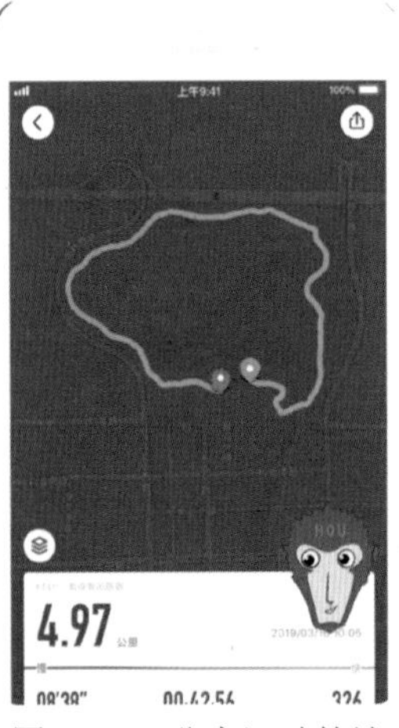

图2-151　分享运动轨迹

就好比你在朋友圈转发了一篇自己写的文章，与此同时，有10个朋友看到了这篇文章，但是都没有进一步去转发到他们各自的朋友圈，那么你这篇文章的信息流到此已经中断，不会进行二次传播了。

滴滴通过红包这样的超级营销工具，实现了产品的病毒营销。滴滴红包只有分享给微信好友才能领取到，很多人为了打车省钱，会主动把红包发到群里或者朋友圈（图2-152）。

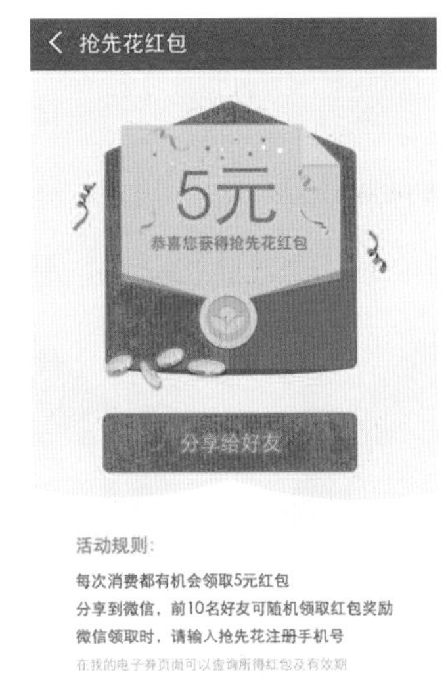

图2-152　分享红包

民宿平台爱彼迎有一个“旅行基金”的功能，当你每推荐一位好友注册爱彼迎，你和好友都可以获得礼金券，礼金券可以在下次旅行抵扣对应的金额（图2-153）。

图2-153　礼金券

特斯拉对买车用户有个车主引荐奖励计划，车主分享链接以后，通过引荐链接下单的车辆交付后，车主和被引荐的新车主将各自获得免费超级充电额度（图2-154）。

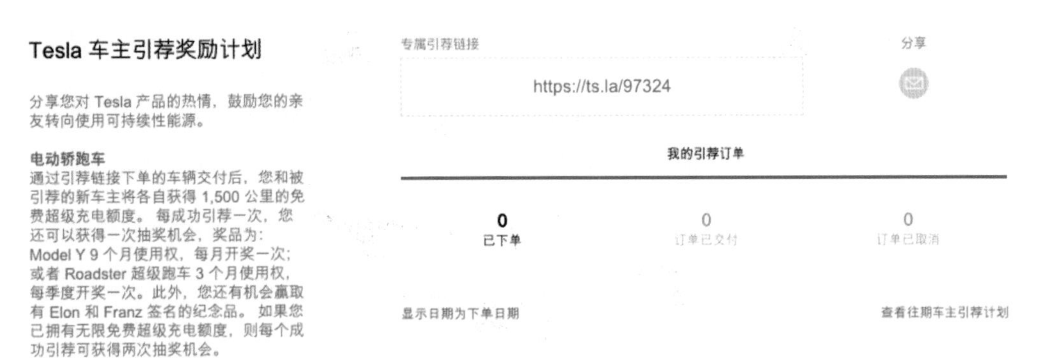

图2-154　引荐奖励

还有一种让用户推荐的形式，很多付费产品会有一个“参与推广”的功能，如果用户推广到朋友圈，有人购买产品，那么该用户就会获得一定比例的佣金。就拿我的付费课程“求职秘籍”

来说，价格是99元，参与推广的用户可以获得30%的佣金，有了共同利益以后，用户就会主动推广，从而实现自传播（图2-155）。

图2-155　参与推广

需要注意的是，要坚持把每一次营销当作一种产品体验理念的实现，让用户分享的奖励不能华而不实，要能真正为消费者带来好处。同时，奖励要与产品的核心价值有关。例如，在猴子数据分析社群里，为了鼓励用户完成“闯关游戏”的关卡，会给完成每一关的人发一个红包作为奖励。但是经过分析，我发现这种奖励效果不太好，因为奖励和产品的核心价值没有关系。经过优化，奖励变成了每一关课程相关知识的案例扩展，极大地提高了用户的活跃率。

2.10.4　总结

用户不增长是创业公司做产品的魔咒。只要不增长，用户就会越来越少，例如人人网。AARRR模型可以帮助我们分析产品的用户行为，可以在不同阶段制定不同运营策略，从而实现用户增长。可以用图2-156记住AARRR模型的5个环节，然后在实际业务中灵活使用。

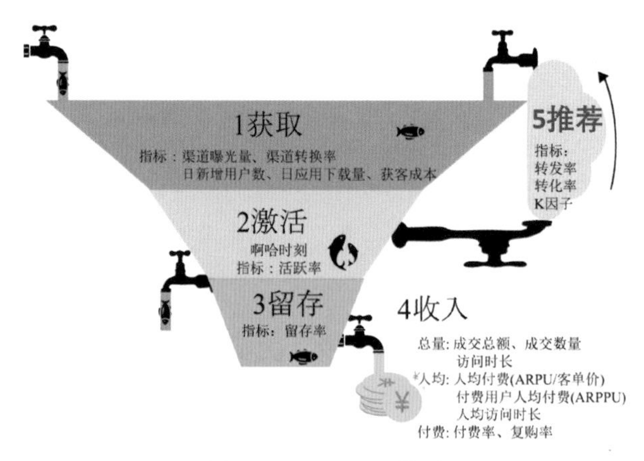

图2-156　AARRR模型

2.11 漏斗分析方法

2.11.1 什么是漏斗分析方法?

从业务流程起点开始到最后目标完成的每个环节都会有用户流失，因此需要一种分析方法来衡量业务流程每一步的转化效率，漏斗分析方法就是这样的分析方法。例如，在淘宝上一款商品的浏览量是300、点击量是100、订单量是20、支付量是10，在业务流程的每一步都有用户流失，如表2-24所示。

表2-24 用户流失情况

业务流程	用户数	流失数量	环节转化率	整体转化率
1.浏览	300	—	100%	—
2.点击	100	200	33%	33%
3.创建订单	20	80	20%	7%
4.支付	10	10	50%	3%

环节转化率=本环节用户数/上一环节用户数，是为了衡量相邻业务环节的转化情况。例如，表2-24的业务流程中第1环节是浏览，第2环节是点击，那么点击环节的转化率即为100（点击用户数）/300（浏览用户数）=33%。

整体转化率=某环节用户数/第1环节用户数，是为了衡量从第1环节到该环节为止总体的转化情况。例如，表2-24的业务流程中第1环节是浏览，第4环节是支付，那么支付环节的整体转化率为10（支付用户数）/300（浏览用户数）=3%。

把表2-24做成图2-157，就是常见的漏斗分析图。因为它的形状像漏斗，所以叫作“漏斗图”。

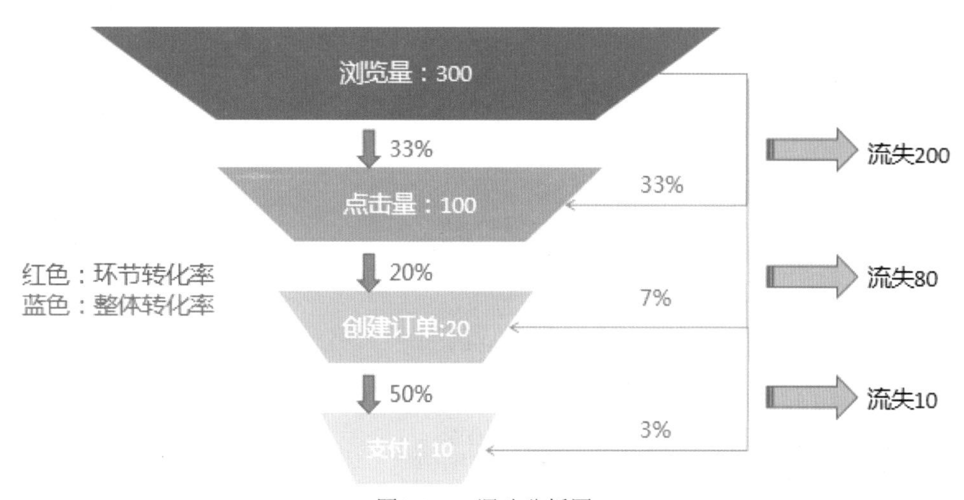

图2-157 漏斗分析图

再例如图2-158是“猴子·数据分析学院”中“求职秘籍”课程在2020年2月份的漏斗图。

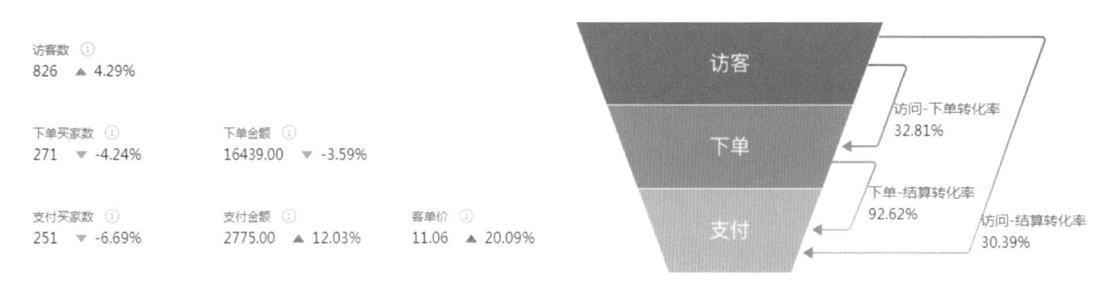

图2-158　漏斗图案例

2.11.2　漏斗分析方法有什么用?

漏斗分析的作用是“定位问题节点”，即找到出问题的业务环节在哪。漏斗分析常用于用户转化分析或者用户流失分析，所以漏斗分析中要关注两个指标：用户转化率和用户流失率。

经过各个业务环节转化下来的用户，会产生更大的价值。因为这部分用户更加忠诚，更认可业务的流程。随着转化用户的不断增加，留存用户的规模也在不断增大，产品的盈利规模也会随之增加。

流失的用户数量在每个业务环节都不同。可以分析用户主要流失在哪个业务环节，以及为什么流失，是因为业务流程过于复杂，还是产品特性无法完全展现，或是其他原因，最终的目的都是不断减少用户流失率。

2.11.3　如何使用漏斗分析方法?

以汽车行业为例，可以将业务流程分为三部分：售前、售中、售后，如图2-159所示。

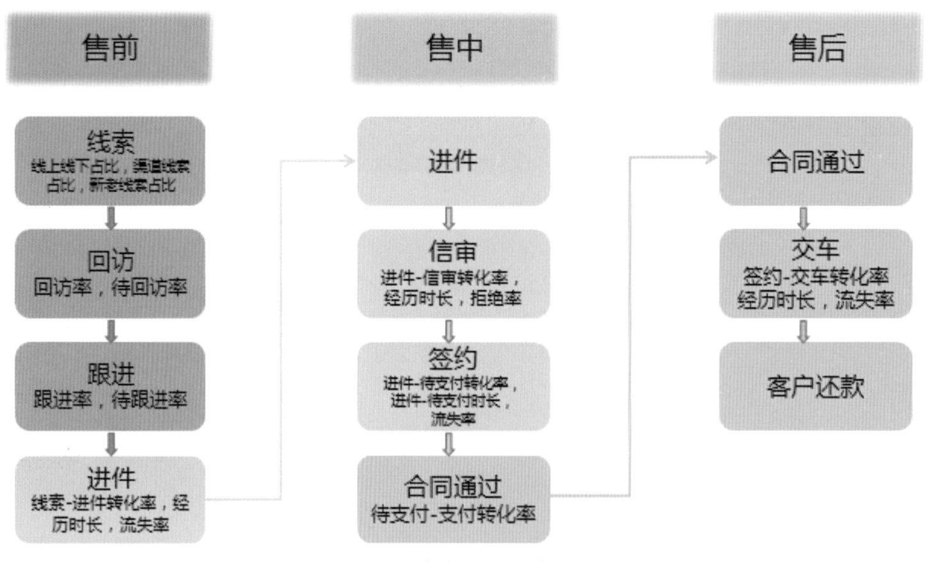

图2-159　汽车行业业务流程

将汽车行业业务流程中的指标与漏斗分析结合，可以得到环节转化率和整体转化率，如图2-160所示。

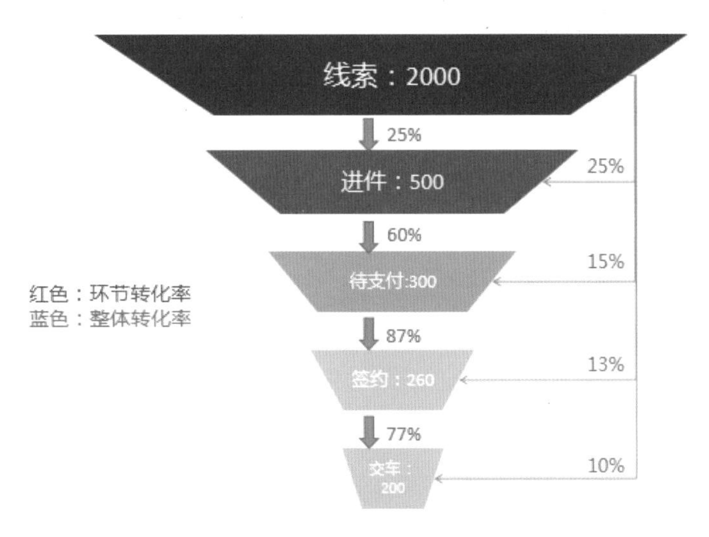

图2-160　汽车行业漏斗图

漏斗分析的整体转化率，是从整体上评估各环节用户占初始环节用户的比例，这样就可以根据一定的比例，去预测未来的大致转化或者流失情况。例如，未来一个月线索达到4000，那么根据目前这个数值（线索-签约转化率为13%），可以大致估算出最后的签约量应该在4000×13%=520左右。

漏斗分析的环节转化率可以评估各业务环节之间的转化情况，通过比较各环节转化率，从而寻找业务瓶颈点，也就是找到最低转化率对应的业务环节。在上面案例中，环节转化率最低的为“线索-进件”（转化率为25%）。为什么“线索-进件”的环节转化率最低呢？

毕竟将单纯的用户（线索）发展到愿意进行信审评估（进件），是件很不容易的事，但是这个点是否就是急需解决和优化的流程呢？这就需要使用对比分析方法和行业平均值来比较。如果行业平均值为19%，那么这里的25%已经超出行业均值6个百分点了，不应作为最急需解决的点，而应着眼后续流程，即寻找后面的转化薄弱点。如果无法得知行业内平均值，可以与本公司历史转化率进行比较，找出表现最差的业务环节，对症下药，持续优化。对于不同的场景，可以灵活运用漏斗分析。

下面再来看一个案例。某线上店铺本周的销量降低严重，从上周的1000单掉到了680单，那么是中间哪个业务环节出了问题？如何改善这种情况？这需要向前探索，去分析用户从浏览商品到最后下单需要经历的步骤是什么，再看这些步骤中，哪一个是薄弱环节，影响了订单的整体转化率。

该案例的业务流程是：浏览商品、点击商品、加购物车、提交订单、支付订单。业务流程确定后，使用对比分析方法将本周和上周的数据进行比较，然后用漏斗分析方法来分析，算出各周的环节转化率，如图2-161所示。

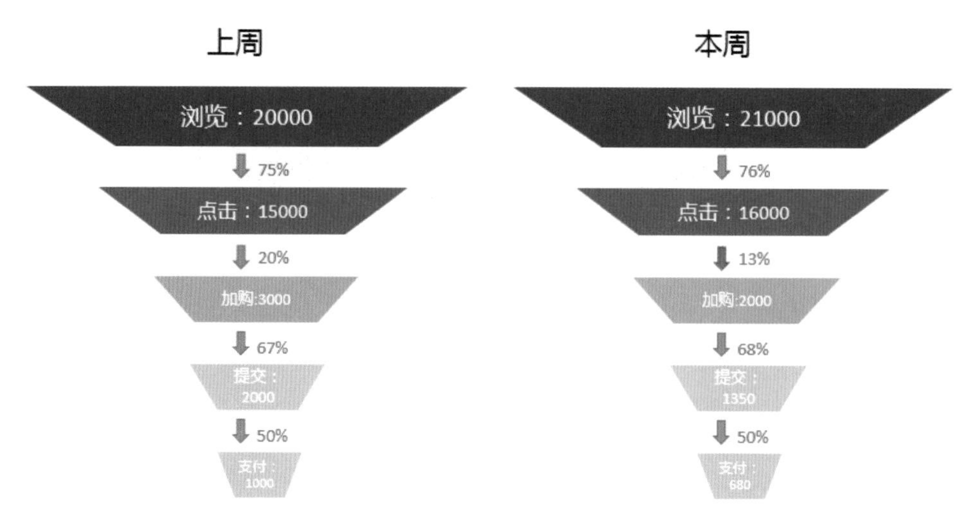

图2-161　转化率对比

在两周数据的对比分析中，可以发现“点击-加购”的环节转化率明显降低（从20%降为13%），这意味着用户点击商品后，却不愿意将商品加入购物车。

与业务人员沟通后发现，店铺在本周更换了商品的介绍页，用户看到本期的商品介绍后，加购的意愿却降低了，导致最后订单量降低。

找到原因后，就可以针对性地对商品介绍页进行调优和改善，例如与上期的介绍页结构保持一致，色彩优化等，从而提升运营效率和转化率。

2.11.4　注意事项

使用漏斗分析方法来分析用户转化问题时，不同行业的业务流程不一样，所以漏斗分析图也不一样。如果把漏斗分析方法原封不动地带入某个行业，不去结合所在行业的业务特点，那么分析出的结果很难具有业务指导性。

例如，传统的漏斗图是以AARRR模型为基础，即获客、留存、活跃、变现、推荐，这是以用户增长为核心的漏斗图。但是对于非社区类产品，例如低频且成交周期长的购车场景而言，传统的AARRR模型无法真正表达出汽车行业的业务需求。将漏斗分析方法和购车的业务流程结合起来，这就形成了线索、进件、过审、签约、交车的漏斗图。所以，漏斗分析方法要结合行业进行调整，才可以产生指导作用。

本章作者介绍

猴子，中国科学院大学硕士，“猴子·数据分析学院”创始人，公众号“猴子数据分析”创始人，前IBM工程师。其“分析方法”课程入围知乎年度口碑榜TOP 10，首创的“闯关游戏学习数据分析模式”深受用户喜欢。

第3章　用数据分析解决问题

前面我们讲了每一种分析方法的使用和案例。但是在实际工作中，业务问题比较复杂，是无法用单独的某一个分析方法来解决的。

这一章通过学习如何将单独的分析方法组合起来解决问题。学会以后，再遇到其他问题就可以灵活应用。随着处理的问题越来越多，工作经验越来越丰富，相信你会积累起解决实际问题的经验。

3.1　数据分析解决问题的过程

最近我一直咳嗽去了医院，我和医生发生了下列对话：

医生：“咳嗽多久了？”

我：“最近一周都在咳嗽。”

医生：“看下哪里出问题了。我发现你嗓子没发炎，但是在流鼻涕。”

我：“为什么会流鼻涕呢？”

医生：“因为最近天气变冷了，而你穿得少，导致感冒了。”

我：“那如何应对呢？”

医生：“我给你开些感冒药，同时要注意多穿衣服。”

看病的过程其实就像数据分析解决问题的过程（图3-1）：第1步明确问题；第2步分析原因；第3步提出建议。

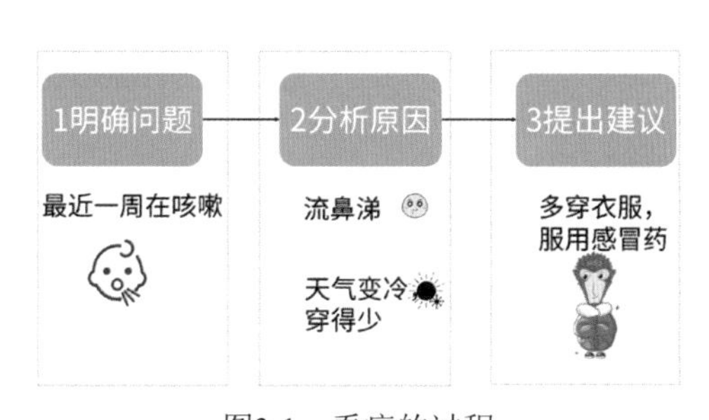

图3-1　看病的过程

在现实生活中，其实也是用这个过程来解决问题的。数据分析解决问题的过程如图3-2所示。

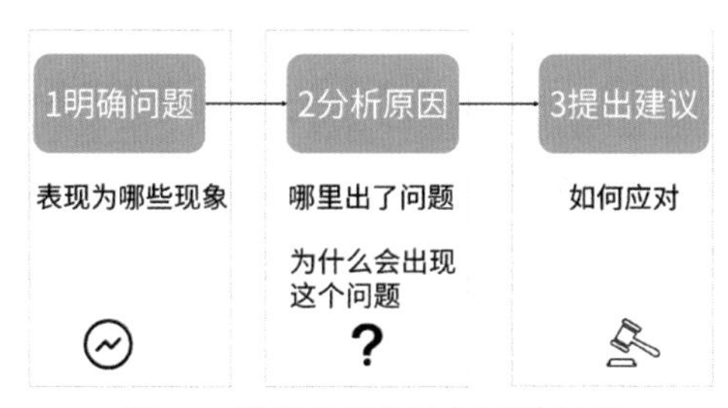

图3-2　数据分析解决问题的过程

第1步：明确问题。

通过观察现象把问题定义清楚，这是数据分析的第1步。只有明确了问题，才能围绕这个问题展开后面的分析。如果一开始问题就定义错了，那么再怎么分析，也只能是白白浪费时间。

第2步：分析原因。

这一步是分析问题发生的原因，可以通过下面两个问题把原因搞清楚：

（1）哪里出了问题？

（2）为什么会出现这个问题？

对应看病这个例子，医生一开始在想“哪里出了问题”，是嗓子导致咳嗽，还是流鼻涕导致咳嗽？最后发现，问题出在流鼻涕。然后，医生在想“为什么会出现这个问题”，围绕这个问题去查找原因。

第3步：提出建议。

找到原因就完事了吗？还不行，要找到对应的解决办法才是分析的终点。所以，找到原因以后，还要针对原因给出建议，或者提出可以实施的解决方案。

当完成这3步，才能把分析的过程清楚呈现给决策者。这就是使用数据进行有条理的分析，从而准确做出决策的能力。

接下来通过一个案例来学习每一步如何具体去做。

案例背景：某店铺上半年（1—6月）完成的利润，与年初制定的月平均盈利500万元的目标还有很大差距。如果按目前销售进度，到年底没有办法完成全年6000万元的总利润目标（全年总利润目标=月平均利润目标×12=500×12=6000万元）。销售总监要求你尽快找到利润没有达标的原因，以及拿出完成年度目标的方案。

3.2 如何明确问题?

我们来学习“用数据分析解决问题”的第1步：明确问题。

数据分析的目标是为了解决生活或工作中遇到的问题。例如你想找数据分析相关的工作，想知道哪些城市找到工作的机会更大，怎么办？再例如，你是公众号的运营，发现最近一周的新增用户数下降了，怎么办？

面对这些问题，数据分析都可以帮助你。数据分析解决问题的第1步是定义清楚问题，这决定了后面工作的成败（图3-3）。

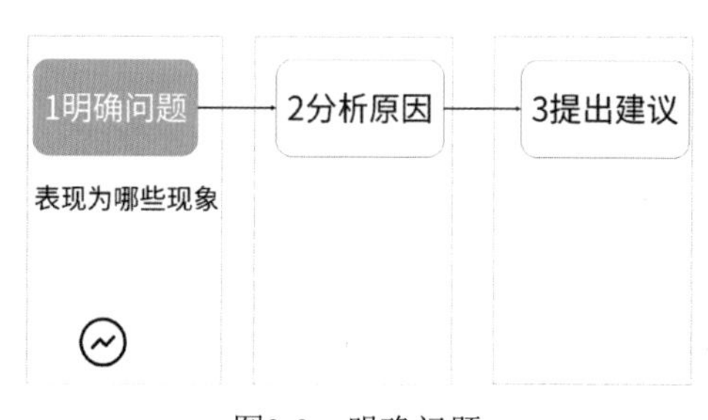

图3-3　明确问题

3.2.1 明确问题的常见错误

有一个段子是说一个小伙子看到一个老头和他脚边的一只狗。然后小伙子问："你的狗咬人么？"老头说："不咬人。"于是小伙子弯腰摸了摸这条狗，结果被咬了一口。小伙子气地说："你不是说你的狗不咬人么？"老头说："这不是我的狗。"

像这种定义问题的错误在工作中随处可见。例如领导告诉你："可能是客单价高，最近利润下降了。"听到领导这番话以后，你将问题定义为"客单价高导致利润下滑，怎么办？"这样定义问题有什么风险呢？

答案是，在定义问题中就已经包括了"原因"（在这个案例中是"客单价高"）。这样后面所有的工作都变成了收集与价格相关的数据。那么这就导致分析者忽略了其他可能的原因，而只限制在"客单价"这个视野范围内。明确问题决定了你的分析范围，而错误定义问题会缩小分析的范围（图3-4）。

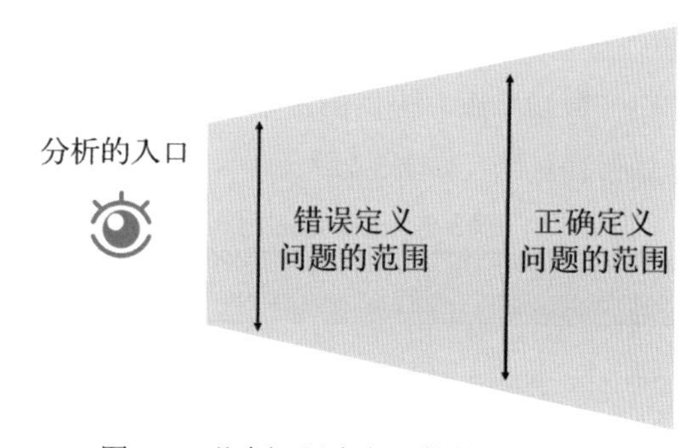

图3-4 明确问题决定了你的分析范围

上面的案例是"明确问题"时常见的错误：定义问题时，分析者根据自己的经验"主观"地把思考限定在"我觉得的范围内"。这种错误也叫做"确认偏误"，就是人们总倾向于寻找证据来支持自己已经相信的事情，从而抵制不同的看法。我们要时刻清晰地提醒自己：数据分析不是主观的臆断，是一种客观的分析。

3.2.2 如何明确问题?

明确问题可以图3-5所示的方法来进行。

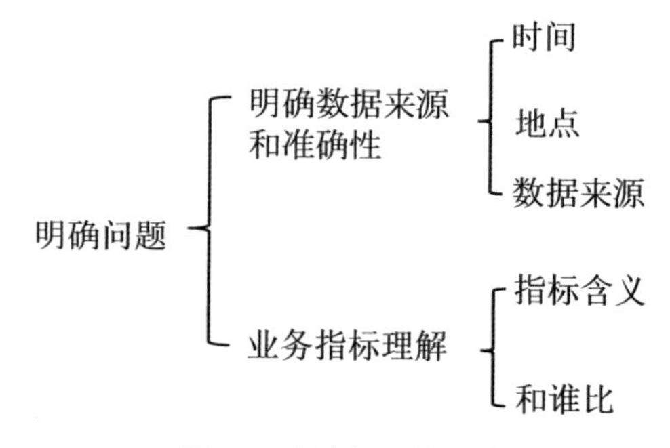

图3-5 明确问题的方法

1）明确数据来源和准确性

为什么要明确数据来源和准确性呢？

我们日常看一篇新闻，想知道这篇新闻是“假新闻”还是“真新闻”，最靠谱的办法是看来源。如果是官方发布的，那么可以保证新闻的可靠性。如果是从哪个八卦平台看到的，那么新闻的可靠性就不能保证了。

同样地，在明确问题时，也要保证数据本身是准确的，才能进行后面的步骤。所以，要明确数据来源和准确性。

如何做呢？可以从时间、地点、数据来源确认问题表现为哪些现象，还可以通过向相关人员提问的方式来沟通清楚。例如可以这样提问：

针对时间：这是观察哪个时间范围的数据发现问题的？

针对地点：这是哪个地区的数据？

针对数据来源：数据来自哪里？是否核对过数据没有问题？

在本章案例中，可以通过与相关人员沟通，了解清楚“利润没有达到目标”表现为哪些现象。例如，可以观察销售部门（数据来源）提供的上半年1—6月（时间）全国（地点）每个月的实际利润，并和每个月的计划利润对比，如表3-1所示。

表3-1　上半年的利润

	1月份	2月份	3月份	4月份	5月份	6月份	总计	平均
实际利润（万元）	46.60	89.25	286.87	378.69	520.08	669.88	1991.37	331.90
计划利润（万元）	200.00	250.00	350.00	500.00	800.00	900.00	3000.00	500.00

从表中可以看出，公司上半年的利润下达计划为3000万元（表中计划利润总计），实际完成1991.37万元（表中实际利润总计）。上半年的利润缺口=计划利润总计（3000万元）-实际利润总计（1991.37万元）= 1008.63万元，也就是1—6月完成的利润是落后于计划的。

目前要解决的问题是：上半年（1—6月）利润落后于计划的原因是什么？公司如何在下半年（7—12月）完成4008.63万元（上半年利润缺口1008.63万元+下半年利润目标3000万元）的利润目标？

2）业务指标理解

对于业务指标，可以分析指标含义、和谁比。

在这个案例里，是用“利润”这个指标，那么可以这样问：利润这个指标是怎么定义的？

通过与业务部门沟通，明确了指标定义：利润=销售收入-销售成本-营业外支出。其中，销售收入=客单价×用户数，这里的用户数是指进入店铺的人数。销售成本主要包括为实现销售而支出的相关费用和商品采购成本，也就是销售成本=销售费用+商品采购成本。营业外支出是指各项非营业性支出，例如罚款支出、捐赠支出等。

此外，当要解决的问题中有提到“高、低 、大、小”等字眼，要问清楚和谁比。这里就用到了前面章节的对比分析方法。为什么要找到比较对象呢？问题本质上是指现状与理想状态之间的差距。因此不知道理想的状态是什么，就无法比较，从而就无法确定问题。所以，在定义问题时，要去弄清楚“比较对象”是谁（图3-6）。

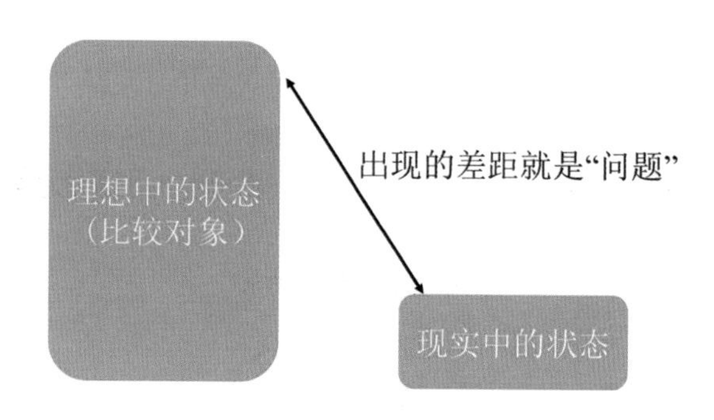

图3-6 弄清楚“比较对象”是谁

在上述的案例中，“与上半年的计划利润相比，实际完成利润落后于计划”，这里的比较对象是“上半年的计划利润”。

3.2.3 总结

这一节学习了“用数据分析解决问题”的第1步：明确问题，主要包含以下内容：

（1）明确问题的常见错误。在定义问题时，注意不要加入分析者的“主观猜测”，导致无法分析其他可能的原因。

（2）如何明确问题。可以用图3-5所示的方法。

3.3 如何分析原因?

这一节我们来学习“数据分析解决问题”的第2步：分析原因。

影响问题的原因可能有很多种，如果把所有原因都分析一遍，那么这个工作量是非常大的。根据“计算的平方律”定律，当一个问题要考虑的因素的复杂度变为原来的2倍，那么解决问题需要的时间就会变成原来的4倍。所以，在分析原因的过程中，要优先分析那些关键的因素。

例如，你早上着急上班出门，突然发现钥匙不见了。现在的问题是：钥匙在哪里？你想了下钥匙可能在这些地方（问题发生的原因）：衣服、卧室、厨房、卫生间、客厅等。你不会把所有地方都翻一遍，因为找这么多地方，工作量很大，这么大工作量还不如换一把锁划算。那怎么办呢？你会先想：昨天钥匙可能放到哪里了？这种在大量可能性中，通过快速判断最可能的做法，就是优先分析关键因素。

如何知道哪些是“关键的因素”呢？可以在分析的过程中使用这3步来分析（图3-7）：

（1）使用“多维度拆解分析方法”对问题进行拆解，将一个复杂问题细化成各个子问题；

（2）对拆解的每个部分，使用“假设检验分析方法”找到哪里出了问题。分析的过程可以用“对比分析方法”等多个分析方法来辅助完成；

（3）在找到哪里出了问题以后，可以多问自己“为什么出现了这个问题”，然后使用“相关分析方法”进行深入分析。

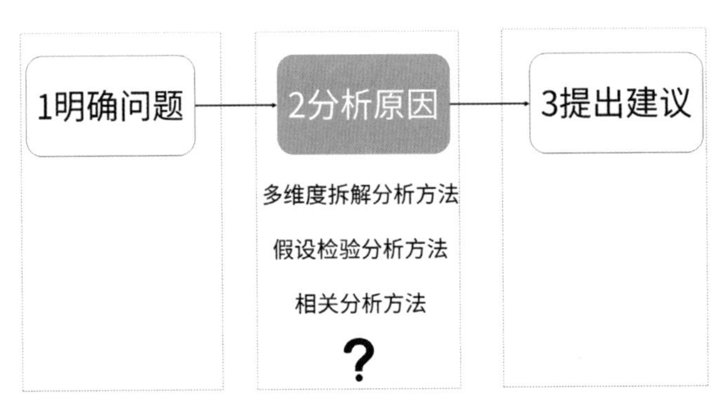

图3-7　分析原因

现在，通过本章的案例来看下如何分析原因。

在数据分析的第1步明确了要解决的问题是：上半年利润落后于计划的原因是什么？公司如何在下半年完成4008.63万元的利润目标？需要先找到上半年利润落后于计划的原因，才能针对具体的原因制定出详细的改进建议，从而保证在下半年完成目标。

为了找到“哪里出了问题”，可以使用多维度拆解分析方法对“利润”这个指标，按指标定义进行拆解，如图3-8所示。

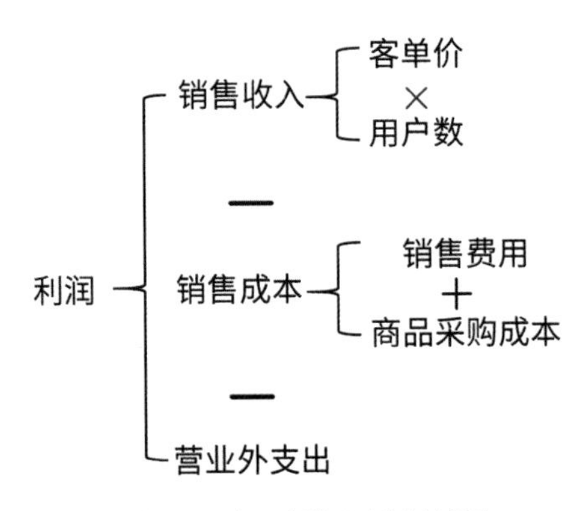

图3-8　对“利润”进行拆解

至于拆解到什么程度，没有统一的标准，要根据对业务的理解和实际问题灵活把握。接下来使用假设检验分析方法对“多维度拆解分析方法”里面的每个部分进行验证。

1）营业外支出

提出假设：营业外支出增加导致上半年利润落后于计划，如图3-9所示。

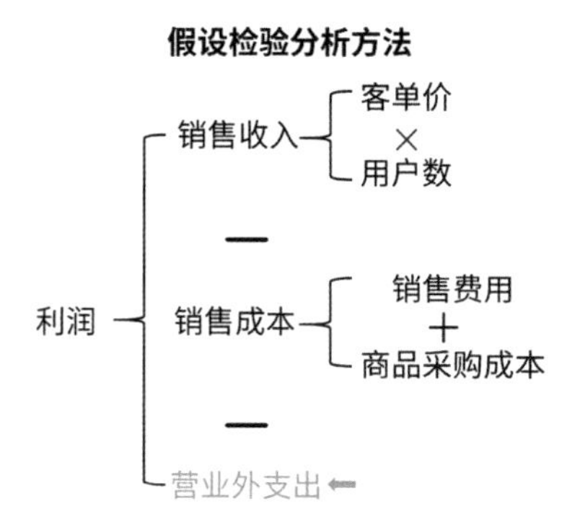

图3-9 考查营业外支出

收集数据：营业外支出汇总如表3-2所示。

表3-2 上半年的营业外支出

	1月	2月	3月	4月	5月	6月
营业外支出（万元）	0	0	0	0	0	0

得出结论：从表中可以发现，上半年未发生营业外支出，因此可以不用考虑该因素对利润的影响，所以假设“营业外支出增加导致上半年利润落后于计划”不成立。

2）销售成本

提出假设：销售成本提高导致上半年利润落后于计划，如图3-10所示。

假设检验分析方法

利润

销售收入

客单价

×

用户数

—

销售成本

销售费用

+

商品采购成本

—

营业外支出

图3-10 考查销售成本

收集数据：将今年上半年和去年上半年销售成本进行对比分析，如表3-3所示。

表3-3 上半年的销售成本对比

	1月	2月	3月	4月	5月	6月	总销售成本	总销售成本同比
今年销售成本（万元）	423.92	853.48	1910.94	2451.22	3323.67	4160.64	13123.87	3.18%
去年销售成本（万元）	464.09	1052.34	2022.41	2409.86	2832.19	3938.14	12719.03	

表3-3中的总销售成本同比是（今年上半年的总销售成本13123.87万元－去年上半年的总销售成本12719.03万元）/去年上半年的总销售成本12719.03万元=3.18%，说明今年上半年的总销售成本比去年是增加了3.18%。

为方便观察数据随时间发生了哪些变化，将表3-3中的数据绘制成图3-11。

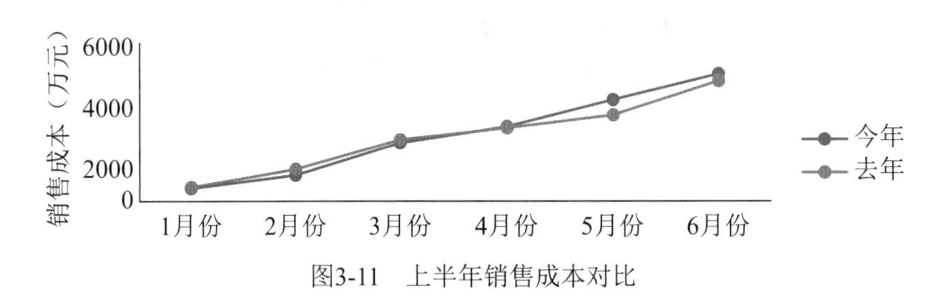

图3-11　上半年销售成本对比

从图3-11中可以看出，对比去年上半年，今年上半年的销售成本出现了明显的增长。是什么原因造成销售成本增长呢？

接下来对“销售成本”的组成部分进行分析。因为销售成本=销售费用+商品采购成本，所以分别来分析销售费用和商品采购成本的情况。

（1）分析销售费用。

收集今年上半年的销售费用数据，如表3-4所示。

表3-4　上半年的销售费用

	1月	2月	3月	4月	5月	6月
销售费用（万元）	46.8	111.19	206.52	259.66	330.2	399.22

为了方便观察数据随时间发生了哪些变化，将表3-4中的数据绘制成图3-12。

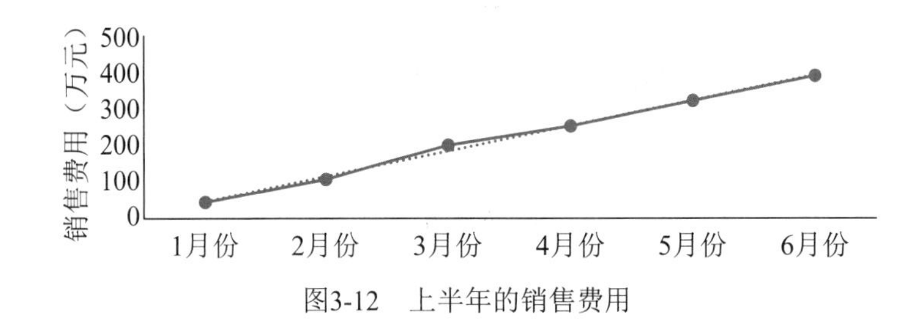

图3-12　上半年的销售费用

从图中可以看出，上半年的销售费用是逐步上升的，这会不会就是造成利润减少的原因呢？

答案是不一定。只单独分析出销售费用是增长的，还不能判断它就是造成利润落后于计划的根本原因。因为销售费用是用来提升销售增长的，如果增加销售费用能带来销售收入的增长，那也是合理的。所以，需要将销售费用和销售收入结合起来加以分析，这就需要用到一个指标：费率比，费率比=投入的费用/产生的销售收入。费率比越低，说明通过投入的费用带动销售增长的效果越好。

将上半年的销售费用和产生的销售收入按月份排列，并计算出费率比，如表3-5所示。

表3-5 上半年的费率比

	1月	2月	3月	4月	5月	6月
费用(万元)	46.8	111.19	206.52	259.66	330.2	399.22
销售(万元)	470.52	942.73	2197.81	2829.91	3843.75	4830.52
费率比	9.95%	11.79%	9.40%	9.18%	8.59%	8.26%

对数据进行可视化设计来观察变化，如图3-13所示。

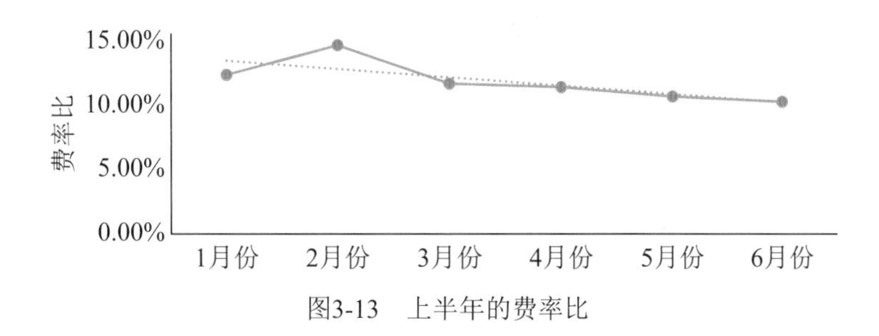

图3-13 上半年的费率比

从图中可以发现，上半年的费率比是逐步下降的，也就是说，销售费用的增长也提升了销售收入的增长。所以销售费用的上升并不是利润不达标的主要原因。

（2）分析商品采购成本。

将今年上半年和去年上半年的商品采购成本进行对比分析，如表3-6所示。

表3-6 上半年的商品采购成本对比

	1月	2月	3月	4月	5月	6月	总计	平均
今年商品采购成本（万元）	377.12	742.29	1704.42	2191.56	2993.47	3761.42	11770.28	1961.71
去年商品采购成本（万元）	452.72	1031.96	1988.89	2370.05	2779.17	3872.08	12494.87	2082.48

从表中可以发现，今年上半年的平均采购成本（1961.71万元）低于去年上半年的平均采购成本（2082.48万元）。由此可以判断，商品采购成本不是影响利润不达标的主要原因。

通过多维度拆解分析方法，对销售费用和采购成本分析后，可以判断假设“销售成本增加导致利润水平下降”不成立。

3）销售收入

提出假设：销售收入减少导致上半年利润落后于计划，如图3-14所示。

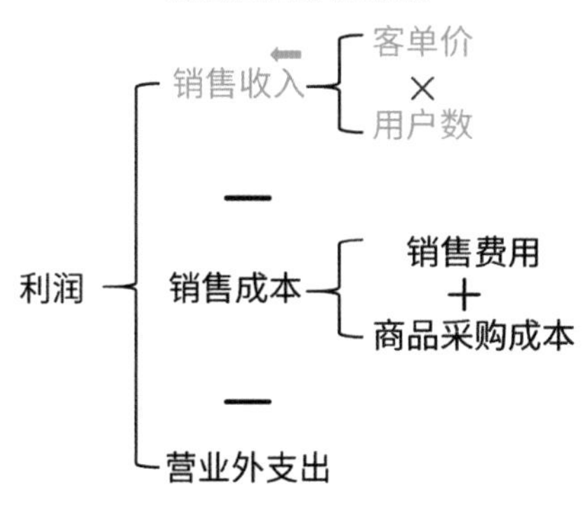

图3-14　考查销售收入

收集数据：将今年上半年和去年上半年的数据进行比较分析，如表3-7所示。

表3-7　上半年的销售收入对比

	1月	2月	3月	4月	5月	6月	总销售收入	总销售收入同比
今年销售收入（万元）	470.52	942.73	2197.81	2829.91	3843.75	4830.52	15115.24	−8.07%
去年销售收入（万元）	587.56	1336.34	2593.69	3093.48	3731.26	5100.84	16443.17	

得出结论：表3-7中的总销售收入同比是（今年上半年的总销售收入15115.24万元-去年上半年的总销售收入16443.17万元）/去年上半年的总销售收入16443.17万元=−8.07%，今年上半年的总销售收入同比去年是下降8.07%，说明销售收入减少是导致上半年利润落后于计划的主要原因之一。

是什么原因造成销售收入下降的呢？接下来对“销售收入”的组成部分进行分析。因为销售收入=客单价×用户数，分别来分析客单价和用户数的情况。

（1）分析客单价。

将今年上半年和去年上半年的客单价进行对比分析，如表3-8所示。

表3-8　上半年的客单价

	1月	2月	3月	4月	5月	6月	平均客单价
今年客单价（元）	2394	2335	3980	2856	3533	3180	3026
去年客单价（元）	2889	2644	3211	2634	2568	3117	2844

从表3-8中可以发现，今年上半年的平均客单价是3026元（平均客单价=1—6月每个月客单价之和/6），去年上半年的平均客单价为2844元，说明今年上半年的平均客单价是高于去年的，因此客单价并不是影响销售收入下降的主要因素。

（2）分析用户数。

将今年上半年和去年上半年的用户数进行对比分析，如表3-9所示。

表3-9　上半年的用户数

	1月	2月	3月	4月	5月	6月	平均用户数	平均用户数同比
今年用户数	1965	4037	5522	9909	10880	15190	7917	-1717
去年用户数	2034	5054	8078	11744	14530	16365	9634	

从表3-9中可以发现，今年上半年的平均用户数是7917人（平均用户数=1—6月每个月用户数之和/6），去年上半年的平均用户数是9634人，今年上半年的平均用户数是低于去年上半年的，因此用户数减少是销售收入下降的主要原因。

但是如果只分析到这里，这样的分析结果无法产生实际的意义。因为只看用户数下降，还不能决定“接下来要采取哪些具体的措施才能解决问题”。所以，要接着分析导致“用户数”下降的原因是什么（图3-15）。

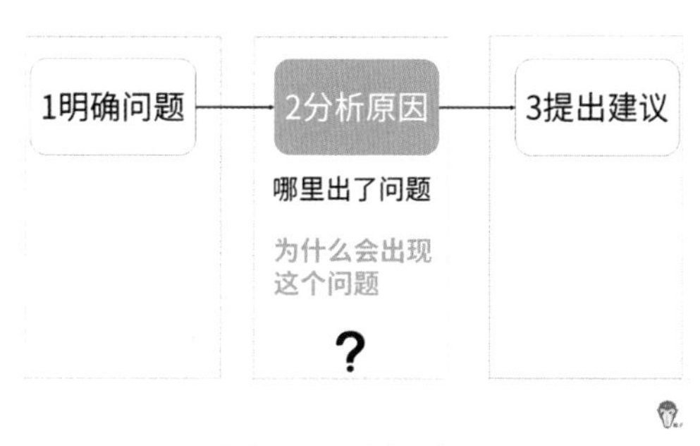

图3-15　分析原因

现在把“用户数”按用户、产品、竞品这3个维度进行拆解。根据具体问题可以决定优先展开分析哪个维度来找到问题发生的原因。对于本章的案例，用户数下降是因为用户跑到其他竞争对手购买了，所以可以从“竞品维度”来比较用户数。通过和竞争对手比较发现，公司的用户数比同行竞争对手低很多（图3-16）。

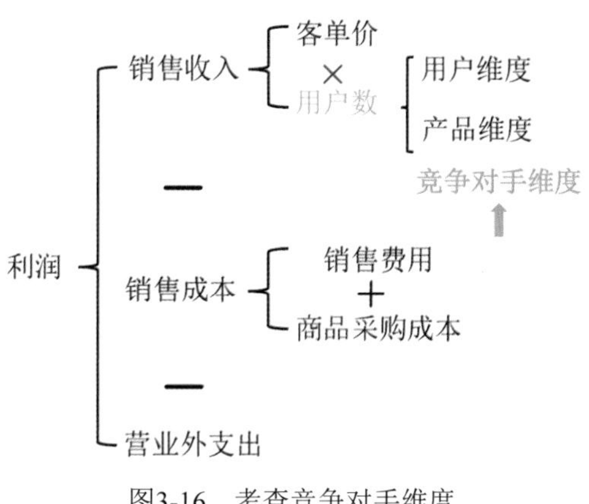

图3-16　考查竞争对手维度

为了进一步找到用户数低的原因，可以梳理本店铺和竞争对手店铺的业务流程，方便从业务流程提出假设（图3-17）：

第1步：用户在店铺中选择自己想要购买的商品；

第2步：用户比较不同店铺中商品的价格；

第3步：用户付款购买后，售后部门安排送货上门。

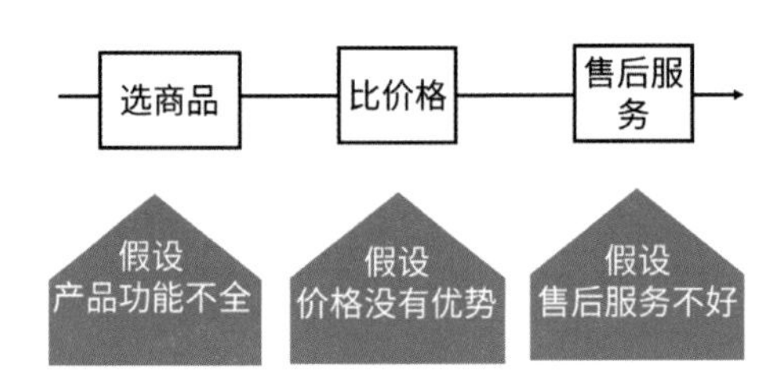

图3-17　从业务流程提出假设

对于第1步，可以提出假设：供用户选择的商品不全，用户找不到想购买的商品。

对于第2步，可以提出假设：价格相对于竞争对手没有优势。

对于第3步，可以提出假设：售后服务不能让用户满意。

可以和竞争对手的数据进行对比，例如通过问卷调研或者电话访谈，来分析本店铺和竞争对手有哪些差异。整个分析思路如图3-18所示。

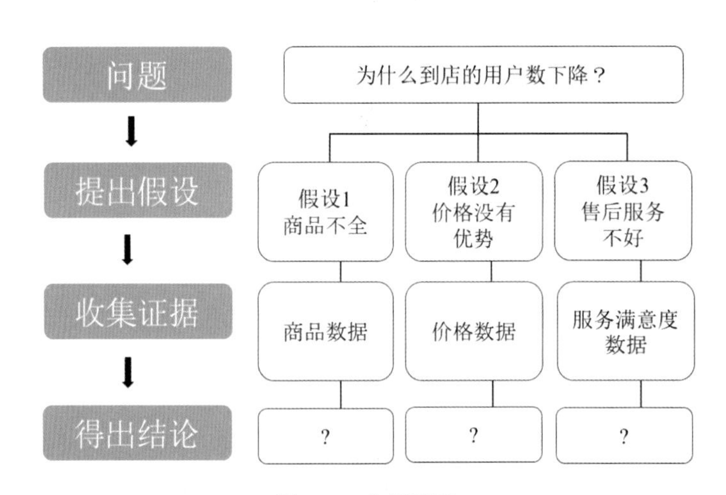

图3-18　分析思路

先来看假设1：供用户选择的商品不全，用户找不到想购买的商品。

通过对比发现，本店铺的商品种类并不比竞争对手少。只是店铺为了处理功能上相对欠缺的老产品，没有及时展示出新产品型号，导致用户不能及时直观地了解新产品。

所以假设1不成立，用户数下降不是因为店铺商品不全，而是因为具有新功能的产品没有被及时展示在店铺中，导致追求新功能的那一部分用户转去购买竞争对手的产品（图3-19）。

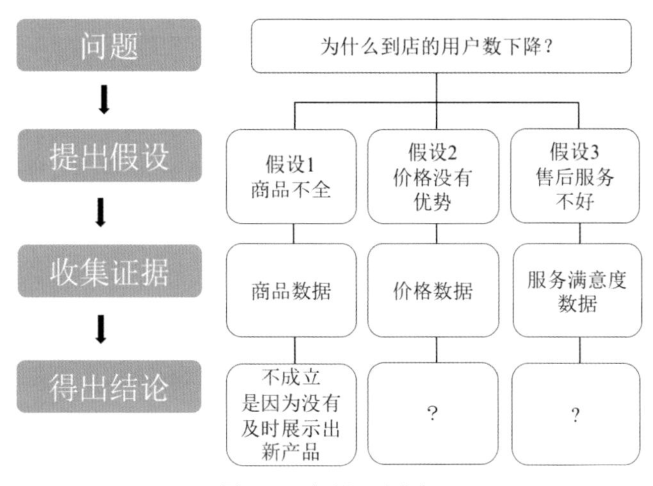

图3-19　假设1不成立

再来看第2个假设：价格相对于竞争对手没有优势。

通过市场调查发现，本店铺在价格定位上和竞争对手相同。但是，上半年本店铺共计开展过6场促销活动，而竞争对手共计开展过10场促销活动。部分用户通过市场比价，被竞争对手促销的优惠价格吸引，导致本店铺的用户流失。

所以假设2成立，在相同的商品定价基础上，本店铺的促销活动频次少于竞争对手，导致用户数下降（图3-20）。

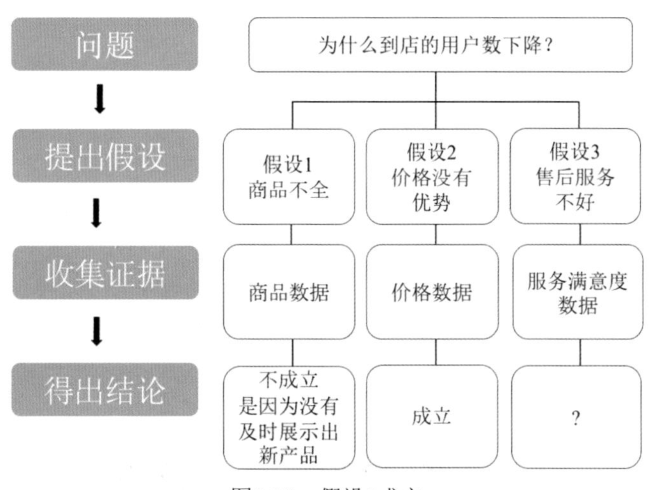

图3-20　假设2成立

再来看下假设3：售后服务过程不能让用户满意。

本店铺的商品在用户购买后，需要为用户提供送货上门等售后服务。如果在售后服务的过程中给用户带来不好的体验，会降低品牌良好口碑的传播，降低用户的复购率。

通过用户回访，请他们对售后服务过程的质量进行打分，满分为100分。分值越高，说明用户对服务的过程越满意。上半年的用户服务满意度如表3-10所示（用户满意度分值为每个月的平均分）。

表3-10　上半年的用户服务满意度

	1月	2月	3月	4月	5月	6月
满意度打分	89	81	73	65	59	47

为方便观察数据随时间发生了哪些变化，将表格中的数据绘制成图3-21。

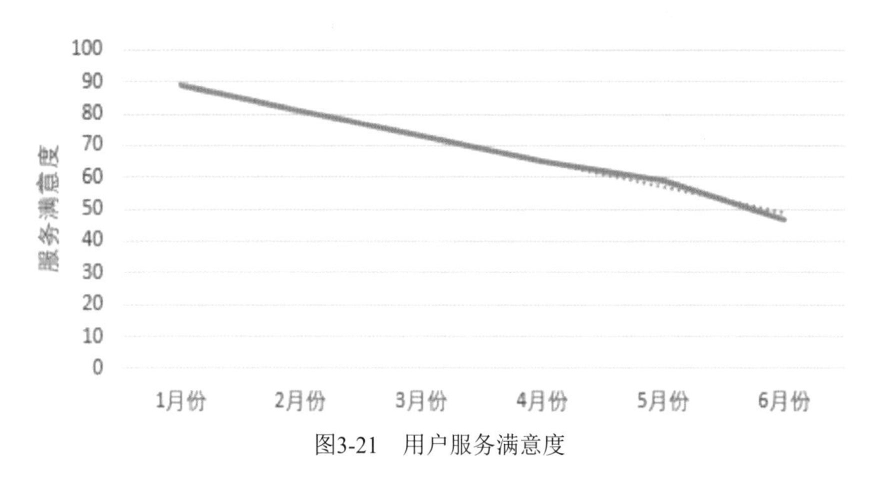

图3-21　用户服务满意度

从图3-21中可以发现，上半年的满意度数值有下降趋势，可以验证本店铺售后服务的水平也在下降。服务质量的下降会造成用户数下降，所以假设3也是成立的。

通过以上分析，上半年的用户数下降，是因为：

（1）具有新功能的产品没有被店铺及时展出，导致追求新功能的用户转向去购买竞争对手的产品；

（2）本店铺的促销活动少于竞争对少，导致用户数下降；

（3）服务质量水平的下降造成了用户数下降。

原因1可以快速解决，店铺及时展出新品就可以。原因2和原因3不是立马能解决的。公司资源有限，一个阶段只能集中解决一个问题，这两个因素中，哪个对用户数下降影响更大呢？

这时候可以通过相关分析，来确定影响更大的因素。前文介绍了一种应用相关分析的模式（图3-22），就是使用相关分析来找出哪些因素与分析目标有相关关系。

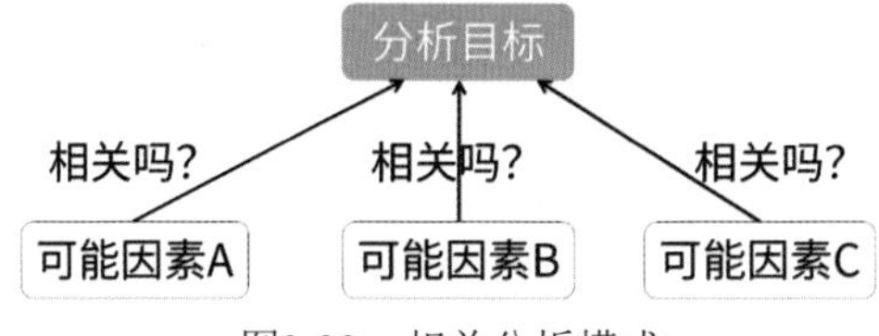

图3-22　相关分析模式

我们可以分别计算商品价格、用户满意度和用户数的相关系数，观察这些相关系数的大小，可以得知哪个因素对用户数影响更大。

用户数和商品价格比、用户满意度的数据如表3-11所示。其中，商品价格比是用本店铺的平均价格和市场竞争对手的平均价格相比得到，例如1月本店铺的平均价格为100元，竞争对手的平均价格为434.78元，那么1月商品价格比为：本店铺平均价格（100元）/竞争对手平均价格（434.78元）=0.23。该指标主要是反映商品定价相对于竞争对手是偏高还是偏低，分值越大说明定价越高。

表3-11　用户数据

月份	用户数	商品价格比	用户满意度（分数）
1月	1965	0.23	47
2月	4037	0.83	59
3月	5522	1.12	65
4月	9909	0.97	73
5月	10880	1.15	81
6月	15190	1.23	89
	和用户数的相关系数	0.773	0.980

对数据进行相关分析，可以得出用户数和商品价格比的相关系数是0.773，用户数和用户满意度的相关系数是0.980。

通过相关分析，发现跟用户数相关度最高的因素是用户满意度，所以优先提升服务满意度，即提升店铺的售后服务水平，可以显著提高用户数。

现在复盘下这个案例是如何分析的。可以用图3-23把前面的分析组织起来，这样和其他人沟通的时候，对方就知道你是如何对问题展开分析的。

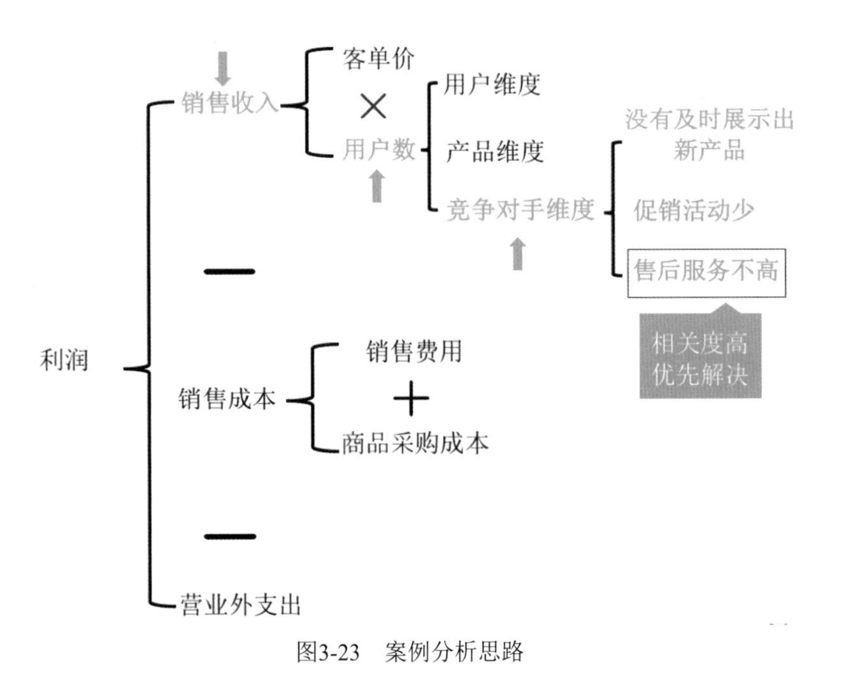

图3-23　案例分析思路

3.4　如何提出建议？

这一节我们来学习“如何用数据分析解决问题”的第3步：提出建议（图3-24）。也就是根据第2步找到的原因提出建议。在提出建议这一步，常用的分析方法是回归分析或者AARRR模型分析方法。

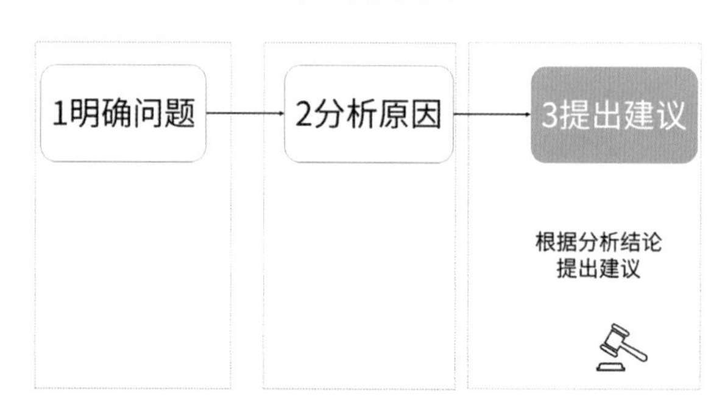

图3-24　提出建议

下面我们先学习什么是回归分析，然后通过本章案例来看如何应用。

3.4.1　回归分析

一般问题发生的原因有很多种，所以第2步找到的原因不会只有一种。这些原因和目标都相关，如果在第3步提出建议阶段，只是说a和b高度相关，那么，你的领导是无法根据“相关”采取具体行动的。

在本章的案例中，虽然找到了利润没达到目标的原因，却不知道要改善到什么程度才能实现下半年的业务目标。这时候就需要“回归分析”来计算出某个原因能够对目标造成“多大程度”的影响。可以计算出，利润和销售收入的相关关系数是0.999，说明这两种数据之间是高度相关关系（表3-12）。

表3-12　销售数据

月份	利润（万元）	销售收入（万元）
1月	46.6	470.52
2月	89.25	942.73
3月	286.87	2197.81
4月	378.69	2829.91
5月	520.08	3843.75
6月	669.88	4830.52
相关系数	0.999	

根据数据，绘制出利润和销售收入的相关关系散点图，如图3-25所示。

现在想要通过销售收入来预测利润，也就是，知道了销售收入要达到多少以后，就可以实现下半年的利润4008.63万元。那么如何预测呢？能想到的办法是，在散点图上画一条穿过这些点的直线，使这条直线尽量接近各个数据点，这样的直线叫作最佳拟合线，如图3-26所示。

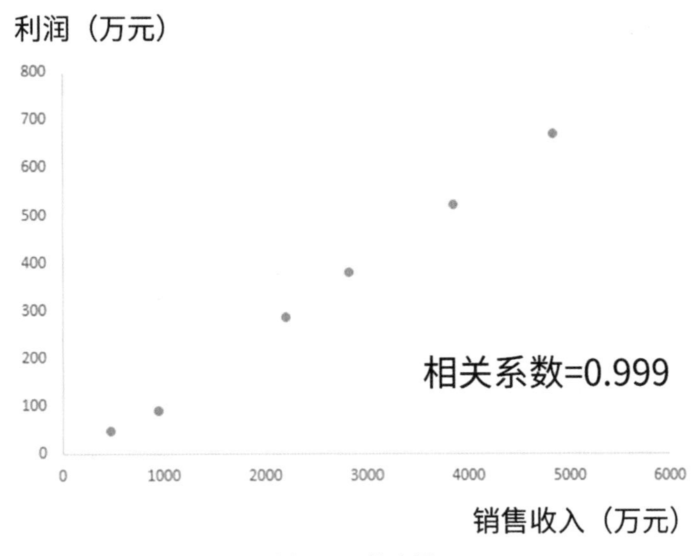

图3-25　散点图

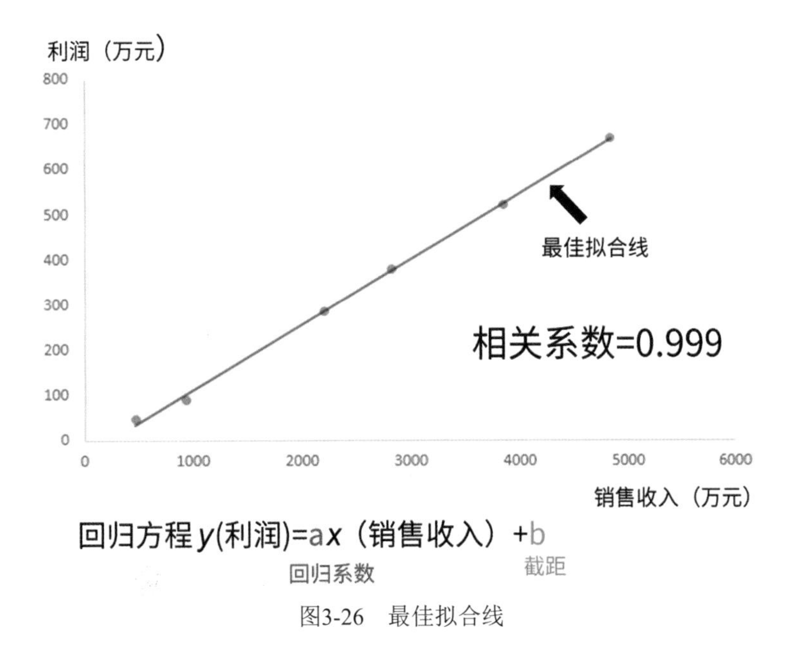

图3-26　最佳拟合线

你无法使得这条直线穿过每一个点，但是，如果两种数据存在相关关系，那么应该可以保证每一个点合理地接近你所绘制的直线。这样一来，就可以根据销售收入预测出利润的值。

如果你还记得高中几何课程的话，一定能回想起一个直线方程，也就是y=ax+b，这个方程叫作回归方程，对应的这个直线叫作回归线。a叫作回归系数，b叫作截距。别被这些高大上的名字吓到，它就是你高中见过的直线方程。在这个例子中，x表示销售收入，y表示利润。接下来的问题就是，如何求出a和b的值。可以使用Excel进行回归分析，得到回归方程里面a和b的值，具体操作如下（图3-27）：

第1步，单击“数据”选项卡下的“数据分析”功能；

第2步，选择“回归”后单击“确定”按钮，就会跳出回归分析的对话框。

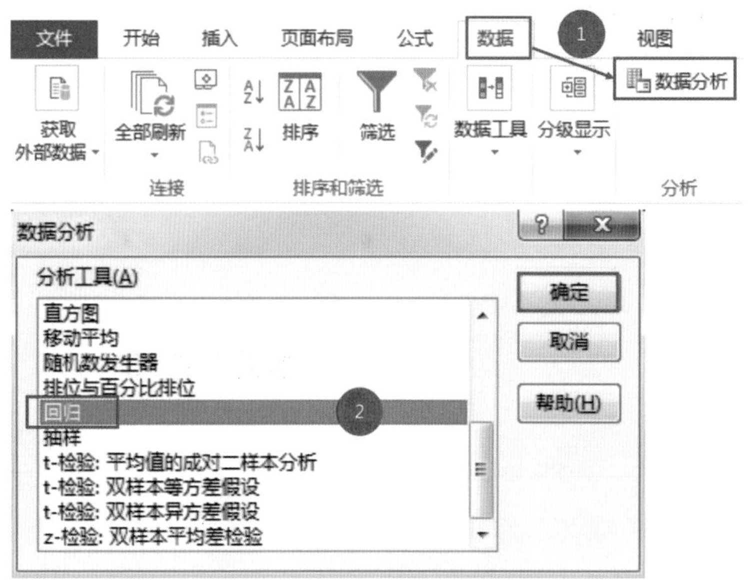

图3-27　使用Excel进行回归分析

跳出回归分析的对话框之后的操作步骤如下（图3-28）：

第1步，在“X值输入区域”和“Y值输入区域”选择对应的数据。这里需要注意，一般用横轴的X值表示“输入”（能够控制的数据，也叫作自变量），用纵轴的Y值表示“输出”（预测结果，也叫作因变量）。因为是要通过销售收入来预测出利润，所以，“X值输入区域”选择“销售收入”这一列，“Y值输入区域”选择“利润”这一列。注意，在选择数据的时候不能包括列名，因为列名不是数；

第2步，勾选“线性拟合图”；

第3步，单击“确定”按钮。

回归方程 y(利润)=ax（销售收入）+b

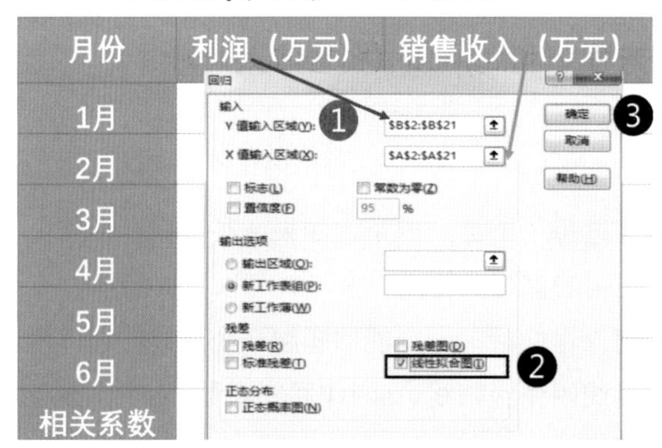

图3-28　回归分析的对话框

这样就得到了图3-29的散点图。选择散点图上任意一个点，右击，在弹出的快捷菜单中选择“添加趋势线”选项。

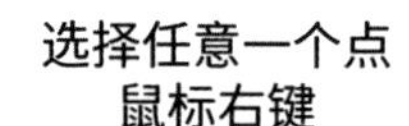

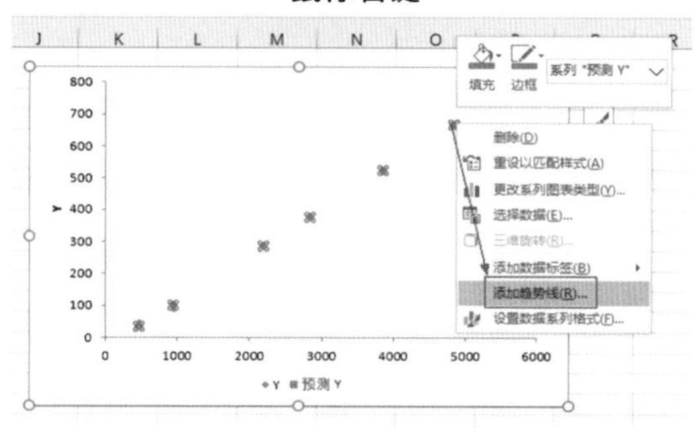

图3-29　散点图

这样就得到了最佳拟合线，然后在出现的页面中勾选最下面的“显示公式”，就会在散点图上显示回归方程（图3-30）。可以把横轴和纵轴修改成自己想要的名称。如何理解这个回归方程呢？

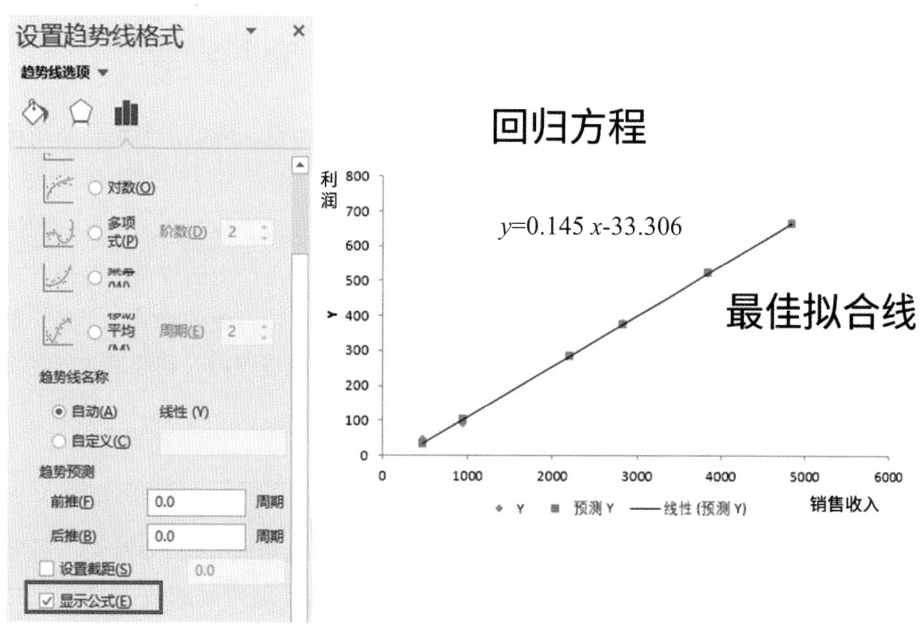

图3-30　显示公式

这个回归方程可以理解为：y（利润）=0.145x（销售收入）−33.306。前面说到，下半年需要完成利润是4008.63万元，也就是y（利润）=4008.63万元。代入回归方程中就可以算出x（销售收入）=27875.42万元。也就是说，根据公司目标，要实现y（利润）=4008.63万元，需要将销售收入提升到27875.42万元（图3-31）。

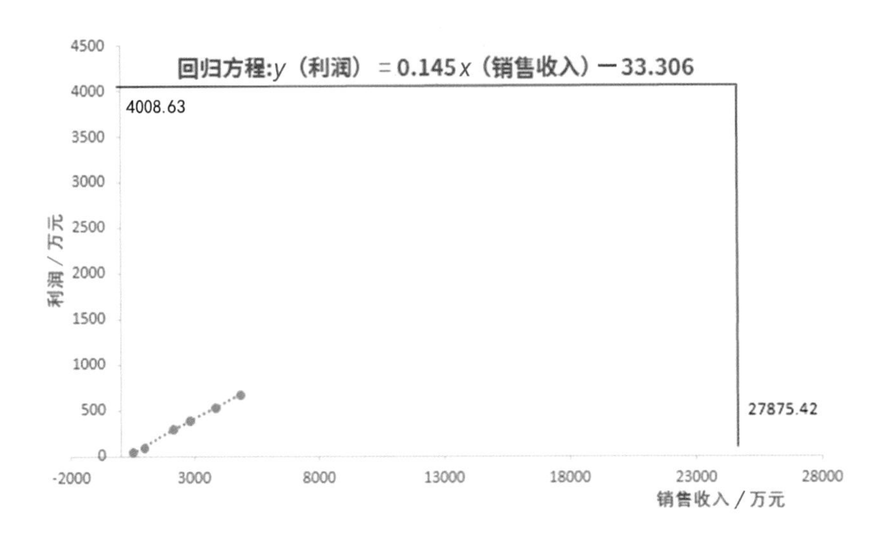

图3-31　预测销售收入

使用回归分析需要注意：

（1）回归分析有很多类型，前面案例里的回归方程只有一种自变量，这种回归分析叫作一元线性回归分析。相比于其他类型的回归分析，一元线性回归分析不仅简单，而且分析结果也容易被非专业的人理解。

（2）一元线性回归分析的前提是两种数据之间要有相关关系。所以，要先判断两种数据有相关关系，才能使用一元线性回归分析。

（3）合理分配资源。前面的案例是知道了y的值，想知道x的值是多少。还有一种情况是，知道了x的值，想知道y的值是多少。例如x是投入广告的费用，y是产生的收益，这样在推广前就可以知道，投入的成本（x，广告费用）能预期产生多少收益（y，产生的收益）。当决策者有多种推广方案要选择的时候，就可以根据回归分析，知道把有限的资源投入到哪里才能发挥出最好的效果。

3.4.2　回归分析应用

前面通过回归分析，知道了根据公司目标，下半年要实现利润4008.63万元，需要将销售收入提升到27875.42万元。接下来需要考虑，采取哪些措施才能将销售收入提升到27875.42万元。

在第2部分的分析原因，知道了销售收入下降是因为用户数减少。接下来用回归分析来看看销售收入和用户数的关系（图3-32）。

图3-32　分析用户数

通过对销售收入和用户数进行相关分析，发现两种数据的相关系数是0.980，具有高度相关关系，可以使用一元线性回归分析（表3-13）。

表3-13　销售收入与用户数

月份	销售收入（万元）	用户数
1月	470.52	1965
2月	942.73	4037
3月	2197.81	5522
4月	2829.91	9909
5月	3843.75	10880
6月	4830.52	15190
相关系数	0.980	

通过回归分析，得到回归方程是：$y = 0.3318x - 107.85$（图3-33）。该公式可以理解为：y（销售收入）=0.3318×x（用户数）−107.85。

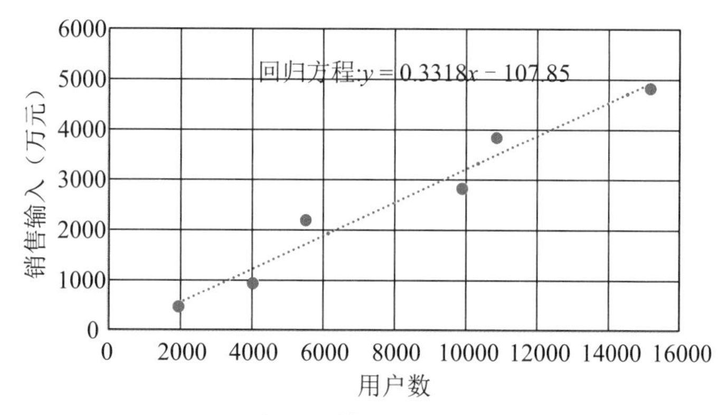

图3-33　散点图与回归方程

前面知道了销售收入要提升到27875.42万元，也就是y（销售收入）=27875.42万元，把它代入回归方程可以计算出x（用户数）=84338人。也就是说，要实现销售收入为27875.42万元的目标，需要将到店的用户数提升到84338人（图3-34）。

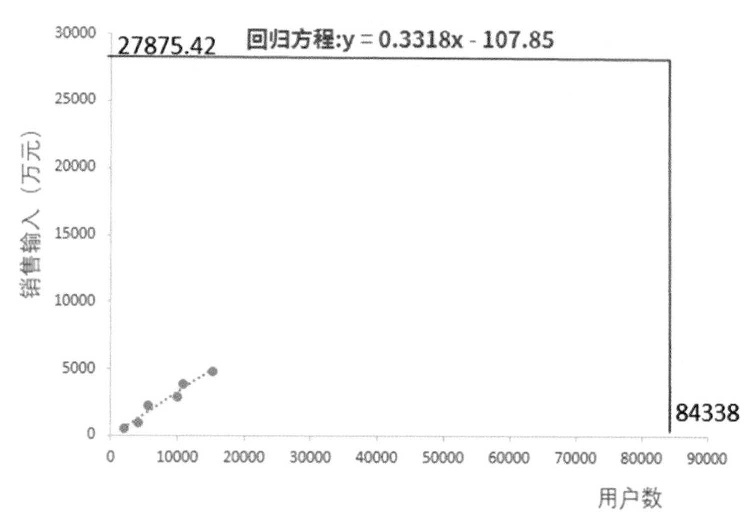

图3-34　预测用户数

通过分析，为公司下半年的经营提出以下建议：

如果想要完成年度的6000万元利润目标，建议在保持目前商品采购成本不变的前提条件下，通过增加销售收入的方式来保证利润目标。下半年需要将销售收入目标设定为27875.42万元，平均每个月销售目标设定为4546.90万元（27875.42万元/6）。下半年需要吸引84338人到店消费，平均每个月到店的用户数是14057人（84338人/6）。根据相关分析方法，要想提高到店用户数，需要优先提升店铺的售后服务水平。

建议可将此作为关键绩效指标，细化分解到具体的部门去执行，并与日常考核联系起来，这样才能确保全年利润目标顺利完成（表3-14）。

表3-14　措施与目标

措施	目标
将月度销售目标分解到个人	将4546.90万元的月度目标分解到400个员工，人均11.61万元/月
将月度销售目标分解到各个分店	将4546.90万元的月度目标分解到20家分店，每家店销售目标是227.35万元/月
制定个人销售激励办法	对于完成月度个人目标，售后服务水平达标的，给予100元的奖励
制定集体销售激励办法	对于完成月度目标的店长，售后服务水平达标的，给予1%的奖励

3.5　总结

数据分析解决问题的过程如图3-35所示。

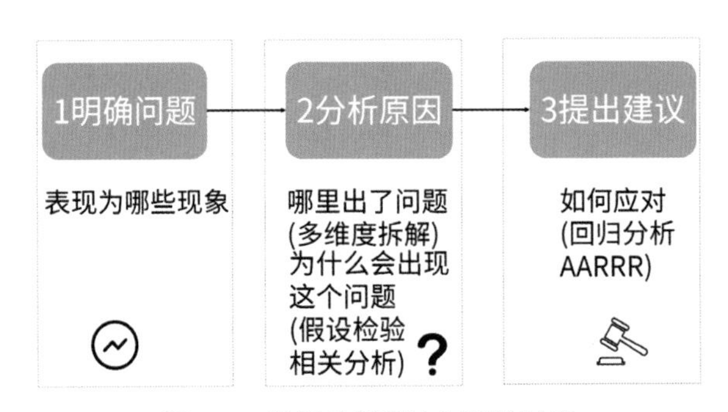

图3-35　数据分析解决问题的过程

第1步：明确问题。

通过观察现象，把问题定义清楚，这是数据分析的第1步。只有明确了问题，才能围绕这个问题展开后面的分析。如果一开始问题就定义错了，那再怎么分析，也是白费时间。

第2步：分析原因。

这一步是分析问题发生的原因，可以通过下面两个问题把原因搞清楚：①哪里出了问题？②为什么会出现这个问题？具体分析步骤如下：

（1）使用“多维度拆解分析方法”对问题进行拆解，将一个复杂问题细化成各个子问题；

（2）对拆解的每个部分，使用“假设检验分析方法”找到哪里出了问题。分析的过程可以用“对比分析方法”等多个分析方法来辅助完成；

（3）在找到哪里出了问题以后，可以多问自己“为什么出现了这个问题”，然后使用“相关分析方法”进行深入分析。

第3步：提出建议。

找到原因就完事了吗？还不行，要找到对应的办法才是分析的终点。所以，找到原因以后，还要针对原因给出建议，或者提出可以实施的解决方案。在决策这一步，常用的分析方法是回归分析或者AARRR分析。需要注意的是：

（1）做决策的选项不能太多。太多的选项不仅会增加决策的成本，还会让人迷失，无从下手。相对简单的问题，需要4个选项左右；相对复杂的问题，需要4～7个选项；

（2）决策要是可以落地的具体措施，这样决策者才能根据措施，合理安排资源，把措施变成行动。

本章作者介绍

猴子，中国科学院大学硕士，“猴子·数据分析学院”创始人，公众号“猴子数据分析”创始人，前IBM工程师。其“分析方法”课程入围知乎年度口碑榜TOP 10，首创的“闯关游戏学习数据分析模式”深受用户喜欢。

第2篇　实战

第4章　国内电商行业

4.1　业务知识

4.1.1　业务模式

电商平台在日常生活中随处可见，如“万能的淘宝”“3C起家的京东”和“病毒式传播的拼多多”。

先要理解两个英文单词：B是business的缩写，是指企业；C是consumer的缩写，是指个人用户。从卖家、买家的维度，电商主要可以分为以下4种业务模式（图4-1）：

（1）企业卖家——企业买家（Business to Business，B2B）。例如阿里巴巴就是一个以企业交易为主体的平台，汇聚各行业供应商信息。也有企业会建立自己的B2B网站进行分销，例如海尔。企业间采购的特点是订单量一般较大。

（2）企业卖家——个人买家（Business to Consumer，B2C）。例如亚马逊、天猫，就是企业店铺与个人用户交易，经常听到的“某某某官方旗舰店”就是这个模式。

（3）个人卖家——个人买家（Consumer to Consumer，C2C）。代表平台是淘宝，个人可以在淘宝开店铺做买卖。

（4）卖家线上售卖-买家线下门店提货/换货（Online to Offline，O2O）。对电商行业来说，O2O是B2C的一种升级，扩展了用户在线下参与消费的场景，对企业卖家提出了“存在线下实体、线上线下一体化”等更高的要求。例如优衣库天猫旗舰店与线下实体店的商品价格相同，用户能够线上购买，线下提货或换货。

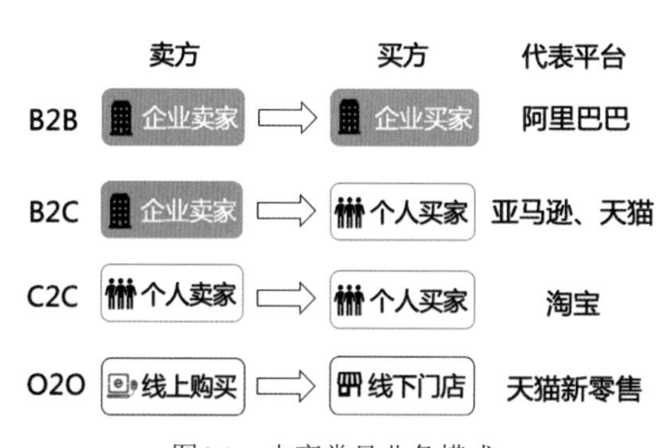

图4-1　电商常见业务模式

卖家在电商平台（天猫、京东、拼多多等都是电商平台）开店铺售卖产品，平台则通过向卖家收取服务费、广告费、分成等形式盈利。同时，随着电商平台不断发展，交易规则日益完善，营销手段逐渐多元，部分企业卖家也期望将自身打造成为“品牌”，做大做强，于是一种角色应运而生——服务商。

服务商是向企业卖家提供服务的第三方公司，例如店铺代运营公司，他们通过帮助企业运营店铺收取服务费盈利，一般包括店铺装修、设计、客服、仓储等系列服务。再例如增值服务公司，为企业提供专业的销售分析报告、内容广告投放、直播承接等衍生服务。

卖家与服务商合作的原因有很多，例如企业卖家能将更多时间、精力投入到产品研发上，海外品牌为加快适应本土市场，品牌转型期需要数据分析支持等（图4-2）。

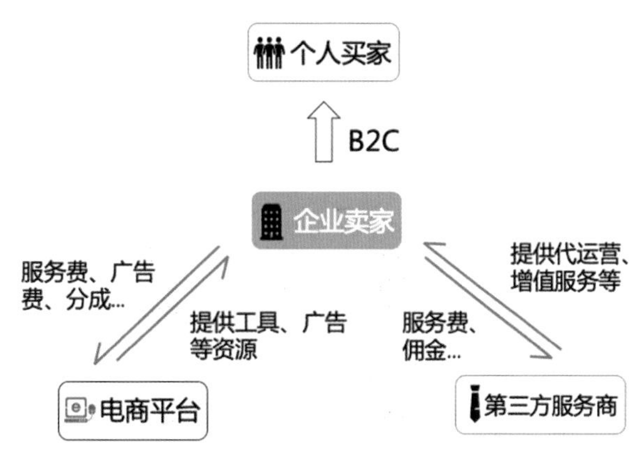

图4-2　平台、服务商、卖家、买家的关系

进入电商行业通常会就职于电商平台公司、企业卖家公司或第三方服务公司。本章内容主要以第三方服务公司为视角，介绍如何分析电商数据。

在互联网和电商刚兴起的时候，只要吸引越来越多的人打开网页、进入网店，就会有一定比例的人下单，这样可以保持源源不断的销售。这是电商的“流量红利时代”，用“店铺访客 × 购买转化率”就可以估算出买家数，再用“买家数 × 客单价”就可以估算成交额。

但是随着电商的普及，新用户不再是无穷无尽的了，用户变得更加挑剔，更有个性。电商行业不得不从“流量运营”转变为“精细化用户运营”。具体表现是不再满足“店铺访客 × 购买转化率”的一锤子买卖，而是重视促成单个用户的多次交易以及老用户带动新用户的社交裂变，这些转变标志着电商行业由“流量运营”升级为“用户运营”。

用户运营在电商行业越来越重要，有以下几个原因。

一是刚才提到的流量下滑。中国电子商务发展至今已二十多年，传统卖货方式遇到增长瓶颈。举个例子，某乳制品牌（全国排名前三）的天猫旗舰店，2018年“双11”当天的流量（指到店的人数UV、浏览数PV）较2017年缩水30%。这是一个特别大的变化，说明即使是知名度很高的品牌，单纯靠流量与转化率，也不能维持和过去相同的销售增长了。

二是由于市场下沉，小城市用户需要新的洞察。电商生意从一、二线城市进军三四线城市，拼多多的崛起是大家熟悉的例子。例如，“小镇青年”与“都市精英”的心理就不太一样。“小镇青年”受浓厚的人情影响更在意周围人的眼光，具有更明显的跟风甚至攀比心理，“电商爆款”“人气必备”更能符合他们的需求；“都市精英”在彰显自我的口号下追求独特、新奇，“限量款”“新品首发”也许是他们的关键词。

三是电商行业重视打造“会员”概念，培养核心用户。平台到店铺都重视起与用户建立长期关系，例如，京东推出plus+会员，阿里推出88VIP。

用户运营关注每个消费者，可以细化为以下状态（图4-3）：

（1）认知：用户可能在微博、优酷、B站等媒体中看到产品的推荐，有了印象；

（2）兴趣：经过多次曝光，用户逐渐积累了对产品的好感，于是在淘宝、京东等电商平台上搜索，加购了想拥有的宝贝，或者只是进店铺领取了会员卡或者优惠券；

（3）购买：等待大促好时机，终于“剁手”；

（4）忠诚：对产品满意，赏个好评，可能还会重复购买。

（图中指标定义来自“品牌数据银行”官网。）

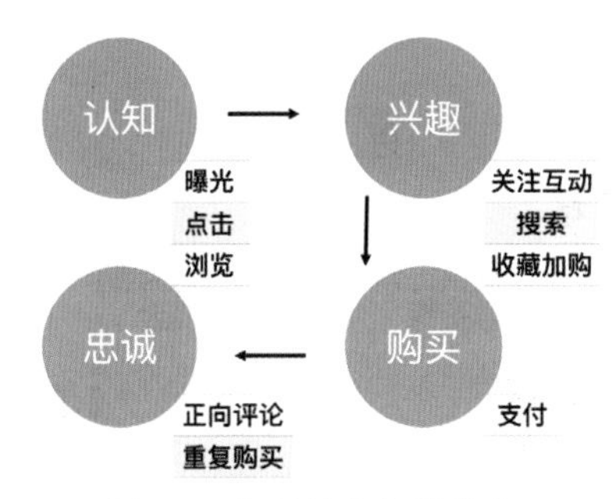

图4-3 电商行业人群状态

每位消费者在电商平台中都有一个专属的ID被记录行为。这反映了电商在数据上首先区别于传统零售的优势：

（1）电商数据是大数据，监控途径很广，从浏览到下单都是有迹可循的；

（2）用户特征上带有预测性，性别和年龄都是根据历史行为被预测，例如一个只浏览女性类目的男孩子，在电商的世界里很可能会被定义为“女”；

（3）能够更新，例如收货后再退货，订单状态会由“交易成功”改为“交易关闭”。

图4-4是用户状态与一家提供店铺代运营的第三方服务公司的部门的大致对应图，这些部门在企业卖家公司中也存在，只不过可能职能分布没有这么细。接下来介绍各部门的业务职能。

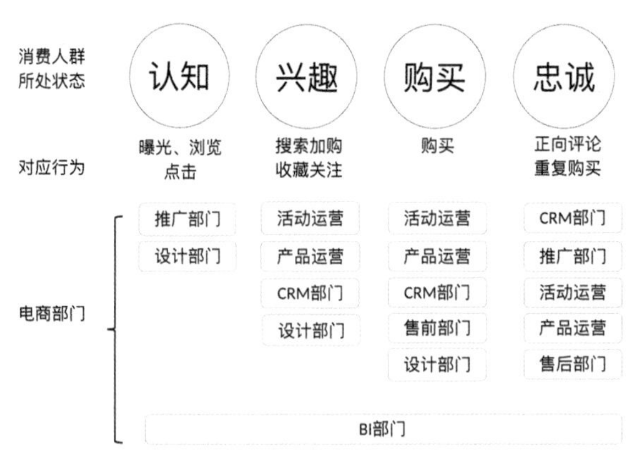

图4-4 用户状态与电商部门对应图

- 推广部门：负责电商广告的投放，通过广告曝光加深用户印象、吸引下单。广告包括站内广告和站外广告，站内广告指的是某个店铺在所在的电商平台上投放广告，例如淘宝某个店铺在淘宝内投放广告。站外指在微博、优酷等电商平台以外投放的广告。
- 活动运营：规划店铺的具体售卖活动，包括大促活动和日常活动。大促活动指"618""双11"等重大节日，日常活动有几件几折、满额立减等。
- 产品运营：负责店铺参与活动的产品选款、规划产品布局、负责产品上新、拟定产品介绍等。
- CRM部门：CRM（Customer Relationship Management）是指用户关系管理。CRM部门负责和用户沟通，促使用户下单；规划会员用户的活动，包括引导新用户领取会员卡、引导老用户下单、开展积分互动等。
- 客服部门：包括售前部门和售后部门，售前解答用户咨询、引导用户参与活动；售后解决用户下单后遇到的问题。
- 设计部门：负责店铺视觉素材设计。
- BI部门：BI（Business Intelligence）是指建立数据仓库，存储电商业务产生的各种数据，例如订单数据、ERP发货数据等。BI部门的职能是为其他业务部门提供报表支持，以及收集可视化的行业数据。

在电商购物的过程中与CRM部门产生接触的环节有很多，如表4-1所示。

表4-1 电商购物场景与CRM部门对应环节

实际场景	CRM部门
进入店铺还未下单，看到"领卡立减5元"的信息先领取了会员卡	潜客拉新
对"618""双11"收到折扣短信的"轰炸"已习以为常	大促营销
在线下门店消费后，隔天就收到该品牌天猫旗舰店的优惠券	新零售线下转线上
一大早收到店铺祝福，才想起今天原来是自己的生日	用户关怀
许久没光顾的店，发来以"好久不见"开头的大额券问候	用户生命周期管理

图4-5是CRM部门作为需求接收方时的日常工作内容，大部分需求来自活动运营和卖家，分为业务执行和业务分析两大块。

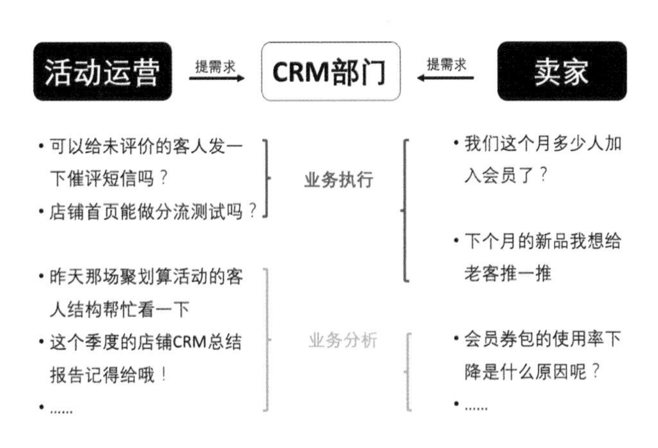

图4-5 CRM部门作为需求接收方时的日常工作内容

业务执行的工作内容主要有沟通需求（例如图4-5中活动运营希望通过短信邀请用户给好评）、活动规划（例如图4-5中卖家对会员推广新品的需求）。

业务分析的工作内容主要有：①店铺活动总结，对某一段时间或者某档活动的销售效果进行分析评价，例如图4-5中运营提出的季度复盘和聚划算复盘；②问题原因分析，例如图4-5中卖家提出的近期会员券使用下降原因查找。

图4-6是CRM部门作为需求提出方的日常工作内容，大多数工作都是为了业务执行，向各部门要资源与协商配合；以及为了业务分析，向数据管理部门要数据。

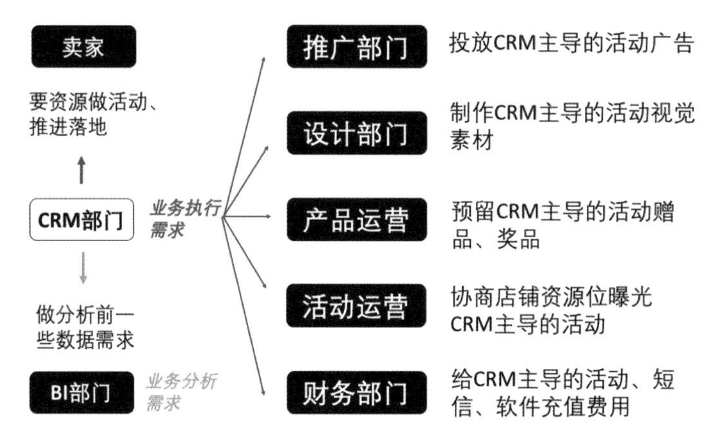

图4-6　CRM部门作为需求提出方的日常工作内容

4.1.2　业务指标

1）新老用户

下面两个指标从人数和金额衡量了新老用户在某段时间或某次活动的贡献占比：

- 新（老）用户数量占比：新（老）用户成交人数 / 总成交用户数；
- 新（老）用户金额占比：新（老）用户成交额 / 总成交额。

公式很好理解，但要注意两个细节：一是老用户的定义，二是成交的定义。

老用户是累计计算，还是从某一时期起计算至今，要定义清楚。对于新店铺（3年以下），一般可以采取累计，首次交易就算新用户，再次交易的就算老用户；对于开店较久的店铺（3年以上），由于持续累计会使老用户数值不断增大，而忽略了用户的流失，不利于长期监控，这时采用滚动周期累计更好。例如，分析某店2019年7月成交用户的构成，定义近720天内（近720天内是指2017年7月—2019年6月）多次交易的为老用户，其余为新用户；新用户包含了两种情况，一种是首次交易确实发生在7月的纯新用户，另一种是上一次交易发生在720天前，7月又复购的用户，后者体现了流失召回的意义。不同类型店铺新老用户的两种定义如图4-7所示。

成交要定义清楚订单状态，例如用户付款后又关闭的订单是否算作成交，申请退款的订单是否算入总成交金额等。这些细节没有标准答案，例如退款可以算入成交，另外再看退款率。总之，在实际分析中只要提前确定好标准，然后在分析过程中保持一致即可。

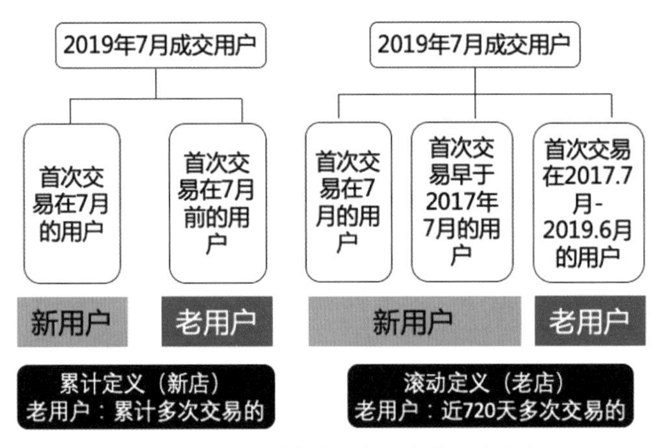

图4-7　不同类型店铺新老用户的两种定义

2）复购率和回购率

（1）复购率。

复购就是“重复购买”，通常认为付款即购买，那么一个用户重复购买就是说他某段时间内在店内有≥2次的付款行为。

复购率是指复购用户的占比。例如，某店铺今年共有10个用户付费购买过，有7个只买过1次，另外3个分别买过2次、3次、4次，那么今年复购率是3（重复购买用户数）/10（总购买用户数）=30%。

复购率能够反映用户的忠诚度。短周期例如三五天的复购率通常没有意义，因为时间太短产品没有消耗完，用户也不会产生复购需求。所以，复购率监控的时间较长。例如，把复购率的监测时间定义为1年，那么2019年4月30日的复购率 =1年（2018年5月—2019年4月）的重复购买用户数/ 1年（2018年5月—2019年4月）内总购买用户数。

（2）平均复购周期。

和复购率息息相关的是平均复购周期，是指用户重复购买的平均时间间隔。例如，某用户购买了5次，在第1次购买的15天后该用户进行了第2次购买（距离上一次购买的时间间隔是15天），在第2次购买的32天后该用户进行了第3次购买（距离上一次购买的时间间隔是32天），在第3次购买的80天后该用户进行了第4次购买（距离上一次购买的时间间隔是80天），在第4次购买的52天后该用户进行了第5次购买（距离上一次购买的时间间隔是52天），那么他的平均复购周期等于（15+32+80+52）/4=44.75。需要注意，同一用户在同一天发生的多笔交易在电商行业中通常被合并为一次，不计入复购。

对于店铺来说，平均复购周期汇总了该店铺所有复购用户的间隔，计算方法同上，用“总复购间隔天数/总复购次数”即可。

（3）回购率。

回购率和复购率仅一字之差，有时会被混为一谈，严谨来说它们是有区别的，最大的区别在于使用场景。复购率是一个衡量较长时间段，或者作为周期性（逐月、逐年）监测用户忠诚度的指标；而回购率是分析短期促销活动（简称大促）对用户吸引力的指标。在电商中有很多大促节日，例如“618”“双11”等，每场大促持续时间只有1～5天，这种情况下使用复购率是不合适的，要使用回购率。下面通过例子来说明两者的区别。

以图4-8为例，回购率仅关注用户在“双11”当天是否“复购”，而复购率体现用户在一整年的复购表现，不限于“双11”当天。因此回购率更适合总结大促效果。

回购率=回购人数（大促活动期间购买的用户数）/基数（某段时间的购买用户数）。其中，公式分母“某段时间的购买用户数”可以形象地称为 “基数”。例如，对比2019年“双11”和2018年“双11”用户近1年的回购率，2019年“双11”的基数是 2018年11月11日—2019年11月10日有购买的用户数（2019年“双11”往前推算1年购买的用户数）；2018年“双11”的基数是2017年11月11日—2018年11月10日有购买的用户数（2018年“双11”往前推算1年购买的用户数）。

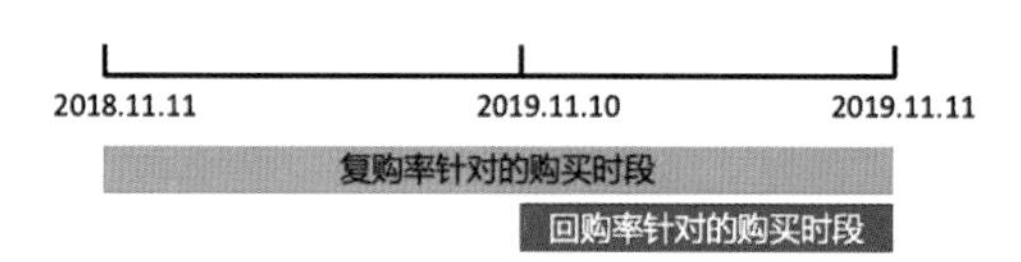

图4-8　复购率与回购率

3）“人”与“货”两类指标

电商常用指标可分为“人”与“货”两大类，分别是用户交易和商品管理指标（图4-9）。

图4-9　“人”与“货”两类指标

（1）用户交易常用指标。

①进店浏览指标。

访客数（UV）：商品所在页面的独立访问数。

加购数：将某款商品加入到购物车的用户数量。

收藏数：收藏某款商品的用户数。

②购买指标。

GMV、客单价在第1章里已经讲过，GMV是成交总额，客单价也叫人均付费，等于总收入/总用户数。

支付转化率：付款用户数/访客数 。

折扣率：GMV / 吊牌总额。吊牌总额 = 吊牌价 × 销量（吊牌价是商品的实际售卖价格）。

③退货指标。

购买商品后，用户对商品不满意会选择退货，这就涉及下面的指标：

拒退量：拒收和退货的总数量。

拒退额：拒收和退货的总金额。

实销额：GMV 减去拒退额。

（2）商品管理常用指标。

①备货指标。

SPU在电商中一般指款号，例如iPhone 8是一个SPU，iPhone 9是一个SPU。SKU在电商中指某SPU（款号）的具体货号，具体到颜色、尺寸，例如iPhone 8有3个SKU，分别是黑色、白色、红色的iPhone 8。

针对SPU、SKU常用的指标分别是SPU数量、SKU数量和备货值（吊牌价 × 库存数）。

②发货售后指标。

售卖比：又称售罄率，计算方法是GMV / 备货值。售卖比用来看商品流转情况，可以对库存进行优化。

动销率：有销量的SKU数量/ 在售SKU数量。

4.2 案例分析

4.2.1 回购率下降分析

2019年“双11”结束后，某店KPI未达成。经过初步分析，11月11日首次交易的新用户数量可观，KPI缺口可能与已购用户销售表现不佳有关。现在需要找到问题的原因，并给出改进建议。

1）明确问题

首先“双11”是一场典型的短周期大促，售卖时间只有“双11”当天，要使用的是大促回购率指标。“KPI缺口可能与已购用户销售表现不佳有关”，说明分析对象是“双11”前已在店铺中有过购买的用户。“已购用户销售不佳”，是指2019年“双11”和历年“双11”对比，发现2019年“双11”用户回购率下降，要找到下降的原因。

2）分析原因

分析思路：①用多维度拆解分析方法拆解用户；②用对比分析方法对比不同层次用户的回购率变化，缩小目标范围后继续拆解与对比；③使用假设检验分析方法确认原因。

先简单回顾一下大促回购率怎么计算：取大促前一段周期内购买的用户为监测对象——基数人群，计算他们在本次大促购买的比例。具体到本次分析，由于该店在日常短信等沟通渠道主要触达近两年的购买人群，就以“双11”开始前两年内有成交的用户为基数，拉取他们在当年“双11”的回购情况，计算出2017年、2018年、2019年“双11”回购率，逻辑如图4-10所示。

图4-10 历年“双11”大促回购率

计算得到历年“双11”回购率变化如图4-11所示。

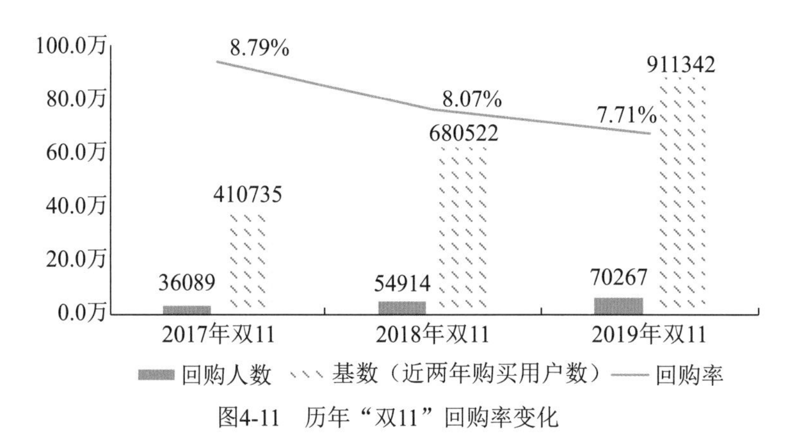

图4-11 历年“双11”回购率变化

首先，从图中确实看到回购率连续下降的情况。虽然它是事实，但由于该店基数人群很大（图中可以看到2019年超过80万人），未经细分的展现也隐藏了很多真相。

其次，可以看出回购率并不是首次下降，而是2018年就出现了下降，但用户基数与“双11”回购人数其实一直在增长，说明情况还不算太坏。

第三，大促回购率 = 回购人数 / 基数，前面刚刚分析过，回购人数与基数都是增长但回购率却下滑，这是因为回购人数的增长慢于基数的增长。也就是说，可能在新增的基数人群中，有部分人回购表现不佳，拖累了整体，接下来分析的重点是找出这部分人。

为什么领导如此重视回购率问题呢？原因有两点：

一是前面提到过这家店的用户基数非常大，如果算上两年以前的用户就是百万级的，即使减少0.1%的回购也意味着失去1000个用户，店铺客单价是200元，那就是损失了20万。

二是“双11”作为电商全年规模最大的活动，用户回购基本达到顶峰，如果连“双11”的回购率也下降，意味着平时的回购率下降会更明显，因此值得重视。

下一步使用多维度拆解分析方法来拆解用户，通过对比不同类型用户的回购率，探索更多信息。

选择的第一个拆解维度是R值，它是RFM模型中的“最后一次购买时间间隔”。举个例子，如果小明在1月2日、3月2日、3月8日在天猫超市都购买过，分析天猫超市“38大促”回购人群时，小明距离“38大促”的最后一次购买时间就是3月2日，间隔R值为6天。R越小的用户活跃度越高，回购率也越高。

该店铺基数人群是近两年购买用户，也就是在“双11”前730天有购买的用户，可以先按年（1年365天）粗略把R值拆解成两组:R≤365和365<R≤730，两组人的回购情况对比如表4-2和图4-12所示。

表4-2　不同R值的基数用户“双11”回购情况

用户分组	2018年基数	2018年回购数	2018年回购率	2019年基数	2019年回购数	2019年回购率	回购率同比变化
R≤365	462567	47090	10.18%	567176	57713	10.18%	0.00%
365<R≤730	217955	7824	3.59%	344166	12554	3.65%	1.67%
合计	680522	54914	8.07%	911342	70267	7.71%	-4.46%

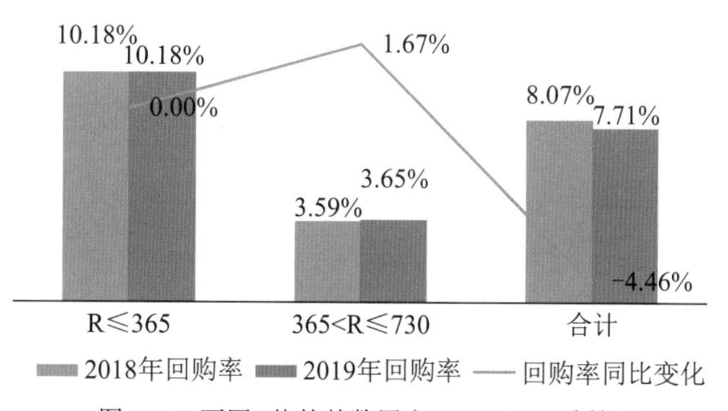

图4-12　不同R值的基数用户“双11”回购情况

对比2018年“双11”的回购率发现，2019年“双11”整体（合计）回购率下降了4.46%（对应表4-2第3行合计的回购率同比变化值是-4.46%）。但是无论R≤365还是365<R≤730分组都没有呈现类似的下滑趋势：R≤365组完全持平（对应表4-2第1行回购率同比变化值是0%），365<R≤730组甚至略有提升（对应表4-2第2行回购率同比变化值是1.67%）。初步结论是不同R值的基数用户回购率没有下降，R值不能定位回购率下降的原因。为了尽快找到关键影响因素，暂且放下R值，去尝试其他维度。

下一个拆解维度是F，它是RFM模型中的“购买频次”，也就是基数用户在“双11”之前的两年里购买的次数。还是先粗略拆解为F=1与F>1。理论上来说，购买次数多的用户越活跃，回购率高，对比结果如表4-3和图4-13所示。

表4-3 不同F值的基数用户“双11”回购情况

用户分组	2018年基数	2018年回购数	2018年回购率	2019年基数	2019年回购数	2019年回购率	回购率同比变化
F=1	504278	31034	6.15%	664610	37110	5.58%	-9.27%
F>1	176244	23880	13.55%	246732	33157	13.44%	-0.81%
合计	680522	54914	8.07%	911342	70267	7.71%	-4.46%

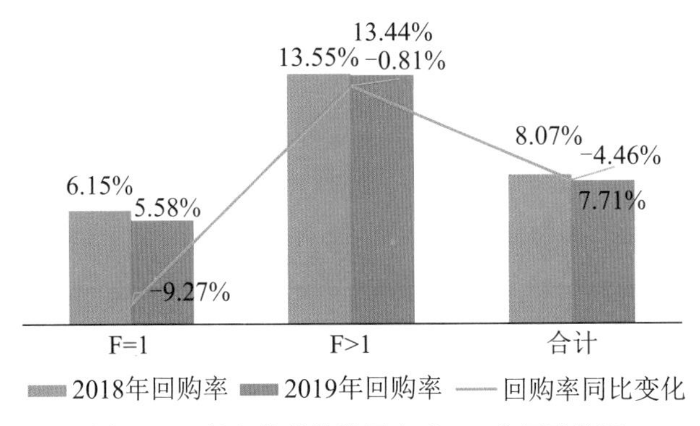

图4-13 不同F值的基数用户“双11”回购情况

这两组用户在2018年与2019年的回购率有了更明显的区别，2019年购买次数为一次的用户（F=1）的回购率同比降低9.27%，而购买多次的用户（F>1）回购率同比只减少0.81%。对比总体回购率降低4.46%来看，F=1组基数用户的波动较为突出。（其实不用太多业务经验，用常识去想“只购买过一次的用户转化为二次复购比较困难”也是大多数人能理解的情况，几乎所有店铺的销售构成中F=1的用户也占大头。）

相比上一次R值拆解，F值拆解带给我们更有价值的洞察：仅购买一次的基数用户回购率下滑较大，造成已购用户2019年“双11”的整体回购率降低。这是一个突破口，接下来可以对F=1的基数用户进行更细的分组、更深入的分析。

定位F=1的基数用户存在问题后，把这部分人单拎出来，按不同R值分成多组，这次不像最开始尝试R值拆分那样粗略分组，而要尽可能细地拆解，仔细对比各组回购情况找到核心原因。这里可能有人会问，为什么不继续使用RFM中没用到的最后一个指标M（累计购买金额）？其实累计金额一定程度上已经由购买频次反映了，累计金额 = 客单价×购买次数，由于要拆解的用户过去两年只购买了一次，单笔客单的差距不大，应该是相对集中的一个数值，无法达到分组的效果。表4-4是分组结果（为了清晰展示，表中省略2018年、2019年基数）。

黄色单元格中是回购率同比下降最大的值，是造成F=1的用户回购下降的主要原因，它对应的组是90<R≤180。前面已经介绍过R代表“回购间隔”，等于“用户最近一次购买日期 - 上一次购买日期”的天数差。那么由2019年11月11日减去90天和180天，倒推得出该区间用户的上次购

买时间介于2019年5月中旬至8月中旬。同时，别忘了他们还有一个重要特征是F=1，也就是这段时间内首次购买的新用户。该店铺是服饰类目，根据品牌特性和电商平台节奏，5—8月的主要活动有两项："618"大促和7月秋季上新。

表4-4　F=1的用户"双11"回购情况

用户分组	2018年回购数	2019年回购数	回购数差值	2018年回购率	2019年回购率	回购率同比
R≤30	3905	5881	1976	32.07%	32.98%	2.85%
30<R≤60	3442	3057	-385	9.23%	8.51%	-7.83%
60<R≤90	6447	6430	-17	7.69%	7.60%	-1.14%
90<R≤180	4069	3303	-766	6.03%	4.55%	-24.45%
180<R≤270	2207	3266	1059	5.48%	5.27%	-3.76%
270<R≤360	9371	12872	3501	4.28%	4.04%	-5.63%
360<R≤720	1593	2301	708	3.58%	3.14%	-12.48%
总计	31034	37110	6076	6.15%	5.58%	-9.27%

于是，可以提出假设：这两次活动引进的新用户质量产生了问题。

可以对比用户一年复购率、加入会员的比例、互动率、短信响应率等指标，如图4-14所示。最终得到结论，2019年"618"大促带来的新用户有大量用户未留存下来，这些新用户来源主要是平台的推广页，例如"9.9元秒杀""叠猫猫游戏"等曝光量大的广告吸引来许多低价尝鲜用户。

图4-14　进一步验证

3）提出建议

到此，关于"回购率下降"的分析基本结束了。根据分析的原因，给出建议如下：

根据分析结果，问题出在该店铺在今年平台大促引入购买一次的新用户后续复购转化不足。建议为这家店铺设计一次专门针对新用户的店铺首页，并且仅对新用户展示。这版页面强化"即时激励+复购挑战+长期复购"的权益，具体包含①可立刻领取首次购物积分，并参与100%中奖的幸运转盘，获得积分、优惠券或周边商品；②激励用户在45天内产生复购（该店前十名畅销商品的平均复购周期是40天），赠送精美礼品与包邮特权；③推出积分卡、兑换卡等一次充值、多次优惠返利的权益。除页面外，通过短信、手机淘宝等沟通渠道在新用户首购的7天后邀请返店领取会员卡，及时送上复购券等权益。

提出建议要注意落地可执行性，可以从外部（电商平台）和内部（卖家店铺）自身两个大角度去思考。

外部（电商平台）包括分析已有的电商平台资源、未来可争取的电商平台资源、竞品有但我们没有的资源。电商平台的资源常常是页面流量、店铺工具，更珍贵一些的有用户人群包等，考虑能否争取或置换资源。

内部（卖家店铺）主要从推广策略、用户运营策略、商品策略、活动策略来考虑。本章最开始有关电商服务公司的部门介绍，将这些方面与各部门的主要职能对应起来，遇到不熟悉但有机会的模块，多和兄弟部门同事沟通，在学习中或许能碰撞出火花。

提建议时，可以从沟通与权益两大块思考：沟通方面可优化的方向包括沟通对象分组、沟通渠道筛选、对不同用户沟通内容的定制；权益可优化的方向有实物奖励、服务体验、特权身份、趣味互动等。本案例中提出的对策也是从沟通与权益出发的，你可以再看一遍对策，试着想想每个对策的目的。

4.2.2 如何做好活动复盘?

某电商平台是一个专门为卖家提供折扣活动的平台，卖家在该平台做折扣活动，来吸引用户购买，例如“唯品会”等。卖家每个月会在该电商平台上有打折活动，每次活动后都需要复盘，用来评估活动效果，并做出改进。

在活动前，运营人员都会有活动日程安排，运营人员会上传相关商品信息。这个时候分析师可以拿到商品明细表。促销活动流程如图4-15所示。

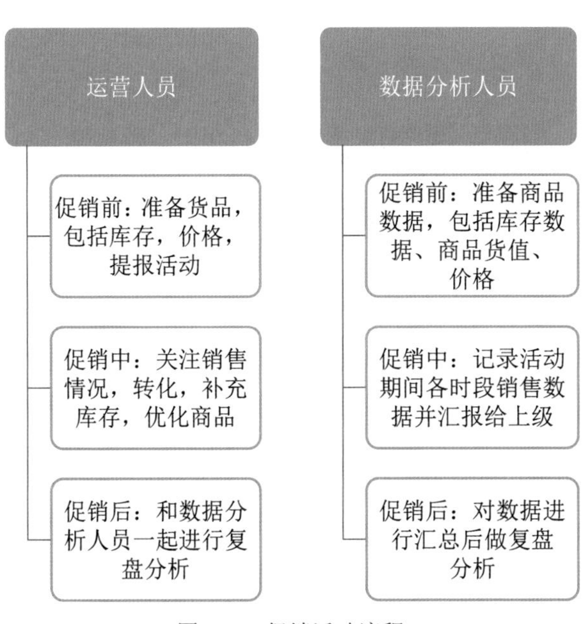

图4-15　促销活动流程

下面以“双11”活动为例，将整个活动复盘分为以下部分：总体运营、价格区间、折扣区间。

总体运营部分可以直观展示本次活动的销售数据；价格区间和折扣区间部分不仅可以直接看到各个区间的销售情况，还可以选择出哪些商品活动效果好，以便优化下次活动。

1）总体运营

总体运营部分，主要关注销售额、售卖比、UV、转化率等指标，其他指标作为辅助指标。销售额用来和预期目标做对比，售卖比可以对库存进行优化，UV和转化率可以选出销售较好的商品。

一般情况下，进行活动效果评估离不开环比、同比，本次案例使用对比分析方法，将去年“双11”和今年“双11”的数据用同比来比较。（由于部分数据暂时无法得到，这部分数据在表格中没有做同比。）

从表4-5的“同比”列里的数据可以看到，各个指标都有不同程度的下降，接下来进行更细致的数据拆解。

表4-5　运营数据

指标	今年双11	去年双11	同比
备货值	7671639		
销售额	1480632	1956645	-24.33%
售卖比	19%		
SKU数	420	1362	-69.16%
SPU数	265	764	-65.31%
销量	2226	2642	-15.75%
客单价	669	743	-9.94%
UV	310295		#DIV/0!
收藏数	6691	8440	-20.72%
加购数	18424	24652	-25.26%
转化率	0.7%		#DIV/0!
折扣率	31%	35%	-11%
毛利率	31%	39%	-20%

2）价格区间

把数据按价格维度来拆解，可以对本次活动的价格结构有一个整体的了解。价格区间可根据公司的实际业务情况进行划分。以500～700元价格区间为例，转化率是0.8%，售卖比是32%（表4-6）。

表4-6　价格结构

价格区间（元）	货值（元）	货值占比	销售额（元）	售卖比	销售占比	销量	客单价（元）	UV	收藏数	加购数	转化率	折扣率	毛利率
<400	366,954	5%	70,494	19%	5%	252	285	20,900	506	1,452	1.2%	19%	-16%
400～500	712,896	9%	132,052	19%	9%	274	482	42,603	737	2,431	0.6%	29%	29%
500～700	1,711,956	22%	540,024	32%	36%	919	590	108,683	2,132	7,379	0.8%	27%	20%
700～900	2,277,227	30%	381,276	17%	26%	472	813	67,193	1,595	3,924	0.7%	35%	43%
900～1000	661,789	9%	142,663	22%	10%	149	957	19,576	509	1,168	0.8%	36%	44%
1000～1200	611,912	8%	78,155	13%	5%	71	1,101	13,117	254	632	0.5%	44%	54%
>1200	1,328,904	17%	135,968	10%	9%	89	1,545	13,332	309	609	0.7%	48%	60%
总计	7,671,639	100%	1,480,632	19%	100%	2,226	669	285,404	6,042	17,595	0.7%	31%	31%

为了优化参与活动的商品结构，给下次活动提供决策依据，需要将本次活动效果不错的商品继续用于下次活动，将效果不好的商品进行清仓处理。如何判断哪些商品效果好，哪些商品效果不好呢？

这就需要使用对比分析方法继续深入分析不同区间的数据。以500～700元价格区间为例，首先需要找到在本次活动中此区间的销售数据，数据要求显示具体的款号、销售额、销量等信息。然后计算出每款商品的售卖比、转化率等指标，最终得到表4-7的数据。

表4-7　销售数据

商品	销售额（元）	件单价（元）	客户数	UV	转化率	库存	货值（元）	售卖比
A	19762	599	33	5049	0.9%	61	36539	54%
B	18953	654	29	4263	0.8%	167	109719	17%
C	11482	638	18	2742	1.0%	63	40257	29%
D	10272	642	16	4906	0.6%	78	50076	36%
E	8386	599	14	1762	0.5%	140	83860	32%
F	2990	598	5	1217	0.4%	72	43056	7%
G	2396	599	4	1369	0.3%	246	147354	2%
H	1176	588	2	770	0.3%	124	72912	2%

将两组数据（表4-6价格结构和表4-7销售数据）进行对比分析。500～700元价格区间在表4-6价格结构中的转化率是0.8%，以此数值为分类标准，将表4-7销售数据分为转化率大于等于0.8%的商品和转化率小于0.8%的商品。转化率大于等于0.8%的商品暂时保留，用于参加下次活动。转化率小于0.8%的部分，根据500～700元价格区间在表4-6价格结构中的售卖比是32%，以此数值为分类标准，将表4-7销售数据中售卖比大于等于32%的商品予以保留，用于参加下次活动。售卖比小于32%的商品进行清仓处理。此举可以不断优化卖家在平台销售的商品款式，以达到提高销售额的目的。

根据以上对比分析，A、B、C三款商品转化率大于等于0.8%，活动效果好，继续用于下次活动；D、E两款商品转化率小于0.8%但是售卖比大于等于32%，因此同样予以保留；F、G、H三款商品转化率小于0.8%且售卖比小于32%，列入清仓商品中（图4-16）。

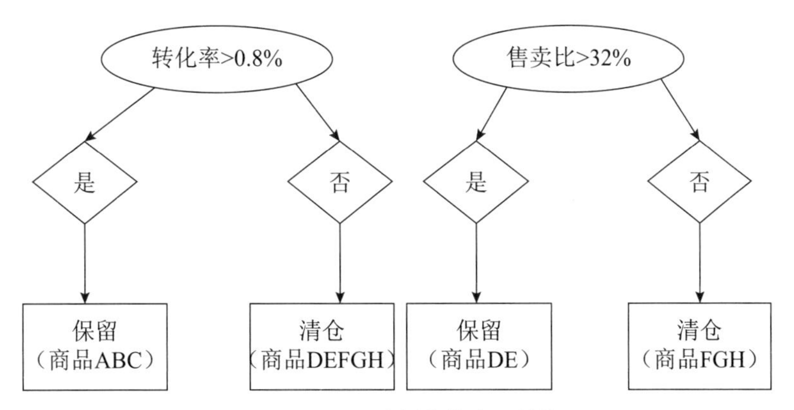

图4-16　对比分析优化商品结构

3）折扣区间

把数据按折扣维度来拆解，可以对本次活动的折扣结构有一个整体的了解（表4-8），例如，从表中可以发现0.25～0.3折扣区间的售卖比为27%，转化率为0.7%。

表4-8　不同折扣区间的销售数据

折扣区间	货值（元）	货值占比	销售额（元）	售卖比	销售占比	销量	客单价（元）	UV	收藏数	加购数	转化率	折扣率	毛利率
0.05-0.1	1,047	0%	698	67%	0%	2	349	533	10	23	0.4%	7%	-201%
0.1-0.15	64,738	1%	13,174	20%	1%	38	356	2,510	75	174	1.5%	13%	-57%
0.15-0.2	183,540	2%	47,400	26%	3%	127	382	9,551	218	625	1.3%	18%	-16%
0.2-0.25	655,829	9%	256,030	39%	17%	477	539	46,097	884	3,222	1.0%	24%	13%
0.25-0.3	1,388,696	18%	374,665	27%	25%	670	560	94,561	1,829	5,864	0.7%	29%	27%
0.3-0.35	1,351,278	18%	242,296	18%	16%	319	762	42,850	944	2,638	0.7%	33%	36%
0.35-0.4	1,484,697	19%	222,651	15%	15%	265	847	30,167	710	1,838	0.9%	37%	44%
0.4-0.45	704,553	9%	157,619	22%	11%	174	916	27,013	635	1,602	0.6%	42%	50%
0.45-0.5	372,751	5%	67,222	18%	5%	77	873	16,742	386	942	0.5%	48%	56%
0.5-0.55	1,221,746	16%	71,569	6%	5%	56	1,278	12,290	272	529	0.5%	53%	61%
0.55-0.6	106,281	1%	8,362	8%	1%	6	1,394	862	19	44	0.7%	56%	62%
0.6-0.65	128,178	2%	10,889	8%	1%	9	1,210	1,486	44	61	0.6%	62%	66%
0.65-0.7	8,304	0%	8,057	97%	1%	6	1,343	742	16	33	0.8%	70%	70%
总计	7,671,639	100%	1,480,632	19%	100%	2,226	669	285,404	6,042	17,595	0.7%	31%	31%

为了优化参与活动的商品结构，给下次活动提供决策依据，需要将本次活动效果不错的商品继续用于下次活动，这就需要使用对比分析方法继续深入分析不同区间的数据。以0.25～0.3折扣区间为例，首先需要找到在本次活动中此区间的销售数据，数据要求显示具体的款号、销售额、销量等信息。然后计算出每款商品的售卖比、转化率、折扣率等指标，最终得到表4-9的数据。

表4-9　折扣区间为0.25～0.3的销售数据

商品	销售额（元）	件单价（元）	客户数	UV	转化率	库存	货值（元）	售卖比
a	1765	147	12	668	1.8%	14	2086	85%
b	10780	539	20	1515	1.3%	24	12936	83%
c	2990	598	5	581	0.9%	6	3588	83%
d	11503	639	18	994	1.8%	24	15410	75%

续表

商品	销售额（元）	件单价（元）	客户数	UV	转化率	库存	货值（元）	售卖比
e	7516	537	13	914	1.4%	20	10780	70%
f	3497	269	13	798	1.6%	23	6187	57%
g	7184	898	8	840	0.9%	16	14384	50%
h	10493	477	22	2637	0.8%	57	27303	38%
i	1345	269	5	635	0.8%	15	4035	33%
j	22079	539	41	5112	0.8%	179	96481	23%
k	4165	833	5	428	1.2%	43	36077	23%
l	1673	239	7	829	0.8%	76	18164	9%
m	3195	639	5	397	1.3%	72	46008	7%

将两组数据（表4-8和表4-9）进行对比分析，0.25～0.3折扣区间在表4-8中的售卖比为27%，转化率为0.7%，以此数值为分类标准，在表4-9中找出售卖比大于27%且转化率大于0.7%的商品予以保留，用于参加下次活动，其余进行清仓处理。

复盘虽然很简单，可是却有大作用，它可以不断地优化商品结构，了解当前活动状况。在做更加深入的数据分析之前，一个简单的复盘是必不可少的。

本章作者介绍

徐婷，从事电商行业CRM数据分析师工作，服务过黛安芬、伊利、雀巢等大快消品牌，曾参与杭州亚运会CRM项目规划。

张磊，在电商行业工作多年，现为某跨境电商的数据分析师。

第5章　跨境电商行业

5.1　业务知识

5.1.1　业务模式

跨境电商是指通过跨境物流送达商品、完成交易的一种国际商业活动。境外卖家在跨境电商平台开店铺售卖商品，境内买家在跨境电商平台上完成购买。境外卖家通过物流从境外或者境内仓库运送商品到境内买家手中。跨境电商平台从中抽取一定比例佣金。图5-1是卖家、买家、跨境电商平台之间的关系。

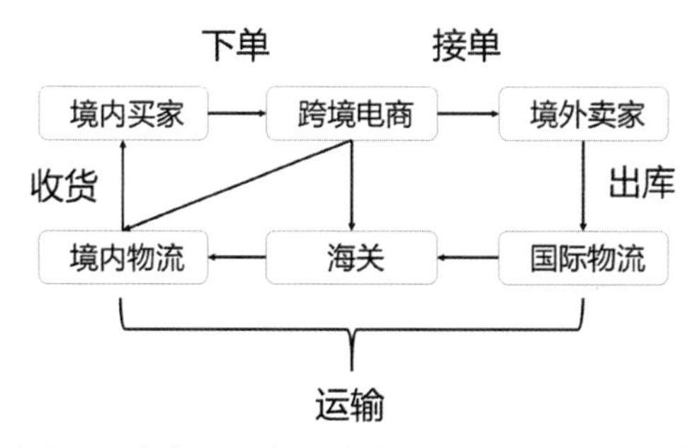

图5-1　卖家、买家、跨境电商平台之间的关系

从卖家的角度来看，买家的购物流程分为：用户下单、卖家打单（卖家打单是指卖家收到订单后在后台制作订单的过程）、仓库出库、快递运输、买家签收。

按照经营主体可以将跨境电商模式分为平台型、自营型、混合型。

平台型：是指邀请卖家入驻跨境电商平台来进行运营。例如阿里巴巴国际站、ebay、天猫国际。

自营型：是指跨境电商平台自己运营。例如兰亭集势、考拉海购、小红书。

混合型：是指跨境电商平台兼有平台型和自营型。例如亚马逊既有自己运营的，也有邀请卖家入驻的。

目前亚马逊、ebay等跨境电商都会推出会员服务功能，例如亚马逊的Prime会员。当买家购买了会员之后，在购买会员产品时能享受更好的服务。例如亚马逊的会员可以享受商品两日达及免运费的特权。对于卖家而言，参加会员活动就必须承担买家邮费，所以卖家也要考虑这方面的成本。

卖家为了能卖出更多的商品，就需要吸引更多的流量。流量可以分为自然流量和广告流量。自然流量是指买家无意间点进产品页面而非来自广告链接，广告流量来源于广告链接，需要卖家支付一定的广告费。

5.1.2 业务指标

这部分重点介绍跨境电商中广告方面的业务指标。说到广告，不得不提广告漏斗模型图（图5-2）。

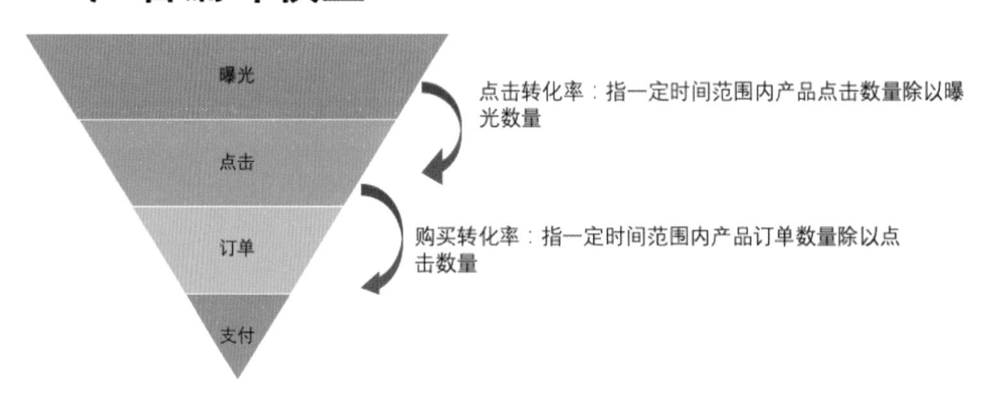

图5-2 广告漏斗模型

广告漏斗模型中对应了流量转化的各个环节，反映了曝光、点击、订单、支付的过程。使用广告漏斗模型来分析数据的好处是，可以量化各个环节的表现情况，可以发现是哪个环节出了问题，从而有针对性地解决问题。

（1）曝光这一环节需要关注的指标是曝光数量。曝光数量是指一定时间范围内产品在平台上出现的次数。

（2）点击这一环节需要关注的指标是点击数量。点击数量是指一定时间范围内产品曝光后的点击次数。点击转化率是指一定时间范围内产品点击数量除以曝光数量。

（3）订单这一环节需要关注的指标是订单数量、购买转化率。订单数量是指一定时间范围内产品通过广告产生的订单数量。购买转化率是指一定时间范围内产品订单数量除以点击数量。

（4）支付这一环节需要关注的指标是销售额，是指一定时间范围内产品通过广告产生的销售额。

其他常用广告指标如下：

广告费：指一定时间范围内产品支付的广告费。

广告成本（Advertising Cost of Sales，ACoS）：指一定时间范围内的广告费除以销售额。例如，为了推广产品花费的广告费是20元，该广告活动带来了100元的销售额，那么广告成本=广告费（20元）/销售额（100元）=20%。

排名：在产品展示页面，可以看到产品在它所在类目下的排名。

下面通过一个例子看下如何计算这些指标。某卖家在亚马逊上出售一个产品A，一周内这个产品的曝光数量是10000次，其中点击数量为100次，订单数量是10个。A的售价是50元，广告采用的是按点击次数付费，每一次是1元。那么各指标计算如下：

点击转化率= 点击数量（100）/曝光数量（10000）=1%；

购买转化率= 订单数量（10）/点击数量（100）=10%；

销售额= 售价（50元）× 订单数量（10）=500元；

广告费= 每点击一次价格（1元）× 点击数量（100）=100元；

广告成本= 广告费（100元）/销售额（500元）=20%。

排名的计算方式比较复杂，主要和产品A的点击转化率、购买转化率、用户好评率这些指标有关。

5.2 案例分析

5.2.1 会员分析

亚马逊会员是亚马逊推出的一种付费会员制度。顾客一年交付一定会费，就可以成为亚马逊会员，享受到相应的会员福利。下面将亚马逊会员统一称作会员。

某一天，领导问我："我们的亚马逊店铺之前做会员活动，但是现在因为及时送达率没有达标所以活动失败了。你能不能分析一下失败的原因，然后找到问题的责任所在呢？"

1）明确问题

收到任务后，我请销售同事从店铺后台导出了一份活动期间的所有订单数据，包含表5-1所示的各项。

表5-1　数据项

收款时间	交易号	产品编号	用户姓名	快递订单号	广告费	销售数量	销售金额	产品成本	店铺费用	理论运费	实际运费	利润

所有参与会员活动的卖家都要保证用户的订单两日达，根据亚马逊后台给出的数据，会员活动及时送达率只有90%，低于标准（100%），这是造成活动失败的主要原因。那么是什么原因造成及时送达率低呢？

2）分析原因

可以从商品下单到签收的业务流程出发来分析，客户下单后，花费的时间主要有店铺打单时间、商品发货时间、商品送达时间（图5-3）。打单时间是卖家收到订单后在后台制作订单的时间。

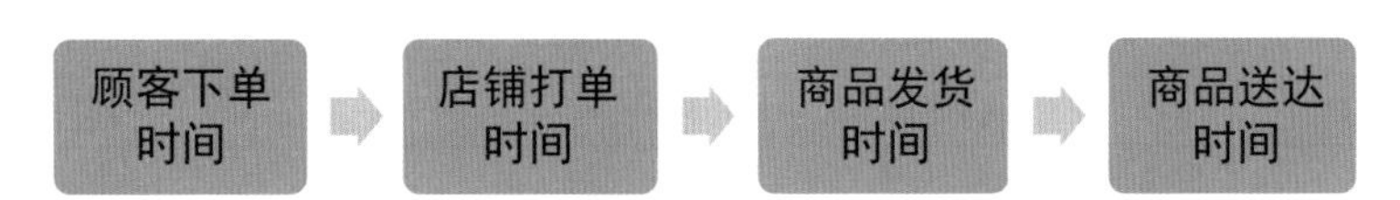

图5-3　业务流程

前面销售人员给的店铺数据里面有一列叫“快递订单号”，接下来就可以通过这个“快递订单号”获得所有订单的物流数据，如表5-2所示。对业务流程进行分解得到每个环节数据：预期打单日期、预期发货日期、预期送达日期，方便后面将“预期时间”和“实际时间”进行对比分析。预期时间是根据公司和亚马逊的规定设置的时间，例如打单时间要在下单后1个自然日内完成，发货时间也是下单后1个自然日内完成，送达日期则是下单后两个自然日内完成。

表5-2 物流数据

收款日期	收款时间	快递订单号	打单日期	预期打单日期	发货日期	预期发货日期	送达日期	预期送达日期
2018/10/11	13:40	A	2018/10/11	2018/10/12	2018/10/12	2018/10/12	2018/10/13	2018/10/15
2018/10/11	13:32	B	2018/10/11	2018/10/12	2018/10/12	2018/10/12	2018/10/13	2018/10/15
2018/10/11	13:28	C	2018/10/11	2018/10/12	2018/10/12	2018/10/12	2018/10/13	2018/10/15

做好了这张数据表，找到销售人员，梳理了商品从买家下单到买家收货的业务流程，并整理好如表5-3所示的文档。

表5-3 文档

<table>
<tr><td colspan="3">数据来源：</td></tr>
<tr><td colspan="3">一、店铺数据由销售提供</td></tr>
<tr><td colspan="3">二、快递提供物流数据</td></tr>
<tr><td colspan="3">判断逻辑：</td></tr>
<tr><td rowspan="2">打单和发货时间</td><td colspan="2">1、当地时间当天的订单最迟第二天24点前完成打单和发货</td></tr>
<tr><td colspan="2">2、周五到周日的订单最迟周一24点前完成打单和发货</td></tr>
<tr><td rowspan="8">送达时间</td><td>上午11点前下单</td><td>上午11点后下单</td></tr>
<tr><td>周一下单，周三送达</td><td>周一下单，周四送达</td></tr>
<tr><td>周二下单，周四送达</td><td>周二下单，周五送达</td></tr>
<tr><td>周三下单，周五送达</td><td>周三下单，周一送达</td></tr>
<tr><td>周四下单，周一送达</td><td>周四下单，周一送达</td></tr>
<tr><td>周五下单，周一送达</td><td>周五下单，周二送达</td></tr>
<tr><td>周六下单，周二送达</td><td>周六下单，周二送达</td></tr>
<tr><td>周日下单，周二送达</td><td>周日下单，周二送达</td></tr>
<tr><td>快递实际送货时间</td><td colspan="2">送货时间为两个工作日，不包括周末</td></tr>
</table>

接下来使用对比分析方法，分析到底是哪个环节出了问题，将问题落实到责任人。将“预期时间”和“实际时间”进行对比分析。在表5-2后面新增三列判断条件，如表5-4所示，用于判断业务流程的每个环节的“预期时间”和“实际时间”是否一致。当实际所用时间小于等于预期时间填写True，反之填写False。

表5-4 新增判断条件

条件一：是否及时打单	条件二：是否及时发货	条件三：是否及时送达
True	True	True
True	False	False

表5-5、表5-6、表5-7是对比分析的结果。

表5-5　店铺数据总体概览

<table>
<tr><td colspan="4">店铺数据：条</td><td colspan="4">店铺数据：占比</td></tr>
<tr><td colspan="4">648</td><td colspan="4">100%</td></tr>
<tr><td>及时送达</td><td colspan="3">未及时送达</td><td>及时送达</td><td colspan="3">未及时送达</td></tr>
<tr><td rowspan="5">458</td><td colspan="3">190</td><td rowspan="5">70.7%</td><td colspan="3">29.3%</td></tr>
<tr><td>及时发货</td><td colspan="2">未及时发货</td><td>及时发货</td><td colspan="2">未及时发货</td></tr>
<tr><td rowspan="3">24</td><td colspan="2">166</td><td rowspan="3">12.6%</td><td colspan="2">87.4%</td></tr>
<tr><td>及时打单</td><td>未及时打单</td><td>及时打单</td><td>未及时打单</td></tr>
<tr><td>162</td><td>4</td><td>97.6%</td><td>2.4%</td></tr>
</table>

表5-6　快递送达时间分布

快递发货时间	当日达	一天	二天	三天	四天	五天	合计
数量	32	598	15	1	1	1	648
占比	4.9%	92.3%	2.3%	0.2%	0.2%	0.2%	100%

表5-7　打单时间分布

打单到发货用时	当日	一天	二天	三天	合计
数量	14	94	50	8	166
占比	8.4%	56.6%	30.1%	4.8%	100%

根据上面的分析结果，可以得出的结论：

- 一共有648条店铺数据；
- 其中及时送达的有458条数据，占全部的70.7%；
- 未及时送达的有190条数据，占全部的29.3%；
- 在未及时送达的数据中，有166条数据是未及时发货，约占未及时送达数据的87.4%；
- 在未及时发货的数据中，只有4条数据是店铺未及时打单，约占未及时发货数据的2.4%，说明店铺打单时间这一环节没有问题。那么只剩一个环节有问题了，那就是商品发货延迟。但是分析到这里就结束了吗？

我跟销售人员聊起来，发现公司在美国加州有三个仓库，不同仓库的发货效率也是不一样的。听到这个消息我就在想，是不是应该把数据分按仓库维度来拆解，这样才能知道到底是哪个仓库影响了发货。

接下来就是分析超时订单，也就是从店铺打单到发货时间超过两天的订单（亚马逊要求所有参与会员活动的卖家都要保证用户的订单两日达）。追踪这些订单的发货仓库，发现异常数据主要集中在06和07仓库（表5-8）。很明显这两个仓库要负主要责任。

表5-8　发货仓库数据

仓库	异常订单数
05	7
06	24
07	27

接下来就是分析超时订单，也就是从店铺打单到发货时间超过两天的订单（亚马逊要求所有参与会员活动的卖家都要保证用户的订单两日达）。追踪这些订单的发货仓库，

表5-9　实际送达时间超标的部分订单数据

交易号	产品编号	快递订单号	实际送达时间	城市	邮编
111-xxxx	a	A	2	Los angeles	90026
112-xxxx	b	B	4	Rialto	92376
113-xxxx	c	C	5	Lompoc	93436

这18个城市的快递公司不能在两天内将货物送达，如果卖家后面继续做这些城市的会员活动，那结果肯定还是不达标。所以应该把这些城市从会员活动中剔除，也就是不发货。

3）提出建议

该分析的都已经分析了，接下来就是撰写分析报告并给出建议。分析报告的要点如下：

（1）店铺一共有648条数据，可通过整理分析列出图表；

（2）造成未及时送达的主要原因在于快递公司未及时发货；

（3）部分未及时打单数据的主要原因在于订单接收系统有延迟，可以通过优化系统后在规定时间内完成；

（4）分析打单到发货时间在两天以上的数据，发现06和07仓库的发货效率比较低，需要进行问责；

（5）店铺之前做的会员活动范围里面有18个城市是快递公司无法保证两日达的，所以店铺需要把这18个城市剔除。

针对分析结论，做出实际可落地的方案如下：

首先，要优化订单接收系统，保证所有订单能在第一时间完成录入打单；其次，需要和快递公司沟通，保证商品及时发货；最后，针对部分地区收货延迟高的问题，考虑这些地区不做会员活动，以免因为发货延迟导致整体活动受影响。

通过图5-4可以看清楚这个案例的分析过程，先通过假设检验分析方法得出结论，后面拓展问题和更新结论这两部分需要通过和同事、领导交流后得出。

分析问题	快递送达率有哪些影响因素		
提出假设	1、快递公司送货时间超标	2、仓库发货不及时	3、还有其他未知原因
收集数据	1、快递送货数据	2、仓库发货数据	3、想办法获得更多数据
得出结论	1、快递送货不及时	2、仓库订单处理不及时	
拓展问题	1、和同事讨论	2、向领导汇报	
更新结论	1、快递送货不及时需要和快递公司谈判	2、仓库订单处理不及时需要制定新的规章	3、针对发货不及时的区域不准备做会员活动

图5-4　案例分析过程

5.2.2 广告分析

目前亚马逊的主要广告就是站内广告。例如，图5-5是亚马逊的一个产品搜索结果页，红框里标记的是其中一条搜索结果，可以看到小红框里面有一个Sponsored标志，这就是站内广告。如果你出售的产品做了站内广告，就有可能出现在这里。

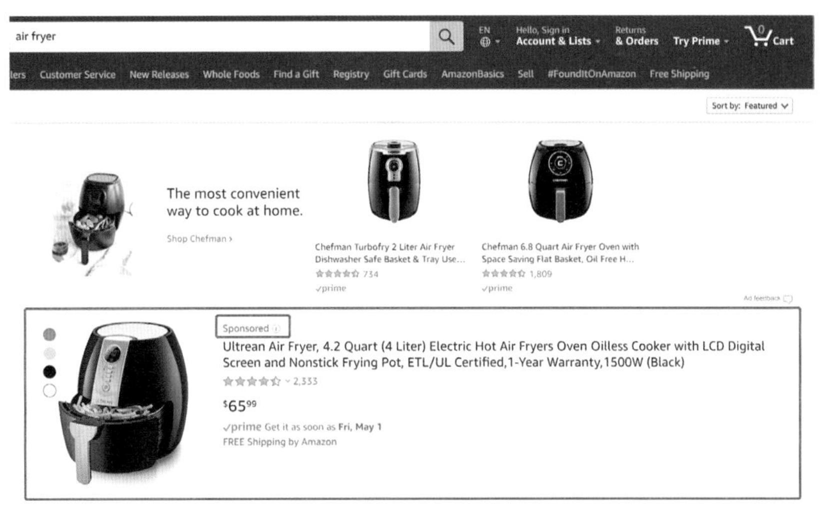

图5-5 亚马逊产品搜索结果页

广告的核心在于关键词和出价这两块，所以对广告数据进行分析，主要就是针对关键词和出价进行优化。例如，图5-5在搜索框输入的是air fryer，这就是一个关键词。关键词可以是一个单词也可以是好几个单词、数字的组合。只有挑选合适的关键词才能给卖家带来流量。例如你卖的产品是鞋子，但是关键词是衣服，这就很难给卖家带来准确的流量了。出价就很好理解了，广告位就这么一个，竞争对手出一元，你出两元，那你就有很大概率获得这个广告位。

亚马逊站内广告模式主要有两种：自动模式和手动模式（图5-6）。

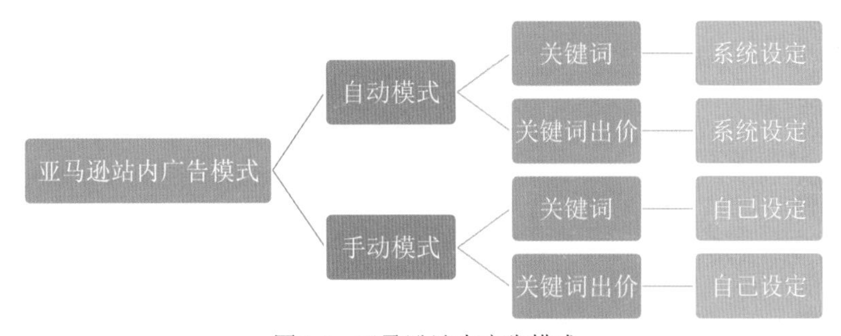

图5-6 亚马逊站内广告模式

自动模式，顾名思义就是卖家只要选择产品和设置出价，亚马逊系统就会帮卖家做广告，不需要卖家去打理。

手动模式和自动模式相比，最大的不同在于设置搜索关键词，卖家根据自己对市场的理解去添加自己认为合适的关键词。在自动模式的广告中，系统会帮卖家做这一步。

接下来的案例通过比较手动模式和自动模式的广告数据，从中获得两者之间的差别及广告优化的思路。这里选取的Stand X Board产品，它是一款冲浪板，广告开始时间是一年中的第一周。以下是整体的分析思路：

（1）理解广告数据：目前在亚马逊能获得的广告数据就是后台的几张报表，掌握并理解这几张报表数据的内容和含义对接下来的广告优化工作会有很大的帮助。

（2）清洗广告数据：凭借业务知识和经验对广告数据进行清洗整理，获得自己需要的数据形式，这一步考察的是自身的业务知识。

（3）观察数据：观察数据整体的情况，要对整体有一个了解。例如，产品A广告效果不好，但如果是公司整体广告效果都不好，那说明大环境是这样。所以有一个全局意识对后面的广告优化是有帮助的。

（4）广告产品选择及分类：因为不同产品的竞争程度和市场都不一样，广告优化的差异化是广告精细化运营的一环。如果有条件建议对产品进行分级，总结一套不同级别产品优化的思路。

（5）制定广告投放策略：选定好产品，接下来就是制定广告的投放策略，因为亚马逊的广告模式比较多，所以制定广告投放策略的过程可以和投放过程同时进行，在投放中不停优化找到合适的模式。

（6）广告投放效果评估：这一步主要是针对项目落地和结果追踪，对广告优化结果进行追踪有利于量化数据分析师的工作投入和产出，也可以作为下一轮优化的开始节点和数据支持。

1）理解广告数据

亚马逊后台广告数据报表一共有6份，如图5-7所示。

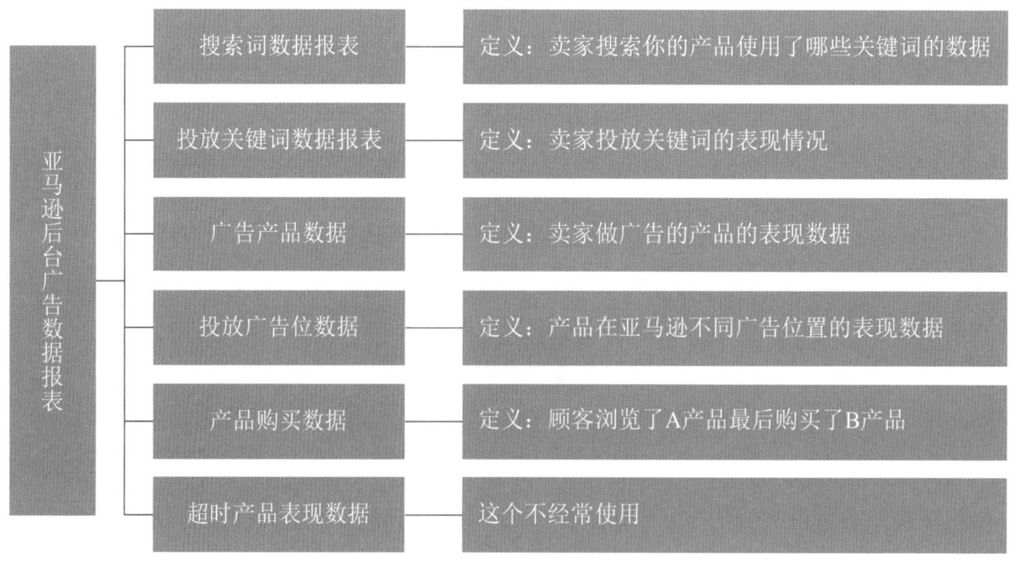

图5-7　亚马逊后台广告数据报表

下面选择其中的广告产品数据做演示，如表5-10所示。

表5-10 亚马逊的广告产品数据

A	B	C	D	E	F	G	H	I	J	K
Start Date	End Date	Portfolio name	Currency	Campaign Name	Ad Group Name	Advertised SKU	Advertised ASIN	Impressions	Clicks	Click-Thru Rate (CTR)
Aug 06, 2019	Aug 09, 2019	Not grouped	EUR	A	B	x	B001	9	0	0.0000%
Aug 04, 2019	Aug 10, 2019	Not grouped	EUR	A	B	x	B002	1522	27	1.7740%
Aug 04, 2019	Aug 10, 2019	Not grouped	EUR	A	B	x	B003	2354	13	0.5523%
Aug 04, 2019	Aug 10, 2019	Not grouped	EUR	A	B	x	B004	216	1	0.4630%
Aug 05, 2019	Aug 10, 2019	Not grouped	EUR	A	B	x	B005	11	0	0.0000%
Aug 04, 2019	Aug 04, 2019	Not grouped	EUR	A	B	x	B006	4	0	0.0000%
Aug 04, 2019	Aug 10, 2019	Not grouped	EUR	A	B	x	B007	1702	64	3.7603%
Aug 04, 2019	Aug 10, 2019	Not grouped	EUR	A	B	x	B008	168	0	0.0000%
Aug 04, 2019	Aug 10, 2019	Not grouped	EUR	A	B	x	B009	212	2	0.9434%
Aug 04, 2019	Aug 10, 2019	Not grouped	EUR	A	B	x	B010	214	2	0.9346%
Aug 04, 2019	Aug 10, 2019	Not grouped	EUR	A	B	x	B011	4771	41	0.8594%
Aug 04, 2019	Aug 10, 2019	Not grouped	EUR	A	B	x	B012	665	8	1.2030%
Aug 04, 2019	Aug 10, 2019	Not grouped	EUR	A	B	x	B013	772	20	2.5907%
Aug 04, 2019	Aug 10, 2019	Not grouped	EUR	A	B	x	B014	7891	44	0.5576%
Aug 04, 2019	Aug 10, 2019	Not grouped	EUR	A	B	x	B015	813	6	0.7380%
Aug 04, 2019	Aug 10, 2019	Not grouped	EUR	A	B	x	B016	2422	35	1.4451%
Aug 04, 2019	Aug 10, 2019	Not grouped	EUR	A	B	x	B017	2552	18	0.7053%
Aug 04, 2019	Aug 10, 2019	Not grouped	EUR	A	B	x	B018	816	3	0.3676%
Aug 04, 2019	Aug 10, 2019	Not grouped	EUR	A	B	x	B019	4164	16	0.3842%
Aug 04, 2019	Aug 10, 2019	Not grouped	EUR	A	B	x	B020	1219	3	0.2461%
Aug 04, 2019	Aug 10, 2019	Not grouped	EUR	A	B	x	B021	1304	7	0.5368%
Aug 04, 2019	Aug 10, 2019	Not grouped	EUR	A	B	x	B022	1335	13	0.9738%
Aug 04, 2019	Aug 10, 2019	Not grouped	EUR	A	B	x	B023	1666	17	1.0204%
Aug 04, 2019	Aug 10, 2019	Not grouped	EUR	A	B	x	B024	2000	10	0.5000%
Aug 04, 2019	Aug 10, 2019	Not grouped	EUR	A	B	x	B025	2682	14	0.5220%
Aug 04, 2019	Aug 10, 2019	Not grouped	EUR	A	B	x	B026	7986	51	0.6386%
Aug 04, 2019	Aug 10, 2019	Not grouped	EUR	A	B	x	B027	9024	84	0.9309%
Aug 04, 2019	Aug 10, 2019	Not grouped	EUR	A	B	x	B028	14493	73	0.5037%
Aug 04, 2019	Aug 10, 2019	Not grouped	EUR	A	B	x	B029	2466	33	1.3382%

2）清洗广告数据

表5-10是从亚马逊上下载的原始数据，可以看到表头杂乱无章，而且数据也有空缺。需要修改原始数据的列名，增加了week（周期）、campaign name（广告活动）、ad group name（广告组）、sku、asin（产品编码）、ctr（点击转化率）等列名，整理后的数据如表5-11所示。

表5-11 对数据进行列名修改

A	B	C	D	E	F	G	H	I	J	K	L	M	N	O	P	Q
week	startdate	enddate	portfolioname	currency	campaignname	adgroupname	sku	asin	impressions	clicks	ctr	cpc	spend	sales	acos	roas
3	2019/1/20	2019/1/26	Not grouped	USD	A	B	x	B001	12476	43	0.003446618	0.590697674	25	0		0
3	2019/1/20	2019/1/26	Not grouped	USD	A	B	x	B002	24967	40	0.001602115	0.6275	25	42	0.597761372	1.672908
3	2019/1/20	2019/1/26	Not grouped	USD	A	B	x	B003	5546	38	0.006851785	0.150263158	6	0		0
3	2019/1/20	2019/1/26	Not grouped	USD	A	B	x	B004	367491	1553	0.004225954	0.47098519	731	4586	0.159503851	6.269441
3	2019/1/20	2019/1/26	Not grouped	USD	A	B	x	B005	11723	55	0.004691632	0.164909091	9	0		0
3	2019/1/20	2019/1/26	Not grouped	USD	A	B	x	B006	49738	254	0.005106759	0.162519685	41	255	0.161914101	6.176114
3	2019/1/20	2019/1/26	Not grouped	USD	A	B	x	B007	277121	1040	0.003752873	0.379346154	395	1234	0.319734176	3.127598
3	2019/1/20	2019/1/26	Not grouped	USD	A	B	x	B008	263187	1577	0.005991937	0.415554851	655	1295	0.506030702	1.976165
3	2019/1/20	2019/1/25	Not grouped	USD	A	B	x	B009	178039	486	0.002729739	0.381399177	185	0		0
3	2019/1/20	2019/1/26	Not grouped	USD	A	B	x	B010	89170	771	0.008646406	0.481387808	371	506	0.73361401	1.363115
3	2019/1/20	2019/1/26	Not grouped	USD	A	B	x	B011	6060	16	0.002640264	0.208125	3	0		0
3	2019/1/20	2019/1/26	Not grouped	USD	A	B	x	B012	449058	2177	0.004847926	0.392397795	854	6200	0.137788703	7.257489
3	2019/1/20	2019/1/26	Not grouped	USD	A	B	x	B013	2559	3	0.001172333	0.643333333	2	0		0
3	2019/1/20	2019/1/26	Not grouped	USD	A	B	x	B014	2949	2	0.000678196	0.625	1	0		0
3	2019/1/20	2019/1/26	Not grouped	USD	A	B	x	B015	2360	8	0.003389831	0.62625	5	0		0
3	2019/1/20	2019/1/26	Not grouped	USD	A	B	x	B016	408148	840	0.002058077	0.313821429	264	584	0.451472024	2.214977
3	2019/1/20	2019/1/26	Not grouped	USD	A	B	x	B017	4449	18	0.004045853	0.423888889	8	100	0.076307631	13.10485
3	2019/1/20	2019/1/26	Not grouped	USD	A	B	x	B018	15652	62	0.003961155	0.356612903	22	0		0
3	2019/1/20	2019/1/26	Not grouped	USD	A	B	x	B019	10596	112	0.010570026	0.371875	42	735	0.056672064	17.64538
3	2019/1/20	2019/1/26	Not grouped	USD	A	B	x	B020	7454	30	0.004024685	0.335333333	10	100	0.100610061	9.939364
3	2019/1/21	2019/1/26	Not grouped	USD	A	B	x	B021	13233	77	0.005818786	0.28012987	22	345	0.062525364	15.99351
3	2019/1/20	2019/1/26	Not grouped	USD	A	B	x	B022	287020	1789	0.006233015	0.429904975	769	3176	0.242122594	4.130139
3	2019/1/20	2019/1/26	Not grouped	USD	A	B	x	B023	92970	234	0.002516941	0.472051282	110	260	0.424878837	2.353612
3	2019/1/20	2019/1/25	Not grouped	USD	A	B	x	B024	16513	65	0.003936293	0.301692308	20	190	0.103215959	9.688424
3	2019/1/20	2019/1/26	Not grouped	USD	A	B	x	B025	26915	87	0.003232398	0.368850575	32	0		0
3	2019/1/20	2019/1/26	Not grouped	USD	A	B	x	B026	6611	42	0.006353048	0.217619048	9	0		0
3	2019/1/20	2019/1/21	Not grouped	USD	A	B	x	B027	4400	33	0.0075	0.226363636	7	0		0

接下来对数据进行清洗，我们想要得到的是一张基于产品维度的广告数据，这里的asin是亚马逊给每一个产品制作的唯一识别编号。整理后就能获得我们需要的列名格式和数据，这一步对数据进行了取舍，选取了week（周期）、asin（产品编码）、广告活动、曝光、点击、订单、广告费、销售额、CPC（单次点击付费）、点击转化率、订单转化率、ACoS（广告成本），并将部分英文名翻译成中文便于理解。从中再选取广告活动是Stand X Board系列的产品数据，如表5-12所示。

表5-12　Stand X Board系列产品清洗完成后的数据

week	asin	广告活动	曝光	点击	订单	广告费	销售额	CPC	点击转化率	订单转化率	ACOS
1	B001	Stand X Board	300	1	0	0.3	0	0.3	0.33%	0.0%	0.0%
1	B002	Stand X Board	200	5	0	2	0	0.4	2.50%	0.0%	0.0%
1	B003	Stand X Board	1100	6	0	2.4	0	0.4	0.55%	0.0%	0.0%
1	B004	Stand X Board	1400	8	1	4	100	0.5	0.57%	12.5%	4.0%
1	B005	Stand X Board	1600	10	0	5	0	0.5	0.63%	0.0%	0.0%
1	B006	Stand X Board	3500	20	1	16	80	0.8	0.57%	5.0%	20.0%
1	B007	Stand X Board	400	4	0	1.6	0	0.4	1.00%	0.0%	0.0%
1	B008	Stand X Board	100	1	0	0.4	0	0.4	1.00%	0.0%	0.0%
1	B009	Stand X Board	120	1	0	0.4	0	0.4	0.83%	0.0%	0.0%

3）观察数据

对数据进行可视化处理，可以方便地观察数据。这里选取曝光、点击、广告费、销售额这四个字段，分别来观察它们随时间发生了哪些变化（图5-8）。

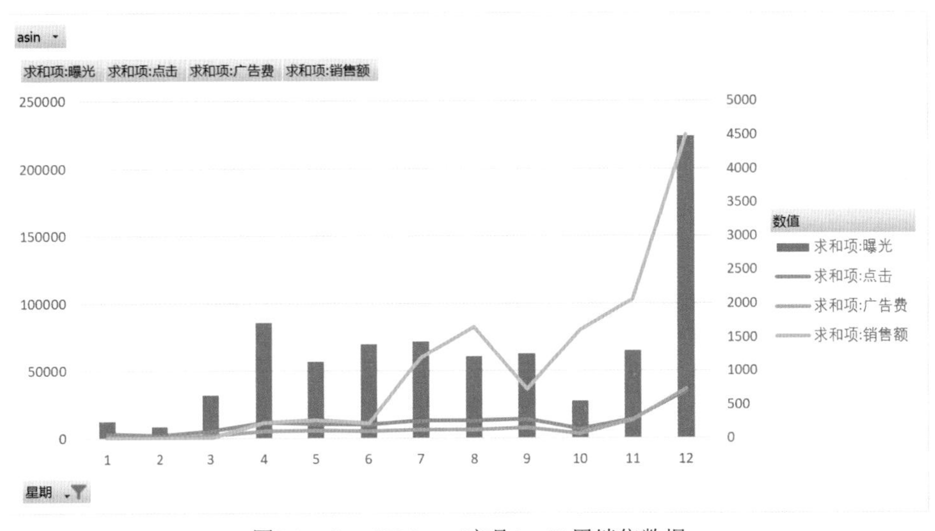

图5-8　Stand X Board产品1—12周销售数据

从图5-8中可以看到，曝光从11周开始有大幅增加，12周的曝光是11周的3倍。伴随着曝光增加，点击、广告费和销售额也有不同程度的增加。

Stand X Board系列产品一共有20款，表5-13是1～12周这20款产品的历史数据。

表5-13　Stand X Board系列产品历史数据

asin	曝光	点击	订单	广告费	销售额	cpc	点击转化率	订单转化率	acos
B001	12476	43	0	25	0	59.1%	0.3%	0.0%	0.0%
B002	24967	40	1	25	42	62.8%	0.2%	2.5%	59.8%
B003	5546	38	0	6	0	15.0%	0.7%	0.0%	0.0%
B004	367491	1553	25	731	4586	47.1%	0.4%	1.6%	16.0%
B005	11723	55	0	9	0	16.5%	0.5%	0.0%	0.0%
B006	49738	254	5	41	255	16.3%	0.5%	2.0%	16.2%
B007	277121	1040	10	395	1234	37.9%	0.4%	1.0%	32.0%
B008	263187	1577	8	655	1295	41.6%	0.6%	0.5%	50.6%
B009	178039	486	0	185	0	38.1%	0.3%	0.0%	0.0%
B010	89170	771	8	371	506	48.1%	0.9%	1.0%	73.4%
B011	6060	16	0	3	0	20.8%	0.3%	0.0%	0.0%
B012	449058	2177	29	854	6200	39.2%	0.5%	1.3%	13.8%
B013	2559	3	0	2	0	64.3%	0.1%	0.0%	0.0%
B014	2949	2	0	1	0	62.5%	0.1%	0.0%	0.0%
B015	2360	8	0	5	0	62.6%	0.3%	0.0%	0.0%
B016	408148	840	11	264	584	31.4%	0.2%	1.3%	45.1%
B017	4449	18	1	8	100	42.4%	0.4%	5.6%	7.6%
B018	15652	62	0	22	0	35.7%	0.4%	0.0%	0.0%
B019	10596	112	4	42	735	37.2%	1.1%	3.6%	5.7%
B020	7454	30	1	10	100	33.5%	0.4%	3.3%	10.1%

4）广告产品选择及分类

为什么要对产品进行分类？

因为不同产品的市场受欢迎程度是不一样的，有的产品适合打广告，有的产品就算做广告效果也一般，在预算固定的前提下，需要合理分配资源，把广告费的效益最大化。

对产品进行分类的指标主要是订单数量、订单转化率、点击转化率、销售额。通过以下三步，可以筛选出符合条件的产品：

（1）筛选订单数量大于1的产品；

（2）对于订单数量等于1的产品，实际订单转化率要大于平均值；

（3）对于订单数量等于0的产品，实际点击转化率要大于平均值。

考虑到产品销售的数量并不是很大，我们把订单数量大于1的产品认为是好的产品，订单数量等于1的产品认为是普通产品，订单数量等于0的产品认为是有待改进的产品。计算出平均订单转化率为1.1%，平均点击转化率为0.42%。

5）制定广告投放策略

Stand X Board产品之前只做了自动广告，接下来优化的重点是怎么开设手动广告。通过上一步对产品进行分类，获得表5-14中的13个产品适合投放手动广告。

表5-14 准备投放手动广告的产品

asin	曝光	点击	订单	广告费	销售额	点击转化率	订单转化率
B012	449058	2177	29	854	6200	0.48%	1.3%
B004	367491	1553	25	731	4586	0.42%	1.6%
B016	408148	840	11	264	584	0.21%	1.3%
B007	277121	1040	10	395	1234	0.38%	1.0%
B008	263187	1577	8	655	1295	0.60%	0.5%
B010	89170	771	8	371	506	0.86%	1.0%
B006	49738	254	5	41	255	0.51%	2.0%
B019	10596	112	4	42	735	1.06%	3.6%
B002	24967	40	1	25	42	0.16%	2.5%
B017	4449	18	1	8	100	0.40%	5.6%
B020	7454	30	1	10	100	0.40%	3.3%
B003	5546	38	0	6	0	0.69%	0.0%
B005	11723	55	0	9	0	0.47%	0.0%

手动广告需要添加投放的关键词和制定出价，所以需要收集更多的数据。对于关键词的选择，可以参考店铺后台的搜索词数据报表，这份报表会给出1～12周用户搜索词的历史数据，这里面的数据是卖家店铺的搜索记录，如表5-15所示。

表5-15 Stand X Board系列产品搜索词数据报表

关键词	曝光	点击	订单	广告费	销售额	点击转化率	订单转化率	cpc	acos
paddle board	96000	630	10	580	2844	0.66%	1.59%	$0.92	20.39%
inflatable paddle board	31000	230	7	210	1740	0.74%	3.04%	$0.91	12.07%
stand up paddle board	25000	120	5	120	1070	0.48%	4.17%	$1.00	11.21%
paddle boards	10500	70	6	60	1536	0.67%	8.57%	$0.86	3.91%
inflatable paddle boards	10200	70	1	70	250	0.69%	1.43%	$1.00	28.00%
beach chair	9100	20	0	15	0	0.22%	0.00%	$0.75	0.00%
inflatable paddle boards stand up	7000	60	2	60	520	0.86%	3.33%	$1.00	11.54%
boat accessories	6900	10	0	12	0	0.14%	0.00%	$1.20	0.00%
fishing boat	6000	20	0	17	0	0.33%	0.00%	$0.85	0.00%
inflatable sup	5700	80	3	70	790	1.40%	3.75%	$0.88	8.86%
inflatable fishing boat	5600	30	0	20	0	0.54%	0.00%	$0.67	0.00%
paddle board inflatable	5300	50	0	40	0	0.94%	0.00%	$0.80	0.00%
body board	4900	30	0	20	0	0.61%	0.00%	$0.67	0.00%
stand up paddle boards	4500	25	1	25	270	0.56%	4.00%	$1.00	9.26%
stand up paddle board inflatable	3200	50	1	55	256	1.56%	2.00%	$1.10	21.48%
long boards	2900	10	0	3	0	0.34%	0.00%	$0.30	0.00%
portable chair	2700	10	0	6	0	0.37%	0.00%	$0.60	0.00%
fishing boats	2500	20	0	10	0	0.80%	0.00%	$0.50	0.00%
beach chairs	2400	10	0	4	0	0.42%	0.00%	$0.40	0.00%

Stand X Board产品自动广告搜索词历史数据给出了几千个用户搜索词，因为预算的原因，不可能投放所有关键词，所以需要根据指标去确定哪些词更有必要做投放，步骤如下：

（1）筛选订单大于1的搜索词，要求曝光量大于100；

（2）筛选订单等于1的搜索词，要求曝光量大于200，订单转化率大于1.8%；

（3）筛选订单等于0的搜索词，要求曝光量大于1000，点击转化率大于0.4%。

这里制定的标准是基于日常工作的经验，对于不同的产品有不一样的标准。首先通过搜索词订单量区分成三组：订单数量大于1、等于1和等于0。然后在这三组数据中通过曝光量、订单转化率和点击转化率来获得需要的搜索词。

通过这三个条件可以得到想要的搜索词数据如表5-16所示。

表5-16 筛选后搜索词的历史数据

关键词	曝光	点击	订单	广告费	销售额	点击转化率	订单转化率	cpc	acos
paddle board	96000	630	10	580	2844	0.66%	1.59%	$0.92	20.39%
inflatable paddle board	31000	230	7	210	1740	0.74%	3.04%	$0.91	12.07%
stand up paddle board	25000	120	5	120	1070	0.48%	4.17%	$1.00	11.21%
paddle boards	10500	70	6	60	1536	0.67%	8.57%	$0.86	3.91%
beach chair	9100	20	0	15	0	0.22%	0.00%	$0.75	0.00%
inflatable paddle boards stand up	7000	60	2	60	520	0.86%	3.33%	$1.00	11.54%
inflatable sup	5700	80	3	70	790	1.40%	3.75%	$0.88	8.86%
inflatable fishing boat	5600	30	0	20	0	0.54%	0.00%	$0.67	0.00%
paddle board inflatable	5300	50	0	40	0	0.94%	0.00%	$0.80	0.00%
body board	4900	30	0	20	0	0.61%	0.00%	$0.67	0.00%
stand up paddle boards	4500	25	1	25	270	0.56%	4.00%	$1.00	9.26%
stand up paddle board inflatable	3200	50	1	55	256	1.56%	2.00%	$1.10	21.48%
fishing boats	2500	20	0	10	0	0.80%	0.00%	$0.50	0.00%
beach chairs	2400	10	0	4	0	0.42%	0.00%	$0.40	0.00%
long board	2300	10	0	8	0	0.43%	0.00%	$0.80	0.00%
inflatable stand up paddle board	1533	24	1	25	250	1.57%	4.17%	$1.04	10.00%

6）确定关键词和出价

之前的数据整理和清洗以及指标确立都是基于数据的层面，并没有结合业务。观察搜索词时发现，产品是Stand X Board，但是很多搜索词如body board就和产品没有太大的关系，因为body board并不是冲浪板的关键词。用这样的关键词做投放并不能带来精准的流量，同时也会降低广告整体的转化率，所以需要把这样的词删去。

删除对产品无关的关键词以及优化语法错误的关键词时，需要一个一个去看，所以建议每次优化的时候控制关键词的数量，限制在20个以内。得到新的搜索词数据如表5-17所示。

表5-17 优化后的搜索词历史数据

关键词	曝光	点击	订单	广告费	销售额	点击转化率	订单转化率	cpc	acos
paddle board	96000	630	10	580	2844	0.66%	1.59%	$0.92	20.39%
inflatable paddle board	31000	230	7	210	1740	0.74%	3.04%	$0.91	12.07%
stand up paddle board	25000	120	5	120	1070	0.48%	4.17%	$1.00	11.21%
paddle boards	10500	70	6	60	1536	0.67%	8.57%	$0.86	3.91%
inflatable paddle boards stand up	7000	60	2	60	520	0.86%	3.33%	$1.00	11.54%
inflatable sup	5700	80	3	70	790	1.40%	3.75%	$0.88	8.86%
inflatable fishing boat	5600	30	0	20	0	0.54%	0.00%	$0.67	0.00%
paddle board inflatable	5300	50	0	40	0	0.94%	0.00%	$0.80	0.00%
stand up paddle boards	4500	25	1	25	270	0.56%	4.00%	$1.00	9.26%
stand up paddle board inflatable	3200	50	1	55	256	1.56%	2.00%	$1.10	21.48%
inflatable stand up paddle board	1533	24	1	25	250	1.57%	4.17%	$1.04	10.00%
X paddle board	380	22	2	25	754	5.79%	9.09%	$1.14	3.32%
inflatable stand up paddleboard	280	16	2	10	510	5.71%	12.50%	$0.63	1.96%
standup paddleboard	20	2	1	2	270	10.00%	50.00%	$1.00	0.74%
surf paddle	10	1	1	1	30	10.00%	100.00%	$1.00	3.33%
inflatable boat X	10	1	1	1	400	10.00%	100.00%	$1.00	0.25%
X paddleboard	2	1	1	1	330	50.00%	100.00%	$1.00	0.30%
X 11 paddleboard	1	1	1	1	270	100.00%	100.00%	$1.00	0.37%

关键词确定之后开始分析关键词出价。这里需要看单次点击付费（CPC）这一列。单次点击付费（CPC）是用户每次点击的花费，将会用这个值作为出价的基准。

需要注意，这里的单次点击付费（CPC）是自动广告的数据，手动广告的出价要比自动广告更高。因为是刚开始做广告优化，所以选择在自动广告出价的基准上上调20%作为手动广告的出价，这里上调20%是经验法则，后期可以修改，所以先预设20%。最后获得的搜索词和出价数据如表5-18所示。

表5-18 搜索词以及出价数据

搜索词	出价
paddle board	$1.10
inflatable paddle board	$1.10
stand up paddle board	$1.20
paddle boards	$1.03
inflatable paddle boards stand up	$1.20
inflatable sup	$1.05
inflatable fishing boat	$0.80
paddle board inflatable	$0.96
stand up paddle boards	$1.20
stand up paddle board inflatable	$1.32
inflatable stand up paddle board	$1.25
X paddle board	$1.36
inflatable stand up paddleboard	$0.75
standup paddleboard	$1.20
surf paddle	$1.20
inflatable boat X	$1.20
X paddleboard	$1.20
X 11 paddleboard	$1.20

7）广告投放效果评估

从第13周开始投放新的一组广告，取名Stand X Board_manual。投放产品的关键词和出价都已经给出，等广告跑一段时间后去评估广告的效果。

通过图5-9和图5-10来观察两组广告的表现情况，把自动广告设为A组，手动广告设为B组。假定两者之间不会出现干扰。

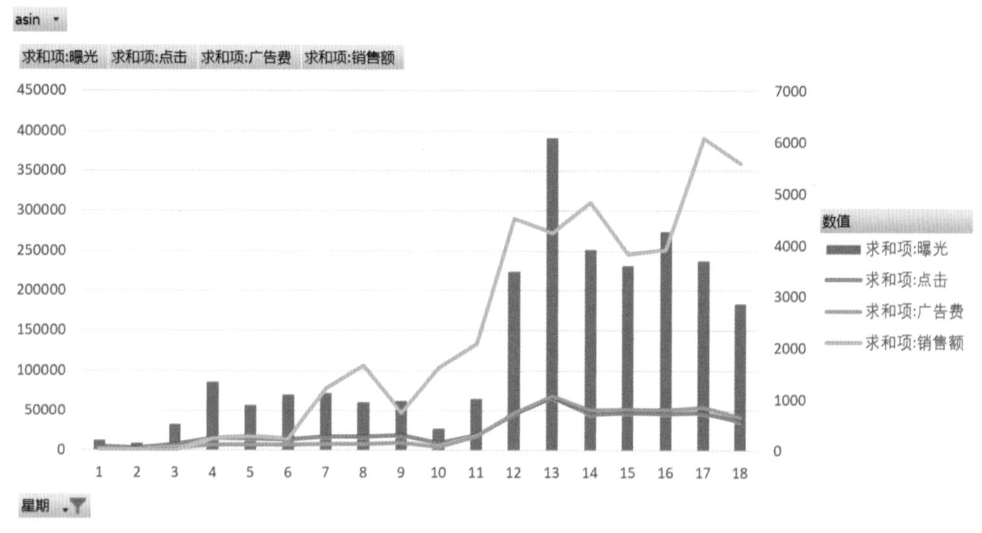

图5-9 A组：自动广告

首先来看A组的表现情况：

曝光：从第10周开始增加，到达第16周后开始回落；

点击：从第10周开始增加，第12～18周点击比较稳定；

广告费：从第10周开始增加，第12～18周点击比较稳定；

销售额：从第9周开始增加，第12～16周表现稳定，第17周又开始增加。

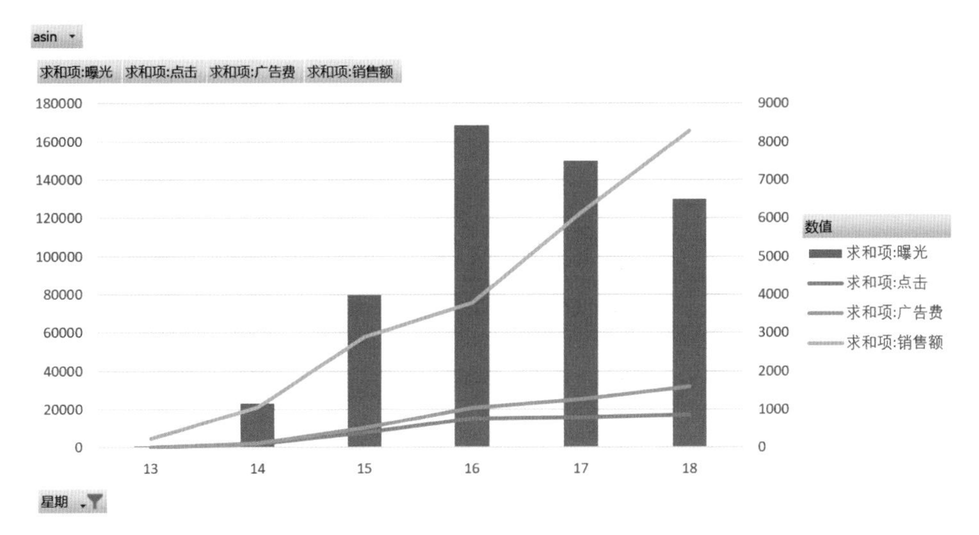

图5-10 B组：手动广告

再来看B组的各项数值变化情况：

曝光：从第13周开始增加，到达第16周以后有回落迹象；

点击：从第13周开始增加，到达第16周后开始稳定；

广告费：从第13周开始增加，第16周是一个拐点，增长幅度放缓；

销售额：从第13周开始增加，涨幅稳定。

根据数据情况可以得到，A组（自动广告）总体销售呈上升趋势，但是涨幅波动幅度较大；B组（手动广告）各项指标都稳步上涨。两组广告指标对比如表5-19所示。

表5-19 两组广告指标对比

	曝光	点击	订单	广告费	销售额	单次点击付费	点击转化率	订单转化率	广告成本
自动广告	1560000	4500	110	5000	28000	1.1	0.3%	2.4%	17.9%
手动广告	550000	2900	90	4500	22000	1.6	0.5%	3.1%	20.5%

从表5-19可以发现：

（1）对比广告成本（ACoS），发现手动广告的成本要比自动广告的成本更高；

（2）对比点击转化率和订单转化率，发现手动广告都要比自动广告表现更好；

（3）对比单次点击付费（CPC），发现手动广告要比自动广告高45%——(手动广告单次点击付费1.6-自动广告单次点击付费1.1)/ 自动广告单次点击付费1.1 =45%。

最后对整个分析过程总结如下：

（1）单次点击付费代表用户每次点击广告卖家要付出的钱，广告成本是广告费占销售额的比例。在手动广告单次点击付费比自动广告高出45%的情况下，手动广告的广告成本比自动广告高出2.6%是可以接受的 (手动广告成本20.5%-自动广告成本17.9%=2.6%)；

（2）对于点击转化率和订单转化率，手动广告要比自动广告效果更好，这对产品的排名会有非常大的提升。排名越前的产品，自然流量也会越高；

（3）手动广告的优化还要继续下去，尤其是在流量的质量上需要进行监控，剔除无效流量会是下一阶段优化的重心。

一般来说，手动广告的效果优于自动广告，但是，手动广告的广告成本也会更高一点，如果产品只有用户点击，而没有用户下单购买，那广告费很容易超标，这在实际中是经常发生的，所以目前市场上用得最多的还是自动广告。

广告优化始终是基于产品的，在产品的基础上选择合适的广告模式，围绕产品的关键词和竞价进行优化。所以广告优化是一个无限循环的过程，对这种类型的问题进行数据分析的时候，重点不是单次的优化，需要从整体的角度出发去分析问题，一次两次效果不好是正常的，市场随时都在改变，需要做的就是尽可能符合当前的情况做优化。

对前面案例的分析思路做一个总结，就得到了广告优化分析的步骤（图5-11）：

（1）分析问题：这一步主要是明确问题，了解问题出现的背景和分析的目的；

（2）数据处理：这一步需要做的就是数据的收集、处理。原始数据不一定能直观反映问题，对数据进行适当的处理，有助于后面的分析工作；

（3）广告优化：基于上一步对广告数据的理解，观察广告数据、对产品分类、制定广告策略、确定关键词和竞价；

（4）效果评估：一次分析的结束应该是有结果反馈的，这样才能量化工作的产出。结果的追踪可以帮助下一次广告优化的进行。

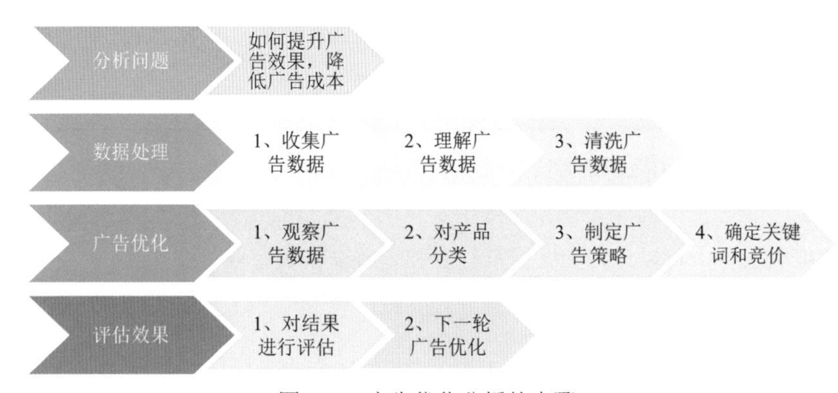

图5-11　广告优化分析的步骤

本章作者介绍

陈俊宇，之前是一名销售管理，在工作中经常遇到要做决策但是缺少支撑数据的窘境。在学习了数据分析以后，现在从事跨境电商行业的数据分析工作。

第6章 金融信贷行业

6.1 业务知识

6.1.1 业务模式

生活的方方面面都离不开金融，例如投资股票、贷款买房、信用卡消费还款等。

从事金融活动的公司称为金融机构，主要包括银行、证券公司、保险公司、信托公司、网贷公司、第三方支付公司、金融科技公司等。它们的功能和经营范围如表6-1所示。

表6-1 金融机构的主要功能和主营业务

金融机构	主要功能	主营业务
银行	经营、调节货币	存款、贷款、信用卡、代销保险、理财等
证券公司	股票及其衍生品买卖	帮助用户买卖股票及其衍生品，帮助企业上市发行股票及债券或自营股票及其衍生品等
保险公司	损失补偿、经济给付	重疾险、寿险、财险、养老保险等
信托公司	一种财产管理方式，委托人将其财产权委托给受托人	资金信托、动产信托、不动产信托、有价证券信托等
网贷公司	网络贷款	通过搭建网络贷款平台，为借款人和贷款人提供资金服务
第三方支付公司	支付	为交易双方提供资金交易通道，解决交易信任问题，例如支付宝、微信支付等
金融科技公司	提供技术服务	用技术给银行、政府部门和企业提供数据仓库、风控系统、智能营销类的数字化服务

在日常生活中，当人们需要筹集资金时主要有两个选择，一是向亲友筹集，二是向银行等金融机构申请贷款。金融机构向个人或公司提供贷款的业务一般统称为“信贷业务”。金融行业按照是否从事信贷类业务，可以分为金融信贷行业和金融非信贷行业。

金融信贷行业又可根据贷款发放的场景分为“线下”和“线上”两种模式（图6-1）。

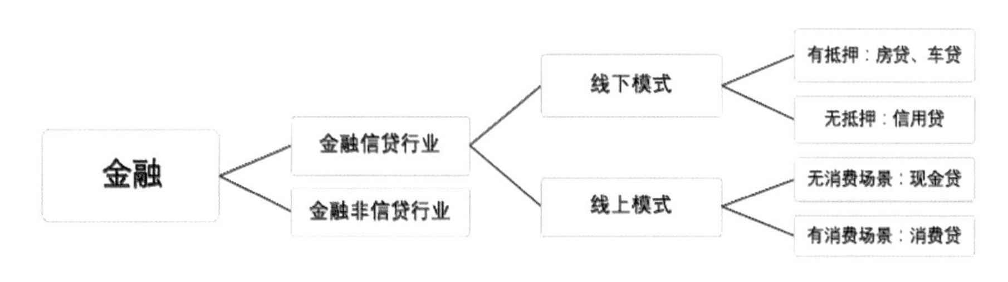

图6-1 金融信贷行业分类

线下模式是指用户需要在线下与贷款机构进行面谈，并由审核人员进行当面审核后才能完成审批和放款。线下模式根据是否有抵押物又可分为抵押贷和信用贷两类。抵押贷款是根据借款人的固定资产价值或第三方担保对借款人发放贷款，如房贷、车贷等；信用贷款是根据借款人的信用对其发放贷款，如各大银行的无抵押信用贷。从事线下模式的机构以银行为主。

线上模式是指用户在网上就可以完成贷款的申请，贷款发放机构同样在网上完成审批和放款。线上模式根据是否有消费场景可以分为现金贷和消费贷两类。

现金贷一般是指线上个人信用贷款，用户在网贷平台提出申请，通过审核后，用户会在自己的银行卡里收到一笔现金。

消费贷主要就是为个人提供以消费为目的的消费贷款。例如支付宝里面的“花呗”就是消费贷，用户必须在购买商品或者吃饭结账向商户付款时才能使用。

网贷公司是指不吸收存款而只提供小额贷款的金融公司，开设这类公司需要持有监管部门发放的小额贷款牌照。在2017年以后，监管部门暂停了网络小额贷款牌照的发放并不再批准增设新的网贷公司。至此，网贷领域合法合规的公司只剩下持牌系、国资系和上市系这几类。持牌系是指在2017年以前已经取得了网络小贷牌照，或者母公司持有牌照的网贷公司；国资系是指国企子公司或者国企控股的网贷公司；上市系是指已经在国内外上市或者母公司已经上市的网贷公司。

本章主要讲的就是金融信贷行业的线上模式，后文统称“网贷”。

1. 网贷的发展简史

银行对于借款人的资质要求较高，会通过审核借款人的工作、收入、资产状况和征信状况来分析借款人的还款能力，这使得还款能力弱、资质较为一般的借款人无法享受其信贷服务。而网贷的出现填补了这一空白，其服务的用户主要就是银行无法覆盖到的借款人，即次级用户。这类用户的坏账风险普遍要高于银行用户。在网贷出现之前，这类用户获取资金的方式主要是线下高利贷、亲戚朋友借款等，而网贷的出现为他们提供了一种获取资金的方式。

网贷在国内的发展历程大致分为四个阶段：缘起、野蛮生长、监管来临、后网贷时代，如图6-2所示。

图6-2 网贷在国内的发展历程

1）缘起

现金贷的模式起源于美国的发薪日贷款（Payday Loan），是一种期限在30天以内、额度较小的纯信用贷款。借款人往往在发薪水日之前使用这种贷款满足资金需求，在发薪水之后偿还。因此称为发薪日贷款。国内的现金贷则起源于宜信。宜信成立于2006年，于2012年推出网贷平台宜人贷，同一时期出现的平台还有人人贷、陆金所等。其特点是线上集资、线下放贷，也就是通过网络途径发行理财、众筹类产品获取用户资金，再通过业务员在线下对借款人进行审核进行贷款发放。线下放贷的优点是可以对用户进行当面审核，减少欺诈类用户，坏账率普遍较低。其缺点也很明显，即业务扩张受制于线下门店和用户经理的数量。

随着移动互联网的发展和普及，各平台逐渐过渡成线上放贷的模式。在该模式下，用户使用平台开发的借贷App申请贷款，并提供自己的身份证照片、运营商通话详单等信息作为审核依据。此时的平台数量仍然不多，业务量也不大，审核以人工审核为主。其核心业务模式与线下放贷相比并无太大的区别，只是把审核过程搬到线上进行。

网贷作为一个盈利十分可观的业务模式，迅速吸引来大量投资方。2015年下半年，网贷市场迎来了爆发式增长，各路巨头纷纷入场，民间资本也不甘落后。从现金巴士、魔法现金、用钱宝到京东的金条、阿里巴巴旗下的蚂蚁借呗、腾讯的微粒贷……各类现金贷产品如雨后春笋般出现，一时间市面上的贷款产品竟多达几千种。

随着风控技术的引入，网贷平台的审核、放款效率也得到了极大的提升。这些平台的模式可以大致分为两种：第一种模式是从互联网模式中发展出来的，以风控技术作为核心的相对大额的现金贷，称为“正规军”。第二种是第三方平台建立的，通过一些数据分析来快速放款的小额现金贷（一般期限小于1个月），这类平台的风控机制也相对简陋，一般是某些小型互联网金融公司或者民间资本自建的“游击队”。随着市场逐渐趋于饱和，大部分平台都不得不面对一个难题：获客（用户从哪里来）。

就在此时，贷款超市异军突起。在当年的美国西部淘金热潮当中，赚得最多的不是挖金矿的人，而是卖铲子和牛仔裤的人。贷款超市就是这样的角色。所谓贷款超市，就是贷款产品聚合的平台，聚合了各种网贷产品的入口。从贷款超市跳转到现金贷平台的用户，平台会记录下来并定期结算佣金给贷款超市。2012年就上线贷款超市服务的融360，是贷款超市的领头羊，并成为这波现金贷浪潮的最大赢家。小玩家蜂拥而至，行业巨头也蠢蠢欲动。甚至办公软件WPS推出贷款超市“WPS金服”，迅雷推出“迅雷易贷”。

2）野蛮生长

由于监管的缺失，网贷平台们在疯狂增长的同时也开始不断地搞“金融创新”。如何能在用户量难以增长的情况下提高利润？这是每一家平台都在苦苦思索的事情。

《最高人民法院关于审理民间借贷案件适用法律若干问题的规定》第二十六条指出：

借贷双方约定的利率未超过年利率24%，出借人请求借款人按照约定的利率支付利息的，人民法院应予支持。借贷双方约定的利率超过年利率36%，超过部分的利息约定无效。借款人请求出借人返还已支付的超过年利率36%部分的利息的，人民法院应予支持。

这条规定同样适用于网贷，也就是网贷中年利率超过36%部分的利息是不受法律保护的，而

24%的年利率则是正常贷款的“红线”。按24%的年利率计算，一款金额为3000元，期限为1个月的产品对应的利息为60元，连获客的成本都无法覆盖。因此，各平台普遍使用收取手续费的方式变相收取利息。例如，每次借款时除了利息部分，还要另外收取借款金额10%左右的手续费。如果将手续费和利息合计在一起，实际的利率远远超过36%。

网贷平台也有自己的克星。最让平台们咬牙切齿的就是羊毛党和骗贷团伙。羊毛党通常利用平台规则漏洞，批量地获取平台的拉新、活动收益。被羊毛党照顾过的平台即便不死也会脱层皮，损失惨重。而骗贷团伙更加直接，直奔本金而去。他们往往由各平台的前风控从业人员组成，利用伪造或非法取得的用户资料申请贷款。一旦平台放款，骗贷团伙就会“人间蒸发”，使平台的催收无从下手。

3）监管来临

2017年发生的多起恶性催收事件引起了监管层的注意。2017年12月1日发布的《关于规范整顿“现金贷”业务的通知》中明确要求暂停新批设网络小贷公司，暂停发放无特定场景依托、无指定用途的网络小额贷款，直指整个网贷行业。

“一刀切”式的监管给整个行业踩了一脚急刹车，没有监管机构发放的网络小贷牌照的游击队四散而逃。而有牌照的正规军也收缩业务，并控制催收力度。还有一部分网贷平台选择“出海”，前往东南亚等新兴市场开展业务，将国内的模式移植到当地。

网贷行业的寒冬降临。但事情会就此结束吗？并没有。2018年春节过后，悄悄涌现出了一批“借条”类产品。由于各大应用市场的监管十分严格，没有牌照的网贷App无法上线，这些非正规的网贷平台便开始借助第三方的借条平台进行放款。他们使用QQ、微信等方式在线收集借款人的资料，并与借款人在“借贷宝”等借条平台上签订电子借据，然后放款。这类产品的借款周期几乎都是7天和14天，且收取高额的砍头息和手续费，因此业内称为“714高炮”。以主流的1000元额度的714高炮为例，平台在放款时就收取300元利息，借款人需要在7天后偿还1300元。不难看出，这种产品只需要短短一周的时间平台还是可以狠赚一笔。

现金贷时代遗留下的用户量仍然巨大，而他们也始终不被正规借款渠道所接纳。借条的出现使他们又一次的走上了借贷的老路。借条的迅猛发展使平台们感到力不从心，审核和催收的工作量也成倍增长。这时，“卖铲子”的聪明人又出现了。在2017年销声匿迹的一部分平台没有选择走借条这条路，而是开发现金贷系统出售给借条平台。这些系统类似于监管之前各现金贷App的后台系统，包括引流、风控、审核、放款、催收等功能。而这些系统面向的正是新入场的用户。现金贷系统从开发到上线只需要短短几天，购买这些系统的平台可以十分方便地开展放款业务。这些系统一般按照业务量与放款方分成，提取其中20%甚至更高的利润。

2018年年中，监管的压力有所减小，部分借条平台开始重新开发贷款App。而各大应用市场仍然对该类网贷App的牌照维持着严格的审核。此时，游击队又探索出了一条新的道路。安卓系统的App安装包可以绕过应用市场，直接通过链接下载；iOS系统的安装包则可以通过企业级应用的方式绕过App Store，或者套着电商或者社区的外壳把贷款业务内嵌进去来规避审核。这些平台通过各类盗版小说、视频网站投放“牛皮癣”广告进行引流，点击广告即可跳转下载链接。通过这种方式，网贷App重新开始复苏。

4）后网贷时代

2019年3月15日，央视315晚会曝光了“714高炮”平台的乱象，直指其“要钱不要命”，多款相关App被点名，均遭到应用市场下架处理。这次315晚会对整个行业来说，又是一次大规模的清洗，连融360这种行业巨头也未能幸免。

整顿过后，正规军开始紧锣密鼓地做合规调整争取早日恢复上架，而游击队又开始寻找新的路子了。很快，原先的“714高炮”平台纷纷转型为“55超级高炮”平台。比起“714高炮”，“55超级高炮”的利息更高。它通过一系列的规则圈套，诱使借款人的负债以非常快的速度进行积累，最终再配合非法催收手段，迫使借款人偿还远高于其借款本金的金额。在监管部门的严厉打击下，市面上已经很难见到这类产品。

网贷的发展给用户带来了借款的便利，但由于网贷并没有对借款人的还款能力进行考察，使部分借款人养成了多头借贷、拆东补西的习惯，即在不同的时间向多家机构申请借款，利用还款日期的时间差腾挪资金。这就使网贷行业的游戏规则成了“击鼓传花”。因为借款人可以申请的贷款数量终究是有限的，当他们无法再申请到新的贷款时，他们就无法偿还之前的债务从而导致坏账。所以最后几个放款给借款人的机构就会面临坏账损失。这完全背离了网贷诞生时所秉持的“普惠金融”“科技赋能”的理念。

另外，一段时间内监管的缺失，再加上借款人缺乏金融知识和法律意识，使得部分不正规的网贷平台化身吃人的猛兽，借款人则走向了无底的债务深渊。随着监管的加强，非法网贷平台已经被全面清退。目前市面上主流的网贷平台也都是具备网贷资质的合法平台。

2. 网贷的业务模式

网贷最重要的三部分是资金（钱从哪里来）、风控（风险控制）和获取用户（用户从哪里来）。每个公司可以只做其中的一个部分，也可以做全流程。下面通过图6-3来理解信贷业务的流程。

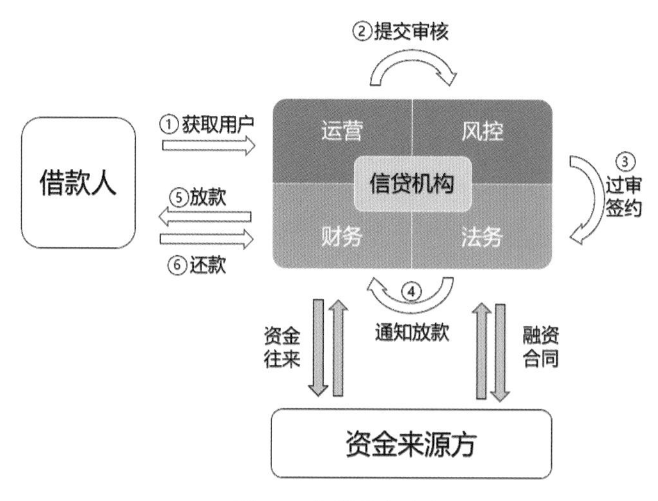

图6-3　信贷业务流程

一个完整的信贷业务中，存在着用户（借款人）、网贷公司（信贷机构）和资金来源方这三个主体。其中网贷公司又包含着四大类职能部门，分别是运营、风控、财务和法务。我们通过一个例子来理解上图中的每一个业务流程和对应部门的工作职责。

1）获取用户

运营部门负责想方设法获取更多的用户来申请贷款。假设小明在网上看到了公司A的运营部门投放的贷款产品的广告，刚好小明需要借一笔钱来装修自己的房子，因此他在公司A的App上申请了贷款。这时，运营部门就完成了一次用户获取。

2）提交审核

运营部门将小明的贷款申请转至风控部门。风控部门负责进行风险审核，用尽一切手段把高风险用户挡在门外。风控部门通过一系列分析，认为小明信用很好，放款后出现坏账的概率极低，因此将小明的申请给予通过。

3）过审签约

法务部门的职责在于降低法律、政策方面的风险。法务合规部门会根据监管的变化对内部提示风险，协助运营部门调整产品的结构，避免遭到监管部门的处罚。通过审核的小明在App内与A公司签订电子借款合同。这个借款合同的模板是法务部门提供的，其中约定了贷款金额、贷款时间和贷款利率等。

4）放款

财务部门负责向用户放款、核对用户的还款情况。在过审签约完成后，法务部门会通知财务部门进行放款。财务部门将款项发放至小明填写的银行账户中。

除放款外，财务部门还需要和法务部门共同完成与资金来源方的合作。网贷公司需要通过法务部门与资金来源方签订借款协议，约定金额、借款时长与利率，然后由财务部门获得资金方提供的资金，用于发放贷款给借款人。一些规模较大的网贷公司往往使用自有资金开展信贷业务，这种情况下就不涉及网贷公司与资方之间的业务。

5）还款

贷款到期后，如果小明按合同约定的金额还款到A公司指定账户，由财务部门确认收到该笔还款，至此整个信贷业务流程结束。如果小明未按时还款，则由A公司风控部门下属的贷后管理部门进行催收，或者由法务部向法院提出仲裁申请或起诉小明。

风控部门下属的贷后管理部门负责对未按时还款的用户进行催收来收回本金和利息，减少公司资金的损失。不同公司的贷后管理部门可以大致分为两种，一种是公司自有的催收团队，另一种则是外包至第三方催收公司，而自己的贷后部门只负责管理和数据监控。

搞清楚业务流程以后，还需要了解网贷平台是如何赚钱的。网贷平台赚钱的业务逻辑可以概括为如下3点：靠优质客源赚钱、靠风控技术赚钱、靠引流赚钱。

首先，由于政策的原因，合法的持牌系网贷平台的利率不能超过法律规定，因此平台对用户的要求也会比较高，信用状况较差的用户会被拒之门外。平台的用户是介于银行用户（如信用卡）和“黑网贷”用户（即上文所说的没有网贷牌照的贷款平台）之间的用户。这部分用户的资质略差于银行所服务的用户，但整体的还款能力远高于“黑网贷”用户。那么，平台该如何找到这部分用户呢？

这就需要风控技术了，也就是一个网贷平台利用数据分析来控制风险。图6-4是用户申请开户借款将会经历的环节，而风控是贯穿在所有环节当中的。

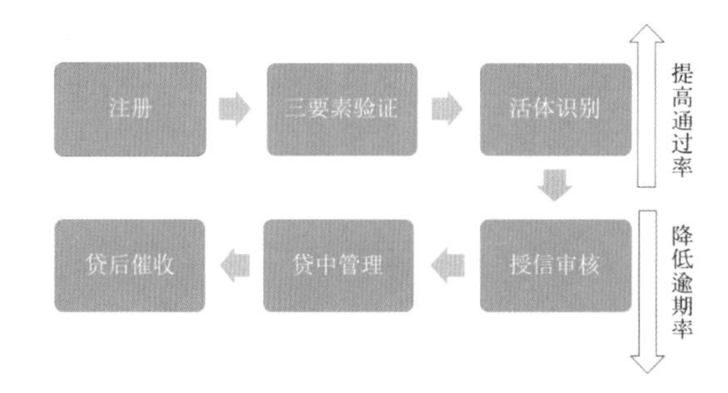

图6-4　用户申请开户借款的环节

用户注册账号后，开始申请借款，进行三要素验证（身份证姓名、手机实名和银行卡实名验证），之后是活体识别也就是扫描人脸，再之后就是经过授信审核获取到借款。当然，如果最后不能按期还款的话，催收部门就会向用户发短信或打电话，进行欠款催回。

风控人员工作的最终目标其实就两个：

（1）提高通过率，尽可能让更多的好用户都通过审核，最终获得贷款。因为有越多的人借贷，公司就会收取到越多的利息，盈利就会增多；

（2）降低逾期率，通过策略将更多会逾期的“坏用户”拒之门外，因为只要多一个“坏用户”获取到贷款，他若不能按期还款，公司就会多一笔损失。

平台还可以靠引流赚钱。上文中提到，贷款超市可以靠给网贷平台引流而大赚一笔。同样的道理，平台之间也可以互相引流。因为不同平台的准入规则有所差异，被A平台拒绝的用户可能在B平台就会通过审核。举个例子，假如一个用户在A平台未审核通过，那么A平台可以把用户介绍给B平台，那么A平台就可以获得一笔“介绍费”，这就是靠引流赚钱。

网贷的业务逻辑最后可以用一句话来总结：依靠风控技术准确地找到目标用户，将风险控制在低水平，在合规的利率下实现盈利。由此可以看出，风控是网贷业务最核心的环节。

3. 风控策略的业务模式

风控策略是一些用来判断用户是否满足放款条件的规则。例如，表6-2是6条风控策略，只有当用户全部满足这些条件时，才可以通过审核。

表6-2　风控策略

策略编码	策略名称	阈值	操作
P001	芝麻信用分	<500	拒绝
P002	近6个月个人征信查询次数	>7	拒绝
P003	7天内该设备关联身份证数据	>3	拒绝
P004	同盾分	>80	拒绝
P005	24小时内同一IP地址注册用户数	>12	拒绝
P006	年龄	<20或>60	拒绝

以上述策略编码P001为例，“若芝麻信用分<500，则拒绝通过审核”。所以如果某个申请用户的芝麻信用分小于500，那么这名用户就会被拒绝，也就是不能借款。

一般来说，每个产品会有约三四十条这样的策略，为的就是将可能欠款不还的“坏用户”拒之门外，最终让按时还款的“好用户”通过审核拿到借款。

网贷平台想要提高风控水平，需要依赖一套完善、成熟的风控策略。而好的风控策略一定是结合了数据分析和机器学习而产生的。从贷前机审、人工审核到催收，风控策略伴随着整个业务流程。风控策略的核心可以用一句话来概括：最小成本地避免损失。也就是在尽可能少“误杀”好用户的情况下，尽可能多地拒绝坏用户。

风控策略往往还包含很多“经验规则”（也称为专家规则）。经验规则是通过日常业务积累的事后总结或事前调研得知的、可以规避的风险规则，如“人工验证联系人真实性”“提供额外的工作或收入证明”等就是经验规则。

说到经验规则就必须提到反欺诈。反欺诈是指识别交易诈骗、盗卡盗号等恶意欺诈行为，最大化降低公司的损失。很多公司的风控部门都有专门负责反欺诈的岗位。他们往往会深入市场，潜伏在各类黑产、骗贷群里，了解最新的欺诈、恶意骗贷方法，再针对这些方法提出对应的经验规则。

在设置这类经验规则时有两个思路：一是降低骗贷者的收益，二是提高骗贷者的成本。第一个思路降低骗贷者的收益是很难做到的，因为放款金额就是骗贷者的收益，一旦被骗贷者获取到贷款后，他们肯定不会还款，公司的损失必然是全部放款金额。因此，主要采用第二个思路，提高骗贷的成本。

骗贷者在骗贷时的主要成本在于身份伪装，往往会购置整套的个人信息“三件套”（身份证、实名手机卡、银行卡）用于骗贷。在这种情况下，三要素验证就没办法识别恶意欺诈行为。所以从2017年开始，很多公司增加了活体识别技术，通过面部识别来确认申请者是否是本人。骗贷者们绕过活体识别的方法是3D建模，使用软件把静态的人物照片转化为立体模型，用立体模型骗过面部识别（图6-5）。

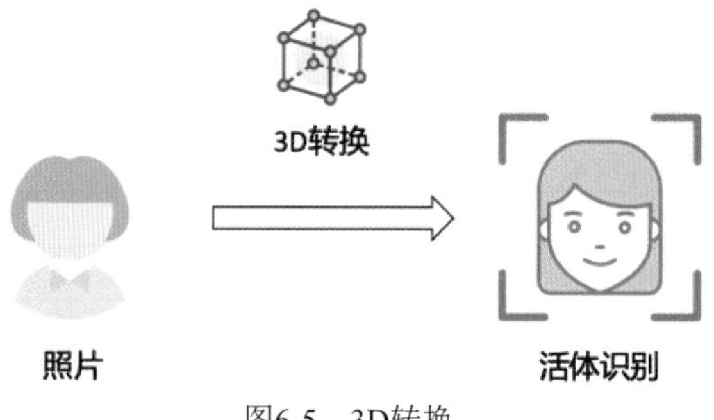

图6-5　3D转换

骗贷者还会伪装自己的位置和通话记录：使用IP代理或虚拟定位系统可以修改自己的位置，使用“猫池”养几百张电话卡互相拨电话伪造通话记录（图6-6）。而通过知识图谱技术，可以利用用户之间的关系网络来分析出欺诈用户的特征，将可疑用户“一网打尽”。

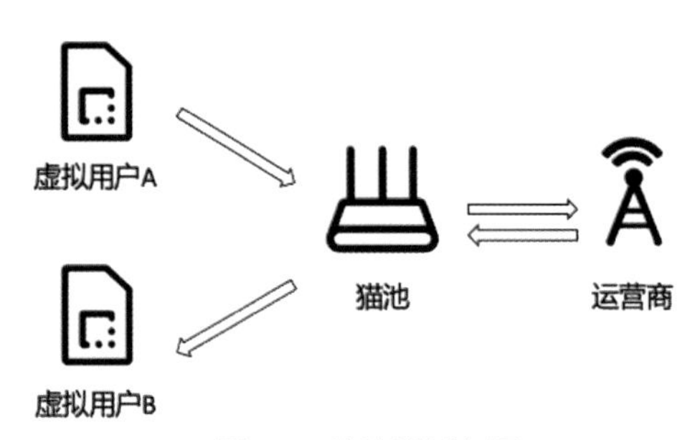

图6-6　伪造通话记录

表6-3是一份风控策略的案例。优先级表示策略执行的顺序，优先级高的策略在审核时会被最先执行。规则结果中包含提醒、高风险提醒、拒绝这三类负面标记，以及优质和放款这两类正面标记。拒绝规则大部分都由计算机自动完成，其余规则则会由人工审核人员进行判断。

表6-3　风控策略

优先级	规则大类	规则明细	规则结果
P3	基本信息	年龄<18岁或>55岁的	拒绝
P1	银行卡号信息	当前银行卡号之前被另一个姓名或证件号绑定过	拒绝
P1	多次进件	当前用户在系统中出现过，且系统中状态不在以下3种以内：审核不通过、规则不通过、逾期还款	拒绝
P3	年龄&证件号码	证件号码解析得到的用户年龄与填写年龄不一致	提醒
P3	负债情况	每月负债收入比>80%	高风险提醒
P3	黑名单	命中黑名单	拒绝
P2	模型评分&白名单	命中白名单&分数>=85&距离最近一次还款时间<=90天	放款
P2		命中白名单&分数>=85&距离最近一次还款时间>90天	优质
P2		命中白名单&分数<85	优质
P2		未命中白名单&分数>=90	优质
P3		未命中白名单&分数<40	拒绝
P1	IP代理使用	申请者使用IP代理申请	拒绝
P3	相同IP地址	12小时内同一IP申请次数>=10次	拒绝
P3	手机IMEI信息	曾经使用此IMEI号设备的申请人>= 2	拒绝
P3	SDK获取	App列表、短信、通讯录、通话记录任一项未获取或拒绝授权	拒绝
P3	地址信息	家庭住址与单位地址不在同一城市	提醒
P3	通讯录信息	亲属联系人电话不在手机contact中	提醒
P3		家庭电话不在手机contact中	提醒
P3		通讯录联系人个数<20个	高风险提醒
P3		包含逾期&催收关键字的通讯录联系人>10个（命中的展示在SDK页面）	高风险提醒

6.1.2　业务指标

1. 用户类指标

完成贷款申请行为的用户是申请用户。申请用户会被审核，通过审核并成功放款的用户会记为放款用户。复借用户是借款次数超过一次的用户，复借行为需要结合时间维度（图6-7）。

例如，30天的复借率= 首次放款用户中30天内复借的用户数/首次放款用户数。

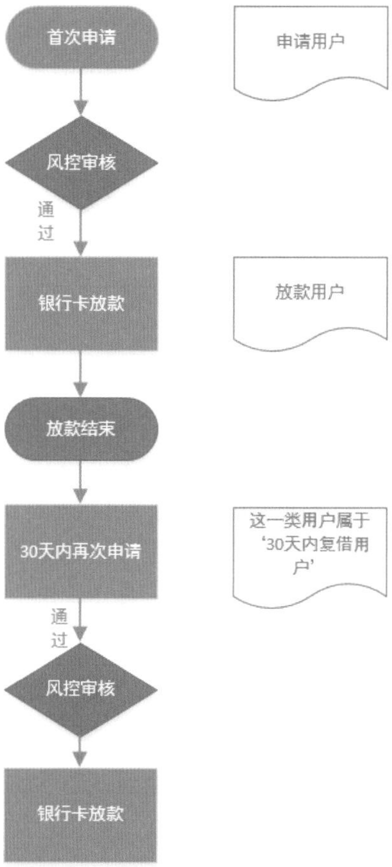

图6-7 不同贷款环节的各类用户

用户类指标主要有申请用户数、放款用户数、复借用户数和复借率。

2. 申请情况类指标

申请情况类指标主要是审批通过率，审批通过率=放款用户数/申请用户数。例如，1月1日申请用户数是1000人，其中有300人通过了审批借款成功，那么审批通过率是放款用户数（300）/申请用户数（1000）=30%。

审批通过率用于衡量审批策略的稳定性。正常情况下，一个产品每日的审批通过率波动不大，但是如果在没有调整策略的前提下，审批通过率波动很大，例如降低了10%，这时候就要去分析到底是什么原因造成的。

3. 逾期类指标

逾期类指标用于量化公司的风控水平，同时，分析师可以根据这些指标去分析、迭代风控策略。逾期类指标主要有逾期率、催回率、坏账率、vintage30+（逾期30天及以上的占比）。

（1）逾期率。

逾期率是贷款到期的用户里面未还款用户的占比。例如有1000名用户的贷款到期，过了还款日期，有100人没有还款，那么逾期率=未还款用户数（100）/贷款到期的用户数（1000）=10%。

平台贷款后，万一用户不还款怎么办？作为贷款平台，就要通过逾期率来评估贷款以后的风险。例如，在1月1日有300笔合同放款，这里1份合同对应1名用户签署的借款合同，所以合同数也就是用户数，到了2月11日就可以计算逾期10天的逾期率了。注意，这里必须要在2月11日去计算，因为2月1日是还款日期，所以到了2月2日没还款的就是逾期1天，直到2月11日才会有逾期10天的合同出现，这时候才可以计算逾期10天的逾期率（表6-4）。

表6-4　计算逾期10天的逾期率

产品名称	放款日期	首期应还款日期	总放款合同	逾期10天及以上的合同	逾期10天的逾期率
花花呗	2020-01-01	2020-02-01	300	10	3.33%

（2）催回率。

催回率是指逾期合同通过催收以后完成还款的占比。以上面的数据为例，逾期10天及以上的合同有10个，这些用户可能因为忘记了或者没钱可还，这时候就需要有催收人员打电话或者发短信告诉用户“需要尽快还款，否则此次逾期行为会被记入个人征信”等。最终经过催收部门的努力，逾期的10个用户有6个按时还款了，那么催回率=催回还款用户数（6）/逾期用户数（10）=60%。

（3）坏账率。

坏账率是指坏账合同占所有放款合同的比率。不同的平台对于坏账的定义是不一样的，可能是逾期30天算坏账，也可能是逾期40天算坏账。接着上面的案例，将逾期20天定义为坏账。2020年1月1日有300个放款合同,还款日期是2020年2月1日，在还款日20天后，也就是2020年2月21日，有30个合同逾期天数超过了20天，那么这30个合同就是坏账合同，因此坏账率=坏账合同数（30）/总放款合同数（300）=10%。

（4）vintage30+（逾期30天及以上的占比）。

vintage30+是同一个月中申请放款的合同，在随后的还款月份中逾期30天及以上的比例。业务上比较关注的长期指标一般是Mob4vintage30+，是指某一月内贷款合同签署4个月后，当前逾期30天及以上合同的未还金额/总放款合同金额。

例如，2020年1月申请的放款合同总额为10000元，过了4个月到了5月31 日时，逾期30天及以上合同的未还金额为1000元，那么，Mob4vintage30+=逾期30天及以上未还总金额（1000元）/总放款金额（10000元）=10%，如表6-5所示。

表6-5　计算Mob4vintage30+

放款月份	观察时间	当前逾期30天及以上未还总金额（元）	总放款金额（元）	Mob4vintage30+
2020-01	2020-05-31	1000	10000	10%
2020-02	2020-06-30	1500	20000	7.5%

一般来说，看到某一个月份放款合同的Mob4vintage30+之后，就可以评估该月的放款质量高低了。上述数值达到了10%，属于质量不好的一类。正常指标在3%以内，算是很优质的，3%～5%属于可以接受，超过5%就属于超高风险资产了。

6.2 案例分析

前文中我们一起探讨了网贷的业务知识和业务指标。接下来通过更贴近实际工作的几个案例，更进一步地将数据分析方法和业务知识进行融合。

6.2.1 逾期分析

客续贷是用户在某公司已借过款，且已还款期数≥6期用户再次借款的产品，该产品放款期限为12个月。图6-8是某公司不同网贷产品逾期率情况，通过和其他网贷产品比较发现，客续贷产品的逾期率比其他产品高约2%。

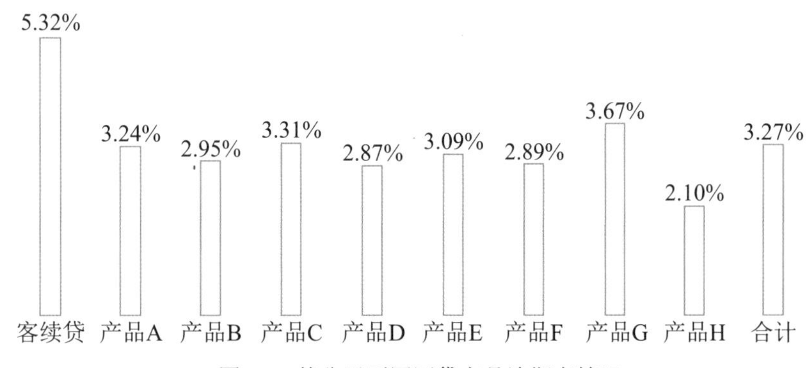

图6-8　某公司不同网贷产品逾期率情况

1）明确问题

进一步和相关人员沟通后，测算该产品的最终逾期率会达到9.5%左右，严重偏离产品设计之初设定的5.2%，会导致该产品出现极大的亏损风险，需要分析该产品逾期率高的原因。表6-6是对最终逾期率（坏账率）的粗略测算，计算公式是：当前逾期率/放款后月数×12。2019年9、10月分别是以2019年8月的值和平均逾期率来填补，最终总的坏账比例在9.55%左右。

表6-6　某公司客续贷最终逾期率预估

放款日期	放款金额（元）	逾期金额（元）	逾期率	放款后月数	最终逾期率预计
2018年11月	7447000	585986	7.87%	12	7.87%
2018年12月	26792000	2369557	8.84%	11	9.65%
2019年01月	16545000	1471710	8.90%	10	10.67%
2019年02月	6645000	685152	10.31%	9	13.75%
2019年03月	30201000	2101360	6.96%	8	10.44%
2019年04月	37643000	2294023	6.09%	7	10.45%
2019年05月	41816000	2068423	4.95%	6	9.89%
2019年06月	40575000	1749132	4.31%	5	10.35%
2019年07月	28919000	858657	2.97%	4	8.91%
2019年08月	21498000	340657	1.58%	3	6.34%

续表

放款日期	放款金额（元）	逾期金额（元）	逾期率	放款后月数	最终逾期率预计
2019年09月	15931000	102151	0.64%	2	6.34%
2019年10月	928000	0	0.00%	1	5.32%
总计	274940000	14626808	5.32%	6	9.55%

2）分析原因

使用多维度拆解分析方法把数据按区域维度来拆解，其中放款金额占比为该区域放款金额/放款总金额，如表6-7所示。

表6-7 各区域逾期率情况

区域	借款金额（元）	逾期金额（元）	逾期率	放款金额占比
东南区域	4001000	457586	11.44%	1.46%
江河区域	32421000	2299597	7.09%	11.79%
广西区域	1892000	123941	6.55%	0.69%
广深三区	38930000	2452767	6.30%	14.16%
广深一区	15774000	925215	5.87%	5.74%
湖南区域	31398000	1627374	5.18%	11.42%
江山区域	72011000	3487008	4.84%	26.19%
华中区域	30102000	1410273	4.68%	10.95%
广深二区	48411000	1843047	3.81%	17.61%
总计	274940000	14626808	5.32%	100.00%

可以发现，逾期率最高的是东南区域，达到了11.44%，不过该区域放款金额仅占放款总金额的1.46%，对整体的影响不大。

从区域维度拆解没有发现问题，需要换个维度，从放款年月来拆解，如表6-8所示。

表6-8 不同放款年月放款逾期率情况

放款年月	借款金额（元）	逾期金额（元）	逾期率	放款金额占比
2018年11月	7447000	585986	7.87%	2.71%
2018年12月	26792000	2369557	8.84%	9.74%
2019年01月	16545000	1471710	8.90%	6.02%
2019年02月	6645000	685152	10.31%	2.42%
2019年03月	30201000	2101360	6.96%	10.98%
2019年04月	37643000	2294023	6.09%	13.69%
2019年05月	41816000	2068423	4.95%	15.21%
2019年06月	40575000	1749132	4.31%	14.76%
2019年07月	28919000	858657	2.97%	10.52%
2019年08月	21498000	340657	1.58%	7.82%
2019年09月	15931000	102151	0.64%	5.79%
2019年10月	928000	0	0.00%	0.34%
总计	274940000	14626808	5.32%	100.00%

可以发现，逾期率最高的是2019年2月，达到了10.31%，不过该月份放款金额仅占放款总金额的2.42%，对整体的影响也不大。

从区域和放款年月维度，不能真正锁定该产品逾期率高的原因，所以尝试从用户上一笔还款情况、本次借款前征信查询次数这两个维度拆解，来分析还款情况。从表6-9中可以看出，只要是上一笔扣款出现过失败的用户，在本笔借款中逾期的比例都很高。

表6-9　不同扣款失败期数的逾期情况

一次扣款失败期数	借款金额（元）	逾期金额（元）	逾期率	放款金额占比
0	256848948	10852063	4.23%	93.42%
1	9073020	1390894	15.33%	3.30%
2	3299280	722212	21.89%	1.20%
3	2749400	872385	31.73%	1.00%
≥4	2969352	789254	26.58%	1.08%
总计	274940000	14626808	5.32%	100.00%
备注：一次扣款失败期数为用户上次借款后还款过程中出现的未按时还款的次数				

再从表6-10用户借款申请前的征信查询次数来分析，可以看出，逾期率会随着查询次数的增加而增加，尤其是在半年内查询次数≥8次的用户，其放款逾期率达到了6.11%，需要特别注意此类用户。

表6-10　半年内不同征信查询次数的逾期情况

征信查询次数	借款金额（元）	逾期金额（元）	逾期率	放款金额占比
0-2	33955090	1297950	3.82%	12.35%
3-4	39673842	1832932	4.62%	14.43%
5-6	42175796	2290146	5.43%	15.34%
6-7	59469522	3116203	5.24%	21.63%
≥8	99665750	6089577	6.11%	36.25%
总计	274940000	14626808	5.32%	100.00%
备注：征信查询次数为用户在申请续贷时前6个月的征信查询次数				

上一笔还款过程中，用户出现过扣款失败，说明用户未能在还款期足额存入还款金额，故上一笔出现过扣款失败的用户在本笔出现逾期的概率比较大；而在本次借款前用户的征信查询次数较多，说明用户现金流比较紧张，也大大增加了用户逾期的可能性。

3）提出建议

数据分析提出的可落地执行的建议，需要根据部门职能权限来确定。例如本案例中，该分析师隶属于产品部门，产品部门可以规定产品的准入门槛及产品流程，但是风控策略部分需要风控部门去执行。所以，建议将风控部门拉过来一起讨论，请风控部门对该产品的风控策略进行重新制定，并关闭某区域申请客续贷的权限等。

通过与风控部门相关人员一起讨论，决定对产品准入进行调整，并对风控策略进行以下规定：

（1）对于上一笔出现过未按时还款的用户一律不允许走客续贷，若分行对用户十分有把握，可提特殊签报，风控部批准后可申请其他产品。

（2）半年内征信查询次数≥8次的用户需要提供详版征信，风控部内部研究审核实施细则并下发给各分行。

（3）鉴于东南区域的客续贷放款逾期率达到了11.44%，且该区域放款金额仅占客续贷放款金额的1.46%，停掉并不影响业务的开展，故暂停该区域客续贷申请资格，待该区域所有分行经理经过培训考试合格后再开放申请。

（4）该产品初始准入只以已还期数作为准入条件，太过于简单，后面设计产品时应该从更多维度去分析和设置准入条件，例如用户上一笔还款是否准时，本笔借款申请时用户半年内的征信查询次数是否在正常范围内等。

6.2.2 如何制定风控策略？

本节通过两个案例来理解风控策略是如何制定的。

1.案例一

你在某金融公司的风控部门工作，日常的业务量是每天发放5000笔贷款，用户的逾期率在15%左右。现在公司上线了一个机器学习模型，可以为每位贷款用户打分，用户获得的分数范围是0～00分。在制定风控策略时，如何设置分数规则呢？

分数越高的用户发生不良行为的概率越小，但高分用户也有可能出现违约，低分用户也有可能表现良好。如果把分数90分以下的用户全部拒绝，那么逾期率一定可以控制到最低，但后果是业务量下降到每天只能发放300笔贷款，这显然是不合理的。因此在制定风控策略的时候要考虑到业务的发展需要。另外，如果只制定一条风控策略，例如分数低于50分全部拒绝，这样“一刀切”式的风控策略会损失大量的潜在用户，对准入用户的风控效果也不理想。

比较好的做法是对用户分组，也就是区别对待不同类型的用户。例如，90分以上的用户可以直接通过审核，60～90分的需要人工来进一步验证用户的真实性，40～60分的需要再提供额外的工作或收入证明，40分以下的用户拒绝。

图6-9展示了风控策略在贷款审核中的作用，通过风险策略“如果用户信用评分小于X（评分阈值），则拒绝”，可以将可能的逾期用户拒绝掉。

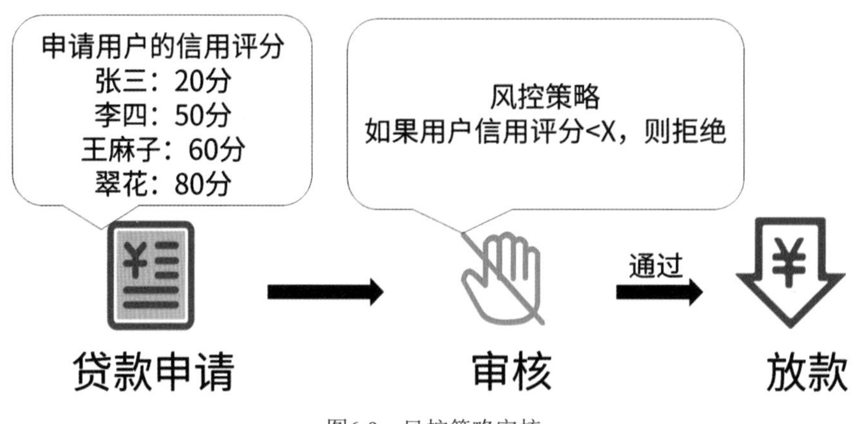

图6-9 风控策略审核

如果X为40分，那么只有张三会被拒绝，其他人可以通过审核并最终放款。X（评分阈值）应该设置为多少呢？这就需要根据不同的阈值，使用对比分析方法来评估了。本案例每日放款的5000笔贷款用户信用评分如表6-11所示。

表6-11　信用评分

信用评分	用户数	好用户数	逾期用户数	逾期用户占比	占总逾期用户比例	累计逾期用户数	累计逾期用户占比
<40	1000	500	500	50.00%	67%	500	67%
[40，50）	600	550	50	8.33%	7%	550	73%
[50，90）	3000	2820	180	6.00%	24%	730	97%
>90	400	380	20	5.00%	3%	750	100%
总计	5000	4250	750	15.00%	100%		

表中的指标定义如下：

逾期用户占比=逾期用户数/用户数；

占总逾期用户比例=逾期用户数/总逾期用户数；

累计逾期用户数：自上而下将表中的逾期用户数累加。例如，表中50分以下的累计逾期用户数=信用评分<40的逾期用户数（500）+ 信用评分在[40，50）的逾期用户数（50）=550人。

累计逾期用户占比：累计逾期用户数/总逾期用户数。例如，表中40分以下的累计逾期用户占比约是67%（累计逾期用户数500/总逾期用户数750=67%）；50分以下（包括了信用评分<40和[40，50））的累计逾期用户占比约是73%（累计逾期用户数550/总逾期用户数750=73%）。

总逾期率=总逾期用户数/总用户数。从上表可以看出，总逾期率为15%（总逾期用户数750/总用户数5000=15%）。

现在来比较2条风控策略：风控策略1，如果用户信用评分小于40分，则拒绝；风控策略2，如果用户信用评分小于50分，则拒绝。表6-12是对比分析结果。

表6-12　对比分析结果

风控策略方案	评分阈值	拒绝用户数	拒绝好用户数	拒绝逾期用户数	调整后逾期率	放款用户降幅
风控策略1	<40	1000	500	500	6.25%	20%
风控策略2	<50	1600	1050	550	5.88%	32%

放款用户降幅是执行该风控策略后，会使最终的放款用户下降多少比例。在业务上主要是衡量其对放款用户数的影响大小，风控策略在执行时总会拒绝一些不符合条件的用户，从而使得总放款用户数减少。

图6-10列出了风控策略2“如果评分小于50分，则拒绝”的“调整后逾期率”和“放款用户降幅”的计算过程，风控策略1同理。

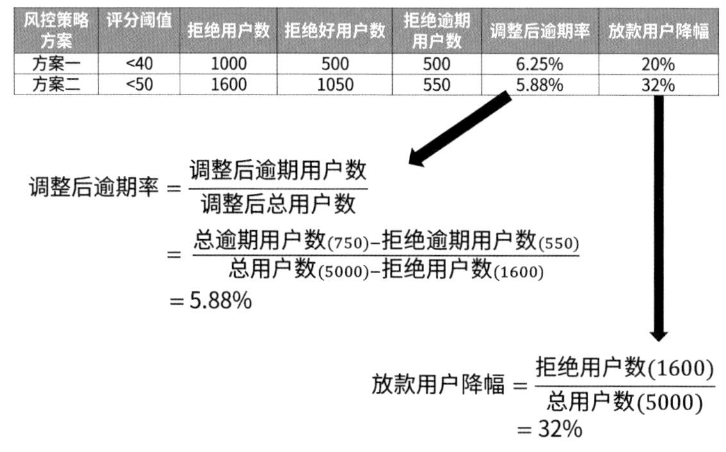

图6-10　计算过程

对比风控策略1和风控策略2，虽然风控策略2调整后的逾期率比风控策略1要低0.37%（风控策略1的逾期率6.25% - 风控策略2的逾期率5.88%），但是风控策略2的放款用户降幅达到了32%，比风控策略1多了12%（风控策略2的放款用户降幅32% - 风控策略1的放款用户降幅20%）。

如果选择风控策略2，就相当于在逾期率差异不大的情况下（比风控策略1 低0.37%＜5%，差距很小，效果并不明显），而舍弃了12%的放款用户所能带来的收益（比风控策略1多拒绝了12%的放款用户），收益大幅下降，对贷款平台来说不太划算。所以不能一味地以降低逾期率为目标，还要保证一定的放款用户，否则用户都被拒绝了，网贷平台就没钱可赚了。通过对比分析，选择风控策略1为最终风控策略，也就是若用户评分小于40分，则拒绝。

2.案例二

现在有表6-13这样一批放款用户数据，逾期率很高，达到了29.66%，需要通过数据分析制定风控策略，从而降低逾期率。

表6-13　放款用户数据

总用户数	好用户	逾期用户	总逾期率
57356	40346	17010	29.66%

1）明确问题

表6-13中的总放款用户为57356人，其中有17010人发生了逾期且逾期天数在10天以上，逾期率达到了29.66%，已经很高了。所以明确问题为：制定出风控策略来降低逾期率，最好能降低3%～4%的逾期率（降低逾期率是一个循序渐进的工作，一般情况下逐步降低即可，具体降幅依照业务情况而定）。

2）分析原因

风控策略分析的基本思路就是还原这些有逾期表现的用户在申请时的数据，这个还原是指提取出用户在申请时各个维度的数据，越多越好。具体步骤如下：

（1）选取各个维度的逾期数据；

（2）计算提升度，选出能区分好用户和坏用户的某几种数据；

（3）评估风控策略执行后的效果。

下面详细看下每一步。

（1）选取各个维度的逾期数据。

还原逾期用户在申请时各个维度的数据，例如用户年龄、地区、负债、月收入等。风控策略分析的数据需要满足以下几点要求：

①数据最好有1万个以上，如果一个月的数据不够可以多取两个月；

②数据除逾期率以外，其他维度的数据必须是用户申请时的数据。为什么要这样呢？因为风控策略的目标是要在用户申请时就判断出他的好坏，从而决定他是否审批通过，而不是用户已经借款成功拿到钱了再去判断他的好坏，这是没有意义的。

在金融公司的日常工作中，会有专门负责爬取数据和加工数据的团队，他们会不断去获取、加工很多可能对风险控制有帮助的数据，提供给风控团队，而风控人员就需要从这些数据中，找出能够控制逾期风险但同时又不会错误拒绝很多好用户的数据。本案例选取的逾期数据如表6-14所示（仅列出部分数据），每一个用户都有很多维度的数据（用户年龄、雇佣状态、信用评级等），最后一列为是否逾期。

表6-14　逾期数据

用户ID	用户年龄	雇佣状态	目前工作在岗天数	芝麻信用评分	信用评级	征信总查询次数	信用卡额度使用率	…	是否逾期（1为逾期）
1	24	个体户	2	640	HR	3	0	…	0
2	30	被雇佣	44	680	C	3	0.21	…	0
3	52	其他	—	480	AA	0		…	0
4	45	被雇佣	113	800	D	0	0.04	…	0
5	40	被雇佣	44	680	B	1	0.81	…	1
6	38	被雇佣	82	740	HR	0	0.39	…	0
7	25	被雇佣	172	680	C	0	0.72	…	1
8	26	被雇佣	103	700	C	3	0.13	…	0
9	28	被雇佣	269	820	D	1	0.11	…	0
10	31	被雇佣	269	820	D	1	0.11	…	0
11	30	被雇佣	300	640	D	1	0.51	…	1
…	…	…	…	…	…	…	…	…	…

（2）计算提升度，选出能区分好用户和坏用户的某几种数据。

对每种数据进行单变量分析，查看其对逾期率的影响。以“征信总查询次数”这一种数据为例，将其分为缺失、小于3次、大于等于3次且小于6次等共计六组，然后分别计算出各个分组的用户数、各分组占总用户数的占比、好用户数、逾期用户数、逾期率，如表6-15所示。

表6-15　征信总查询次数分组统计

征信总查询次数	分组用户数	分组用户数占比	好用户数	逾期用户数	逾期率
缺失	1155	2.01%	786	369	31.95%
<3	15297	26.67%	11944	3353	21.92%
[3，6)	16179	28.21%	12134	4045	25.00%
[6，12)	15066	26.27%	10446	4620	30.67%

续表

征信总查询次数	分组用户数	分组用户数占比	好用户数	逾期用户数	逾期率
[12，21）	6541	11.40%	3757	2784	42.56%
≥21	3118	5.44%	1279	1839	58.98%
总计	57356	100.00%	40346	17010	29.66%

对“信用评级”这一种数据的分组统计结果如表6-16所示，其他数据的单变量分析原理类似。

表6-16　按信用评级分组统计

信用评级	分组用户数	分组用户数占比	好用户数	逾期用户数	逾期率
缺失	28408	49.53%	22058	6350	22.35%
A	3314	5.78%	2505	809	24.41%
AA	3509	6.12%	2969	540	15.39%
B，C，D	15190	26.48%	9722	5468	36.00%
E，HR，NC	6935	12.09%	3092	3843	55.41%
总计	57356	100.00%	40346	17010	29.66%

接下来计算提升度，选出能区分好用户和坏用户的某几种数据。提升度用来衡量拒绝最坏那一部分的用户之后，对整体的风险控制的提升效果。某一种数据的提升度越高，说明该种数据可以更有效地区分好坏用户，能够更少地错误拒绝好用户。提升度=最坏分组的逾期用户数占总逾期用户数的比例/最坏分组用户数占比。本案例中“征信总查询次数”的最坏分组，也就是≥21组的提升度=最坏分组的逾期用户数（1839）占总逾期用户数（17010）的比例（1839/17010）/最坏分组用户数占比（5.44%）=1.99，数据如表6-17所示。

表6-17　征信总查询次数分组统计

征信总查询次数	分组用户数	分组用户数占比	好用户数	逾期用户数	逾期率
缺失	1155	2.01%	786	369	31.95%
<3	15297	26.67%	11944	3353	21.92%
[3，6）	16179	28.21%	12134	4045	25.00%
[6，12）	15066	26.27%	10446	4620	30.67%
[12，21）	6541	11.40%	3757	2784	42.56%
≥21	3118	5.44%	1279	1839	58.98%
总计	57356	100.00%	40346	17010	29.66%

对每一种数据计算出的提升度进行倒序排列（表6-18），发现“征信总查询次数”和“信用评级”的提升度最高，达到1.99和1.87。所以选择这两种数据，可以区分出好用户和坏用户。

表6-18　提升度排序

序号	数据名称	拒绝最坏分组的提升度
1	征信总查询次数	1.99
2	信用评级	1.87
3	近6个月征信查询次数	1.84
4	近6个月开户次数	1.68

续表

序号	数据名称	拒绝最坏分组的提升度
5	月收入	1.36
6	近7年逾期次数	1.30
7	每月需还贷款金额	1.27
8	信用卡额度使用率	1.24
9	当前总负债金额	1.20
10	信用卡可用余额	1.03

同时，制定的风控策略在业务上也要可解释。“征信总查询次数”和“信用评级”在业务上可以解释。借款人每次去申请贷款时，贷款公司都会查询借款人的征信。如果某用户的“征信总查询次数”过多，表明该用户资金短缺、在多家平台有过借款、风险较高。对于“信用评级”来说，等级越低的人信用越不好，逾期可能性就越大，自然逾期率会越高。

（3）评估风控策略执行后的效果。

通过上一步选出了能区分好坏用户的两种数据是“征信总查询次数”和“信用评级”。如果将这两种数据的最坏分组的用户拒绝之后，对整体逾期率有什么影响呢？

从表6-19中可以看到，新的风控策略对逾期控制的效果是比较明显的，总逾期率会分别下降1.69%和3.54%（表6-19列出了风控策略2的计算过程，风控策略1同理。）

表6-19 逾期数据

风控策略	总人数	总逾期用户数	总逾期率	风控策略拒绝人数	风控策略拒绝人数占比	拒绝区间逾期用户数	拒绝区间逾期率	提升度	调整后总逾期率	总逾期率下降
风控策略1：若征信总查询次数>=21，则拒绝	57356	17010	29.66%	3118	5.44%	1839	58.98%	1.99	27.97%	1.69%
风控策略2：若信用评级为('E','HR','NC')，则拒绝	57356	17010	29.66%	6935	12.09%	3843	55.41%	1.87	26.12%	3.54%

风控策略2

$$\text{调整后总逾期率}=\frac{\text{调整后逾期用户数}}{\text{调整后总用户数}}=\frac{\text{总逾期用户数}_{(17010)}-\text{拒绝区间逾期用户数}_{(3843)}}{\text{总人数}_{(57356)}-\text{风控策略拒绝人数}_{(6935)}}=26.12\%$$

总逾期率下降=总逾期率-调整后总逾期率

=29.66% - 26.12% =3.54%

经过以上分析，制定出了两条比较有效的风控策略，如图6-11所示。

图6-11同时将两条风控策略的影响列了出来，如果执行风控策略1，会多拒绝5.44%的放款用户（拒绝人数占比），但同时总逾期率也会下降1.69%。如果执行风控策略2，会多拒绝12.09%的放款用户（拒绝人数占比），但同时总逾期率也会下降3.54%。

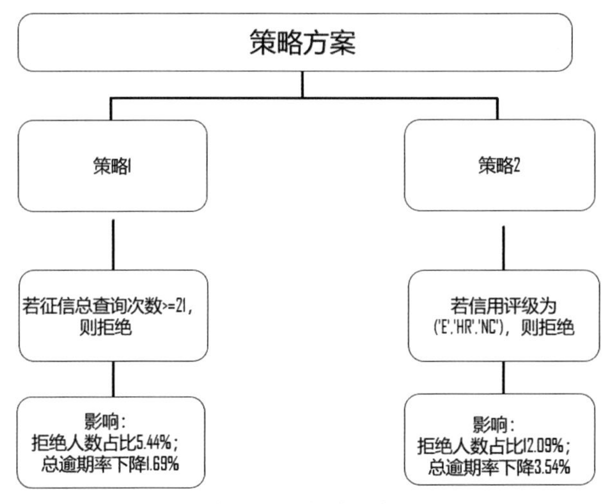

图6-11 策略方案

3）提出建议

可以将分析过程和结论汇总成分析报告供领导决策。领导会根据最近的业务情况，选出其中一条或两条风控策略最终实施。

领导一般会根据最近公司的资金是否充足来决策。如果公司资金不充足，那么就可以忍受拒绝较多人、逾期率下降更为明显的风控策略2。如果公司最近资金充足，正在全力推进业务发展，那就不能拒绝太多人，否则影响申请通过率，这时就可以选择执行风控策略1。

还有就是如果受环境影响很多小贷公司倒闭，会使很多网贷资质不好的用户全部涌来借款，面对市场的急剧变化，外部数据会有滞后性，公司为了更好地把控风险，可能会同时执行策略1和策略2。

本章作者介绍

冯傲，金融硕士，在金融行业从事风控相关的工作，负责机器学习模型开发与数据分析。曾负责包商银行、黄岩农商行等多家中小银行的数字营销、风控模型设计开发工作，以及杭州、嘉兴等城市的市民信用分模型设计开发。同时参与编写了本书2.8节“群组分析方法”中的逾期分析案例。

周荣技，2011年7月—2017年8月在富士康做冲锻压数值模拟分析工作，2017年3—7月在猴子·数据分析学院学习，2017年9月成功转行到金融行业，从事数据分析相关工作，现为公司数据部项目负责人。同时参与编写了本书1.4节“指标体系和报表”。

宋飞，大学学习车辆工程专业，经过学习提升，目前在一家金融公司从事风控分析的工作。

第7章　金融第三方支付行业

第三方支付是指具备一定实力和信誉保障的公司，通过与银联或网联（非银行支付机构的网络支付清算平台）对接而促成交易双方进行交易的网络支付模式。

第三方支付行业主要分为三类：互联网支付公司、金融支付公司、第三方支付公司（表7-1）。本章讨论的对象是第三方支付公司。

表7-1　第三方支付行业分类

分类	业务	典型公司
互联网支付公司	以在线支付为主，捆绑各大电商平台	阿里巴巴的支付宝、微信的财付通（微信支付）
金融支付公司	侧重行业需求和开拓行业应用	银联商务、快钱、汇付天下
第三方支付公司	提供线下终端产品	同时支持支付宝支付、微信支付等多种方式的收款码

7.1　业务知识

7.1.1　业务模式

第三方支付公司为线下商家提供收费终端产品（如扫码枪、付款码等），帮助商家进行收款，然后从中获取手续费。

下面通过一个例子说明第三方支付公司的业务流程。小明去实体店买了一件100元的衣服，结账时直接拿出自己的微信或者支付宝二维码给商家，商家使用终端进行收款。这笔钱会先流向第三方支付公司，然后第三方支付公司把结算金额（扣除手续费后的金额）返回给商家，其中的手续费会按照一定的比例分给微信、支付宝等平台（图7-1）。

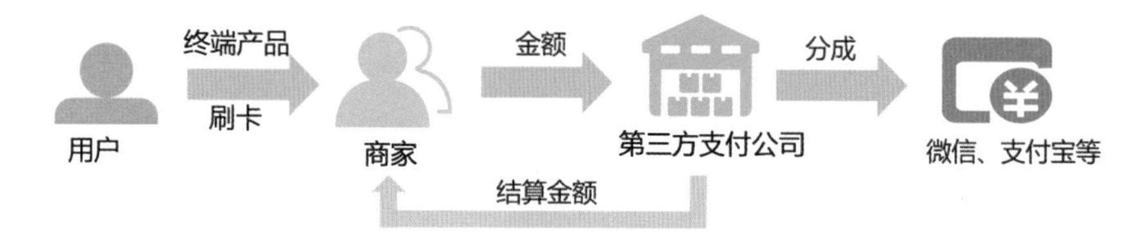

图7-1　第三方支付公司的业务流程

终端产品可以帮助商家做交易统计，通过终端可以清晰地看到交易数据，从而全方面了解商家的运营情况，为商家的定制化营销提供数据支持。例如图7-2的终端交易数据，可以从近一小时实时、今日实时、30天数据三个维度反映累计成交金额、累计成交笔数等，以及每个城市的交易额、交易笔数、客单价等。

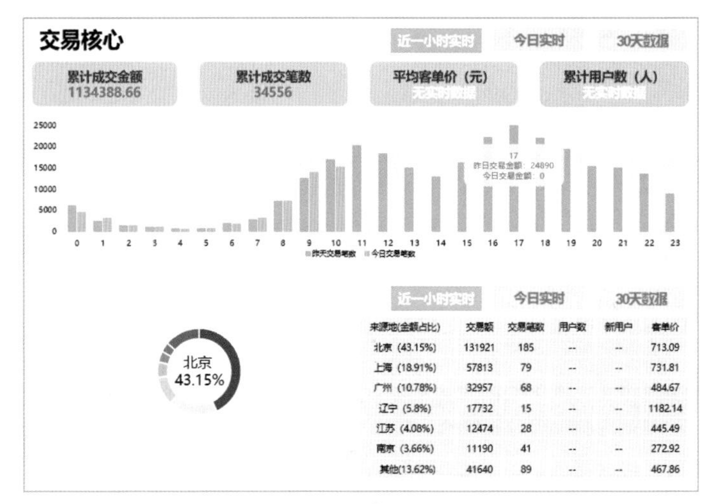

图7-2　终端交易数据

前面从用户角度了解了第三方支付公司的业务流程，接下来从商家的角度出发，看下第三方支付公司的业务流程（图7-3）：

（1）第三方支付公司的业务员在线下做推广，说服商家购买终端产品，并与商家签订合同；接下来需要商家注册，注册一般需要绑定商家的银行卡、上传相关资料；

（2）提交所需资料后，需要第三方支付公司的风控部门审核，主要是审核商家的营业执照等资料是否齐全，资料不全的话，需要重新提交；

（3）审核通过后，商家就可以使用终端产品进行收款，第三方支付公司会在第二天给商家进行结算；

（4）公司会设置相关的考核指标（例如交易额需要达到多少）来查看商家交易情况，并进行数据化管理，为商家提供交易分析报告；

（5）商家通过终端产品绑定的数据平台来查看分析报告，了解营收情况。

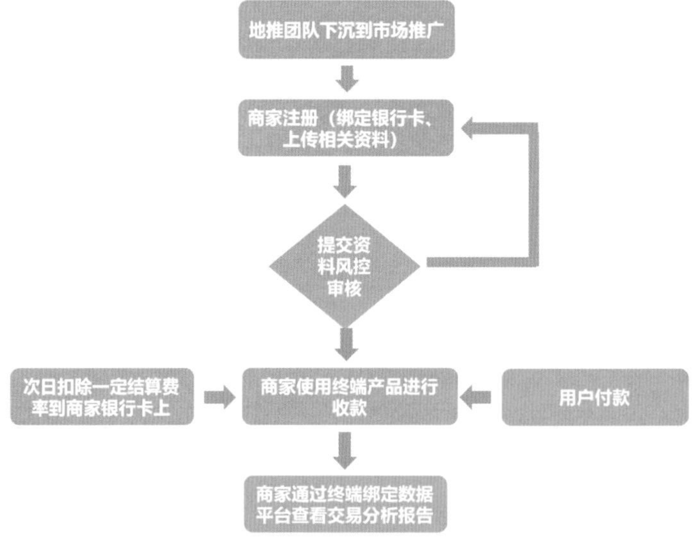

图7-3　从商家出发的第三方支付公司业务流程

7.1.2 业务指标

业务指标是指第三方支付公司使用终端产品获得的商家以及交易数据，通过这些指标可以衡量第三方支付公司的业务。

- 业务员月产能：第三方支付公司的业务员每月邀请商家注册数量。该指标可以衡量业务员的能力。
- 审核通过率：第三方支付公司审核通过的商家数占商家总数的比例。商家在注册之后会提交资料，在验证身份证、银行卡等资料属实后为通过，反之为不通过。
- 活跃商家数：每天至少有一笔交易的商家数。
- 交易笔数：每天成交的数量。
- 交易率：第三方支付公司中的交易商家数占注册商家总数的比例。

商家当天注册完就会进行交易，但也会隔一段时间进行交易。从交易商家质量的角度上进行考察，会将交易率这个指标细分成首日交易率、5日交易率、10日交易率和截至当下时间的交易率。

其中，5日交易率表示注册后的5天累计交易商家数与注册商家数之比；10日交易率表示注册后的10天累计交易商家数与注册商家数之比；截至当下时间交易率表示从注册后到统计日前一天的累计商家数与注册商家数之比。具体实例如表7-2所示。

表7-2　交易数据

日期	注册商家数	交易商家数	首日交易商家数	5日交易商家数	10日交易商家数	交易率	首日交易率	5日交易率	10日交易率
2020-10-20	23	7	7			30.43%	30.43%		
2020-10-19	27	14	11			51.85%	40.74%		
2020-10-18	26	17	13			65.38%	50.00%		
2020-10-17	26	10	10			38.46%	38.46%		
2020-10-16	37	21	13	21		56.76%	35.14%	56.76%	
2020-10-15	29	14	11	14		48.28%	37.93%	48.28%	
2020-10-14	37	18	16	18		48.65%	43.24%	48.65%	
2020-10-13	19	10	9	10		52.63%	47.37%	52.63%	
2020-10-12	34	11	8	10		32.35%	23.53%	29.41%	
2020-10-11	28	20	14	19	20	71.43%	50.00%	67.86%	71.43%

- 终端产品损耗率：每月损耗的终端产品数与投入使用的终端产品之比。一般第三方支付公司都是自己购买终端产品并垫付押金，如果终端产品在保修期内损耗，第三方支付公司有责任进行赔偿或更换终端产品，这些都算在公司运营成本里。

7.2 案例分析

某第三方支付公司发现成都最近两周交易笔数有明显下降，现在需要找到下降原因及对应的解决方案。

1）明确问题

从近一个月交易数据看，最近两周交易笔数有明显下降（表7-3），与相关人员沟通后，发现上周交易笔数环比下降9.58%，当周交易笔数环比下降11.4%。

表7-3　数据下降情况

	上周（10月29日—11月5日）	当周（11月5日—11月12日）
交易笔数	623	552
环比	-9.58%	-11.40%

2）分析原因

为了找到问题的原因，可以从业务流程出发提出假设。以下是发生交易的业务流程（图7-4）：

（1）地推人员寻找新的商家。

（2）商家提交资料给第三方支付公司审核。如果通过审核的商家数减少，会导致商家交易笔数下降。所以这一步提出假设是商家数量下降，导致交易笔数下降。

（3）商家使用终端产品收款。一般使用不同供应商的终端产品会带来不同的影响，另外增加终端产品的功能时也会分批次进行，如增加商家可以自动调整终端产品最大音量的功能。所以这一步提出的假设是不同的终端产品对交易笔数有影响。

（4）第三方支付公司扣除手续费之后给商家进行结算。不同商家的签约费率（手续费）是不一样的，例如有的商家报名一些活动，费率就会低。不同的费率会影响商家的积极性，从而影响交易笔数。所以这一步提出的假设是不同的费率对交易笔数有影响。

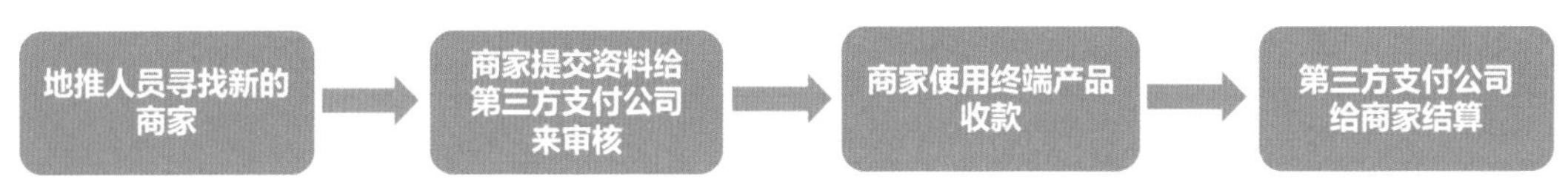

图7-4　业务流程

现在将问题、假设、和验证假设需要的数据从上到下串联起来，可以帮助我们快速确定分析思路，如图7-5所示。

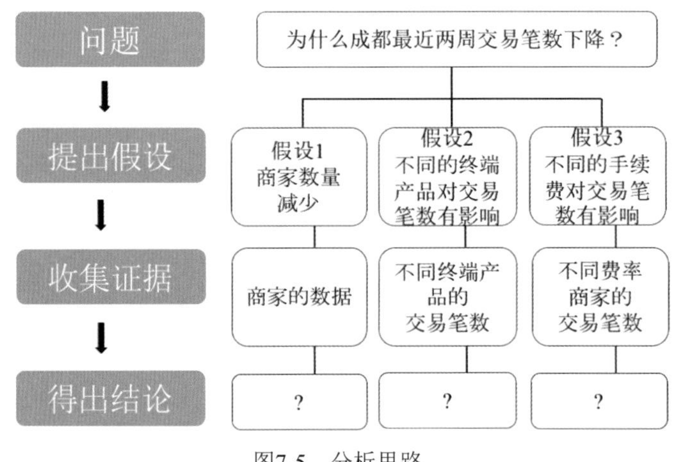

图7-5　分析思路

假设1：商家数量减少，导致交易笔数下降。

商家可以分为老商家和新商家，使用对比分析方法进行分析。

（1）老商家数量减少，导致交易笔数下降。

如果老商家数量减少，老商家交易笔数也下降，说明是老商家数量减少导致老商家交易笔数下降；如果老商家数量基本不变或增加了，而交易笔数下降了，说明交易笔数下降和老商家数没有关系。所以，需要将老商家数量和老商家交易笔数进行对比。

从图7-6中可以看出，老商家数一直呈平缓趋势，但老商家交易笔数在10月29日—11月12日这两周内呈下降的趋势。说明老商家数不是影响交易笔数下降的因素。

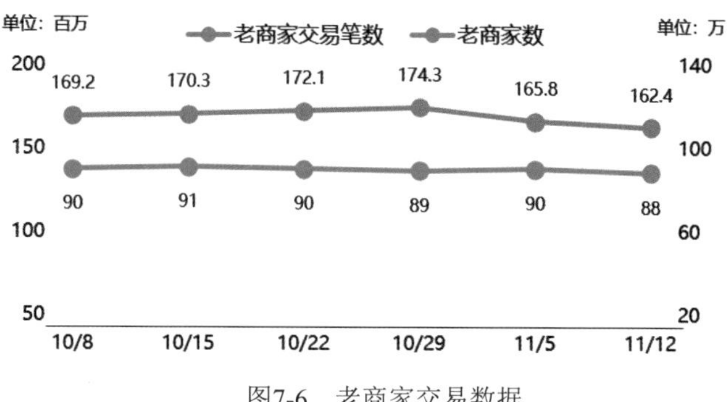

图7-6　老商家交易数据

（2）新商家数量减少，导致交易笔数下降。

如果新商家数量减少，新商家交易笔数也下降，说明是新商家数量减少导致新商家交易笔数下降；如果新商家数量基本不变或增加了，而交易笔数下降了，说明交易笔数下降和新商家数跟没有关系。所以，需要将新商家数量和新商家交易笔数进行对比。

从图7-7中可以看出，新商家数一直呈平缓趋势，但新商家交易笔数在10月29日—11月12日这两周内呈下降的趋势。说明新商家数不是影响交易笔数下降的因素。

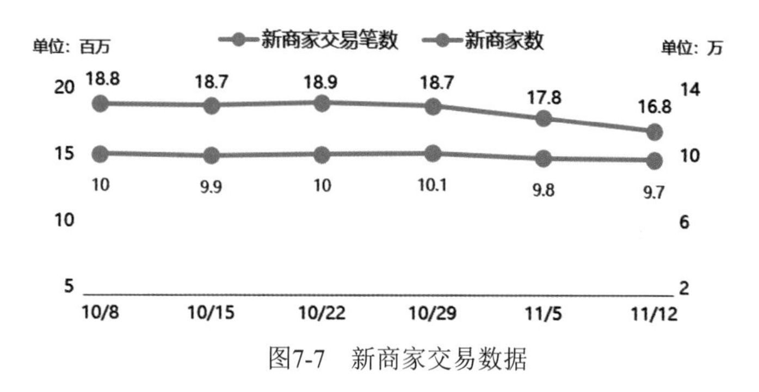

图7-7　新商家交易数据

假设2：不同的终端产品对交易笔数有影响。

终端产品来自A、B、C、D这四家厂商，可以通过对比分析方法来比较它们在成都地区的交易笔数。

从图7-8中可以看出，A、B、C 的终端产品交易笔数呈平缓趋势，而厂商D的终端产品从10月29日开始，交易笔数急剧下降，说明厂商D提供的终端产品是影响交易笔数的主要因素。

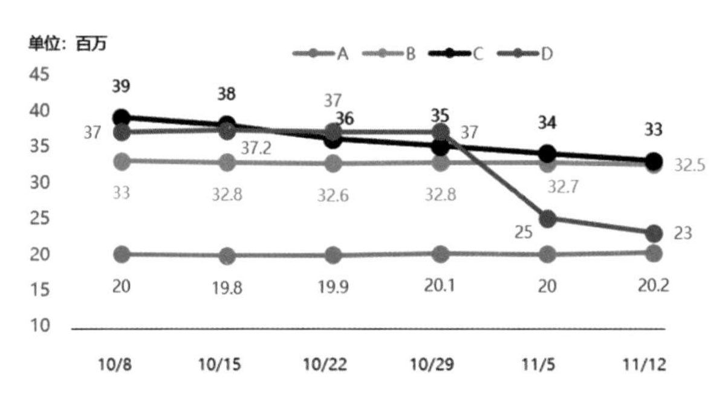

图7-8 不同终端产品的交易笔数

假设3：不同费率对交易笔数有影响。

对于商家而言，使用微信、支付宝的费率是不同的。而微信、支付宝也会针对商家进行相应的优惠活动，报名参与活动的商家费率是0.20%，即商家需要交的手续费为交易金额×0.20%；不参与活动的商家费率是0.38%，相应地，商家需要交的手续费为交易金额×0.38%。

不同费率商家的交易笔数如图7-9所示，可以发现，费率为0.20%的商家和费率为0.38%的商家在统计时间段内的交易笔数都呈下降趋势，说明费率不是影响交易笔数的因素。

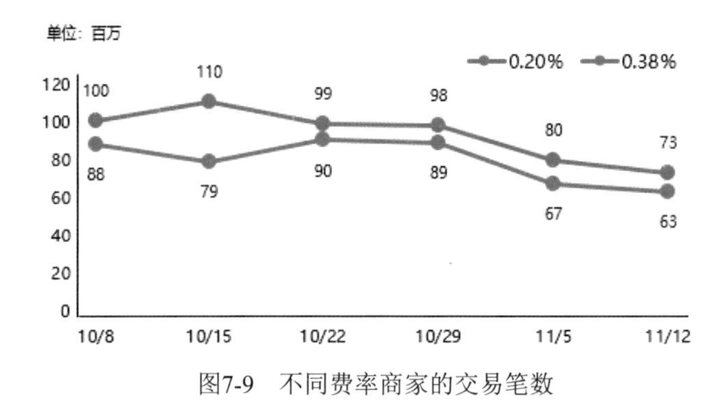

图7-9 不同费率商家的交易笔数

总结前面的假设检验过程可知，厂商D提供的终端产品是影响交易笔数下降的主要因素，如图7-10所示。

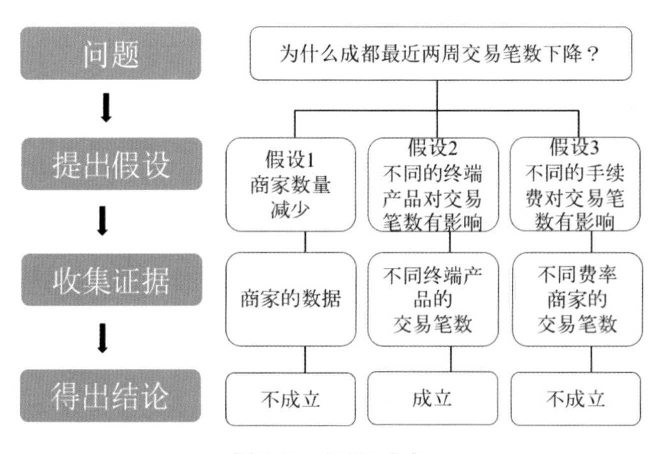

图7-10 假设2成立

那么，是什么原因导致厂商D的终端产品的订单笔数下降？

找到绑定该终端产品的业务员进行沟通发现，厂商D的终端产品在10月29日做过一次版本升级，可能是版本升级带来的影响。

再仔细核查这些终端产品的交易日志，从数据来看，厂商D的终端产品在用户扫码付款之后，商家收钱语音播报收到相应金额信息延迟（规定500毫秒内商家没有收到语音提示为延迟）。经过统计，在发生延迟的终端产品中，厂商D的终端产品占比高达29.6%。在行业内，这个指标超过10%，情况就很严重了。

3）提出建议

问题原因找到后，可以将情况反馈给终端产品相关负责人，处理终端产品存在的语音播报异常。之后要特别关注延迟的终端产品占比，直到这一指标降低到行业可接受范围（一般是在5%以内）。

本章作者介绍

李凯旋，2017年毕业从事电商销售，经过3个月的学习，在2017年12月成功转行为算法工程师，现就职于一家金融第三方支付公司，主要从事与数据分析相关的工作。

第8章　家政行业

8.1　业务知识

育儿嫂、月嫂、保姆现在越来越普及，促进了家政行业的快速发展。家政是指帮忙处理家庭事务的服务。育儿嫂提供照看新生儿相关的服务，一般需要得到官方认证的育婴师证。但是，育儿嫂一般不提供新生儿出生后第一个月的服务。因为刚出生的新生儿状态不稳定，服务需要的专业性较强，相关服务由更专业的月嫂提供。月嫂一般需要同时照顾产妇和新生儿，服务期一般为产褥期，即月子期。此外，不涉及新生儿服务，提供例如洗衣服、打扫卫生等其他专业性不强的家政服务人员一般统称保姆。

家政平台是一个帮助家政服务人员（服务提供方）寻找用户（服务需求方），同时帮助用户寻找家政服务人员的平台，58到家、菩提果、我爱我家等就是家政平台（图8-1）。

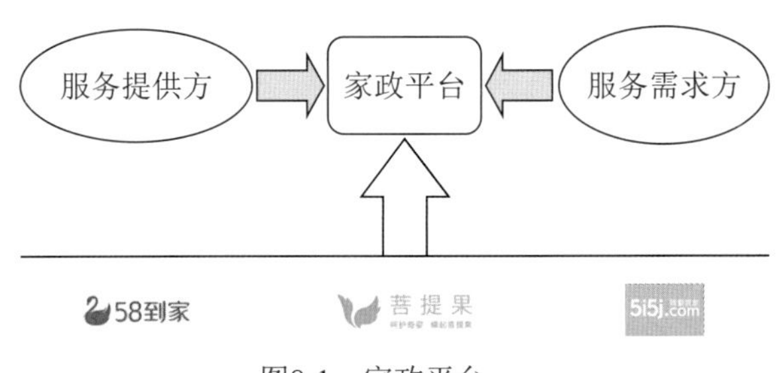

图8-1　家政平台

相较于传统行业，家政平台最大的区别在于最终它的发展形态是一个平台，而不是一个普通的家政公司。可能它目前和家政公司有很多类似的地方，但最终它应该是通过给服务需求方和服务提供方提供信息，并从中抽取佣金来获利。同时，通过数据来规模化运营，最终达到降低成本、提高效果并积攒口碑的目的。

家政行业还处于“群雄逐鹿”的时期，各个家政平台谁也没有找到最优的业务模式，而是各有所长。有走全国扩张起量的，例如58到家，它第一时间在全国各个城市把业务铺开，打造品牌知名度。也有走精品路线专注于几个城市的，如菩提果，它专注于北上广深四个一线城市业务的攻坚，通过一线城市的口碑带动后期业务发展。也有耕耘几个细分市场的，例如我爱我家就专攻月嫂业务，放弃了育儿嫂和保姆业务，专注占领行业的制高点。各个家政平台各有特色，但有一些共同的业务知识是可以去了解的。

8.1.1　业务模式

家政平台的业务模式是一个双边市场：一边是服务提供方（劳动者），一边是服务需求方（用户）。首先，在服务提供方这一边，家政平台的部门架构一般分为招商部和运营部，基本业务流程是寻找有意向从事家政服务的人员，然后将服务提供方的资料加入家政平台。在公司层面一般细分为线索、商机、邀约、到店、面试、认证、签约、入库等，如图8-2所示。

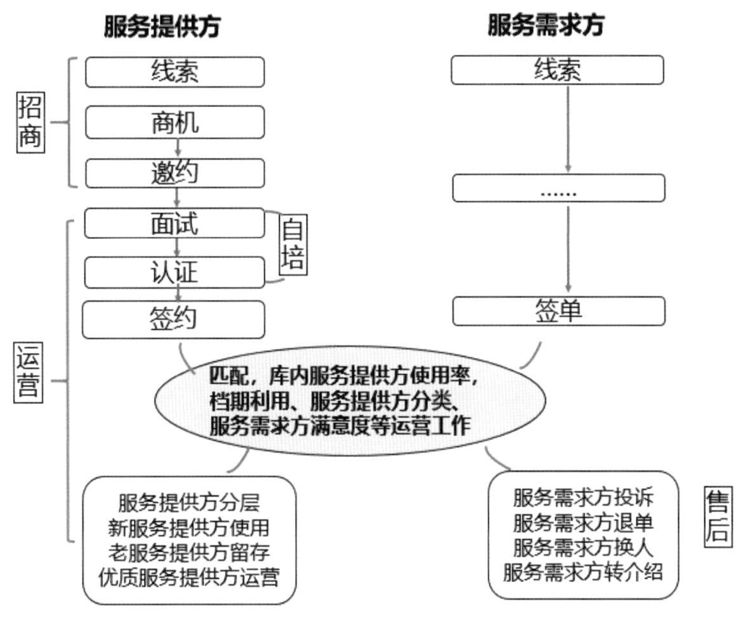

图8-2 家政平台业务模式

接下来对各业务环节进行详细说明：

线索：寻找一切有关保姆、育儿嫂、月嫂等家政服务人员的信息，可以通过微信群、简历、广告宣传、公众号等渠道来获取。确定为一条线索的标准是一个确定的电话号码。

商机：也称为“意向”，即招商人员根据线索中的电话一一确认，看对方是否有从事家政工作的意向，并大致问清楚情况。

邀约：招商人员对打电话确认有意向从事家政工作的人发出邀请，提醒对方带齐相关资料，来公司面试并认证。这个环节，主要为招商人员负责，接下来的业务流程主要是运营人员负责。

到店：运营人员接待到店参加面试的候选人员，其中有招商人员邀请过来的，也有看到广告宣传或者朋友介绍自然到店的。运营人员会做初始登记并分类，并检查到店人员资料，包括健康证、体检报告等，然后根据实际情况安排相关面试。

面试：到店的候选人员确定可以参加面试的，由运营人员安排相应的面试，一般分自培和非自培。自培是指无相关证书需要公司先进行培训，之后再取得国家证书。“非自培”是指已取得国家证书的不需要公司培训。自培面试主要考察个人素质是否适合家政工作，非自培面试主要考察其相关技能是否合格。

面试通过：自培人员面试通过后，公司会统一组织为期一个月左右的家政培训，培训考试通过后颁发相关证书。非自培人员可直接参与接下来的星级认证。

认证：星级用于确定服务提供方的服务水平，认证的星级与工资挂钩。自培人员在培训通过后，一般自动认定为1星或初级，具体看公司规定。非自培人员根据自身实际水平定级。层级都可根据后期表现进行调整。

签约：认证完成后，公司会与该人员签订条约以及相关的服务条款（注意一般不是劳动合同，只是一种双方认定的协议），然后将人员的资料加入家政平台，人员就可以在平台上接单了。到这里，服务提供方这一边的业务流程结束。

下面通过案例来看下服务提供方的业务流程。例如，一位阿姨想从事家政行业，首先，招商人员会从网站、微信群等得知这个消息，确定了一条线索。然后，招商人员通过电话联络，确定这位阿姨有从事家政服务的意愿，并大致核实是否有证书等信息。确定后，便邀请阿姨来公司最近的门店面试。

在阿姨到店后，运营人员会负责接待，并对其做基本的筛查，如健康程度、言语沟通能力等。筛查后的阿姨统一安排面试，由专门的面试老师进行。如果面试通过，会对其进一步培训并认证对应星级。然后在自愿的情况下，与公司签署协议，之后便可在公司安排下接单。

服务需求方这一边的业务流程也类似，只不过寻找的是需要家政服务的用户线索，最终用户通过亲自面试，找到合适的阿姨，然后与公司签定服务合同。公司通过抽佣的形式保持利润空间。因为服务需求方更倾向于结果导向，过程把控没有上述这么细致和规范，在此不做过多说明。

可以发现，以上许多过程都是前期工作，即寻找服务提供方和寻找服务需求方。因为家政平台可以通过互联网实现规模化、数字化，所以比一般的家政公司更具优势，能够通过规模化运营减少运营成本。要做好这个环节，公司需要对平台上的数据进行合理管理，精确匹配用户需求，快速、有效地帮助用户找到合适的家政服务人员。

8.1.2 业务指标

（1）转化率：一个业务环节到另一个业务环节的转化比例，例如线索到签约的转化率。

这个指标看上去很简单，但是需要注意区分“相对转化”和“绝对转化”。相对转化率是指一个月内的“新增”签约数和线索数的比例，绝对转化率是一个月内的签约数和线索数的比例。例如，这个月有10条线索，其中有2条签约，相对转化率=签约数（2）/线索数（10）=20%；但是这个月全部签约的线索肯定不止2条，因为上个月末的线索有可能在这个月签约成功，假设上个月的线索在这个月签约1条，那么这个月的总签约数就是3条，绝对转化率=签约数（3）/线索数（10）=30%。

（2）使用率：签约的服务提供方数 / 服务提供方总数。

服务提供方可以签一个月后的服务合同，也可以签本月的服务合同，甚至可以签一年后的服务合同。例如今年5月份签约，但用户要求是明年5月份上门服务，就要签一年后的服务合同（一般月嫂业务有这样的情况，因为用户一般会提前找好月嫂）。也有签约了但没有服务的可能，例如用户提前找好月嫂后，又想换人就会产生退单，签约了但是无服务。所以一般要和业务方明确“签约”是如何定义的。

（3）售后率：售后订单数/订单数。售后是指当用户投诉服务提供方的服务不到位，造成退单、在App上给差评等，需要公司做售后补救措施，例如给用户换个月嫂。这里的订单就是服务提供方和服务需求方签订的服务合同。

这个指标也需要区分相对、绝对。例如这个月发生售后的订单，可能是上个月签订的，也有可能是上上个月签订的；同样，这个月签订的订单可能在下个月发生售后。所以，简单地用“当月发生售后的订单”除以“当月签约的订单”是不能衡量业务实际情况的。

一般会用群组分析方法来解决这个问题。例如，1月签约的100个订单中，在1月有12个发生售后（投诉、退单等），那么当月售后率= 售后订单数（12）/订单数（100）=12%。同样，在1月签约的100个订单中，在2月有15个发生售后，那么次月售后率= 售后订单数（15）/订单数（100）=15%。

考察售后时，还需要注意发生售后的业务环节是上门服务前，还是服务过程中，以及服务过程中是否有二次售后（即更换了服务人员）。这些不同的业务环节代表的意义也是不一样的，这些都是平常工作分析当中需要仔细分辨的地方，需要定义清楚。

8.2 案例分析

日常业务的分析一般不会涉及复杂的机器学习算法，主要目的就是针对发现的问题去“分析原因”，然后提出建议。

1）明确问题

在实际的工作中，数据分析的作用包括总结、监控。这些就是发现问题的途径。

（1）“总结”即对过去进行总结，从数据上反映之前一段时间公司的运营状态，主要使用对比分析方法。

例如，表8-1是某月的业务数据，再辅以收入、利润、成本等财务数据，就可以比较完整地去做一个总结了。其中，服务提供方使用率=本月签约的服务提供方人数/公司已有服务提供方数；“新服务提供方”指本月和公司新签定协议的服务提供方数；“流失服务提供方”是指确定不再从事家政行业或确定不在本公司接单的服务提供方。收入是用户购买服务支付的总金额，成本包括需要分配给服务提供方的部分，以及公司运营所需的部分，具体数据一般由财务定义并提供。

表8-1　业务数据和财务数据

城市	服务提供方使用率	新服务提供方数	流失服务提供方数	收入（万元）	成本（万元）
南昌	92%	86	41	1700	1367
南京	92%	63	21	2100	1276
福州	91%	53	31	1980	1491
上海	82%	210	63	2220	1737
长沙	69%	113	46	1900	1400
广州	67%	141	62	2000	1400
青岛	59%	90	35	2100	1500
武汉	59%	155	75	2300	1459
郑州	56%	25	15	1900	1368
天津	55%	94	70	2000	1400
北京	52%	300	112	1900	1390
成都	52%	60	32	1800	1400
合计	70%	1390	603	23900	17188

从上表大致可以看到，南昌和南京的服务提供方使用率最高，北京的新服务提供方最多，郑州流失的服务提供方最少等。但是这些数据的展示效果并不理想，不能较好地反映问题。

例如“新服务提供方多”并不代表业务效果好，因为可能同时流失也多。或者某城市新服务提供方多只是因为其本身市场规模较大，而其他市场规模较小的城市，新增绝对值虽然较小，但相对于其市场规模可能是一个不错的成果。

再来说“收入多”的分析结果，其原因有可能是成本投入多，以成本换收入，而实际营销效果可能并不好，这是不值得提倡的。

这些都是需要考虑的问题，为避开上述因素的影响，需要对指标进行调整。用服务提供方“净增数”（新增-流失）去体现服务提供方数量真正的增长情况，用“利润率”去展现更真实的财务状况。调整后如表8-2所示。

表8-2　调整后的数据

城市	服务提供方使用率	服务提供方净增数	利润率
南昌	92%	45	24%
南京	92%	42	65%
福州	91%	22	33%
上海	82%	147	15%
长沙	69%	67	36%
广州	67%	79	43%
青岛	59%	55	40%
武汉	59%	80	58%
郑州	56%	10	39%
天津	55%	24	43%
北京	52%	188	37%
成都	52%	28	29%
合计	70%	787	39%

这样就比较好总结了，可以看出南京利润率最高，同时使用率较好，但净增处于一般水平。而上海虽然净增较多，但使用率不足，且利润率较差。

这个结论对业务就具备一定价值了，因为可指导相关人员进一步往细处追溯，如“利润低”是否是加大投资的影响，这种情况后期可能会带来更好的回报；“净增低”是新增少还是流失多，从而指明业务的改进方向。

（2）“监控”的工作可以简单理解为一种更为即时的总结，要求快速定位问题，然后再去仔细分析。所以一般用自动化商业智能（BI）系统去执行监控，使之更便捷，具体分析方法和总结基本相同。

2）分析原因

分析原因可以使用多维度拆解分析方法从下面三个维度来拆解（图8-3）：

（1）从指标维度拆解。例如，服务提供方数=线索数×转化率。那么，如果发现服务提供方数比上个月减少了，可以从指标定义来拆解，要么就是线索数减少，要么就是转化率变差了。

（2）从区域维度拆解。例如，全国转化率出现问题，那就分城市去观察，看看是哪几个城市的转化率变差了。

（3）从时间维度拆解。例如，月度指标出现问题，那就要拆解是上旬、中旬还是下旬的问题，从而更好地追溯业务的真实情况。

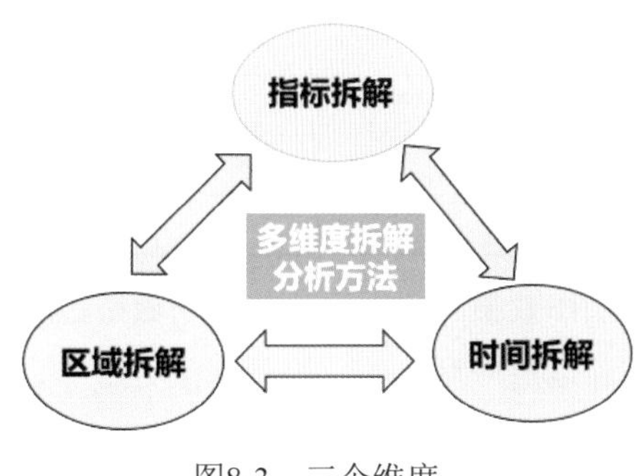

图8-3　三个维度

这3种维度的拆解也会混合使用，例如拆解指标时发现转化率出了问题，然后再去看哪个城市的转化率较差，再去看这个城市哪个时间段的转化率出了问题。

一般来说，指标拆解更加适合用来分析业务更深层次的原因。例如，单看利润下降并不能得出要加大运营力度。但经过指标拆解发现，是成本上升导致利润下降，就可以通过控制成本这一动作来应对问题。区域拆解更倾向于考核追责，可以把问题落实到更加具体的责任主体。时间拆解一般应用于总结和评价，以便更加细致、合理地评价阶段性营销成果，例如2020年收入同比下降3%，按时间维度拆解到每个季度，就可以可把同比下降的原因具体到哪一个季度。

实际分析中的多维度拆解分析方法可能会很复杂，但终究还是这些方法。

接着前面“发现问题”里的案例，发现的问题是“上海净增服务提供方较多，但利润率较低”，是什么原因导致的呢？

前面“发现问题”中已经进行了区域拆解，拆解到了各个城市。为了知道为什么利润率较低，需要通过拆解指标来找到原因。根据业务逻辑，利润率=（收入-成本）/成本，可发现，利润率受收入和成本两个指标影响。因此可以使用对比分析方法，通过对比收入和成本来分析。

这里要注意的是，各城市之间的收入和成本不能直接对比，因为其市场规模不一样，毕竟有500个服务提供方的城市，与只有50个服务提供方的城市相比，其收入和成本肯定不是一个级别。各城市服务提供方数如表8-3所示。

表8-3　各城市服务提供方数

城市	服务提供方数
南昌	1098
南京	978
福州	1001
上海	1265
长沙	1012
广州	1103

续表

城市	服务提供方数
青岛	989
武汉	1065
郑州	1011
天津	1002
北京	1068
成都	987
总计	12579

为了有效衡量不同城市的工作效果，就需要消除各个城市已有服务提供方数量不同的影响，解决办法是用收入、成本分别除以对应城市的“服务提供方数”，也就是单人收入=收入/服务提供方数，单人成本=成本/服务提供方数，最终得出的结果如图8-4所示。

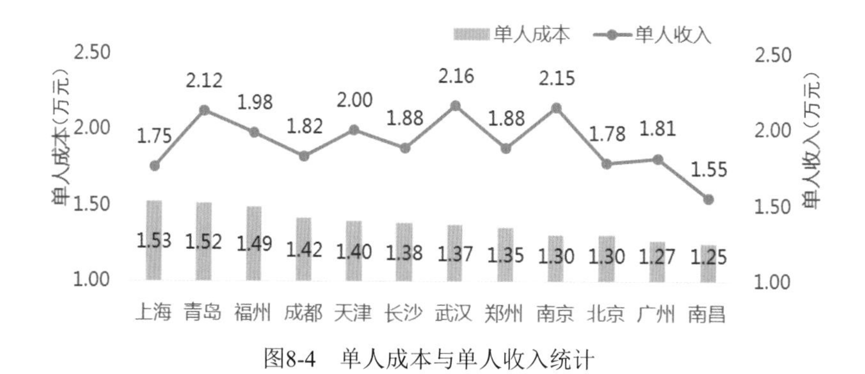

图8-4　单人成本与单人收入统计

从图8-4中可以看出，上海的单人成本较高（单人成本在各个区域中排在第一），而单人收入却处于较低水平（单人收入在各个区域中排在倒数第二）。这反映出上海虽然在每个服务提供方身上投入了大量成本，但并没有获得较多的收入。可见是上海当月的营销工作成本、收入双双失控，导致了利润率较低。

到这基本就可以和业务人员沟通，看实际业务动作是否有大成本投入，以及投入是否有客观原因，然后再决定是否需要进一步分析。

当上海负责人拿到这个数据时，从实际业务动作得知上海在月底进行了大规模的宣传，宣传需要大规模支出成本。这个时候就需要对上海的成本数据从时间维度来拆解，看上海当月成本支出是否集中在下旬，从而验证业务方的说法。

可以向财务人员要求提供上海当月的收支日账明细（收支日账明细是按每一笔收入、支出记录的明细数据，由财务直接提供）。通过汇总可得出上海上、中、下旬的收支情况，如图8-5所示。发现上海下旬确实支出了较多的成本，同时收入有上涨的趋势，可见宣传投入已初见成效。

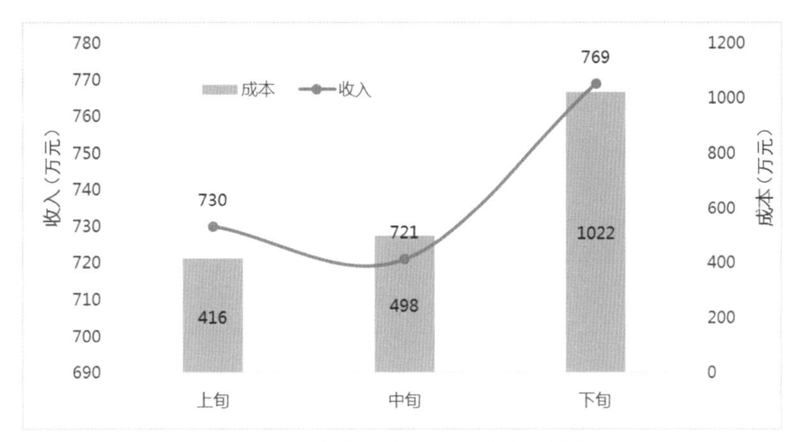

图8-5 上海上、中、下旬的收支情况

3）提出建议

（1）宣传的投资较大，一般对业务影响较大。建议公司加大对宣传成本的管控，并对宣传的后续效果做完整的评估。

（2）很多宣传成本为单次大规模的投资，会掩盖当季业务的真实情况，建议财务采取合理手段对宣传成本进行分摊。将当期一次性的宣传成本分摊至后续几个周期中，以便合理评价营销成果。

从以上的案例可以看出，实际分析过程中并没有用到复杂的图表，而更加注重思路，要抓住业务重点。这正是业务分析要关键把握的点，要善于发现问题、解决问题。初学者往往表现欲望强，喜欢用各种复杂的图表，这往往是舍本逐末。高端图表当然好，但切不可为炫技而作图。

本章作者介绍

胡彪，从事过油田、运营商、家政等行业的数据分析工作。

第9章　旅游行业

9.1　业务知识

9.1.1　业务模式

旅游行业围绕着旅客，由旅行社、景区、酒店业、餐饮业、零售业等提供配套服务，共同发展。

由于用户出游不了解目的地的交通、餐厅、酒店、景点、娱乐等旅游资源，旅行社作为中间商可以将用户和目的地的旅游资源连接起来。用户为了节省精力和时间，会在旅行社下单，旅行社为用户安排到目的地旅游（图9-1）。

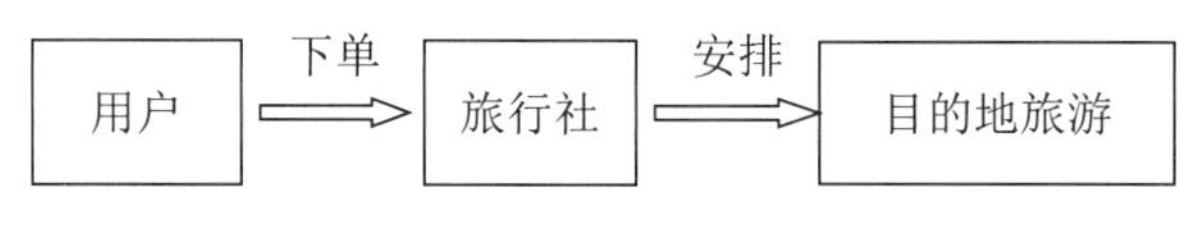

图9-1　旅游行业业务流程

旅行社按照分工还可以细分成组团社、地接社。和用户签合同的旅行社，叫作组团社。在目的地接待用户的，叫作地接社。例如，用户参加了北京某旅行社的泰国跟团游，北京的旅行社就是组团社，会派出一名导游全程陪同用户。团队到达泰国后，地接社会安排当地导游和司机来接待。

伴随着互联网的发展，出现了旅游平台，例如携程、飞猪等。旅行社可以在旅游平台上发布旅游产品。用户在旅游平台上比较各个旅行社的旅游产品，最终选择符合用户需求的旅游产品。旅游平台通过线上渠道给旅行社带去更多用户，并从中赚取佣金（图9-2）。

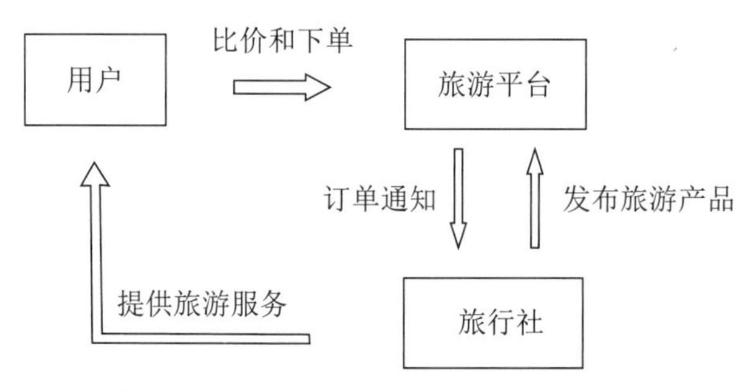

图9-2　旅游平台与用户、旅行社的关系

旅游平台崛起后，旅行社也增加了线上运营部门，入驻线上旅游平台。优秀的旅行社越来越像电商，各项业务全面数据化。旅行社拥有丰富的用户数据，能实现精细化的用户运营。利用好售前到出游全过程的数据，能提高内部决策的科学性，提升业务效率。

从用户出游的角度来看，旅游行业的业务流程如图9-3所示。

（1）认知阶段：用户看到旅游产品的广告，进而进店咨询。

（2）咨询阶段：销售人员耐心解答用户的出游需求。

（3）购买阶段：用户综合比较产品，确认目的地、时间、人数等信息后，双方签订合同。

（4）准备阶段：销售人员帮助用户办理出游需要的证件、住宿等事项。如果是出境游，销售人员还会帮助用户办理签证，跟进签证进度。

（5）旅游阶段：导游在出发前和用户取得联系，他将在旅途中陪伴用户。全部吃喝玩乐的项目，按照合同规定进行。

（6）旅游结束：旅游结束几天之后，客服将致电回访用户，收集用户对旅行团的反馈意见。

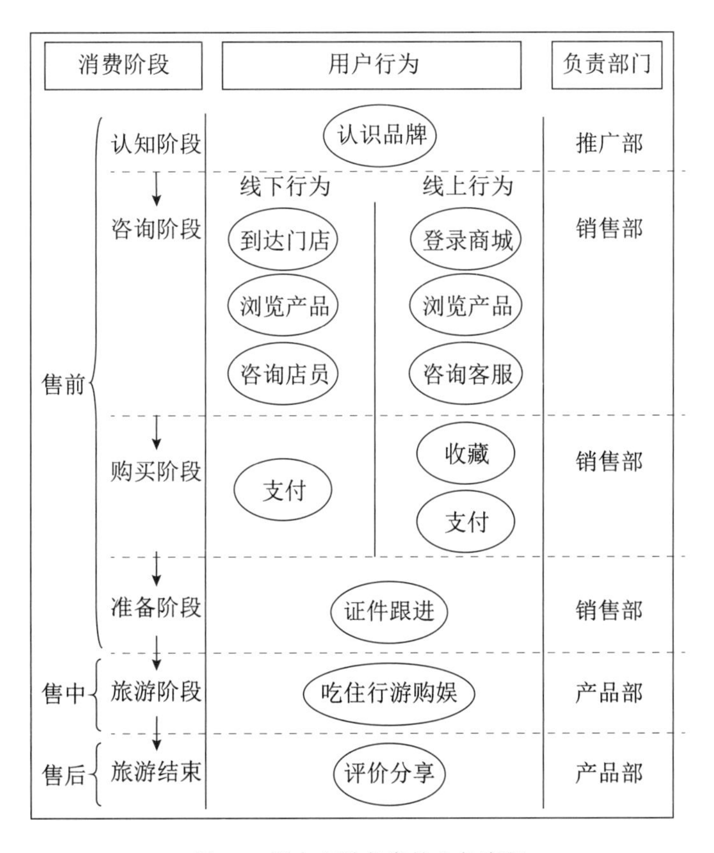

图9-3　用户出游角度的业务流程

9.1.2　业务指标

以图9-4的这张日本游订单为例，来看下旅游行业常见的业务指标。

下单人数：下单的用户ID数量，称为下单人数。这个案例中一张订单的下单人数为1。多张订单的下单人数为用户ID去重后的个数，例如一个月有100张订单，有些用户下了多张订单，统计时相同的下单用户ID就不重复计入，实际下单人数只有90个。

出游人数：出游的游客数量，称为出游人数。这个案例中的订单有3个人出游（成人2人+儿童1人），那么出游人数为3。

人均团费：订单金额除以出游人数，称为人均团费。这个案例中的订单金额为22900元，出游人数3人，所以人均团费为22900/3=7633.3元。

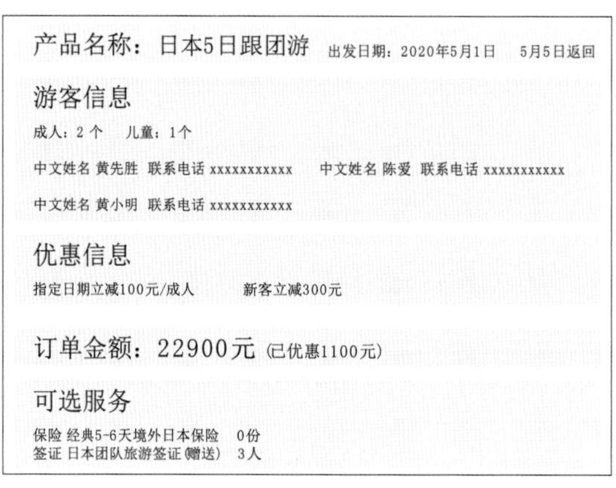
产品名称：日本5日跟团游　出发日期：2020年5月1日　5月5日返回

游客信息

成人：2个　儿童：1个

中文姓名 黄先胜　联系电话 xxxxxxxxxxx　中文姓名 陈爱　联系电话 xxxxxxxxxxx

中文姓名 黄小明　联系电话 xxxxxxxxxxx

优惠信息

指定日期立减100元/成人　新客立减300元

订单金额：22900元（已优惠1100元）

可选服务

保险 经典5-6天境外日本保险　0份
签证 日本团队旅游签证(赠送)　3人

图9-4　日本游订单

复购率：跟团游属于低频消费，因此观察复购率的时间长度至少是一年。常见的复购率有表9-1中这两种定义，根据业务需求灵活选择。

表9-1　复购率2种定义

第1种定义	第2种定义
复购率是一年内消费两次或以上的用户，占这一年消费的总用户数的比例	复购率是上一年消费的用户，今年继续回来消费的比例
案例	**案例**
2019年用户的消费情况 ■消费两次或以上的用户 ■仅消费一次的用户 25.0% 75.0%	2018年用户的消费情况 ■2019年继续来消费的用户 ■2019年没有再来消费的用户 40.0% 60.0%
第1种，将一年内多次消费定义为复购。上图中，2019年用户的复购率为25%	第2种，将连续两年都消费定义为复购。上图中，2018年用户有40%在2019年复购

转化率：根据业务场景，转化率会有相应的不同定义。下面通过表9-2的几个案例来讲解。

表9-2　不同业务场景的转化率

场景1：电话邀请	场景2：线上促销	场景3：优惠券发放
电话销售小组拨打了500个用户电话，邀请他们参加某个线下活动，最后成功邀请了50个用户报名参加活动。 转化率为50/500=10%	运营人员为线上促销活动制作了一个H5页面，一共3000人浏览过，其中有70个人通过专题页购买旅游产品。 转化率为70/3000=2.3%	运营人员针对特定人群，送出了4万张旅行优惠券，有效期内共有200张优惠券被使用。 转化率为200/40000=0.5%

投诉率：被投诉的订单数/订单数。例如，近一年，某旅游产品有1000张订单，其中10张订单产生投诉，投诉率=被投诉的订单数（10）/订单数（1000）=1%。

业务分析需求主要来自销售部门和产品部门。部门的职责决定了分析需求，以及他们关注的指标。表9-3是不同部门的分析需求和相关指标。

表9-3　不同部门的分析需求和相关指标

部门名称	主要职能	分析需求	关注的指标
销售部门	售前	线上营销活动的效果怎么样 如何优化门店布局 门店运营有什么可以改善的	下单人数、人均团费、复购率、转化率等
产品部门	售中、售后	热门产品的报名情况怎么样 不同旅游产品应针对哪类人群 旅游产品怎样满足用户需求	出游人数、投诉率、用户分类等

9.2 案例分析

有一天，领导希望看看投诉对用户下一年复购的影响。

1）明确问题

导出去年曾经来消费的用户数据以及投诉数据，并将去年消费过的用户分成两组，一组有投诉，一组没有投诉，分析他们今年继续回来消费的比例，结果如图9-5所示。

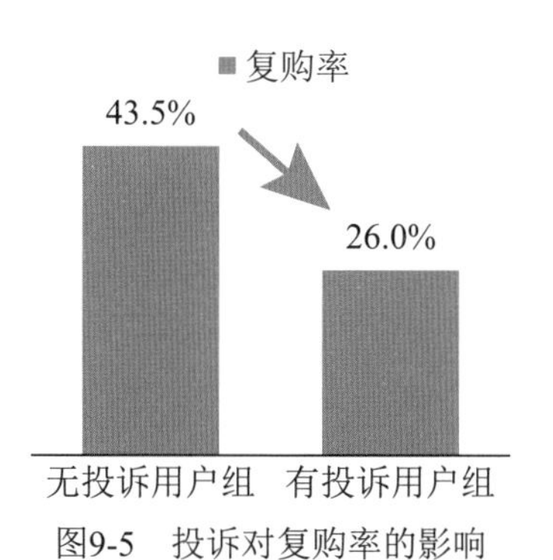

图9-5　投诉对复购率的影响

对比这两组用户，无投诉的用户组在下一年的复购率有43.5%，而有投诉的用户组下一年的复购率只有26.0%。说明减少用户投诉，能明显提高用户后续购买的可能性，所以需要找出用户投诉的原因，并提出建议。

2）分析原因

投诉数据可以全面、细致地反映消费过程中的服务情况。对于投诉数据，从业务流程出发提出下面3个假设（图9-6）：

（1）售前销售做得不好；

（2）售中的接待服务不好；

（3）售后的退款有问题。

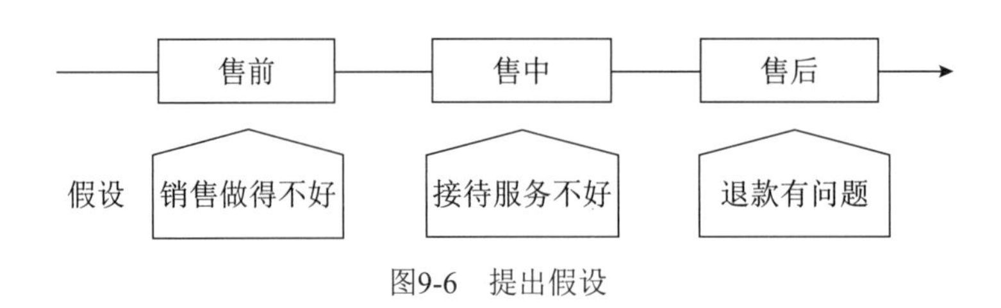

图9-6 提出假设

因为投诉数据不会标明投诉的是哪个消费阶段，所以需要对投诉数据进行分类，才能知道用户投诉的是哪个环节。

如果是售前的问题，用户投诉会提到“销售”“门店”“推文”“广告”这类关键字。如果是售中（指旅游中）的问题，用户投诉会提到“导游”“酒店”“车”“吃”等关键字。如果是售后的问题，那么会提到诸如“退款”“退团”“退货”这些关键字。表9-4是分类后的部分数据示例。

表9-4 投诉数据

投诉ID	投诉内容	投诉分类
1	线路不合理，在富士急乐园玩才一个半小时，排队队伍长，玩的时间太少。酒店瓷砖还砸到人，酒店相关人员没有道歉，事后赔偿4000日元自行就医，对他们的处理方式非常失望	售中
2	加了销售的微信，但销售缺乏专业知识，缺乏服务意识，要求换人跟进	售前
3	导游全程只介绍购物点，不去还会指桑骂槐说我们小气，非常不满意	售中
4	为什么收钱那么快，退款那么慢，说是要走流程，走什么流程那么长	售后

对投诉数据分类后，分别统计售前、售中、售后投诉在全部投诉中的占比。可以发现绝大部分的投诉都是售中（图9-7），所以重点要放在减少售中投诉，这也验证了假设2（售中的接待服务不好）是成立的。

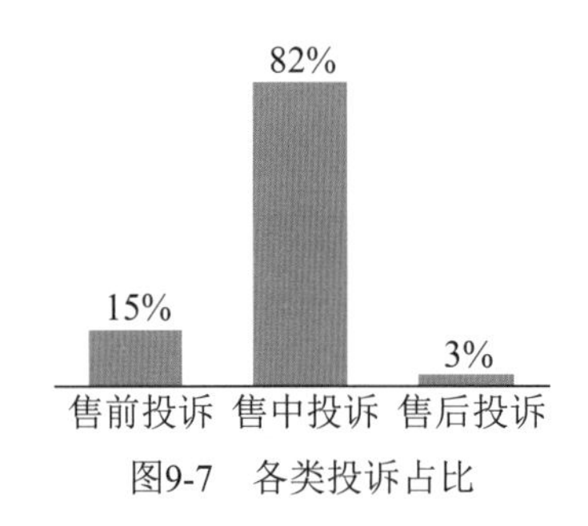

图9-7 各类投诉占比

对售中投诉再细分，看用户会投诉旅途中哪些服务。旅途中的服务主要分为“吃、住、行、游、购、娱”六要素，因为“购物”和“娱乐”的时间安排和行程有关，所以合并成“行程”一类，这样就把六要素浓缩成五类问题，分别是“餐饮”“酒店”“交通”“导游”“行程”（图9-8）。

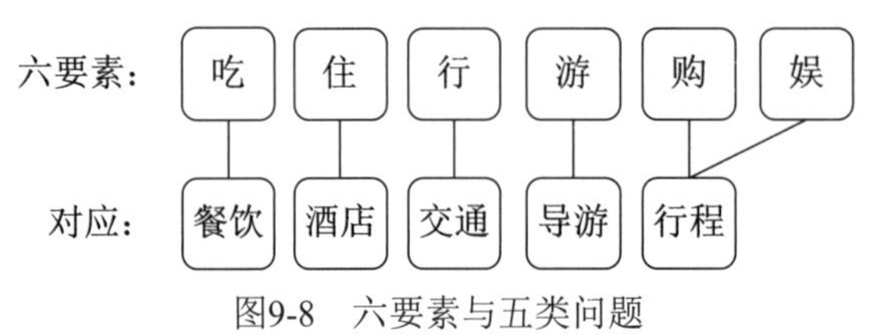

图9-8 六要素与五类问题

不同目的地的问题肯定不一样，所以要分别统计各旅游目的地的订单投诉记录，分析五类问题在投诉中的占比，并特别标注突出的问题，如表9-5所示。

表9-5 投诉占比数据

目的地	投诉率	出游人数	餐饮	酒店	交通	导游	行程	突出的问题
T	2.65%	15472	29%	34%	34%	66%	51%	当地导游态度不好
M	2.34%	4048	44%	19%	11%	25%	23%	餐饮不合口味
B	2.32%	12800	24%	47%	38%	22%	33%	住宿条件较差
F	2.30%	20439	15%	34%	44%	29%	90%	行车时间太长

上述分析，先是用假设检验分析方法将投诉的改善重点锁定到售中阶段（旅途阶段），然后再用多维度拆解分析方法将售中阶段的接待服务细分为五大类问题，按照目的地为业务人员一一列出投诉情况。

产品部门的人员职责是按照目的地划分的，各目的地都有对应的产品同事跟进。所以，数据详细到目的地路线的级别，非常有助于他们检查自己路线存在的问题，驱动目的地服务进行改进。

3）提出建议

针对每个目的地投诉中的突出问题对症下药，提出表9-6的改进建议。

表9-6 改进建议

目的地	突出的问题	建议
T	当地导游态度不好	全陪导游与当地导游协调与交涉
M	餐饮不合口味	调整到其他餐饮场所
B	住宿条件较差	提高住宿标准
F	行车时间太长	适当减少行程的景点，保证用户休息

本章作者介绍

刘英华，某知名旅行社的数据团队核心成员，参与过公司的用户画像、数据分析平台建设、精准营销、大数据选址等数据项目。同时参与编写了本书1.4节“指标体系和报表”。

第10章　在线教育行业

10.1　业务知识

10.1.1　业务模式

在线教育一般指基于互联网的线上学习行为。相较于普通学校、培训班等线下教育机构，在线教育在时间和空间上有很多优势。首先是不受空间的约束，老师和用户即使是分居天南海北，在自己的手机上也能轻松组成一个云课堂，互动交流和学习。其次是不受时间约束，在线教育常见的两种课程形式是录播课和直播课。录播课形式是老师录制好课程后，用户可以随时观看；直播课形式是老师和用户约定好时间后，同时讲授和学习。随着互联网的发展，在线教育也发展迅速，涌现了一批知名的在线教育品牌。如Coursera、可汗学院、猴子·数据分析学院、网易云课堂、得到等（图10-1）。

图10-1　在线教育品牌

在线教育的主要营利模式是为用户提供课程服务的同时收取学费。老师、在线教育平台、用户的关系如图10-2所示。

图10-2　老师、在线教育平台、用户的关系

1）老师

老师给在线教育平台提供课程内容，并约定分成比例，内容上架销售后，便可获得收入；另一方面，与知名在线教育平台的合作也能提升老师的个人品牌影响力，因此老师有很强的动力去生产优质的内容。

2）在线教育平台

在线教育平台负责与老师共同打磨内容、运营用户、销售课程，最终与老师分享收入。从使用在教育平台的用户角度来看，一个在线教育平台通常需具备两个系统：前台展示系统和后台管理系统。

前台展示系统供用户购买课程和学习课程使用，通常以App、网站、微信小程序的形式存在。用户可以在前台展示系统上了解课程的详细信息、最近的促销活动、搜索想要的课程等。“猴子·数据分析学院”的前台展示系统如图10-3所示。

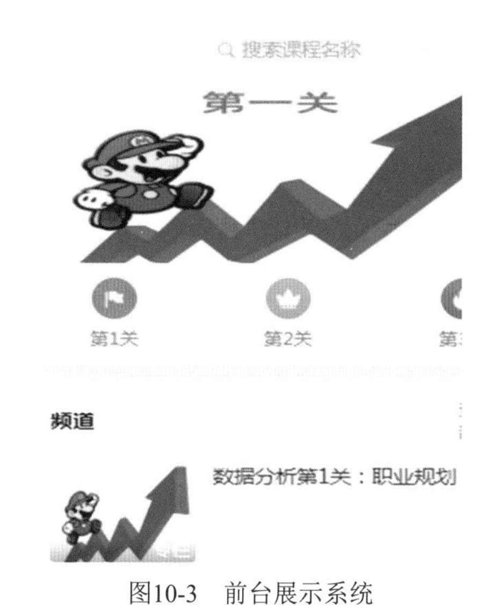

图10-3　前台展示系统

后台管理系统是给运营、教研等部门的内部员工使用，通常以网站的形式存在，用于课程内容管理、课程销售管理、订单管理等。运营部门可以在后台管理系统上更新促销信息、设置课程销售规则等，这些信息会在前台展示系统上呈现出来；教研部门可以在后台管理系统上传和发布课程内容、查看用户学习情况等。“猴子·数据分析学院”的后台管理系统如图10-4所示。

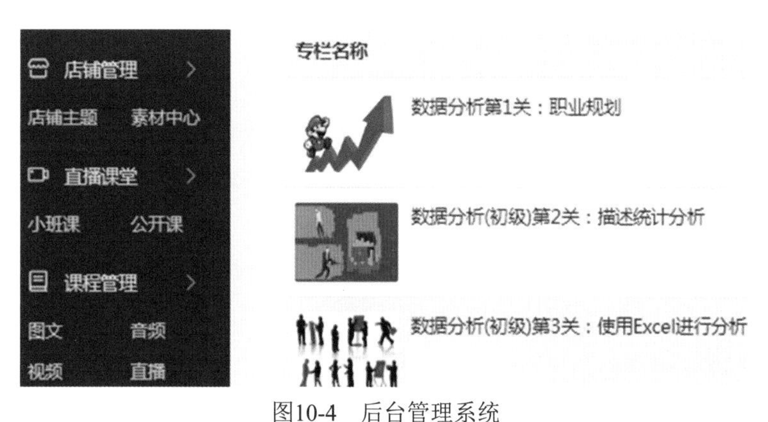

图10-4　后台管理系统

在线教育平台按职能一般可以分为4个部门：产品部门、开发部门、教研部门、运营部门。图10-5展示了这4个部门的协作关系。

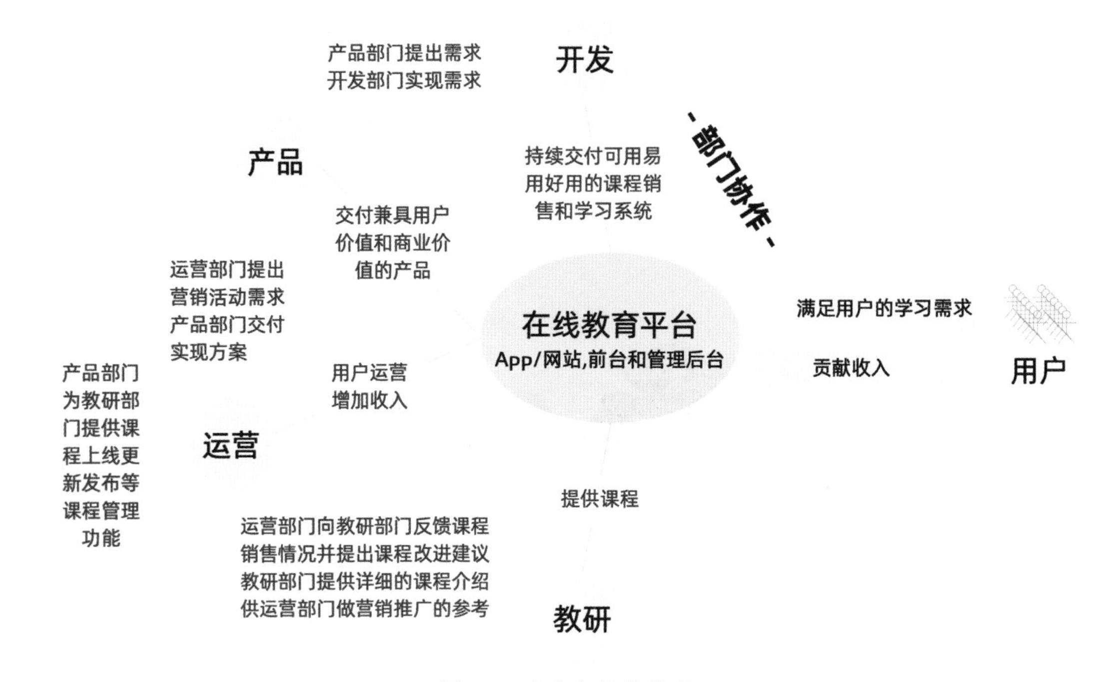

图10-5　各部门协作关系

产品部门的职能是规划在线教育平台，把控平台的发展方向。例如App新版本的上线时间、每个版本包含哪些功能等。产品部门的另一个职能是收集业务需求，根据需求设计成可实施的方案交付开发部门来实现，例如A/B测试需求、运营部门的活动支持需求、教研部门的提高用户学习体验需求等。

开发部门的职能是开发在线教育平台，实现产品部门提出的各类需求实现方案，将方案由草图变成可供用户使用的App、网站、微信小程序等。

教研部门的职能是组织老师生产课程，向用户交付课程。

运营部门的职能是营销推广，通过销售产生收益。

3）用户

用户是指购买、学习课程的消费者。老师、在线教育平台、用户围绕课程内容产生不同分工，老师负责生产课程内容，在线教育平台负责管理和销售课程内容，用户购买和学习课程内容。图10-6是在线教育行业详细的业务流程。

在线教育行业的业务流程可总结为“三个主体、六个阶段”，三个主体即老师、在线教育平台、用户；六个阶段即课程生产阶段、免费试学阶段、付费购买阶段、上课学习阶段、课程评价阶段、收入核算和复盘阶段。下面分别介绍每个阶段。

（1）课程生产阶段：老师想要在某个在线教育平台上开设课程，需要将个人介绍和准备开设的课程内容提交给在线教育平台审核。在线教育平台会审核老师的资质，如行业名气、学历、教学能力、教学经验等。同时线教育平台会审核课程内容，例如课程内容是否符合本平台的定位、目标用户有哪些，这直接决定了课程是否会卖得好。审核通过后，在线教育平台的教研部门会与老师沟通，一起开始准备课程内容。

例如，某在线教育平台想开通一门数据分析课程，于是找到一位知名老师取得联系，询问是否有兴趣在本平台开设一门讲授数据分析技能的课程，并介绍了分成比例和预期收入。该老师同意后，教研部门派出一位有经验的编辑与老师多次沟通，最终确定选题为常用的分析方法，然后老师开始生产课程。

（2）免费试学阶段：课程生产好以后，运营部门开始着手制定推广计划、设置允许用户试学的小节、上架销售该课程。用户看到课程产生兴趣后开始进行试学。

一门课程的安排通常是两级结构：章和节。小节是课程的最小单位，如一篇文章、一段视频课；章由多个小节组成，多个章就构成了本门课程，关系是“课程”包含“章”，“章”包含“节”。也存在例外情况，有些课程可以仅由很多个小节组成，没有“章”这一级。

（3）付费购买阶段：用户付费购买课程。

（4）上课学习阶段：用户在平台上学习已经购买的课程。

（5）课程评价阶段：用户在学习课程的过程中或学完后对课程进行评价。

（6）收入核算和复盘阶段：这一阶段是老师和平台的业务行为，包括收集和分析用户学习数据、课程评价等信息；另一方面是老师和平台的收益分成。

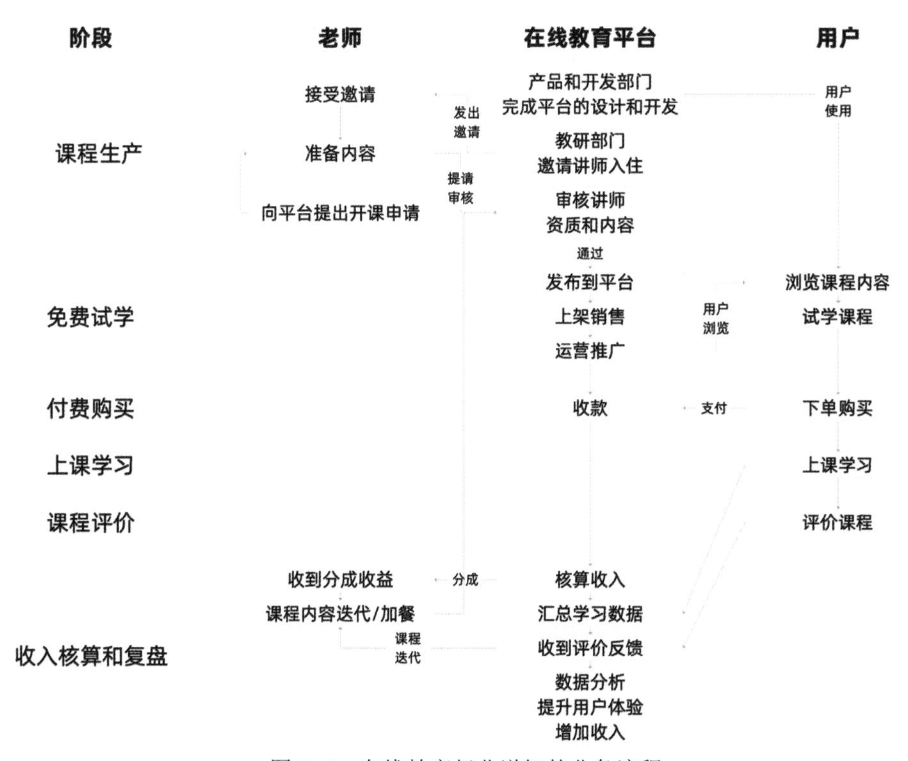

图10-6 在线教育行业详细的业务流程

在整个业务流程中，除了课程生产阶段，其他阶段都会产生数据，并需要分析这些数据。试学阶段需要分析如何提高用户试学的概率；购买阶段需要分析 “用户试学”和用户购买之间的相关关系；上课阶段需要分析用户的完课率及其影响因素，提升完课率；复盘阶段，需要分析用户反馈的问题的共性，确定课程的迭代方向，打造爆款课程。

产品部门和运营部门与用户接触最多，会承担数据分析的工作。产品部门侧重分析产品使用方面的数据，如日活跃率、新功能使用率、A/B测试结果，通过数据分析指导产品的迭代，让产品体验更好，转化率更高。运营部门侧重分析产品的运营数据，如某次促销活动的转换率、分享率、优惠券使用情况、完课率、复购率、各类用户行为的相关关系等。

10.1.2 业务指标

1）免费试学阶段指标

在线教育平台为了吸引新用户会提供课程免费试学福利。例如，某课程详情页设置了一个“开始免费试看”的按钮，点击这个按钮后跳转到用户登录验证，若登录了则开始免费收听课程；若未登录则提示去登录，登录时若没有注册则提示去注册。免费试学的业务流程如图10-7所示。

图10-7 免费试学的业务流程

免费试学阶段涉及4个指标：点击次数、点击率、点进概率、弹出率，它们可以反映用户在免费试学阶段对在线教育平台课程的感兴趣程度。

下面通过一个例子来说明这些指标如何计算。例如，现在有4人（a、b、c、d）访问了在线教育平台，其中a、b点击了“开始免费试看”按钮，并且a早上点击了1次，晚上打开该在线教育平台又点击了1次“开始免费试看”；b点击了1次；c、d只查看了在线教育平台首页，就离开了。各指标计算方法如下：

点击次数：点击“开始免费试看”按钮的次数。a 点击了2次，b点击了1次，所以点击数是3次。

点击率：点击 “开始免费试看”按钮的次数/本页面被浏览的次数。因为点击次数是3，本页面被浏览的次数是5（a浏览2次，b浏览1次，c浏览1次，d浏览1次），所以点击率=点击次数（3）/本页面被浏览的次数（5）=60%。

点进概率：点击“开始免费试看”按钮的用户数/浏览本页面的用户数。因为点击“开始免费试看”按钮的用户数是2（a用户和b用户），浏览本页面的用户数是4（a、b、c、d共4位用户），所以点进概率= 点击“开始免费试看”按钮的用户数（2） /浏览本页面的用户数（4）=50%。

弹出率：用户浏览网站或App时，只看了一个页面就离开的用户数/浏览本页面的用户数。因为c、d这2位用户只看了一个页面就离开，浏览本页面的用户数是4，所以弹出率=只看了一个页面就离开的用户数（2）/浏览本页面的用户数（4）=50%。

2）付费购买课程阶段指标

（1）转化率。

在线教育平台上转化率通常是指发生期望行为的数量与行为总数的比值。期望行为衡量的是运营人员希望目标用户做到的行为，例如查看课程详情页时点击报名按钮、点击支付按钮、支付成功、学完某一门课程等行为。

下面用一个实际的案例来说明转化率指标。

案例背景：某在线教育平台上线了一门新课程，分析师想要知道各个业务环节的转化率分别是多少，进而发掘可以优化的方面。

首先，定义核心目标：提升浏览该课程用户的成交转化率，成交转化率=支付成功人数/页面访问人数。

其次，梳理业务流程：

①用户浏览本产品的页面；②用户发现想要购买的课程后，点击“立即购买”按钮；③点击购买按钮后，需要核对商品信息，确认信息后点击“提交订单”；④点击“立即支付”按钮；⑤用户付清款项，最终成功购买了本课程。以上各业务环节中，进入每一环节的人数与上一环节人数的比值，都称为该环节的转化率。

最后是数据准备。如表10-1所示，是近30天的数据。

表10-1　用户数据

业务环节	操作用户数量	环节转化率	计算方法
用户访问量（UV）	20853	100%	—
点击“立即购买”	14697	70.48%	点击“立即购买”用户数/UV
点击“提交订单”	10550	71.78%	点击“提交订单”用户数/点击“立即购买”用户数
点击“立即支付”	8832	83.72%	点击“立即支付”用户数/点击“提交订单”用户数
支付成功	6107	69.15%	支付成功人数/点击“立即支付”用户数

将以上各个业务环节做成图10-8所示的漏斗分析图，通过该图可以很清晰地知道每一步的用户转化率是多少。

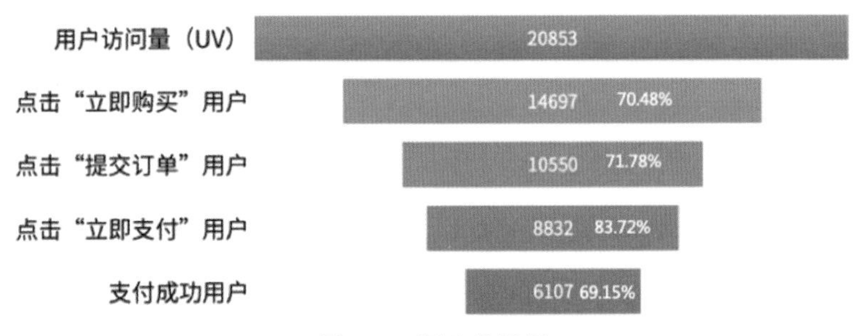

图10-8　漏斗分析图

再来看一个案例。某在线教育平台最近上线了一门课程B，上线一个月的销售表现不佳。分析师接到任务，使用对比分析方法来分析原因，将B课程的详情页和A课程的详情页进行比较，数据如表10-2所示。

表10-2　课程数据

	访问次数（PV）	用户访问量（UV）	平均停留时长	转化数	转化率
B课程	11427	10271	57秒	14	0.13%
A课程	62810	55985	1分36秒	357	0.64%

这个月A课程的访问次数（PV）是62810，详情页的用户访问量（UV）是55985，说明有一部分用户多次查看了页面。平均停留时长=页面总停留时长/访问次数（PV），转化数即访问了该页面并购买了该课程的用户数，转化率=转化数/用户访问量（UV）。

从中可以看出，B课程的详情页吸引力（平均停留时长是57秒）低于A课程（平均停留时长是1分36秒），B课程的详情页转化率（0.13%）低于A课程（0.64%），说明B课程的页面没有吸引用户停留的元素，因此提升B课程的详情页吸引力是一个优化方向。

（2）ARPU和ARPPU。

ARPU（Average Revenue per User）即人均付费，反应用户的价值，ARPU值越高，平台的业务发展前景越好。ARPPU（Average Revenue per Paid User）即付费用户的人均付费，反映付费用户的消费能力，ARPPU越高，付费用户的消费意愿越强烈，业务总收入越多。

下面通过一个案例说明如何使用收入、付费用户数、活跃用户数计算得出ARPU和ARPPU。两个指标的计算公式是：ARPU=收入/活跃用户数，ARPPU=收入/付费用户数。在图10-9中，橙色的曲线表示ARPU值，即平台本月总收入除以本月活跃用户数；蓝色的曲线表示ARPPU值，即平台本月总收入除以本月付费用户数。

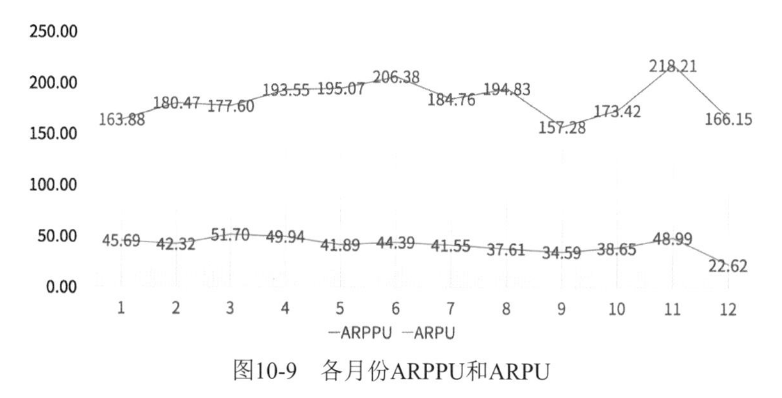

图10-9　各月份ARPPU和ARPU

观察折线图可以发现，ARPU和ARPPU两个指标在全年的走势相对平稳，说明业务发展平稳。但其中也存在问题：

第一，总体上没有增长趋势，说明提升用户的消费意愿和消费额是接下来运营的重点，否则当用户增长放缓时收入也会放缓。要着重运营老用户，增加忠诚度。第二，数据呈现周期性变化，两个指标在第一季度和第二季度呈上涨趋势，第三季度和第四季度却有下降趋势，且波动偏大。究其原因发现，年初定好收入目标后，第一季度和第二季度的运营活动和广告投放较多，当年中核算发现目标完成较好时，第三季度和第四季度的投放预算就减少了，且运营有所松懈。

针对以上分析提出建议：①深耕老用户和高价值用户，增加ARPU和ARPPU；②增加广告投放，通过用户增长提升总收入；③制定全年投放和运营计划，减少不同时间段收入完成情况对运营的影响。

3）上课学习阶段指标

（1）出勤率。

在线教育平台的课程分为两类：录播课和直播课。直播课的出勤率是评估学习效果的一个重要参考，通过对出勤率的分析，不断对运营和产品提供可行的策略，以提高出勤率。例如，直播课程A有100名用户预约报名参加，直播开始后，有90名用户参加了课程，那么课程A的出勤率=参加课程的用户数（90）/报名课程的用户数（100）=90%。

对于录播，只要用户学习了课程中的某部分内容就可以算为出勤。不论录播还是直播，出勤的条件可以根据具体业务灵活变化，例如规定用户学习超过10分钟才算出勤等。

（2）完课率。

完课率等于学完课程A的用户数除以购买课程A的用户数。完课率衡量了在线教育平台的教学质量。较高的完课率，代表着课程质量较高，可以吸引用户完成课程学习。

例如，课程A有10个章节，有100个用户购买该课程，其中30位用户学完了全部课程，剩余70位用户只完成了几个章节，那么完课率=学完课程的用户数（30）/购买课程的用户数（100）=30%。

4）课程评价阶段的指标

（1）评价数。

用户学完课程后可以对课程进行评价，评价数多说明用户对课程更加感兴趣。

（2）好评率。

用户在评价时，会对课程进行评分，评分高说明课程受用户欢迎，反之则需要寻找原因，进而提升课程质量。

以图10-10为例，课程的评价数是1695，有1695人对课程进行了评价，其中1678人给了课程五星好评，那么好评率=给好评的用户数（1678）/评价用户数（1695）=99%。

图10-10　课程评价

在使用评价数和好评率这两个指标时，需要注意不要陷入“幸存者偏差”的误区。有时给出评价的用户只占总用户的一小部分，那么课程评分低的原因，可能是那些认为课程很好的用户没有给出评分，认为课程不好的用户才会给出评分。这就要求在分析评价时，需要从多个维度进行全面分析。

10.2 案例分析

某在线教育平台在对2019年用户进行盘点时发现，用户运营过于粗放，没能做到用户分类运营。老板想在新的一年里对不同的用户进行有针对性的营销，达到降低成本、提高收入、提升投资回报率的目的。

1）明确问题

该在线教育平台的课程服务形式有两种：①图文音视频形式的课程，用户自学，这类课程售价是100～1000元；②提供学习服务，如作业答疑、1对1辅导等的培训类课程，这类课程售价是1000～10000元。

目前的问题是如何对用户分类，从而实现用户分类运营。可以使用RFM模型分析方法对用户按价值分类，从而实现精细化运营。

2）分析原因

（1）对R、F、M值进行定义。

R值：某用户最后一次消费距离2020年1月1日的天数；

F值：某用户在2019年这一年的消费次数；

M值：某用户在2019年这一年的消费金额。

要得到R、F、M这3个指标，需要数据的字段包括：用户ID（用户在该教育平台中的唯一编号）、订单号（唯一标示用户购买课程的订单编号）、订单金额（购买课程花了多少钱，单位是元）、下单时间（购买课程的时间）。表10-3是某一位用户（用户ID为18715）的数据。

表10-3 课程订单数据

订单号	下单时间	用户ID	订单金额（元）
21530370802572146397	2019/1/1	18715	1725
21537160129132192794	2019/1/1	18715	5289
21603420599162161862	2019/1/1	18715	1607
21985750645272161862	2019/1/1	18715	3305
21932830867082113919	2019/10/22	18715	686
21466380474622146395	2019/5/15	18715	341
21812100674652192791	2019/5/15	18715	123
21577850117662113918	2019/5/19	18715	2839
21301330635922146389	2019/10/8	18715	5081
21524120728152113916	2019/10/8	18715	1128
21667660016882130926	2019/10/8	18715	168
21859730713242130926	2019/10/8	18715	176
21926460271222192791	2019/12/11	18715	4923

分析该数据的日期是2020年1月1日，那么用户ID为18715的用户在2019年有13笔订单。最后一笔订单发生在2019年12月11日。根据前面业务指标的定义，该用户的R值是2019年12月11日距离2020年1月1日的天数，即20天；F值是该用户在2019这一年的消费次数，在这个案例中按订单来计算消费次数，也就是上表中的“订单号”这一列，共有13条数据，所以消费次数是13次；M值是该用户在2019这一年的消费金额，也就是上表中的“订单金额”这一列的值总和，所以消费金额是27391元。

（2）统计R、F、M值。

为了统计R、F、M值，需要将数据按照用户ID进行分组汇总，即每一行是一个用户的消费行为。如表10-4所示，为5位用户的汇总数据（篇幅所限，只展示部分数据）。

表10-4　用户汇总数据

用户ID	订单数量	总消费金额（元）	最近一次下单时间	分析时间	R值	F值	M值
10015	16	9607	2019/11/25	2020/1/1	37	16	9607
10030	21	25244	2019/12/11	2020/1/1	21	21	25244
10045	21	16721	2019/12/31	2020/1/1	1	21	16721
10060	21	42257	2019/12/26	2020/1/1	6	21	42257
10075	20	26450	2019/12/12	2020/1/1	20	20	26450

（3）给R、F、M按价值打分。

R值打分：当前业务处于快速发展期，用户一般是通过课程优惠类的拉新活动吸引而来。根据统计，用户注册后，一般会在3天内发生购买。课程每周都会有上新，7天是一个重要时间节点。对于图文音视频课程，则一般会在上线后40天更新完毕。培训类课程的授课周期一般是90天。

F值打分：根据当前业务发展需要，购买次数超过3次产生的利润才能覆盖获客成本。全平台的用户平均已完成订单数是8单，中位数是12单。根据二八法则，期望20%的用户能贡献80%的利润，80%分位数上的用户订单数是16单。

M值打分：按照每20%分位数为一个档次，分别计算出该批用户20%、40%、60%、80%分位数的总消费金额。

最终确定的打分规则见表10-5。

表10-5　打分规则

按价值打分	最近一次消费时间间隔（R）	消费频率（F）	消费金额（M）
1分	大于90天	小于3次	小于500元
2分	40～90天	3～8次	500～9500元
3分	7～40天	8～12次	9500～15000元
4分	3～7天	12～16次	15000～25000元
5分	小于3天	大于16次	大于25000元

根据这个打分规则，可以在前面的表格里加上R值打分、F值打分、M值打分这3列，并填上对应的分值，如表10-6所示（由于数据多，只展示部分数据，用于说明分析思路）。

表10-6 R、F、M打分值

用户ID	最近一次消费时间间隔（R）	消费频率（F）	消费金额（M）	R值打分	F值打分	M值打分
10015	37天	16次	9607元	3	4	3
10030	21天	21次	25244元	3	5	5
10045	1天	21次	16721元	5	5	4
10060	6天	21次	42257元	4	5	5
10075	20天	20次	26450元	3	5	5
10090	6天	7次	7309元	4	2	2
10105	61天	23次	22666元	2	5	4
10120	8天	11次	17244元	3	3	4
10135	56天	11次	12273元	2	3	3
10150	128天	7次	15881元	1	2	4

（4）计算价值平均值。

分别计算出R值打分、F值打分、M值打分这3列的平均值。R值打分平均值约为2.64，F值打分平均值3.37，M值打分平均值3.44。

（5）用户分类。

对用户的情况进行分类，记录R、F、M三个值是高于平均值，还是低于平均值。

如表10-7所示，如果该用户的R值打分大于平均值，就在“R值高低”列里记录为“高”，否则记录为“低”。F值、M值也同理。

表10-7 记录用户R、F、M值的高低

用户ID	R值打分	F值打分	M值打分	R值高低	F值高低	M值高低
10015	3	4	3	高	高	低
10030	3	5	5	高	高	高
10045	5	5	4	高	高	高
10060	4	5	5	高	高	高
10075	3	5	5	高	高	高
10090	4	2	2	高	低	低
10105	2	5	4	低	高	高
10120	3	3	4	高	低	高
10135	2	3	3	低	低	低
10150	1	2	4	低	低	高

然后对比表10-8的用户分类定义规则，就可以得出用户属于哪种类别。

表10-8 用户分类定义规则

用户分类	最近一次消费时间间隔（R）	消费频率（F）	消费金额（M）	精细化运营
1.重要价值用户	高	高	高	
2.重要发展用户	高	低	高	
3.重要保持用户	低	高	高	

续表

用户分类	最近一次消费时间间隔（R）	消费频率（F）	消费金额（M）	精细化运营
4.重要挽留用户	低	低	高	
5.一般价值用户	高	高	低	
6.一般发展用户	高	低	低	
7.一般保持用户	低	高	低	
8.一般挽留用户	低	低	低	

用户分类结果如表10-9所示。

表10-9　用户分类结果

用户ID	R值打分	F值打分	M值打分	R值高低	F值高低	M值高低	用户分类
10015	3	4	3	高	高	低	一般价值用户
10030	3	5	5	高	高	高	重要价值用户
10045	5	5	4	高	高	高	重要价值用户
10060	4	5	5	高	高	高	重要价值用户
10075	3	5	5	高	高	高	重要价值用户
10090	4	2	2	高	低	低	一般发展用户
10105	2	5	4	低	高	高	重要保持用户
10120	3	3	4	高	低	高	重要发展用户
10135	2	3	3	低	低	低	一般挽留用户
10150	1	2	4	低	低	高	重要挽留用户

根据用户分类结果，查看8类用户的占比，统计出的数据如图10-11所示。

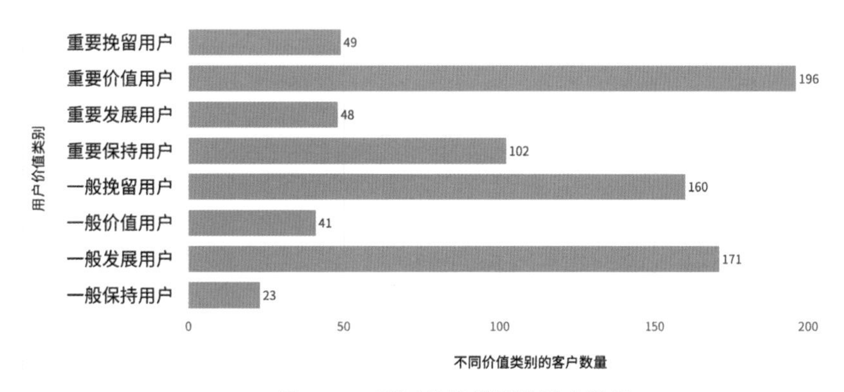

图10-11　不同价值类别的用户数量

从图中可以发现：

（1）重要价值用户最多，说明有很多种子用户；

（2）一般挽留和一般发展用户也较多，用户呈现出较高价值和较低价值都很多的情况。

3）提出建议

通过分类后，每个用户都有其对应的价值标签。例如，用户10015是一般价值用户，用户

10030是重要价值用户。这就使运营人员了解到平台上哪些用户是最好的用户，哪些用户是无价值用户，哪些用户有可能流失。

这就可以针对不同的用户制定不同的运营策略。具体的策略描述如表10-10所示。

表10-10 不同用户运营策略

用户分类	运营策略
重要价值用户	投入更多资源提供VIP或个性化服务，增加更多销售机会
重要发展用户	开发更多高价值的课程，提高消费频次
重要保持用户	主动联系，推荐用户感兴趣的课程，促进购买
重要挽留用户	重点联系，开发用户感兴趣课程并多次推荐，提高留存
一般价值用户	推荐高价值课程，凸显课程价值
一般发展用户	发送多品类的定向优惠券，增加购买频次和总消费金额
一般保持用户	鼓励用户留言评论、使用积分等，保持用户活跃
一般挽留用户	发掘用户兴趣，使用推送等低成本手段触达和挽留

本章作者介绍

刘凯悦，从美工转行互联网产品经理的文科生，目前是在线教育行业的产品经理，开办知乎Live讲座“零基础成功转行数据分析产品经理”。

第11章　运营商行业

11.1　业务知识

11.1.1　业务模式

运营商是指提供网络服务的供应商，例如你用中国移动公司的4G网络进行手机上网，那么中国移动公司就是给你提供网络的供应商。目前国内的三大电信运营商是中国移动、中国电信、中国联通。

一般把入网用户称为存量用户，例如你办了一张中国移动的电话卡，并且激活使用了，那你就是中国移动的存量用户。运营商根据不同用户的消费习惯制定相应的产品，让用户使用该运营商的电话号码来打电话或上网，达到维系用户和提升用户价值的目的，这就是对存量用户的运营，简称存量运营，也称为用户运营（图11-1）。

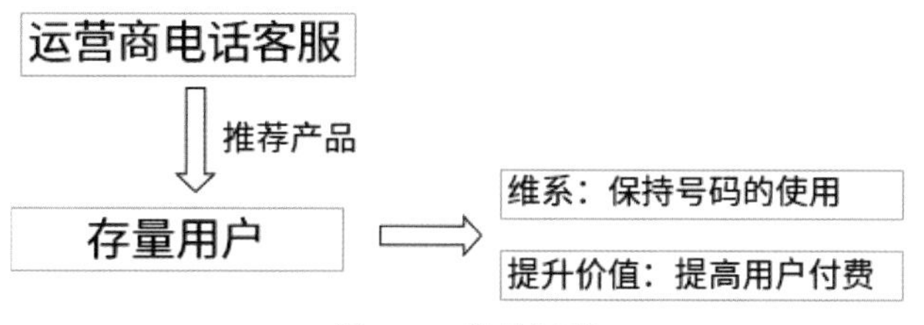

图11-1　存量运营

什么是维系用户？维系用户就是对不想再使用该运营商电话卡的用户宣传相应的产品活动，例如充话费送话费等优惠，让用户享受相应的优惠，达到让用户继续用这张电话卡，不注销电话卡（销户）的目的。

什么是提升用户价值？提升用户价值就是提高用户的付费金额。例如，让用户使用一个比现有套餐月租更高的套餐，用户每个月要缴的月租费提高了，运营商的收入也就提高了。那么对于运营商来说，这个用户的存在价值就提升了，给运营商带来了更高的收益。

下面通过一个例子来说明存量运营。小明用的是中国移动的65元电话套餐（包含10G流量和100分钟通话时间）。近两个月小明对流量的需求比较大，套餐里面10G的流量不够使用1个月，导致每月多花了25元的流量费。小明觉得这张电话卡的套餐不适合他，不想继续用这张电话卡了。有天他收到移动客服来电，客服根据小明的电话卡消费情况，推荐他使用一个满足流量需求的套餐，每月月租是95元（包含30G流量和200分钟通话时间）。小明觉得这个套餐更适合他，就答应更换到95元的套餐，移动客服则为小明更换套餐。

小明使用移动的电话卡，那么小明就是移动的存量用户。客服给小明打电话推荐产品的行为称为电话营销。小明更换到95元月租的套餐后，对这个套餐满意并继续用这张电话卡，这次电话营销就达到了维系小明这位存量用户的目的。小明的电话套餐费用从65元增加至95元，对于移动来说，达到了提升小明这个存量用户的价值的目的，因为小明给移动带来了更高的收入。

以上例子中，通过电话营销达到维系用户和提升用户价值的过程就是存量运营。电话营销和短信宣传是目前运营商主要的线上存量运营方式。

运营商的存量运营主要是由“存量中心”这个部门负责。存量中心的工作主要分为产品和外呼两个内容。

运营商会有很多产品供不同的用户选择，负责产品管理的是项目经理。存量运营中的产品是有生命周期的，像流量包的生命周期相对于其他的产品就比较短，活动更新的速度比较快。例如针对国庆节，为了迎合人们在节假日对流量的需求，会制定相应的流量包活动，像“国庆7天包”这个流量包就是只有在国庆节7天内可订购，价格实惠且流量较多，满足人们假期的手机娱乐需求；但过了国庆节，这个产品就下架了，不能订购了，也就是“国庆7天包”这个产品的生命周期只有7天。

存量运营工作中，客服打电话这个行为称为外呼，几名电话客服人员会组成一个外呼团队。负责管理外呼团队及外呼工作的是外呼团队负责人。存量中心会有自己的外呼团队，此外也会引入外呼公司，让外呼公司的客服协助外呼用户。

运营商存量运营的业务流程如下（图11-2）：

（1）了解项目。

项目经理收到新的产品后，先了解产品的活动内容及操作过程。之后，项目经理给外呼团队培训，培训的内容包括外呼术语、注意事项、系统操作等内容。

（2）号码处理。

项目经理把需要客服打电话的号码下发给外呼团队负责人，由外呼团队负责人分配给外呼团队进行外呼。接到客服来电的用户，如果接受并办理客服推荐的产品，就称外呼成功。

（3）短信宣传。

另外也会通过短信方式给相应的用户宣传产品活动，让用户自行回复短信或者去营业厅办理该活动。

最后项目经理会对用户订购情况进行跟踪，来了解产品执行情况。

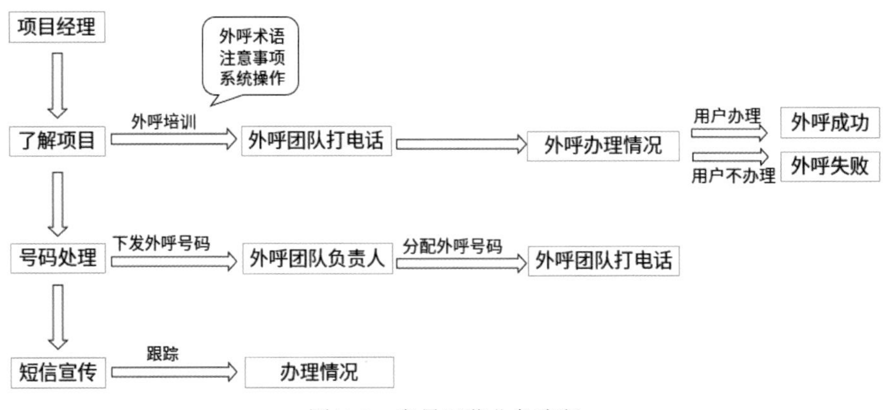

图11-2 存量运营业务流程

11.1.2 业务指标

1）运营指标

（1）出账用户数。

每个月的出账用户数都不同，所以使用出账用户数的时候都会明确是哪个月的出账用户数。某月份出账用户指的是某月份需缴话费金额大于0的用户。这里提到的用户需缴的大于0的话费金额，就是出账金额，简称出账。

例如，用户A在2020年5月需要缴的话费金额是50元，这50元就是用户在2020年5月的出账，用户A就是2020年5月的出账用户。像用户A一样，在2020年5月缴费金额大于0（即出账大于0）的用户总数就是2020年5月的出账用户数。而用户B在2020年5月需要缴的话费是0元，那用户B就不是2020年5月的出账用户，也称这个用户不出账。

存量用户总数一定的情况下，出账用户数越多，存量用户的发展质量就越好；出账越多（也就是用户要缴的话费越多），运营商的收入就越多。

（2）用户保有率。

每个月的用户保有率都是不一样的，使用用户保有率的时候也要明确是哪个月的用户保有率。用户保有是指对比去年年底用户数，现在的用户数是多少，所以A年B月的用户保有率=（A年1月—B月的出账用户总和/B）/A年上一年12月的出账用户数。

例如，2020年1—5月每个月的出账用户数是50万（对应上面公式里，A年是2020年，B月是5月），2019年12月的出账用户数是60万，那么 2020年5月的用户保有率=（2020年1月—5月的出账用户总和/5）/2019年12月的出账用户数 =[（50+50+50+50+50）/5]/60=83%。用户保有率越高，说明运营商存量用户的发展质量也越好。

（3）收入保有率。

每个月的收入保有率都是不一样的，使用收入保有率的时候也是要明确是哪个月的收入保有率。收入保有是指对比去年年底收入，现在的收入是多少，所以A年B月的收入保有率=（A年1—B月的用户出账收入总和/B）/ A 年上一年12月的用户出账收入。

例如，2020年1—5月每个月的用户出账收入为100万，2019年12月的用户出账收入是120万，那么2020年5月的收入保有率=[（100+100+100+100+100）/5]/120=83%。收入保有率越高，运营商的收入状况越好。

（4）用户流失率。

A年B月的用户流失率=A年B月上一月出账但A年B月不出账的用户数/A年B月上一月的出账用户数。

例如，2020年4月出账用户数是10万，这10万用户数到了2020年5月出账用户数只有8万（对应上面公式里，A年是2020年， B月是5月），那2020年5月的用户流失率=2020年4月出账但2020年5月不出账的用户数/2020年4月出账用户数=（10-8）/10=20%。

（5）项目增收。

增收就是运营商收入增加金额的简称，在存量运营中，会关注产品带来的收入增加多少，所以这里的增收就是指某个产品的收入增加金额。

A年B月某项目增收=A年B月用户订购某产品后的用户出账收入总额-用户订购产品前3月平均出账收入。

例如，2020年10月“国庆7天包”产品的增收=2020年10月订购“国庆7天包”的用户出账收入总额-用户在2020年7—9月平均出账收入（对应上面公式里，A年是2020年，B月是10月）。

2）外呼指标

（1）外呼用户数。

前面讲述的业务流程中，提到项目经理将需要把打电话宣传产品的电话号码下发给外呼团队负责人，再由外呼团队负责人把号码分配给客服进行打电话营销产品，这里的客服要打电话的号码总数就称为外呼用户数。

（2）接通率。

接通率=接通用户数/外呼用户数。客服打电话接通时间>0秒的用户称为接通用户。接通率是指接通用户占全部外呼用户的比例。只有电话接通了，才能有下一步的产品推荐，所以接通率很重要。

（3）有效接通率。

有效接通率=有效接通用户数/外呼用户数。规定接通时间大于或者等于20秒的用户，称为有效接通用户。因为宣传产品需要一定时间，时间过短，产品的宣传可能不顺利。所以有效接通率高，说明用户对于产品比较感兴趣，愿意听外呼人员进行宣传。

（4）接通办理率。

接通办理率=办理用户数/接通用户数。给用户进行打电话营销，就会有两个结果：用户愿意办理该产品，或者用户拒绝办理该产品。通过电话营销办理产品的用户数称为办理用户数，也称办理量。

（5）有效接通办理率。

有效接通办理率=办理用户数/有效接通用户数。

（6）外呼渗透率。

外呼渗透率=办理用户数/外呼用户数，指办理用户占宣传用户总数的比例，下文简称渗透率。

下面通过一个例子解释各项外呼指标（图11-3）。对于“国庆7天包”这个产品，有10万用户需要客服去打电话宣传，10万就是外呼用户数。其中，有4万用户不接电话，即电话没接通，6万用户电话接通了，即接通电话的时间大于0秒，则6万就是接通用户数。

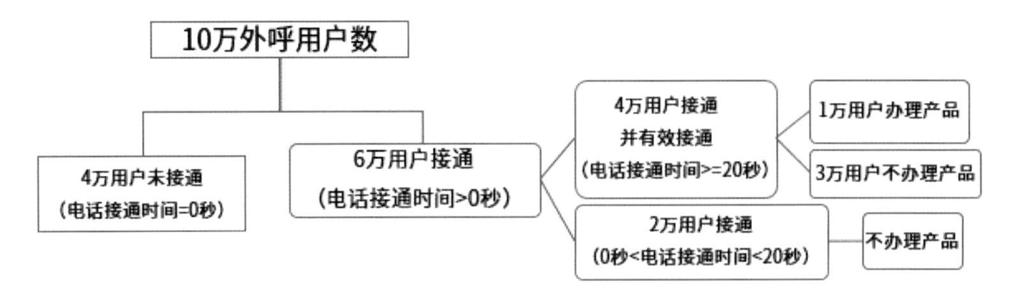

图11-3 案例的各项外呼指标

6万的接通用户中，有2万接通分钟数小于20秒，4万接通分钟数大于等于20秒，则4万就是有效接通用户数。最后这4万有效接通用户中，只有1万用户愿意订购“国庆7天包”这个产品。

在这个例子中，各指标计算如下：

外呼用户数=100000；

接通率=接通用户数/外呼用户数=60000/100000=60%；

有效接通率=有效接通用户数/外呼用户数=40000/100000=40%；

接通办理率=办理用户数/接通用户数=10000/60000=16.7%；

有效接通办理率=办理用户数/有效接通用户数=10000/40000=25%；

外呼渗透率=办理用户数/外呼用户数=10000/100000=10%。

11.2　案例分析

某运营商为了回馈用户，发起一个用户充值送视频会员权益的活动。活动具体为：对于月租小于等于50元的用户只要充值30元话费就可免费领取3个月的视频会员；对于月租大于50元的用户只要充值60元就可免费领取6个月的视频会员。该活动的生命周期是3个月（2019年9月—11月）。

通过这3个月对回馈老用户进行外呼营销后，完成情况如表11-1所示。

表11-1　活动数据

时间	外呼用户数	办理用户数	外呼渗透率
201909	1937	1050	54.2%
201910	7399	1864	25.2%
201911	7162	1009	14.1%

从表11-1中可以看出，随着时间的变化，外呼渗透率有越来越低的走势，现在领导下达了一个分析任务：分析外呼渗透率一直减少的原因。

1）明确问题

需要分析的问题是为什么回馈用户活动这3个月的完成情况越来越差，也就是外呼渗透率越来越低。需要找出外呼渗透率降低的原因。

和相关人员沟通并明确了业务指标的定义。外呼渗透率=办理用户数/外呼用户数。办理用户数跟外呼的情况有直接的关系，如接通的用户有多少，有效接通的用户有多少，接通并办理的用户有多少等，所以分析办理用户数时需要用到的数据有外呼结果数据、办理结果数据。

外呼的过程中，客服可以看到用户的相关数据，例如用户消费、性别、年龄等，这些与用户相关的数据一般称为用户数据，可以用来分析用户的基本情况。所以分析外呼用户时，要分析这些外呼用户的特征，需要用到的数据就是用户数据。

这样就可以确定外呼结果数据、办理结果数据、用户数据就是分析时需要用到的数据，表11-2是3类数据中的详细字段。

表11-2　详细字段

数据类型	字段名称
外呼结果数据	外呼团队
	外呼时间
	外呼分钟数

续表

数据类型	字段名称
办理结果数据	是否订购
	是否参与活动
	活动开始时间
	活动结束时间
用户数据	用户号码
	用户年龄
	用户性别
	号码品牌
	用户套餐月租
	入网时间
	近6个月平均话费
	近6个月平均使用流量
	近6个月平均使用语音
	优惠名称

外呼结果数据可以分析出外呼团队的外呼能力、外呼情况与办理情况的关系；办理结果数据可以分析出订购哪些优惠活动的用户量多；用户数据可以分析出用户的基本特征，例如性别、年龄、使用套餐、近半年消费情况等。

确定所需数据时，可以多问几个为什么，根据疑问去寻求答案。以这个项目为例，对于提出的疑问，只要你觉得得到的数据已经能够满足你的分析需求，就不用继续往下挖掘问题与数据了，如表11-3所示。

表11-3　提问深挖

	提出问题	探索答疑	确定数据
问题一	外呼渗透率怎么算？	外呼渗透率=办理用户数/外呼用户数	办理用户数、外呼用户数
问题二	用户是通过什么渠道办理的？	用户是通过外呼营销办理，这样就会产生外呼结果数据	外呼结果数据：外呼时间、外呼团队、外呼分钟数
问题三	办理结果是怎么样的？	办理结果是外呼人员给用户在系统上录入，使得系统有数据，系统数据通过某种手段同步到数据库中，那从数据库中就可以拿到办理用户的数据	办理结果数据：是否订购、订购优惠名称、优惠开始时间、优惠结束时间
问题四	下发的外呼数据中除了用户号码，还有什么数据？	用户性别、年龄、号码品牌、使用套餐、近半年消费等数据	用户性别、年龄、号码品牌、使用套餐、近半年消费等数据

2）分析原因

（1）观察数据。

以上过程明确了分析目的，并且得到了分析所需的数据，接下来可以通过折线图来观察渗透率的情况，如图11-4所示。

图11-4　渗透率分布

从图11-4中可以看出，从9月到11月，渗透率一直降低，且9月到10月渗透率下降幅度更大。

借助图形可以直观地表现出数据变化的趋势和幅度。因为本次数据中只有3个月的数据，所以直接看这3个月对应的3个渗透率，即可知道其变化是怎么样的。

（2）假设检验分析方法。

经过上一步的对比分析方法得知，11月的办理量增长率暴跌。这些变化就是分析过程中要抓住的重点：为什么数据会下降？

下面使用假设检验分析方法来查找出原因。与渗透率相关的数据是外呼结果数据、办理结果数据、用户信息数据，那就从外呼结果、办理结果、用户特征这3个维度来拆解（图11-5）。

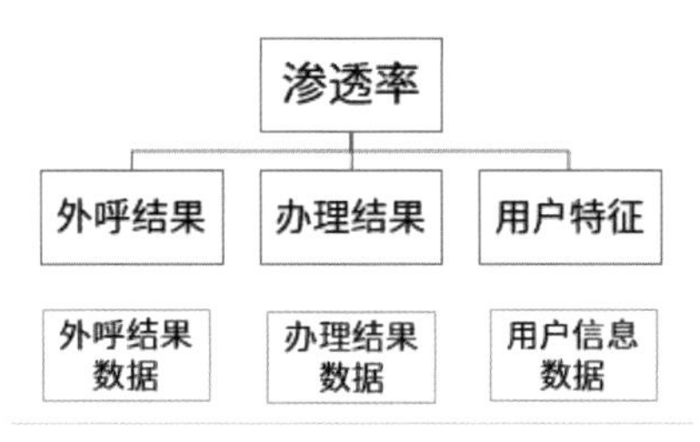

图11-5　3个维度

从外呼结果的维度拆解，可以假设是外呼结果变差，即外呼接通率或者有效接通率降低；从办理结果的维度拆解，可以假设是办理量降低；从用户特征的维度拆解，可以假设是用户特征发生变化，而变化的用户特征对渗透率有影响。可以把这些假设归纳成图11-6。

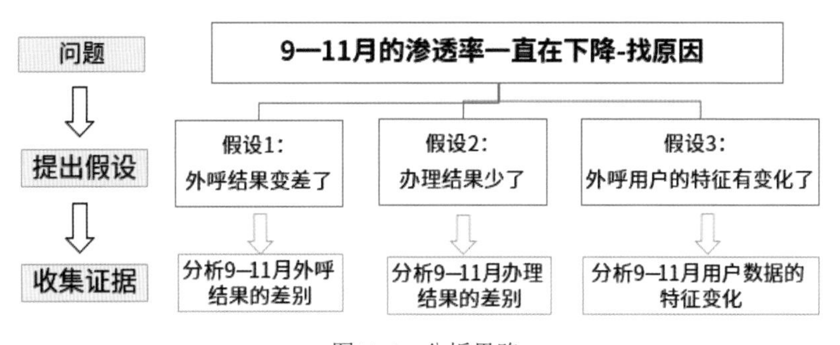

图11-6　分析思路

假设1：外呼结果变差了。

首先，查看9—11月的外呼量安排是否有变化。根据图11-7外呼用户总数的分布，得到结论：9月外呼量最少，10月和11月的外呼量大幅增长，但是这两个月的渗透率却明显下降。

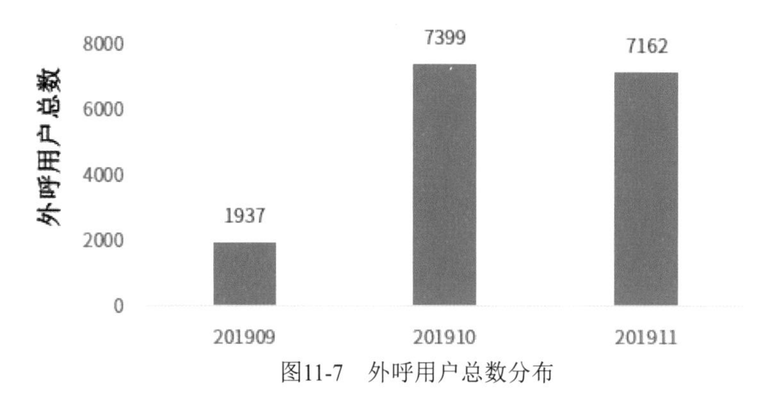

图11-7　外呼用户总数分布

接下来查看外呼接通情况。外呼结果中，接通时间大于0秒的用户称为接通用户，接通时间大于等于20秒的用户称为有效接通用户。外呼分析涉及的3个指标如表11-4所示。

表11-4　外呼指标含义

外呼指标	指标含义
接通率	外呼接通用户数/外呼用户数
有效接通率	有效接通用户数/外呼用户数
有效接通办理率	有效接通且办理优惠的用户数/有效接通用户数

外呼团队进行外呼，是否接通的结果是随机的，但是也会受到外呼时间段的影响。例如在早上10—11点外呼的接通率比在中午13—14点的接通率高，因为后者正是午休时间，午休时间接听电话的概率就比较低，可能是对方设置了手机静音不知道有电话打过来，或者一看是客服电话会影响睡眠就挂掉，种种可能都有。所以实际工作中外呼会安排在早上9—12点，下午15—19点。

根据图11-8中接通情况的分布，得到结论：9—11月的接通率、有效接通率、有效接通办理率都是逐月下降。其中9月和10月接通率超过99%，11月的接通率不到50%。结合3个月的渗透率情况，可知接通率与渗透率有紧密联系。

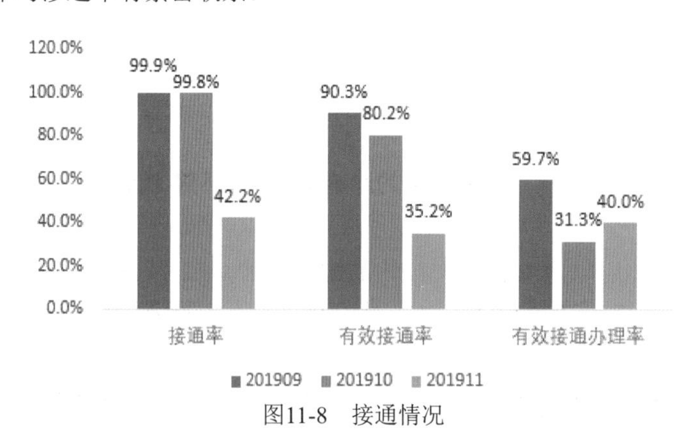

图11-8　接通情况

通过外呼结果分析，得出假设1的相关结论：9—11月的外呼情况变差了，外呼接通率、有效接通率、接通办理率都逐月减少（图11-9）。

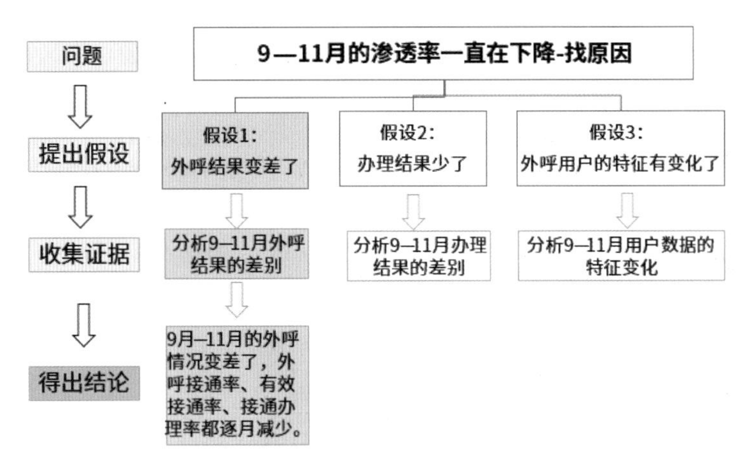

图11-9　假设1的结论

假设2：办理结果少了。

查看9—11月的办理结果是否有变化（图11-10）。

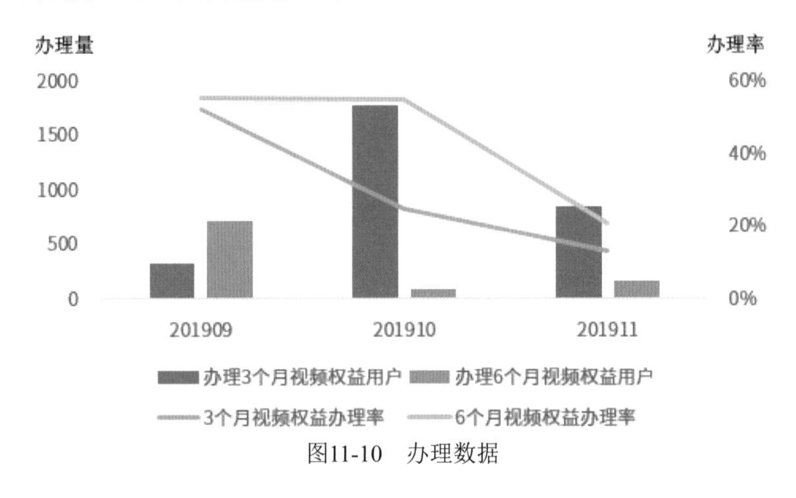

图11-10　办理数据

根据图11-10可得到结论：

（1）6个月视频权益的办理率比3个月视频权益的办理率高，且逐月下降。

实际业务中，外呼结果跟办理结果密切相关。外呼人员通过外呼进行用户营销，一般同意办理的用户其接通秒数一定大于20秒，也就是有效接通。因为外呼过程之中，从跟用户问好、确认用户信息，到向用户推荐优惠、介绍优惠活动，这时间总和一定大于20秒。根据假设1得知，9—11月的接通率、有效接通率、有效接通办理率都是逐月下降，这导致了9—11月的办理率也是逐月下降。

（2）10月和11月办理3个月视频权益的用户数明显比9月高。

从表11-1中可以得知，10月、11月的外呼用户数是9月外呼用户数的7倍，这是导致办理3个月视频权益的用户量比9月高的原因，所以这个现象是正常的。

（3）在10月、11月的外呼用户数是9月外呼用户数7倍的情况下，9月办理6个月视频权益的用户却明显比后面两个月多，这个现象值得去进行继续探究，分析其用户特征。

由此得到假设2的结论（图11-11）。

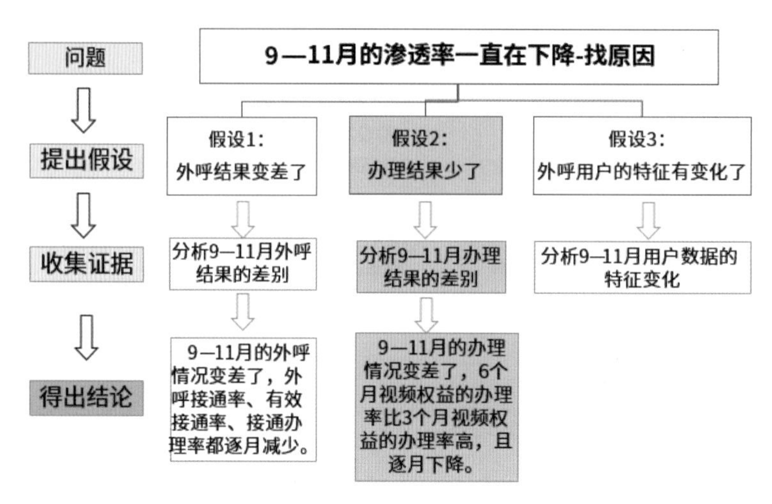

图11-11 假设2的结论

假设3：外呼用户的特征有变化了。

前面分别对外呼情况及办理情况进行了分析，接下来对用户信息进行分析。这也是对办理结果的深入分析，即进一步分析为什么会有假设2中的办理结果。

项目经理在提取目标用户的时候，是根据该产品的提数口径在数据库上编写SQL语句进行数据的提取。例如，提数口径中对于用户消费的内容是目标用户的近6个月平均消费大于5元，那出来的数据中用户近6个月平均消费都是大于5元。这里只是初步限制了这个字段的取数范围，并不是在这个范围内的用户都会办理。一般办理的用户都是有一定特征的，也就是他的近6个月平均消费都是集中在某个区间内。为了对用户进行广泛外呼，口径制定为近6个月平均消费大于5元的用户，他们都是有可能办理的，这样可以提高外呼接触率，进而提高办理量。

具体对用户信息的分析按照下面5步进行：

第1步：分析用户年龄特征是否会影响渗透率。

由图11-12可得到结论：目标用户年龄在20～60岁，其中20～30岁办理量最多，除了15～20岁、90～100岁的用户数过少，得到的数据不具有代表性，30～90岁的用户办理量和办理率基本是随年龄的增长而降低。

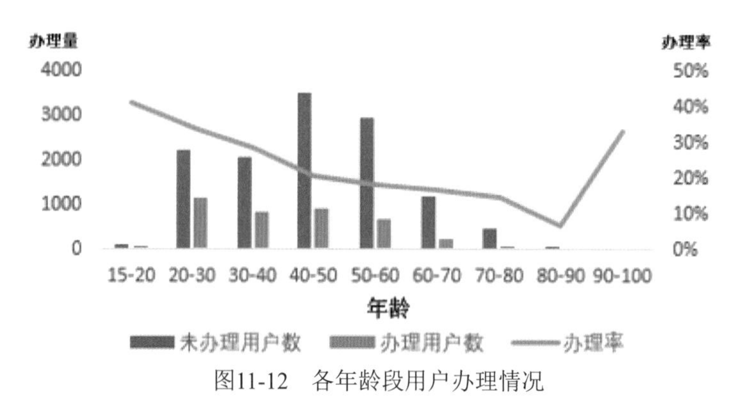

图11-12 各年龄段用户办理情况

接着看下不同月份外呼目标对应的年龄分布怎么样，考察是否是因为年龄分布导致办理量减少，如图11-13所示。

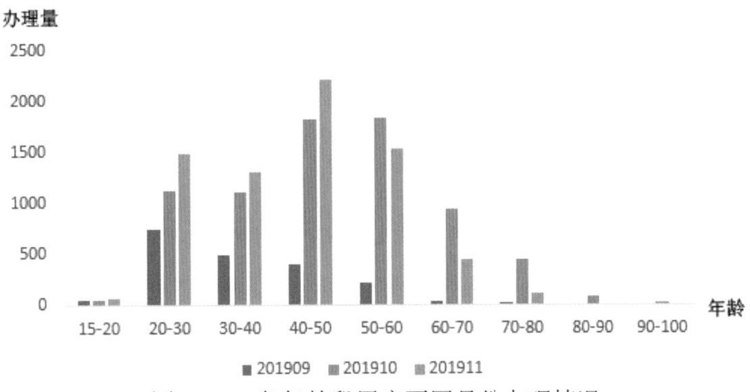

图11-13　各年龄段用户不同月份办理情况

从图11-13中可以发现：9月份20～30岁的用户最多，且20～60岁的用户数是递减的趋势。10月份30～60岁的用户量是递增的，且11月份60岁以下的用户数远大于10月份和9月份的用户数。

再结合上面对整体用户年龄段与办理量得出的30～90岁的用户办理量和办理率都是随年龄的增长而降低，可得到分析结论：年龄与办理量成反比关系，也就是年龄越大用户办理量或者办理率就越低。9月份用户量少但20～40岁的用户占比大，从而办理率较大；10月份和11月份用户数多，但40～60岁的用户占比大，从而办理率较小，渗透率明显比9月份低。另外11月份60岁以下的用户数远大于10月份，这也是导致渗透率比10月份低。

从上述结论可知，用户群年龄分布影响着用户渗透率，即年龄越大的用户办理量或者渗透率就越低。（用户办理率=办理用户数/外呼用户数，与渗透率的计算方法一样，这里就可以认为办理率=渗透率，即办理率可以理解称渗透率。）

第2步：分析用户的套餐月租分布是否会影响渗透率。

月租对于用户的消费有着直接的影响，即月租高的消费就高。图11-14是月租对应的用户数，可见无明显的分布规律。

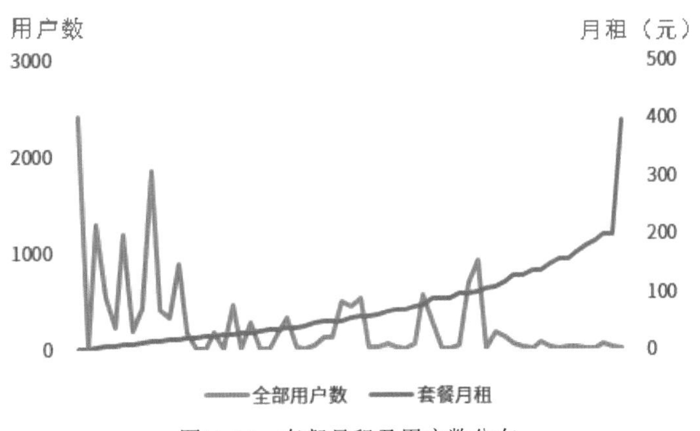

图11-14　套餐月租及用户数分布

下面看9—11月份套餐月租与用户数分布。由图11-15、图11-16、图11-17可知，9月的用户数少，但用户月租整体是在20～200元，而10月、11月用户月租大都分布在0～50元。所以，9月和10月、11月用户套餐分布有较大差别，9月的用户群大部分月租偏高，10月和11月的用户大部分都处于低月租的情况。

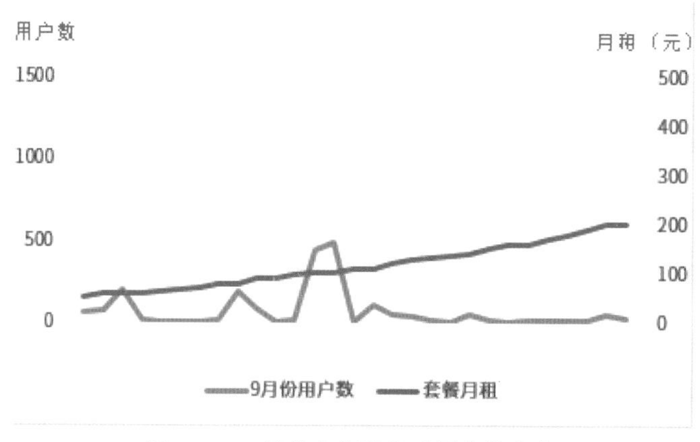

图11-15 9月份套餐月租及用户数分布

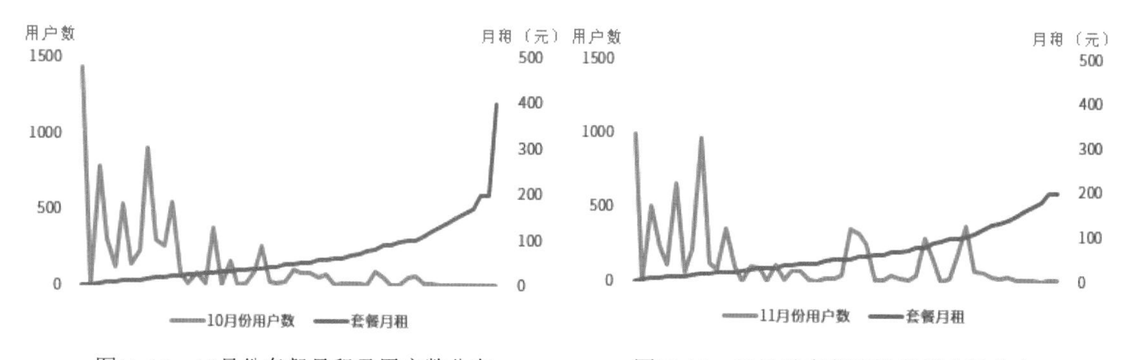

图11-16 10月份套餐月租及用户数分布　　图11-17 10月份套餐月租及用户数分布

第3步：分析用户品牌分布是否会影响渗透率。

目前用户大都是4G品牌的用户，而且这个产品宣传的是视频会员权益，开通视频会员有助于优化用户观看视频的体验，可以预测到4G用户的渗透率比2G和3G高。图11-18是整体品牌办理量的情况，符合上面提出的预测，4G办理量最高，3G、2G次之。

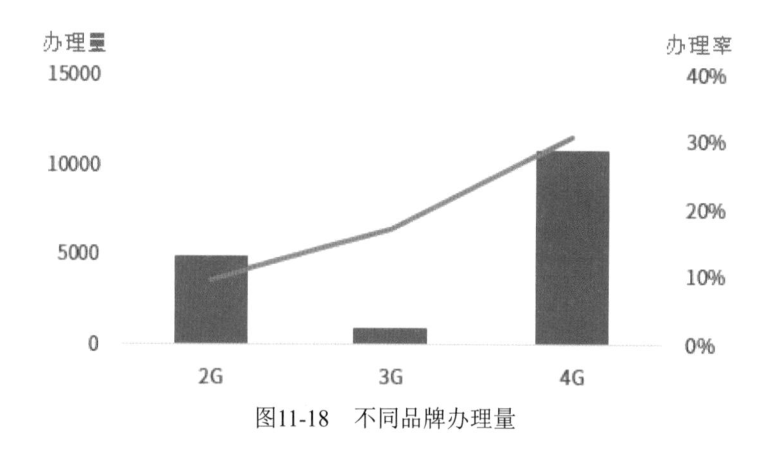

图11-18 不同品牌办理量

接下来看9—11月品牌用户数分布情况。从图11-19中可以看出：10月、11月的2G、4G用户都较多，符合整体用户分布情况（图11-18）。9月份的4G用户最多，根据4G用户的办理量最高可知其渗透率最高，也是符合整体品牌办理率的趋势。10月、11月的2G也有较多的量，而2G用户办理量较低，导致渗透率也较低。可以根据这样局部推理得到10月、11月渗透率低的原因，说明品牌对于办理量也有着明显的影响。

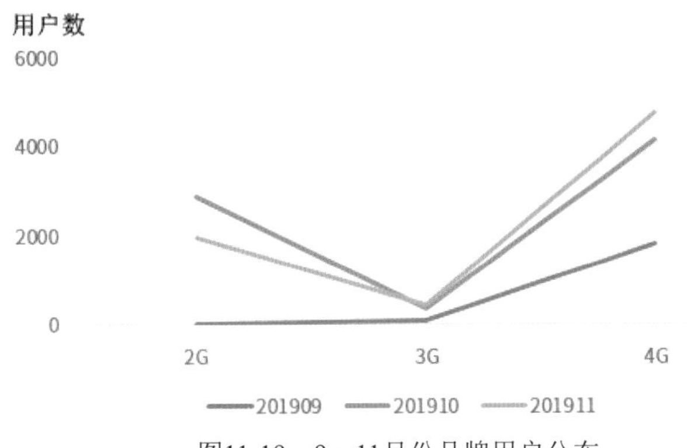

图11-19　9—11月份品牌用户分布

第4步：分析用户网龄是否会影响渗透率。

从图11-20中可以看出，办理视频会员的用户数分布、不办理视频会员的用户数分布都与整体用户数分布一致，有4年、7年网龄的人数较多，网龄过大或者过小的用户数较少。从图11-21中可以看出，1～8年、18～20年网龄的用户办理率较高。

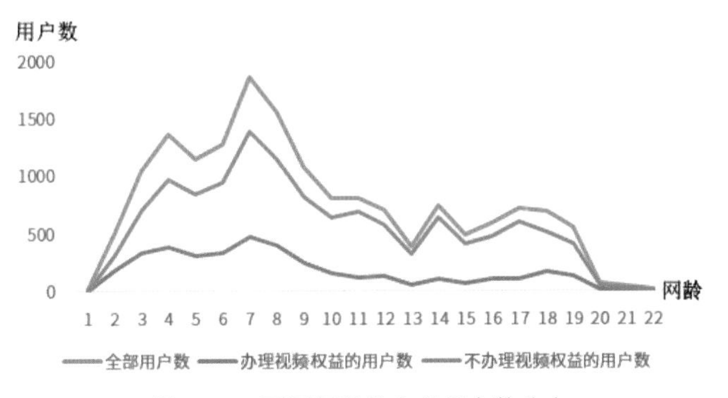

图11-20　不同网龄的办理用户数分布

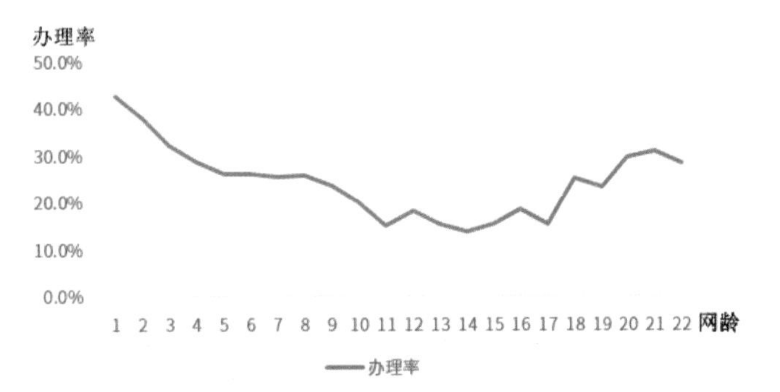

图11-21　不同网龄的办理率分布

接下来看下9—11月用户网龄分布情况。从图11-22可以看出，9月份的数据中1～7年网龄的用户占了大部分，而这部分用户的办理率较高，这也是9月份渗透率较高的原因。10月和11月虽然网龄在1～7年的用户也较多，但是网龄8～17年的用户也不少，而这部分用户的办理率较低，这也是拉低10月、11月渗透率的原因。

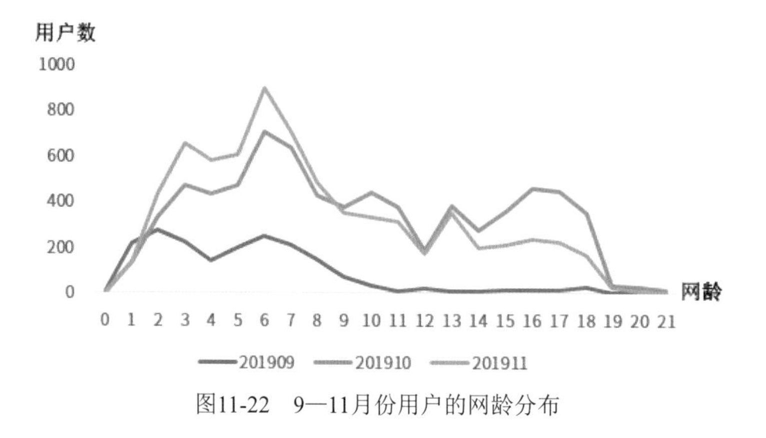

图11-22　9—11月份用户的网龄分布

由上面的数据分析可得到结论：用户网龄分布对渗透率也有影响，1～7年的渗透率较高，而9月份的用户数据中1～7年的用户占据绝大部分，这就提高了9月份的渗透率。而10月和11月虽然网龄在1～7年的用户也较多，但在办理率较低的8～17年网龄的用户数也较高，这就使得这部分的用户办理较少，从而降低10月、11月的渗透率。

第5步：分析用户的消费、流量、语音情况是否会影响渗透率。

用户消费是衡量用户价值的重要指标，前面也提到了，用户的价值跟用户的出账、消费是紧密相关的，猜测消费较高的用户更愿意订购优惠产品。

从图11-23中可以看出，办理视频会员权益的用户消费的上下四分位数区间，总体水平大于等于用户的整体消费的上下四分位数区间，且9月份用户消费的上下四分位数区间是图中最高的，其办理率在这3个月中也是最大的。10月、11月用户消费的上下四分位数区间远小于9月份，办理率也是。

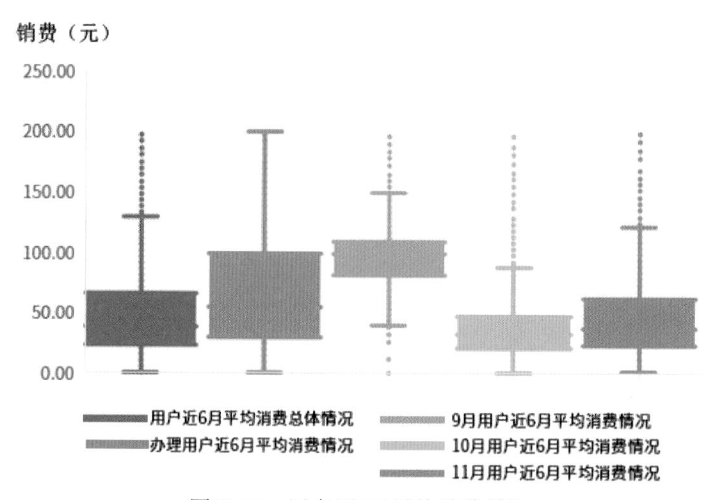

图11-23　用户近6月平均消费情况

由此可以推理出，消费越高的用户越愿意订购视频权益，所以9月份用户的渗透率高于10月、11月份的渗透率。

再来看流量对于渗透率的影响。如图11-24所示，用户近6月平均使用流量情况跟上面的使用消费情况一样，办理用户使用流量大于整体使用情况，9月份的整体用户流量使用情况比10月、11月份的高，这也是9月份的用户办理率较高的原因。这也可以理解为消费高，套餐的流量就多，用户用视频会员就是为了看视频，流量多也满足用户看视频的需求。

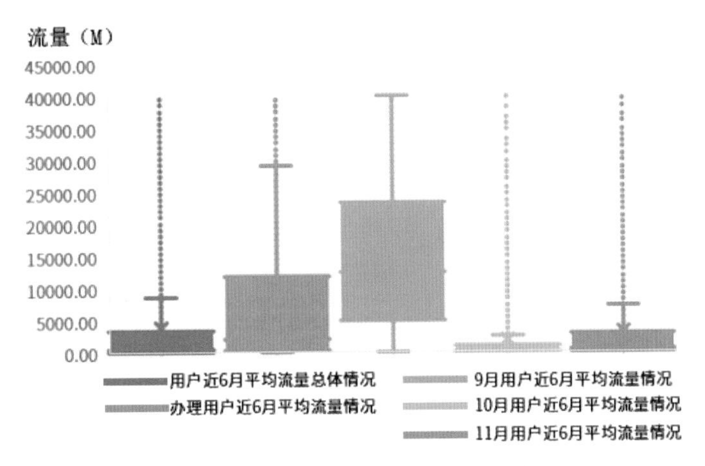

图11-24　用户近6月平均流量情况

最后分析用户使用语音的情况对于渗透率的影响。从图11-25中可以看出，用户对于语音的使用情况差别没上面的流量、消费情况那么大，这也说明对比消费和流量，用户语音对于渗透率的影响相对较小。但是还是有区别的：办理用户的近6月语音使用情况比整体用户使用情况偏高，9月份用户的近6月语音使用情况比10月、11月用户使用情况偏高。

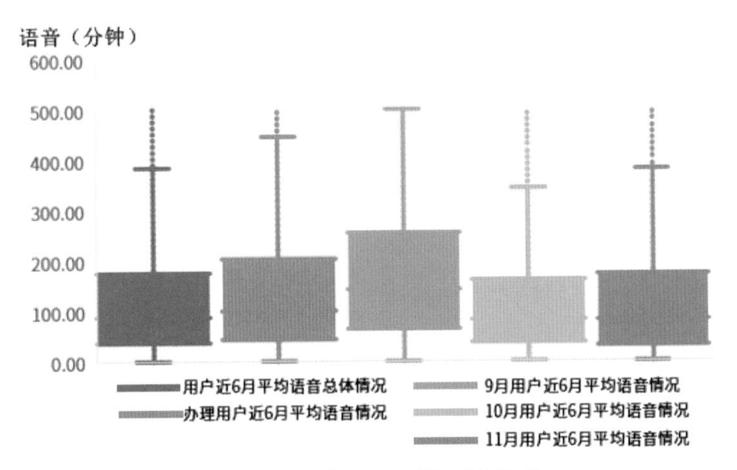

图11-25　用户近6月平均语音情况

根据以上对于用户的消费、流量、语音情况的分析，通过办理用户与整体情况的对比，得知9月渗透率高，而10月、11月渗透率低的原因是9月用户的消费、流量、语音的使用率都偏高，用户更愿意办理视频会员。

对于用户特征分析，总结办理率较高的用户特征如下（图11-26）：用户年龄在20～40岁，使用4G品牌，具备1～8年网龄，用户的消费水平、流量及语音使用情况偏高。9月份的用户都符合以上这些用户特征，从而使得该月用户的渗透率高。而10月、11月的数据不太满足上述这些办理率高的用户特征，导致这两个月的渗透率降低。

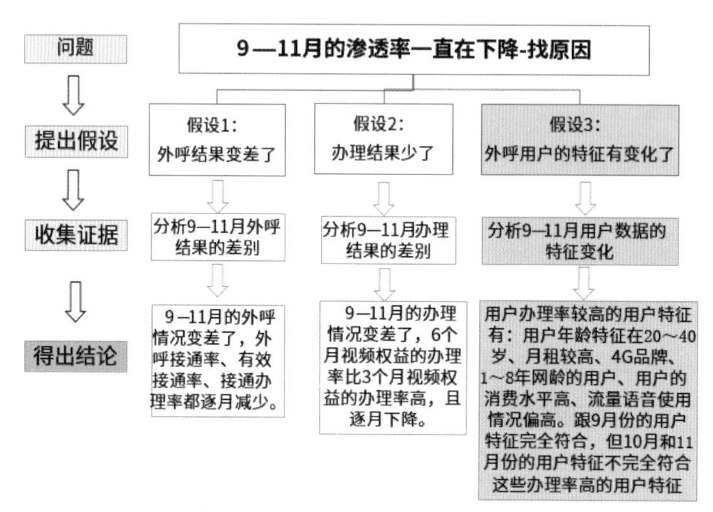

图11-26　假设3的结论

（3）哪些因素对用户办理视频会员的影响大？

前面通过外呼结果、办理结果、用户特征的维度，找到9—11月的渗透率下降的原因。因为本案例的渗透率是关于用户办理视频会员的活动，所以渗透率下降的原因也是影响用户办理视频会员的因素，即用户套餐月租、网龄、近6个月平均消费、近6个月平均流量、近6个月平均语音、品牌、用户年龄、用户性别、外呼分钟数。这里涉及的因素有9个，需要找出这些因素对用户办理视频会员的影响大小，这就需要用到相关分析方法。

由于数据量过大，下面只展现一部分数据，其中用户号码用序号来表示，如表11-5所示。

表11-5　用户数据

用户号码	产品月租	网龄	近6个月平均消费（元）	近6个月平均流量（KB）	近6个月平均语音（分钟）	品牌	用户年龄	用户性别	外呼分钟数	用户办理视频会员结果
1	56	17	146.21	9090.91	398.32	4G	55	女	91	不办理
2	50	13	50.00	3980.59	86.90	4G	51	女	28	不办理
3	50	8	67.11	1706.84	453.08	4G	36	男	128	办理
4	56	7	99.00	2872.30	41.35	4G	35	男	91	办理
5	88	4	88.00	28222.90	326.35	4G	57	女	99	办理
6	98	2	103.00	3437.65	15.27	3G	36	女	137	办理
7	98	2	98.00	27220.86	358.93	4G	30	女	56	办理
8	98	2	98.25	16459.73	284.82	4G	20	女	139	办理
9	50	2	50.03	4532.56	176.18	4G	71	女	32	不办理
10	56	13	58.50	284.79	68.33	4G	49	女	64	不办理

这9个因素和用户办理视频会员结果的相关系数如表11-6所示。

表11-6　各因素与用户办理视频会员结果的相关系数

因素	与用户办理视频会员结果的相关系数
外呼分钟数	0.50
近6个月平均流量	0.25
产品月租	0.23
品牌	0.23
近6个月平均消费	0.21
近6个月平均语音	0.07
用户性别	0.05
网龄	−0.1
用户年龄	−0.16

在这9个因素中，和用户办理视频会员结果相关系数最高的是外呼分钟数（相关系数是0.50）。近6个月平均流量、产品月租、品牌、近6个月平均消费这4个因素和用户办理视频会员结果相关系数都在0.2～0.3之间，属于低度正相关。其他因素和与用户办理视频会员结果的相关系数都很小（相关系数接近0或者为负数）。

将与用户办理视频会员结果相关系数最高的5个影响因素列出，结合前面多维度分析中对这5个因素进行分析得到的结论，汇总9—11月渗透率下降的原因，如表11-7所示。

表11-7　分析结论

影响因素	9—11月渗透率下降的原因
外呼分钟数	9—11月外呼接通率、有效接通率、接通办理率都逐月减少
近6个月平均流量	10月和11月用户的近6个月平均流量使用情况都比9月的用户少很多
产品月租	9月的大部分用户月租都偏高，而10月和11月的大部分用户的月租都偏低
品牌	9月的用户中只有少量用户使用2G品牌，而10月和11月的用户中有一部分用户使用2G品牌
近6个月平均消费	10月和11月用户的近6个月平均消费情况都比9月的用户少很多

通过以上分析结果汇总，可得到9—11月渗透率下降的结论：9月的用户外呼情况、用户消费情况等数据质量都比10月、11月的好，数据质量好导致办理量较高，渗透率较高。本案例的完整分析流程如图11-27所示。

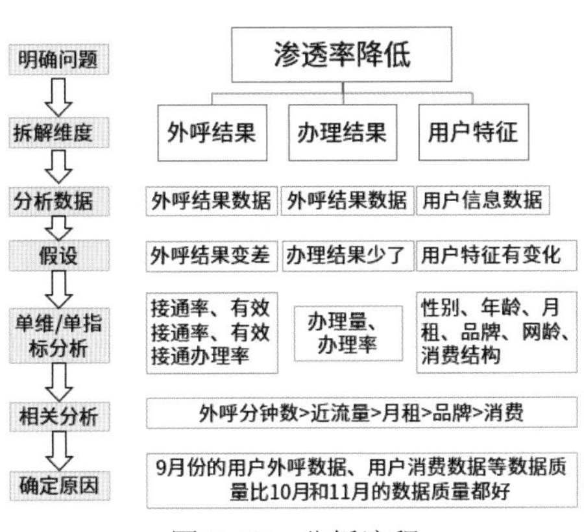

图11-27　分析流程

3）提出建议

除了将9—11月渗透率下降的原因汇报给领导之外，还应该针对性地提出相关建议。该案例的具体建议如下：

（1）关于如何提高外呼分钟总数。首先是电话要打通，根据用户的作息习惯来安排打电话的时间，例如安排在9～12点、15～18点。另外是关注外呼人员的专业性，如声音是否好听、外呼术语是否规范、如何根据用户的回答进行灵活变通等。

（2）关于精准营销。在提取数据的时候，提取套餐月租、近6个月平均流量、近6个月平均消费都较高，并且品牌是4G的用户进行外呼营销，提高用户的办理概率，进而提高用户办理量、渗透率。

本章作者介绍

韦春敏，毕业于广西民族大学，目前在运营商行业从事存量运营工作。

第12章　内容行业

12.1　业务知识

12.1.1　业务模式

一般内容行业是以文章、图片、视频等为内容载体，经过不同形式的包装，形成满足用户阅读、学习、消遣等需求的产品。业界耳熟能详的内容平台有知乎、小红书、快看漫画、哔哩哔哩、抖音、快手等（图12-1）。

图12-1　内容平台

如何生产出好内容、如何运营好内容、如何把内容变现，是内容行业的主要问题。所以，内容平台要解决的核心问题就是刺激用户产出高质量的内容，让其他用户更易于消费。

内容平台起到中间桥梁的作用，连接着内容的生产端和消费端。以知乎的业务流程为例（图12-2），知乎作为内容平台，联系着内容的创作者和消费者。首先，内容的创作者来到知乎，创作者可以在知乎上写文章、写回答，也可以发布视频或课程等。然后，这些沉积的内容由知乎团队整合、优化后呈现在平台合适的位置。最后，大量的消费者被吸引到知乎上来，消费者既可以免费浏览文章，关注自己感兴趣的回答，也可以付费订阅某些课程。

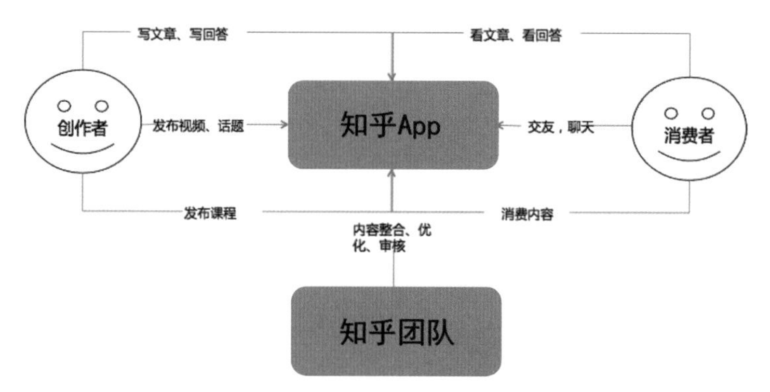

图12-2　知乎的业务流程

内容行业的公司一般由产品、运营和市场这3个主要部门构成（图12-3）。产品部门满足用户生产内容、消费内容的需求。运营部门通过分析用户需求，让用户看到更多好的内容。内容产品的数据分析也基本上集中在运营部门。通过不断分析用户需求，运营人员可以灵活调整平台内容的形式、质量及推送时机等，来提升用户活跃度、留存率和转化率。市场部门通过活动、公关（Public Relations，PR）等市场手段，进一步扩大产品知名度和完成品牌塑造。

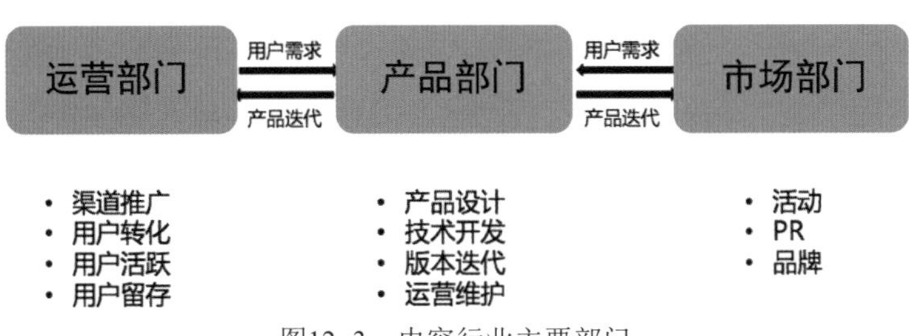

图12-.3　内容行业主要部门

12.1.2　业务指标

内容行业的业务指标一般与内容的状态有关。以知乎为例，一条内容在平台上会经历发布、曝光、点击、阅读、评论和转发等过程（图12-4）。根据这些内容的不同状态，内容行业的指标可以分为内容生产指标、内容曝光指标、内容点击指标、内容阅读指标、内容评论指标和内容分享指标。

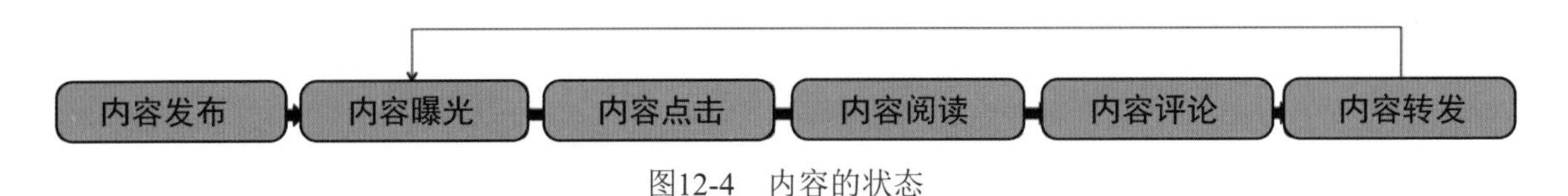

图12-4　内容的状态

1）内容生产指标

内容生产者数是参与内容生产的用户数。通常用内容生产者比例（内容生产者数/用户数）来衡量一个内容平台的内容生产健康度。

内容更新总数是内容平台每天新增的内容数。主要分为UGC（User Generated Content，用户生成内容）和PGC（Professional Generated Content，专业生产内容）两种内容生产模式。

内容更新频率等于某段时间周期的内容更新总量除以时间周期。

2）内容曝光指标

内容曝光用户数是指内容被多少用户看到。

曝光的整体日活占比是某类内容的曝光人数在内容平台的整体日活占比。

人均曝光次数是指某类内容的人均曝光次数（PV/UV）。

3）内容点击指标

内容平均点击数等于所有内容的点击总数/内容数量。

内容曝光点击率是内容点击数/内容曝光用户数，体现了内容标题对用户的吸引力。

4）内容阅读指标

完成阅读率是某个内容完成阅读的人数/总阅读人数。它体现的是某个内容的质量。

5）内容评论指标

评论用户数是指在某个内容下面有多少用户评论了该内容。

用户评论率等于某个内容下面内容评论用户数/该内容阅读用户数。

6）内容分享指标

内容分享用户数是有多少人在内容平台有分享行为。

内容用户分享率是内容分享用户数/内容阅读用户数。

内容实际产生价值是指通过内容产生的实际收入，具体可以包含广告收入、分成收入、订阅付费等。例如，知乎的内容产生价值则包含知乎会员收入、广告收入和课程分成收入等。

12.2 案例分析

12.2.1 回答量下滑分析

知乎的“问答”功能在开学季过去后，回答量有所回升，日均回答量为 12万～13万条，但仍然没有恢复到8月末之前的水平。现在需要找出回答量下降的原因。

1）明确问题

具体是什么数据下滑？是和什么时间相比下滑？下滑了多少？

通过与业务人员交流沟通后，定位了问题是“10月初的日均回答量相比8月末下滑，由15万～16万条下滑至12万～13万条”，日均回答量下滑了约20%。

日均回答量=日均回答人数×人均回答数量。日均回答人数是平均每天在知乎上写回答的用户数；人均回答数量是每个用户每天平均写回答的数量。

2）分析原因

日均回答量的影响因素都有哪些呢？可以使用多维度拆解分析方法，从指标定义来拆解为日均回答人数和人均回答数量。

知乎的回答由各个级别的创作者所作，日均回答人数可以继续拆解为一级创作者数、二级创作者数、三级创作者数、四级以上创作者数。

人均回答数量可以继续拆解为一级创作者日均回答数量、二级创作者日均回答数量、三级创作者日均回答数量、四级以上创作者日均回答数量。

整个拆解过程如图12-5所示。

下面分别从拆解的每一部分来寻找原因。

（1）日均回答人数。

先来看日均回答人数的变化趋势。日均回答人数受知乎平台DAU（日活跃用户数）的影响，例如8—10月的DAU提升，可能日均回答人数相应也会增加；而DAU下滑，日均回答人数则可能出现下滑。因为DAU是受多种因素影响的整体指标，为了排除这些整体因素对日均回答人数的影响，因此取日均回答与DAU的比值。所以日均回答人数的趋势，转化成了日均回答人数/DAU的变化趋势，如图12-6所示。

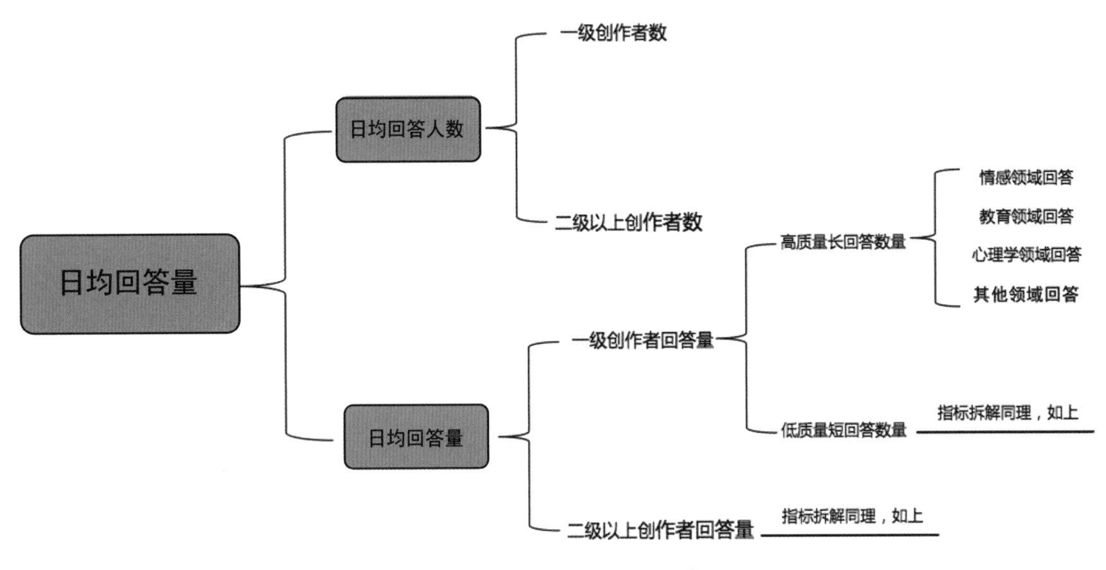

图12-5　日均回答量影响因素

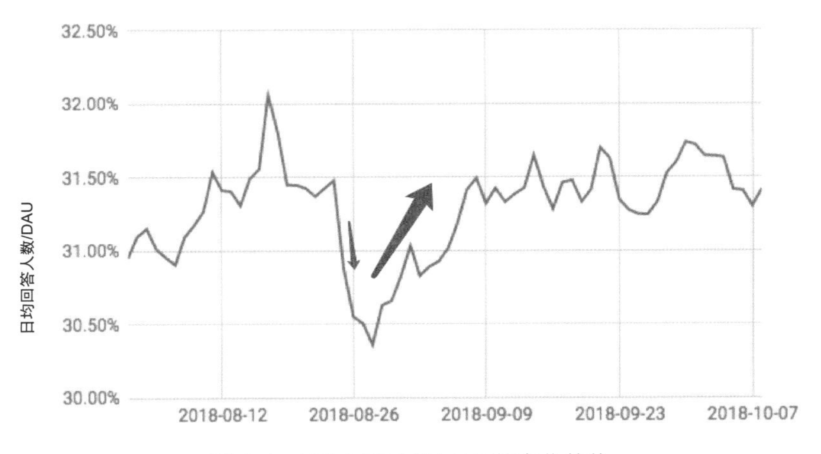

图12-6　日均回答人数/DAU的变化趋势

从图12-6中可以看出，日均回答人数/DAU虽然在8月末下滑，但是在9月8日开始回升，10月初基本恢复到8月中旬的水平。日均回答人数/DAU趋势的平稳，说明日均回答人数在DAU中的占比基本不变。也就是在知乎每天的活跃用户范围内，回答人数可以认为基本上没有变化。所以日均回答人数不是导致问题“10月初的日均回答量相比8月末下滑20%”的原因。

（2）人均回答量。

接下来分析人均回答量。人均回答量=（一级创作者回答数量+二级创作者回答数量+三级创作者回答数量+四级以上创作者回答数量）/日均回答人数，由于前面分析得出日均回答人数没变，我们将判断人均回答量的趋势，转化成判断各级创作者日回答量的变化。

知乎的创作者等级分为10级，数字越大，代表等级越高。选取同一时间段不同等级用户的日回答量变化趋势进行分析，如图12-7与图12-8所示（由于1级创作者和其他级别创作者的纵轴数据数量级差异太大，所以选择分开在两张图上呈现）。

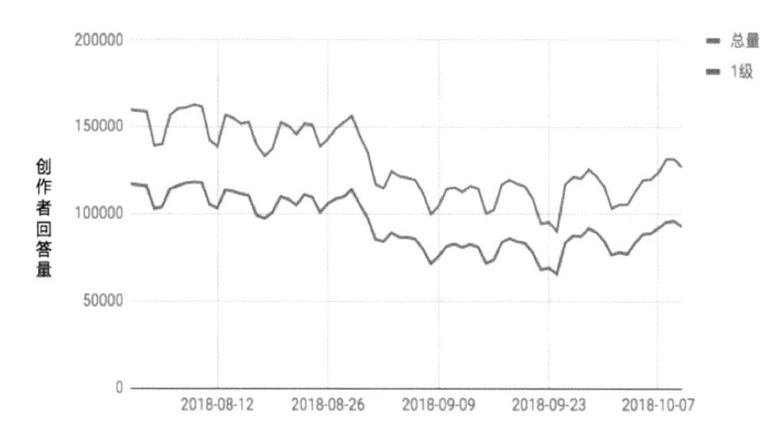

图12-7　1级创作者回答量与所有创作者回答总量

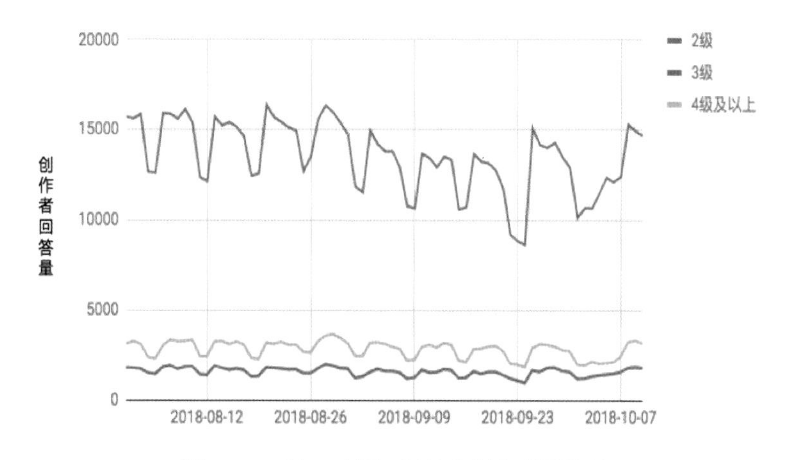

图12-8　2级、3级和4级以上创作者回答量

由折线图可以看出，日创作总量的变化主要受等级较低用户（主要是一级创作者）的影响，下降趋势和目标问题“10月初的日均回答量相比8月末下滑20%”较为一致。所以问题的原因主要是等级较低创作者的回答量下滑。

那么，为什么等级较低创作者的回答量会下滑，这些下滑回答的质量又如何呢？他们是不愿意写低质量回答，还是高质量回答呢？

这里需要继续对等级较低创作者的回答从质量维度进一步拆解。简单拆解来看，（等级较低创作者的）回答总量=（等级较低创作者的）低质量回答+（等级较低创作者的）高质量回答。一条回答的质量如何，通常首先从回答字数判断，字数越多质量越高，反之越差。依据知乎实际业务，内容在300字以上的回答被认为是质量高的回答，也称之为“长回答”；300字以下的回答称之为“短回答”。对等级较低用户回答的质量进行趋势分析，如图12-9和图12-10所示。

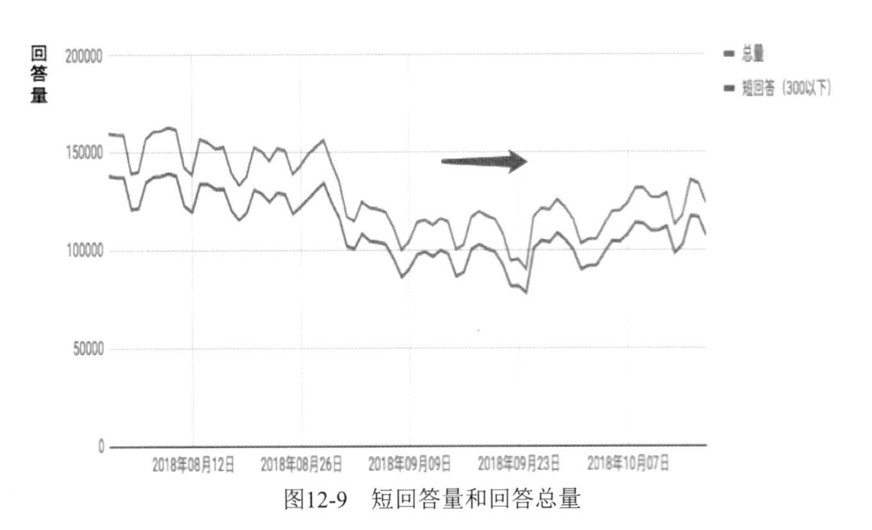

图12-9　短回答量和回答总量

图12-10　长回答量

从图中可以看出，短回答降幅基本与回答总量变化趋势保持一致，但是长回答在8月末呈现断崖式下降。同时，在知乎长回答相对于短回答内容质量更高，更受运营关注。所以把分析的重点进一步锁定在“等级较低创作者的长回答大幅下滑”问题上。

为什么长回答在8月末呈现断崖式下降呢？涉及哪些领域的长回答在下降呢？只有进一步找到原因才能采取运营措施。

在知乎的内容分类中，首先根据内容所属的基本领域分为较大的一级领域，例如教育、情感等；然后在一级领域下又细分了多个二级领域，例如教育下面又分了高考、考研等。知乎内容的领域分类主要从一级、二级这两个领域进行分类。

查看7、8、9、10这四个月份长回答内容所属的一级领域，如表12-1所示。

表12-1　长回答一级领域分布情况（差值占比前十）

类别	7月	8月	9月	10月	降幅	差值	差值占比
教育	546802	458026	329430	340499	33.30%	334899	17.36%
情感	475208	445536	338497	396821	20.10%	185426	9.61%
心理学	344198	338141	244825	277081	23.50%	160433	8.32%
影视	162425	184561	90664	96215	46.10%	160107	8.30%
娱乐	213380	198795	125825	156759	31.40%	129591	6.72%

续表

类别	7月	8月	9月	10月	降幅	差值	差值占比
音乐	156625	150869	92436	96881	38.40%	118177	6.13%
人文	221468	210067	141995	173616	26.90%	115924	6.01%
时尚	265750	268737	209121	238244	16.30%	87122	4.52%
游戏	155977	157691	97734	143485	23.10%	72449	3.76%
体育	90974	50721	33964	40893	47.20%	66838	3.46%
...	...	...	...	...	...	...	...
全领域	2789345	2500786	1471897	1889089	36.47%	1929145	100%

表12-1中列名“类别”指知乎长回答所属的一级领域；表中前10行是差值占比前十的一级领域，最后一行“全领域”是所有一级领域的数据。

“降幅”指9月和10月的长回答量之和相对于7月和8月之和的降幅。以表中第一行的“教育”为例，降幅=[（7月长回答量546802+8月长回答量458026）−（9月长回答量329430+10月长回答量340499）]/（7月长回答量546802+8月长回答量458026）=33.30%。

“差值”指9月和10月的长回答量之和与7月和8月之和的差值。以表中第一行的“教育”为例，差值=（7月长回答量546802+8月长回答量458026）−（9月长回答量329430+10月长回答量340499）=334899。

“差值占比”指所属一级领域的差值占所有一级领域差值的比例。以表中第一行的“教育”为例，差值占比= [（7月长回答量546802+8月长回答量458026）−（9月长回答量329430+10月长回答量340499）] /全领域总差值1929145=17.36%。

从表12-1中可以看出，差值占比排名前十的一级领域占整体下降比例的74.19%（即排名前十“差值占比”求和）。回答下滑占比最高的4个一级领域是教育、情感、心理学、影视。

在以上排名前十的一级领域中，继续对所有一级领域长回答的二级领域进行细分。长回答的二级领域分布情况，如表12-2所示。

表12-2 长回答二级领域分布情况（差值占比前十）

类别	7月	8月	9月	10月	降幅	差值	差值占比
恋爱	388904	373244	262048	318401	23.80%	181699	9.40%
高考	97469	82420	32670	37637	60.90%	109582	5.70%
电影	90418	86881	37131	45545	53.40%	94623	4.90%
人际交往	176112	171194	129707	132584	24.50%	85015	4.40%
大学	158721	106631	95794	85073	31.80%	84485	4.40%
娱乐圈	114969	113280	63168	89672	33.00%	75409	3.90%
文学	108943	95968	60835	68688	36.80%	75388	3.90%
游戏	68970	61169	39269	44564	35.60%	46306	2.40%
足球	47810	11094	6371	8892	74.10%	43641	2.30%
电视剧	43766	67093	36835	31670	38.20%	42354	2.20%

从表12-2中可以发现，差值占比排名前十的二级领域占整体下降比例的43.5%（即“差值占比”一列纵向加和），说明某些细分的二级领域在此次下滑中比较严重。从领域类型来看，下降幅度较高的内容主要集中于“暑期档电影”“世界杯”“高考”等方面，同时这也是暑期较为热

门的领域类型。

至此，我们从回答的创作者、回答质量和回答所属领域等多个维度，对回答量下滑问题进行层层拆解，找到了回答量下滑的原因，主要是由于等级较低的用户在七八月“暑期档电影”“世界杯”“高考”等热点过后，创作意愿迅速衰退导致。

3）提出建议

通过分析知乎用户回答量下滑的原因，对内容运营提出以下业务建议：

（1）推送层面：由于存在用户创作意愿减退的情况，首先可以考虑圈出七八月的创作流失用户（也就是等级较低的一级创作者），并对其进行创作相关话题的推送，例如电影、足球、大学季等，重新激发用户的创作热情。

（2）活动层面：对于一波热点的衰退，活动是延续热度的有效选择。针对“暑期档电影”“世界杯”“高考”等话题的衰退，可以在首页策划相关话题活动，例如专业选择、大学生活、体育圈等，通过活动吸引更多用户参与热门的话题讨论。

（3）算法推荐层面：针对每个话题的时效性，平台的内容运营需要找到更多优质的相关内容。建议运营人员挖掘更多年轻用户感兴趣的话题，尤其是较低等级用户关注的“教育”“情感”类话题。主动筛选这些话题，配合算法工程师共同优化平台内机器算法的推荐。

12.2.2 用户分类

知乎App的首页是用户打开App看到的第一个页面，首页内容的好坏直接影响了用户留存率。现在运营人员需要知道首页用户的构成和活跃状态，以便有针对性地对首页用户采取一些运营策略。为了衡量首页用户的状态，分析师该如何对首页用户进行分类呢？

1）明确问题

为了提高知乎首页的用户活跃度和留存率，运营人员需要对首页用户采取一些运营策略。他们向分析师提出疑问：知乎的首页用户到底长什么样？如何判断他们的价值？如何对不同用户采取不同的运营策略？

这个问题其实是常见的用户分类问题，可以用RFM模型分析方法，分析首页用户活跃程度及构成，监控首页用户状态变化。

2）分析原因

（1）定义指标R、F、M。

要研究的问题中，用户是特指看首页的用户，而不是在知乎上进行消费的用户，所以这里的“消费”定义为用户在首页上的访问情况和花费时长更能符合这个业务场景。因此对RFM模型中分析方法的R、F、M定义如下：

- 最近一次消费时间间隔（R），定义为最近一次访问首页距今天的天数；
- 一段时间的消费频率（F），定义为最近30天访问首页的天数（因为知乎定位为高频的内容产品，用户连续一个月未访问即可定义为流失用户，所以“一段时间”定义为最近30天）；
- 一段时间的消费金额（M），定义为用户最近30天内在首页的总阅读量。

（2）确定指标分类标准。

根据知乎的实际业务，对每个指标的值分出低、中、高三类：

- F：30天中有21天及以上访问为“高”，30天中访问天数小于21天且每周都有访问的为“中”，其余为“低”；
- R：最近3天有首页访问行为的为“高”，最近3天无首页访问行为但最近7天有访问行为的为“中”，其余为“低”；
- M：阅读量大于85的为“高”，大于25小于85的为“中”，小于25的为“低”。

（3）用户分类。

每个指标分为低、中、高三类，一共有三个指标，那么可以将首页用户分成3×3×3=27个类别，具体如表12-3所示。

表12-3 首页用户的27个类别

R值	F值	M值
高	高	高
高	低	高
高	中	高
高	高	低
高	低	低
高	中	低
高	高	中
高	低	中
高	中	中
低	高	高
低	低	高
低	中	高
低	高	低
低	低	低
低	中	低
低	高	中
低	低	中
低	中	中
中	高	高
中	低	高
中	中	高
中	高	低
中	低	低
中	中	低
中	高	中
中	低	中
中	中	中

根据与业务人员沟通得知，对用户的分类一般控制在8个以内，因为过多的分类会造成运营资源的浪费，较少数量的用户分类便于有针对性地对各个类别采取不同的运营措施。所以为了更

贴近业务实际需求，对这27个类别进行聚类。

简单来说，聚类分析就是将相似的数据归为一类。常用的聚类算法有K-means，算法不在本书的讨论范围内，这里只需要知道。通过聚类可以把本案例的27个用户分类聚合成表12-4的6大类。

表12-4　首页用户的6个类别

类别	用户倾向	占比	类型描述
1	首页核心用户	12.04%	高频， 最近七天内有阅读行为， 高阅读量
2	首页忠实用户（次核心）	6.22%	前四周稳定每周访问首页， 最近七天内有阅读行为， 高阅读量
3	首页潜在忠实用户	7.93%	前四周稳定每周访问首页， 最近七天内有阅读行为， 中等阅读量
4	在首页有正向转化倾向	8.26%	低频， 最近七天内有阅读行为， 阅读量中等及以上
5	在首页有流失倾向	4.13%	至少前四周稳定每周访问首页， 最近七天无阅读行为
6	首页低频用户	61.42%	低频， 低阅读量

3）提出建议

通过以上对用户分类可以看出，阻碍用户成为第1类用户（首页核心用户）的最重要因素是访问频率（F）。所以为了提高整体用户的质量，运营人员需要想办法提升用户访问频率。

例如，增加第2、3类用户（中频中高等阅读量用户）的占比；保持第1类用户（高频高阅读量用户）的访问频率，防止下滑；提升第4类用户（低频中高等阅读量用户）的访问频率，使之提升为第2、3类用户。

分析师圈出第2、3、4类用户后，接下来运营人员需要在这几类用户中做一个排序，按照优先顺序来提升频率。

首先，在第2、3、4、5这四类用户中，第4类用户相对于第2、3、5类用户占比更大，所以目前应当着重于将第4类用户转化为第3类用户。

其次，虽然第6类的用户占比最大（61.42%），但是第6类用户属于低频低阅读量用户，提频的难度也最大。所以相对于将第6类用户激活，激活第4类用户的成本更低，收益也更高。

综上所述，为了提升首页用户质量，最关键的因素是提高用户访问频率，并且最优的策略是激活第4类用户先成为第3类用户。

本章作者介绍

王丹，中国农业科学院硕士，前知乎数据分析师，现任职内容行业的数据分析经理，具有多年的互联网产品、运营等数据分析项目经验。

第13章　房产行业

13.1　业务知识

13.1.1　业务模式

房产平台为房屋卖家和买家提供房子买卖信息的服务。国内的房产平台有链家、我爱我家、安居客、贝壳等，国外的房产平台有Zillow、Real Estate、Domain等（图13-1）。

图13-1　房产平台

卖家在房产平台发布要出售的房源，买家通过房产平台寻找满足自己需求的房子。因为买卖房屋涉及的专业知识较多、金额较大，卖家通常会把房子交给中介打理。房产平台、中介、卖家的关系如图13-1所示。

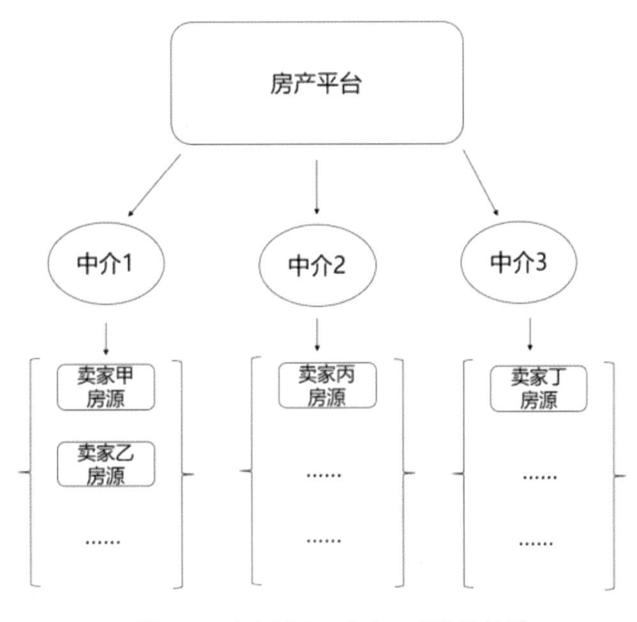

图13-1　房产平台、中介、卖家的关系

图13-2是房产行业的业务流程。

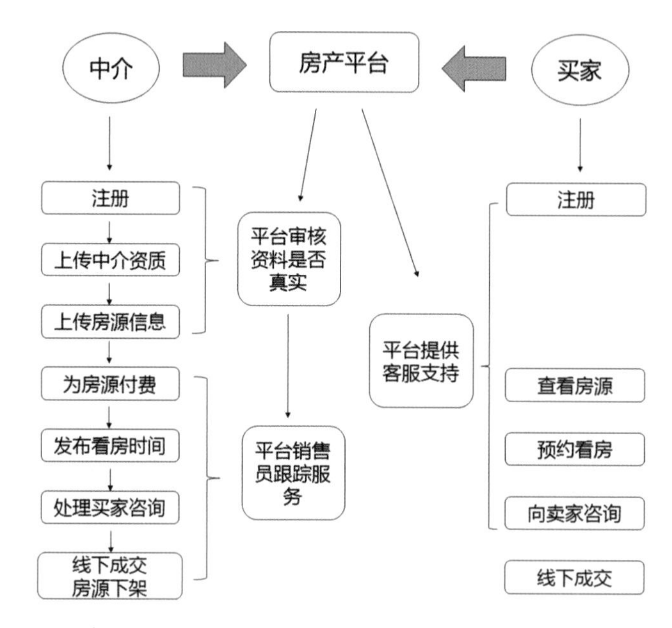

图13-2　房产行业的业务流程

（1）中介注册、上传资质及房源：当中介在房产平台注册后，平台会审核中介的资质。资质通过后，中介可以上传房源的照片等信息。

（2）中介为房源付费： 房源信息通过审核后，中介需要在房产平台上为每个房源购买基础展位费，并选择性购买额外付费功能。如图13-3所示，中介为房源1购买了基础展位费，那么平台将按照上架时间的顺序展示该房源。中介为房源2购买了基础展位费和额外付费功能，那么平台则会优先展示房源2。额外付费功能是指在房产平台首页展示房源、房源置顶等功能。

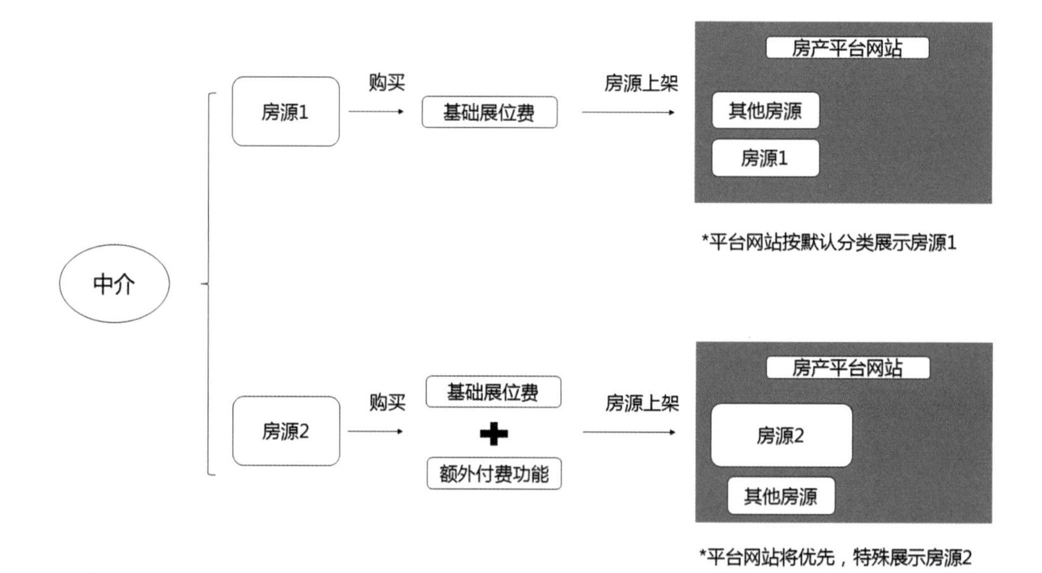

图13-3　中介为房源付费情况

（3）中介发布看房时间、回答咨询：房源在房产平台上架以后，中介会在房源页面发布1至2个公开看房的时间。同时感兴趣的买家会通过平台联系中介进行咨询，了解更多关于这个房子的细节，中介则会回答买家的疑问等。

（4）线下成交，房源下架：当房源成功售出后，中介则会将房源从房产平台下架。从资料审核通过后至房源下架，都会有房产平台的销售人员跟踪服务。可以理解成，当中介上传资质等信息时，等同于卖家在淘宝开设了店铺图13-4。中介就是店铺的管理人，房源是店铺的产品，房产平台的销售就好比淘宝客服小二。小二会为卖家提供一系列的服务，如产品推荐、销售数据等。

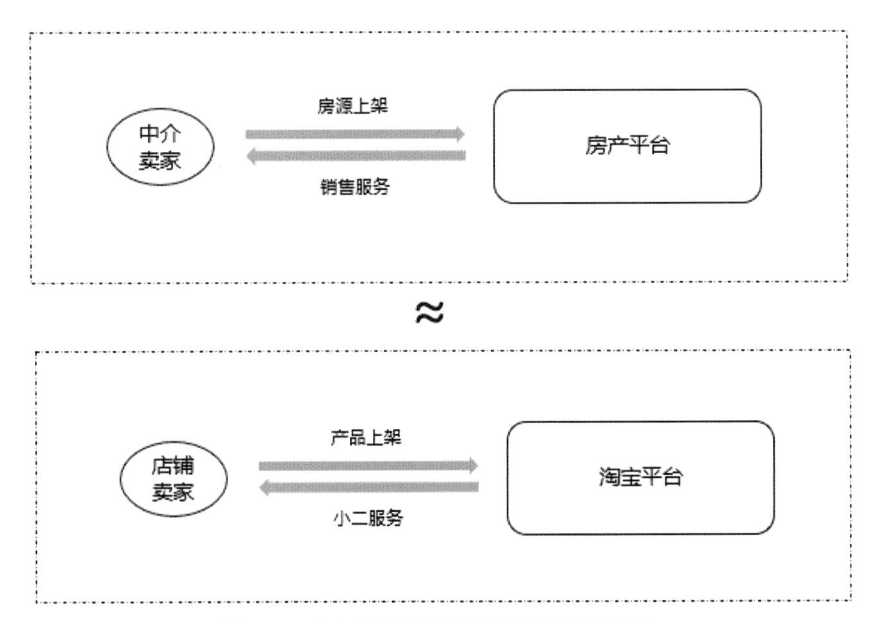

图13-4 中介卖家类似于在淘宝开设了店铺

房产平台并不向买家收费，买家的流程相对简单。买家在房产平台注册后，就可以浏览房源、在线预约看房、向中介提问等。房产平台的客服部会在整个过程中协助买家并提供服务支持。

13.1.2 业务指标

1）房源量

房源量是房产平台上的房源数量。观察平台每月的房源量，使用对比分析方法，同比去年、同比上月，可以初步判断当月的房源量是否在正常范围内。

以表13-1为例，表中的“今年房源量”是今年每月新上架的房源数量，“去年房源量”是同一个月份去年上架的房源数量，“上月房源量”是上一个月新上架的房源数量。同比去年=（今年A月份的房源量-去年A月份的房源量）/去年A月份的房源量。例如，表中的第1行是1月，1月的同比去年=（今年1月份的房源量3489-去年1月份的房源量2541）/去年1月份的房源量2541=37%。

环比上月=（A月份的房源量-上月的房源量）/上月的房源量。例如，1月的环比上月=（1月份的房源量3489-上月的房源量2692）/上月的房源量2692 = 30%。

表13-1　房源量数据

	今年房源量	去年房源量	上月房源量	同比去年	环比上月
1月	3489	2541	2692	37%	30%
2月	3237	2930	3489	10%	-7%
3月	3203	2727	3237	17%	-1%
4月	2758	2626	3203	5%	-14%
5月	2945	2561	2758	15%	7%
6月	3215	2960	2945	9%	9%
7月	3073	2785	3215	10%	-4%
8月	2879	2502	3073	15%	-6%
9月	3231	2646	2879	22%	12%
10月	2896	2731	3231	6%	-10%
11月	3254	2884	2896	13%	12%
12月	2611	2692	3254	-3%	-20%

一般会用同比去年和环比上月两个指标，来观察房源量的趋势。将表中的这两个指标数据可视化成图13-5，从图13-5中可以发现，和去年的房源量相比，有11个月的“同比去年”值都是大于0，也就是今年的房源量总体超过了去年的房源量，今年的房源量仍处在上升趋势。

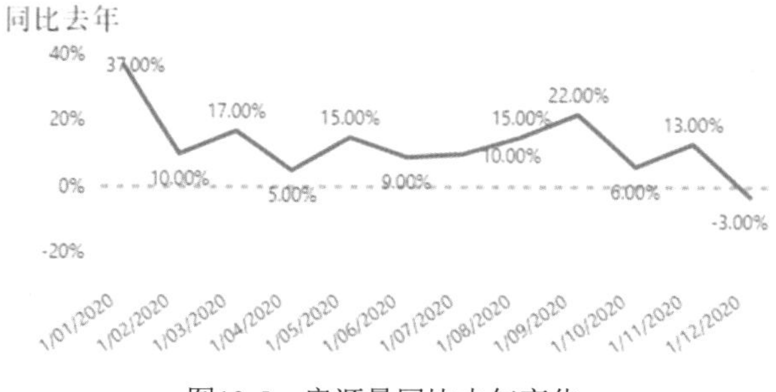

图13-5　房源量同比去年变化

从图13-6和上个月的房源量相比，有6个月的“环比上月”值大于0，有6个月的“环比上月”值小于0，考虑到不同月份分别处在行业的淡季或旺季，月环比难以看出明显的趋势。

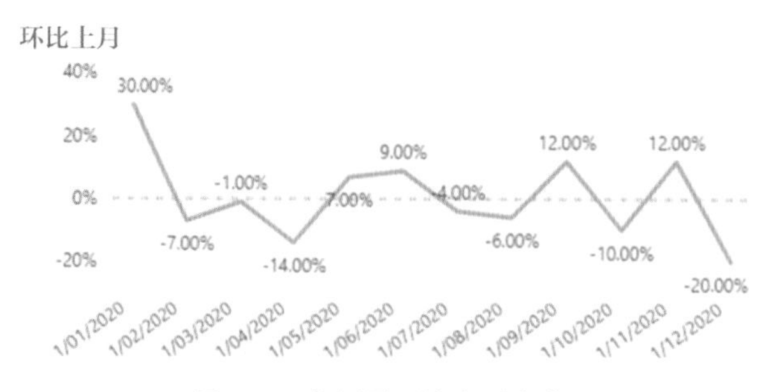

图13-6　房源量环比上月变化

用同样的方法，还可以将房源量细分到地区，根据具体业务需求观察趋势。

2）额外付费功能购买率

中介在房产平台发布房源时，需要为每个房源购买基础展位费和选择性购买额外付费功能。平台会把购买了额外付费功能的房源按产品类别优先展示，使房源获得更多的浏览量和收藏量。

额外付费可以购买的功能性产品有多种（图13-7），例如购买额外付费功能A，可以使该房源在搜索结果页面置顶；购买额外付费功能B，可以在搜索结果页面放大房源展示图片；购买额外付费功能C，可以将房源展示在房产平台网站首页等。

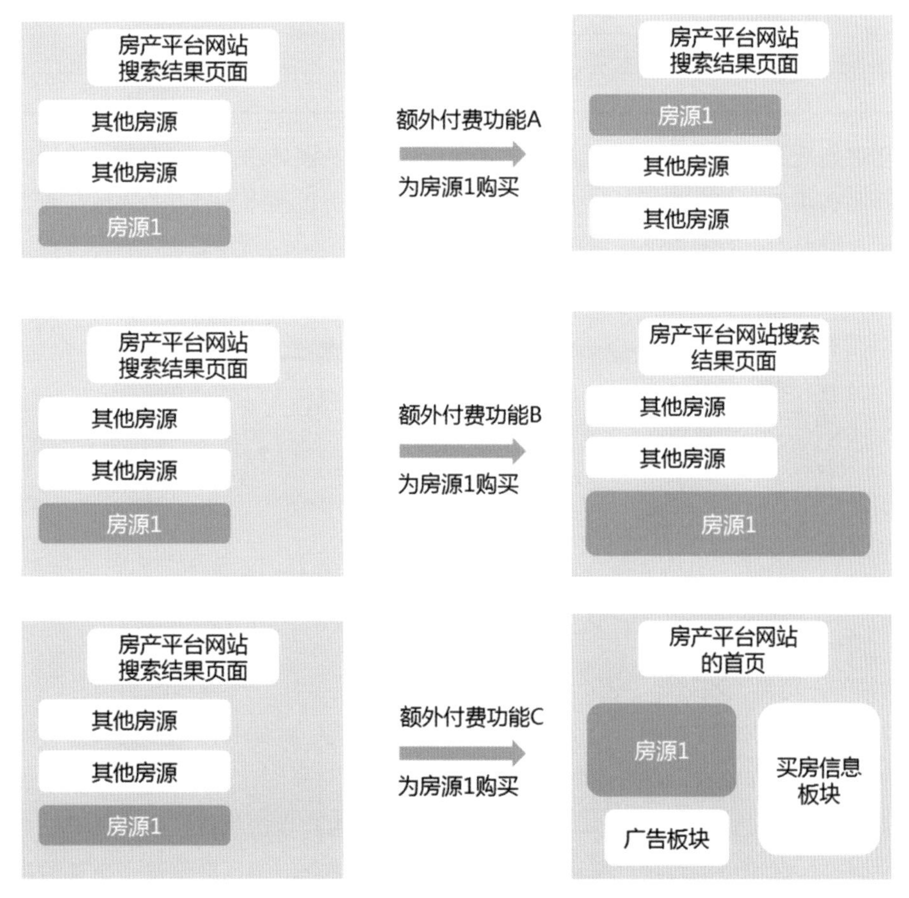

图13-7　不同的额外付费功能

额外付费功能购买率= 某中介的额外付费功能购买数/某中介的房源数。例如，中介A在1月份上架的房源量是48个，他给某些房源购买了额外付费功能，购买数是32个，那么中介A在1月份的额外付费功能购买率=中介A的额外付费功能购买数（32）/中介A的房源数（48）=67%，如表13-2所示。

表13-2　统计额外付费功能购买率

中介A	房源数	额外付费功能购买数	额外付费功能购买率
1月	48	32	67%
2月	56	43	77%

观察中介的功能性产品购买率，可以判断中介的消费潜力。表13-3是中介A在1—6月的额外付费功能购买率，和同地区中介的平均额外付费功能购买率。

表13-3 购买率数据

月份	中介A 额外付费功能购买率	同地区中介的平均 额外付费功能购买率
1月	67%	78%
2月	77%	82%
3月	59%	89%
4月	72%	83%
5月	76%	84%
6月	74%	89%

为了更好地观察数据，将上表数据可视化为图13-8，从图13-8中可以发现，中介A在1—6月的功能性产品购买率普遍低于同地区卖家的平均值。那么可以初步判断中介A据有购买潜力。平台的销售员会根据中介的潜力进行不同深度的追踪服务。

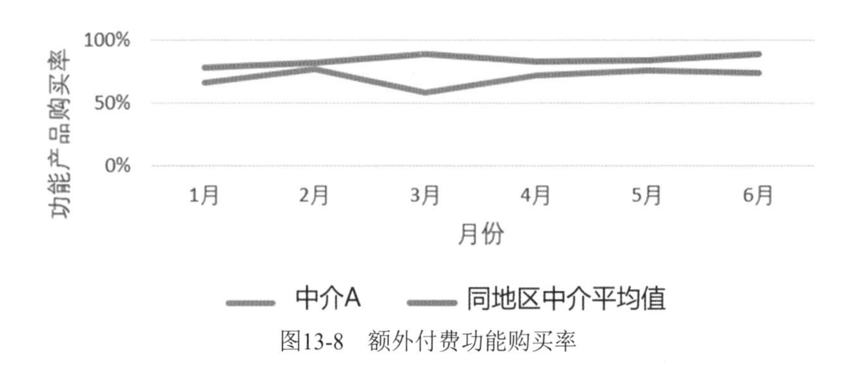

图13-8 额外付费功能购买率

3）房源的浏览量、收藏量、咨询量

中介将房源放在房产平台后，会关心自己的房源的表现，例如和同地区的其他房源相比，是否有更多的买家浏览和收藏，是否有买家预约看房等。

浏览量是某房源被浏览了多少次。收藏量是某房源被用户点击收藏按钮多少次。如果用户对某个房源感兴趣，就可以通过房产平台的“咨询”功能与中介沟通，咨询量是指某房源被咨询了多少次。

如果将房产平台的浏览量按地区划分，可以判断哪些地区更受到买家的关注。房产平台则可以按需求分配和调动销售人员到这些地区。

4）净推荐值

公司希望用户可以有良好的用户体验，所以会不定时对用户进行忠诚度调查，例如给用户发送邮件，或者让用户在产品上直接打分。通过分数可以把用户分为3类，如图13-9所示，用户打分在0～6分的为批评者，对产品不够满意；7～8分的为被动者，对产品一般满意；9～10分的为推荐者，对产品非常满意。

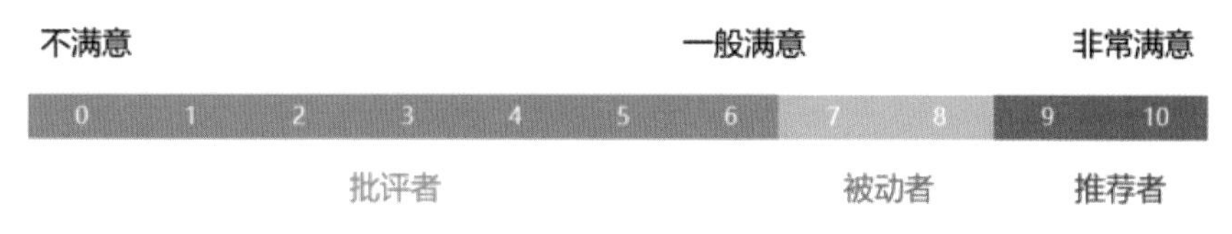

图13-9　通过分数对用户分类

净推荐值=（推荐者用户数-批评者用户数）/打分用户数。净推荐值（Net Promoter Score，NPS）用来衡量有多少人会把某个产品推荐给别人，净推荐值可以反映出用户对产品的忠诚度。

净推荐值得分值在50%以上一般被认为是不错的。如果净推荐值的得分值在70%～80%则证明产品拥有一批高忠诚度的用户。调查显示大部分公司的净推荐值在5%～10%。例如图13-10是按月份观察某房产平台的净推荐值的趋势，从中可以了解用户的忠诚度。

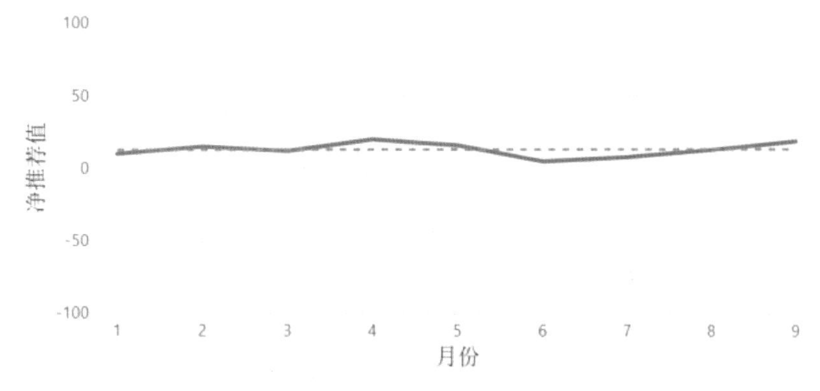

图13-10　净推荐值月趋势

13.2　案例分析

中介老王从去年起，与某房产平台一直保持良好的合作关系，手上的新房源都会在该房产平台发布。

发布房源时，老王已经购买了房产平台的基础展位费。然而老王想尽快把他管理的房源卖出去，所以他还为房源购买了额外付费功能，以获得更多的房源浏览量。

老王一直是该房产平台的优质用户，在过去一年他为每一个房源都购买了房产平台的基础展位费和额外付费功能。然而从今年10月份开始，老王停止向该房产平台购买额外付费功能，只购买基础展位费，这导致房产平台内为老王服务的销售员业绩下滑。

销售员不想失去老王这样的优质客户，他找到数据分析师，希望可以为他和老王下一次的会面约谈提供数据支持，从而挽回老王。

1）明确问题

中介老王为什么停止购买额外付费功能，他不满意的可能性有哪些呢？可以从老王的角度提出假设（图13-11）：

假设1：中介老王的客户减少，导致中介老王的房源量减少。

假设2：额外付费功能并没有给老王带来预期效果，额外付费功能不够好。

假设3：平台的额外付费功能给老王的房源带来了预期的流量，但是老王觉得并不划算，也就是额外付费功能的投资收益比不够好。

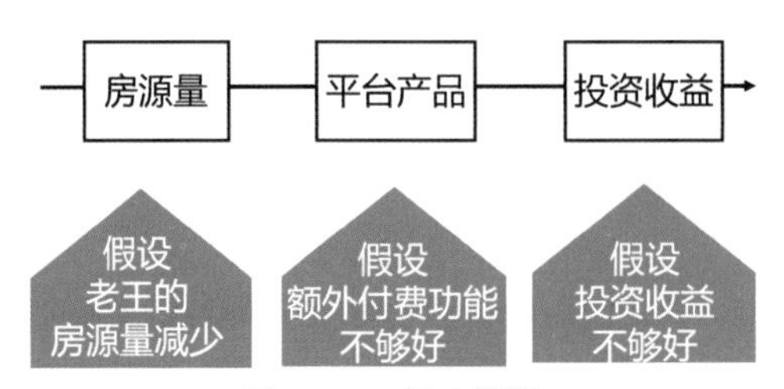

图13-11　提出假设

2）分析原因

提出假设后，可以顺着思路来找对应的数据，图13-12是假设检验分析方法的思路图。

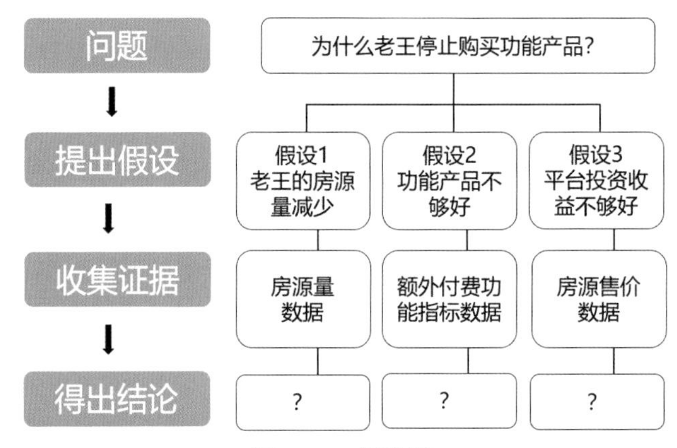

图13-12　思路图

假设1：中介老王的房源量减少。

找到老王今年1—12月的房源量数据，并使用对比分析方法，计算“月同比”，如表13-4所示。

表13-4　房源量月同比

月份	老王的房源量	月同比
1月	94	0.00%
2月	93	-1.06%
3月	90	-3.23%
4月	89	-1.11%
5月	92	3.37%
6月	90	-2.17%
7月	93	3.33%
8月	90	-3.23%
9月	88	-2.22%

续表

月份	老王的房源量	月同比
10月	88	0.00%
11月	89	1.14%
12月	88	-1.12%

可以发现，房源量的月同比在正负5%之间，并没有明显的变化趋势，老王仍然有充足的房源，所以假设1不成立（图13-13）。

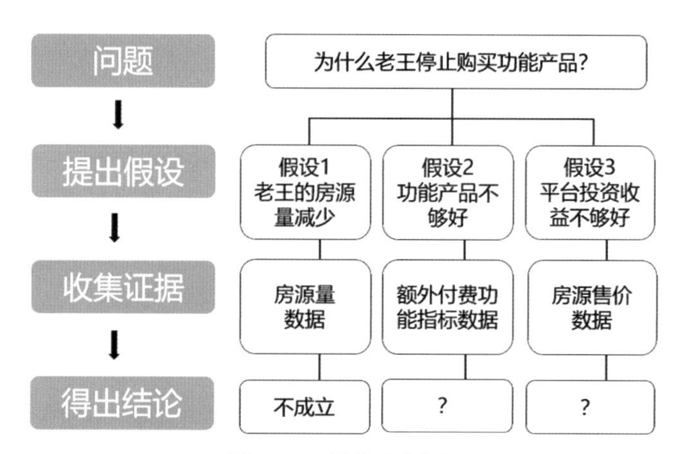

图13-13 假设1不成立

假设2：额外付费功能没有带来额外流量。

先从房产平台上房源的基础指标开始，按照时间顺序查看每个房源的平均浏览量、收藏量等，如表13-5所示。

表13-5 房源的基础指标

月份	老王的房源量	月同比	房源的平均浏览量	房源的平均收藏量
1月	94	0.00%	395	37
2月	93	-1.06%	377	36
3月	90	-3.23%	374	36
4月	89	-1.11%	358	38
5月	92	3.37%	390	40
6月	90	-2.17%	362	37
7月	93	3.33%	373	37
8月	90	-3.23%	362	36
9月	88	-2.22%	394	39
10月	88	0.00%	176	20
11月	89	1.14%	180	16
12月	88	-1.12%	165	18

把表格中的数据可视化成图13-14，可以发现，从10月份起，客户老王的房源平均浏览量和收藏量都有明显的下降趋势，老王也是在10月份停止向房产平台购买额外付费功能。

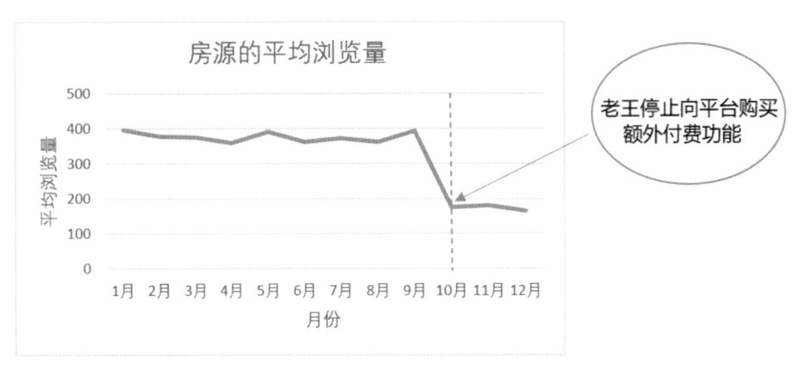

图13-14　房源的平均浏览量

使用对比分析方法，把1—9月（购买额外付费功能的时间段）的数据求月平均，并和10—12月（没有购买额外付费功能的时间段）的数据求月平均进行对比，如图13-15所示。

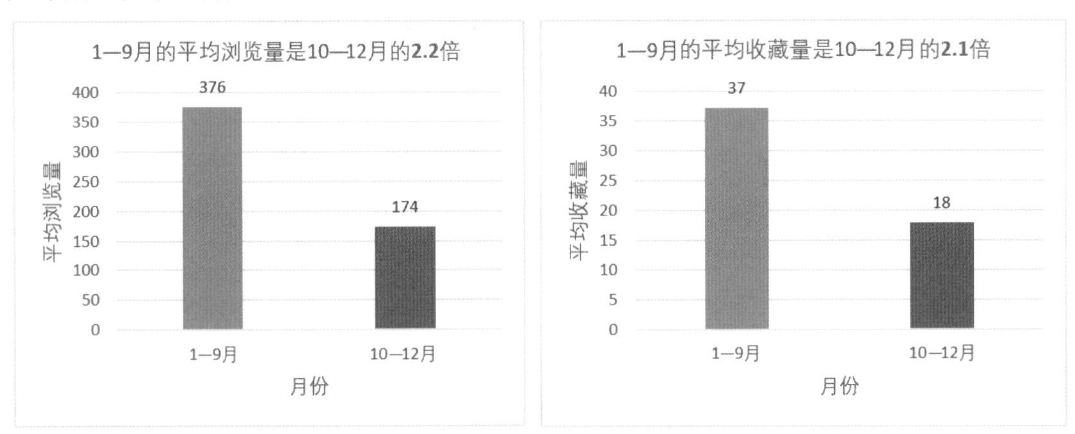

图13-15　房源平均浏览量与平均收藏量对比

从图中可以更直观地看到区别，1—9月的房源浏览量是10—12月的2.2倍，1—9月的房源收藏量是10—12月的2.1倍。

以上数据显示，购买额外付费功能可以使得老王的房源和品牌得到约2倍以上的曝光，所以老王的问题不是出在额外付费功能不够好，假设2不成立（图13-16）。

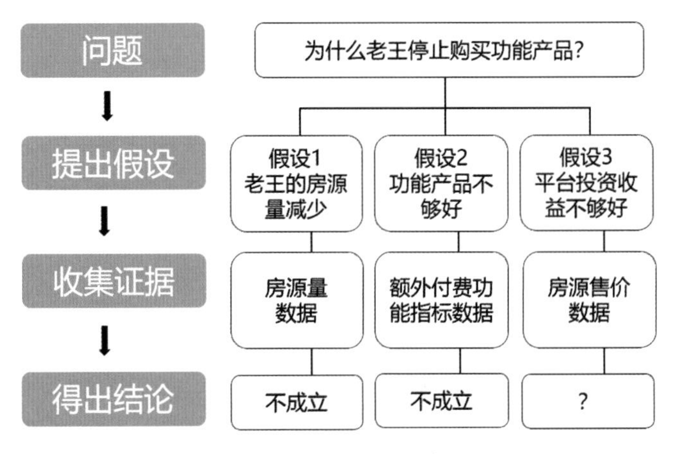

图13-16　假设2不成立

假设3：房产平台投资收益不够好。

中介老王的收入来源是房子成功售出后的服务费，服务费在房屋售价的2%左右，这2%的服务费中包含为房源做市场宣传的费用。市场宣传指将房源放在房产平台、打印房源宣传册、将房源信息登在杂志报纸上等。中介老王会根据自己的判断调整宣传策略。

老王停止向房产平台购买额外付费功能，是不是老王觉得额外付费的性价比不够高，投资收益比不够好？

把老王在10月以后的房源售价（只购买平台基础展位费的房源），与平台上相同市场的其他房源做对比分析，如表13-6所示。

表13-6　房源对比

	老王的房源量	老王房源平均售价(元)	市场房源平均售价(元)
地区A	10	850000	1000000
地区B	5	1100000	1350000
地区C	15	650000	800000

中介老王的房源量分布在A、B、C三个地区，“老王房源平均售价”表示老王这些房子的平均售价；“市场房源平均售价”表示房产平台上该地区的市场平均售价。

从表13-6中可以看出，老王的房源售价是低于市场售价的。买家对价格比较敏感，所以老王可能想通过降低房源售价的方式，而并非购买额外付费功能，使房源获得更多的流量。那么究竟哪种方法更有效果呢，下面使用对比分析方法看一下。

老王房源潜力售价总和 =（市场房源平均售价-老王房源平均售价）× 老王的房源量，也就是说，“老王房源潜力售价总和”是指如果老王把房源售价提高到市场价水平，老王可以多卖出的价格总和。

“老王潜力服务费总和”是指老王收取的服务费是房屋售价的2%，那么如果老王可以把房源售价提高到市场价水平，他的服务费就可以提高这么多。

房产平台的额外付费功能平均收费700元，700×该地区的老王的房源量，得到的数值就是表中的“房产平台额外付费功能费”。

“老王潜力总收益” = 老王潜力服务费总和-房产平台额外付费功能费。老王潜力总收益是指如果老王将房源售价提高到市场平均水平，并用购买平台额外付费功能的方法来给房源带来更多的流量（而不是降低房源售价的方法来获得流量），那么他可以预期赚到的额外收入。

相关数据统计如表13-7所示。

表13-7　相关数据

	老王的房源量	老王房源平均售价(元)	市场房源平均售价(元)	老王房源潜力售价总和(元)	老王潜力服务费总和(元)	房产平台额外付费功能费(元)	老王潜力总收益(元)
地区A	10	850000	1000000	1500000	30000	7000	23000
地区B	5	1100000	1350000	1250000	25000	3500	21500
地区C	15	650000	800000	2250000	45000	10500	34500

老王如果在以上三个地区购买了额外付费功能，花费总和是房源量×功能费=（10+5+15）×700 = 21000元；购买额外付费功能后，老王的潜力总收益是79000元（表13-7中最后一列数相加，即23000+21500+34500=79000）。

老王的潜力总收益/额外付费功能花费总和=79000/21000 = 3.76，也就是说，和降低房源售价的策略相比较，老王在平台的额外付费功能上每投资1元，便能得到3.76元的收益回报。这说明额外付费功能提高了老王的投资收益比，所以假设3“房产平台投资收益比不够好”也不成立（图13-17）。

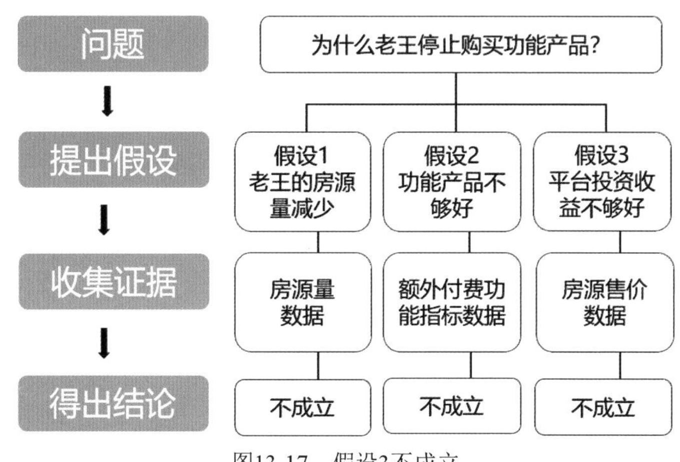

图13-17　假设3不成立

3）提出建议

以上的假设分析是为了弄明白老王为什么不再购买平台的额外付费功能，为销售员与中介老王的下次会面沟通做准备。

通过分析得知，老王仍然有充足的房源在售，房产平台的额外付费功能带给中介老王的房源更多的曝光度，更高的房源售价。老王有赚取更多服务费的潜力。

用假设3中投资收益的数据，可以让老王明白，他现有的房源出售策略需要做出调整。他在平台的额外付费功能上每投资1元，便能得到3.76元的收益回报，还能为他的卖家客户争取到更高的房源售价。如果老王继续购买平台的额外付费功能，对老王、老王的卖家客户、房产平台来说是三赢的合作。

本章作者介绍

郑露，毕业于惠灵顿维多利亚大学，目前是新西兰房产行业的数据分析师。

第14章 汽车行业

14.1 业务知识

14.1.1 业务模式

随着互联网的发展，汽车行业交易逐步转变为线上和线下结合的方式。用户会在线上选购汽车，实际体验和交付车辆在线下。汽车公司面向用户销售汽车有三种业务模式。

第一种模式是通过代理商、分销商或授权的4S店来向用户销售汽车，如图14-1所示。

图14-1 第一种模式

第二种模式是汽车公司通过直营店、自己开发的网站等方式向用户销售汽车，如图14-2所示。

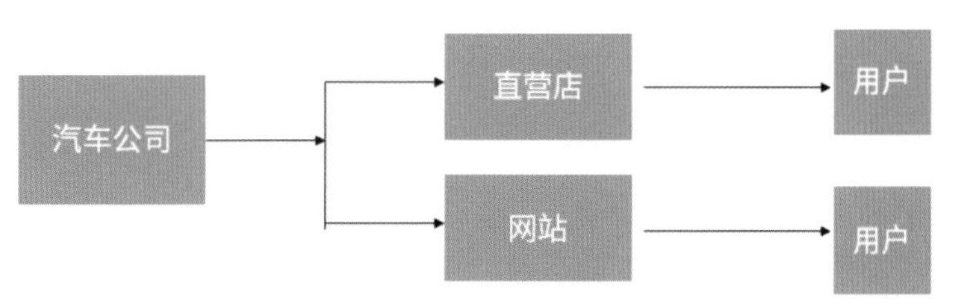

图14-2 第二种模式

第三种模式是通过汽车平台向用户销售汽车，例如汽车之家、弹个车、花生好车、毛豆新车、优信、瓜子二手车等。

用户购买汽车的业务流程包括售前、售中、售后三个阶段，如图14-3所示。

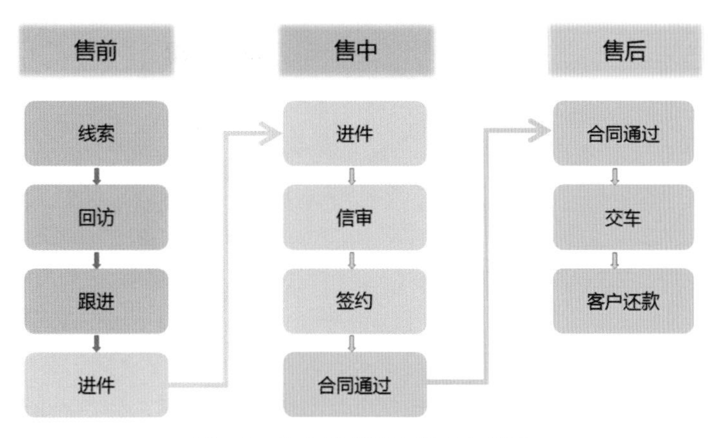

图14-3 用户购买汽车的业务流程

1）售前

（1）线索是指有买车意向并留下联系方式的用户。一条线索即一位留下联系方式的用户。线索分为线上线索（通过线上咨询的用户）和线下线索（通过线下咨询的用户）。

（2）回访和跟进是销售人员对线索的不同跟踪阶段。回访是电话销售人员通过电话联系用户；跟进是线下销售人员实地跟进用户，例如约用户看车、试驾等。

（3）进件是指用户向银行提交了买车贷款的信用资质审核。

售前体现了销售人员对线索的跟进情况，结果为用户产生进件动作。

2）售中

（1）信审：进件的用户，由于自身资质问题，在信用审核过程中有可能会被拒绝，不可能百分百通过。如果用户的信用情况良好、符合购车要求的话，则审核通过。用户通过信用审核后会处于待支付的状态。

（2）签约：代表用户已经支付购车首付金额，剩余金额为分期金额，提车后按期还款即可。

（3）合同通过：用户与平台方签署了购车合同，且合同通过了银行审核。

售中体现已进件用户的转化情况，结果为进件用户进行了签约动作。

3）售后

（1）交车：下单车型已交付到用户手中，用户已拿到车。

（2）客户还款：用户拿到车以后，按合同进行按期还款。

售后体现为签约后不毁约，能将车交付到用户手中，后续的逾期率、损失率等由风险相关人员跟进。

汽车公司借助用户画像，可以准确把握用户的区域分布、性别分布、年龄分布、兴趣爱好、消费偏好等信息，从而进行精准的线上广告投放，线下也可以开展符合用户需求的营销活动与服务。数据分析在汽车营销中的应用场景分为竞品定位、人群洞察、车型口碑、媒体投放，如图14-4所示。

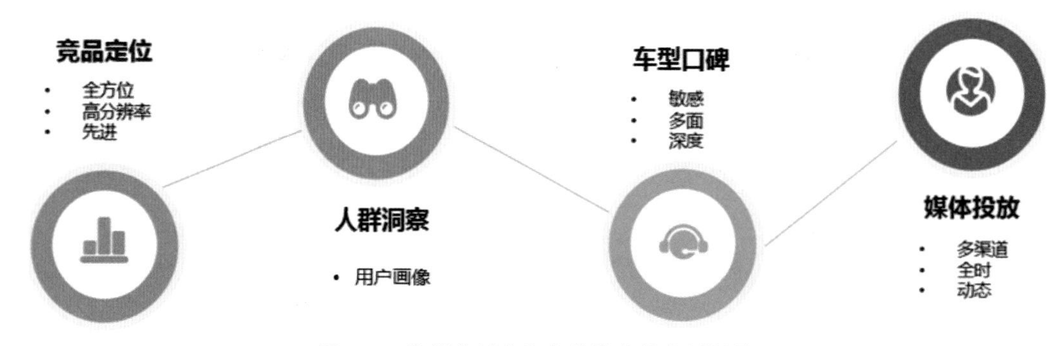

图14-4　数据分析在汽车营销中的应用场景

（1）竞品定位。开展竞品定位的目的用一句话直观描述就是：知己知彼，百战不殆。竞品定位有助于识别潜在用户，可以据此有针对性地研发产品，获得细分市场用户，避免盲目竞争。

（2）人群洞察。人群洞察是指汽车公司对市场上的用户数据的全面掌握，通过用户属性及行为数据，精确地掌握并积极满足用户的需求，并将其转化成公司购车用户的过程。

人群洞察可以通过用户画像来实现。从一个潜在用户到最终交易的业务流程中，涉及用户个人属性数据（如教育、职业、学历、年龄等）、用户寻购过程的数据（如竞品选择、渠道、价格区间等）、用户产品体验的数据（如线上的评论或投诉、消费场景等）、用户购买交易的数据（如渠道、促销优惠等），如图14-5所示。

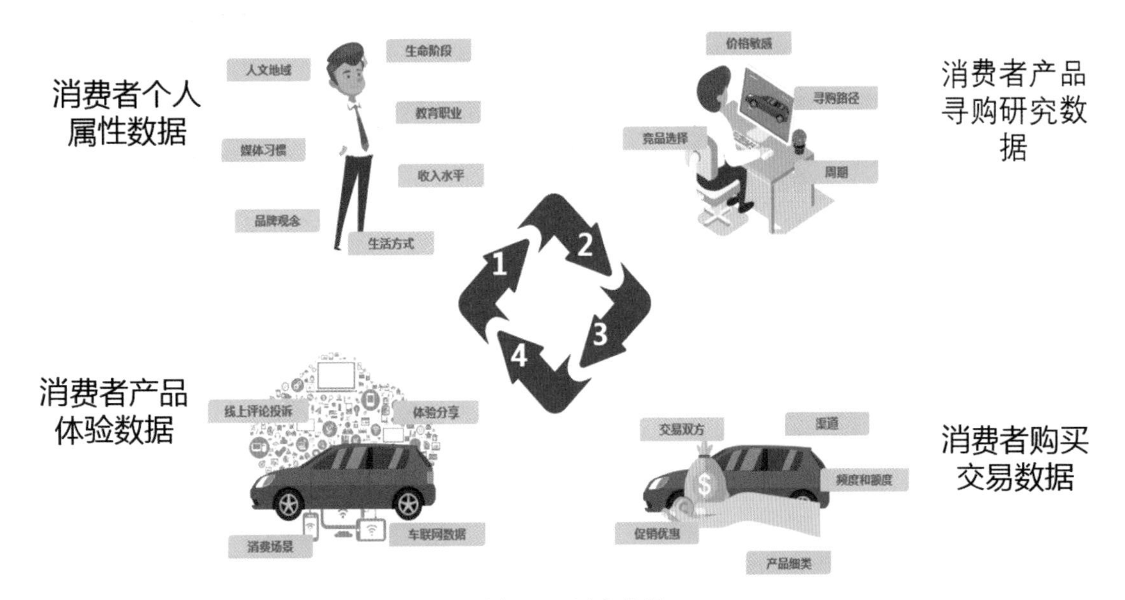

图14-5　用户数据

（3）车型口碑。在汽车平台上，有来自用户对各品牌车型的评论数据，主要包括对于品牌、车类及车系层级的评论。再往下分，涉及主题又包括动力、空间、内饰、油耗、操控、性价比、外观、舒适性8大类汽车主题层级的评论，如果再往细节上分，又涉及关于油耗、颜色、座垫、底盘、发动机、车门、空调等真实体验细节层级的评论。如表14-1所示。

表14-1　评论内容

类别	关于品牌、车类、车系层级的评论
主题	关于动力、空间、内饰、油耗、操控、性价比、外观、舒适性8大类汽车主题层级的评论
细节	关于油耗、颜色、座垫、底盘、发动机、车门、空调等真实体验细节层级的评论

可以从时间、地域、车类、品牌的维度对目标品牌及其竞争品牌的关注度、正负面情感进行对比分析，或者监测用户对车型的线上评论，反映不同车型之间正面消费评价和负面消费评价情况。

（4）媒体投放。可以通过分析用户媒体偏好，得出用户经常访问的媒体及对应的访问频率，指导媒体投放的选择。下面通过一个例子看下媒体投放中的数据分析。

用户从媒体上购车的业务流程包括：

- 兴趣产生：用户在汽车平台上浏览某款汽车的新闻资讯。
- 车型对比：用户在汽车平台上主动浏览该款汽车的试驾、评测等内容，且在车型对比页面中，将目标车型与其他车型进行对比。

- 询价抉择：用户主动留下资料或拨打汽车公司销售电话。

将用户从媒体上购车的业务流程和漏斗分析方法结合，就是图14-6的漏斗图。

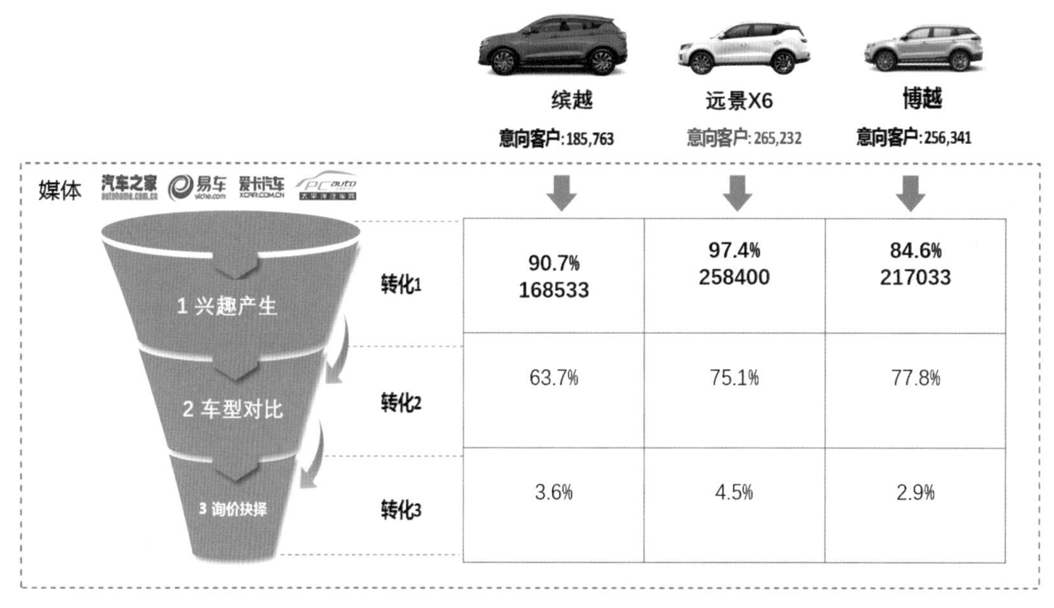

图14-6　漏斗图

通过漏斗图可以分析用户的转化情况，可以指导汽车公司在哪个业务节点进行营销广告的投放，从而促进用户的转化。

14.1.2　业务指标

下面从汽车行业的售前、售中、售后介绍各个业务流程中的指标（图14-7）。

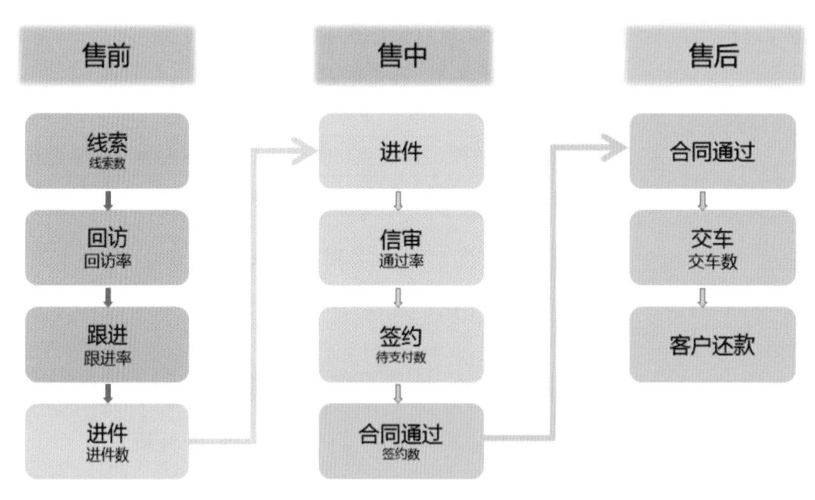

图14-7　汽车行业指标

1）售前指标

线索数：有买车意向并留下咨询方式的用户数。

回访率=已回访线索数/线索数。例如，派发给电话销售人员100条线索，电话销售人员回访了20条，回访率=已回访线索数（20）/线索数（100）=20%。

跟进率=已跟进线索数/线索数。例如，派发给实体店人员200条线索，实体店人员跟进联系了100条线索，跟进率=已跟进线索数（100）/线索数（200）=50%。

进件数：已向银行提交信用资质审核的用户数。线索到进件的转化证明了销售人员的跟进能力。

2）售中指标

信审通过率=通过信审的用户数/进件数。例如，100个进件中，有50个用户信审通过，那么通过率=通过信审的用户数（50）/进件数（100）=50%。

签约待支付数：处于信审通过并支付首付的用户数。

合同签约数：已成功下单并成功签署合同的用户数。

3）售后指标

交车数：合同通过后，在线下拿到车的用户数。

另外常用的衡量市场质量表现的指标有APEAL（汽车魅力质量指数）、IQS（新车质量研究，包括整车、设计、异味、异振、异响等）、VDS（车辆可靠性研究）、12MIS（12个月中每1000台车的故障率）、IPTV（千台故障数）等。

14.2 案例分析

本部分通过案例学习如何进行市场分析。

1）什么是市场分析

一款产品推出市场前，经常遇到产品市场有多大、好不好卖、能否满足用户需求等问题，解决这些问题的办法是进行市场分析。

市场分析是对产品所在的市场进行系统的分析，通过分析确定产品定位、产品策略、市场策略和商业模式。

以汽车吉利远景SUV车型为例，在确定是否在国内开发该车型项目时，产品部门将对近年来国内市场的汽车销量、竞品车型、用户群体等进行市场分析，然后根据市场分析来决策是否需要投入项目开发。

2）市场分析常用的分析方法

市场分析常用的分析方法包括PEST分析方法（详见第2章）、SWOT分析方法、波士顿矩阵。

（1）SWOT分析方法从内部个人因素的优势和劣势、外部环境因素的机会和威胁这四个维度展开分析，如图14-8所示。

	机 遇		
内部个人因素	优势S（strengths） 利用优势和机遇的组合	机遇O（opportunities） 改进劣势和机遇的组合	外部环境因素
	劣势W（weaknesses） 消除劣势和危机的组合	危胁T（threats） 监视优势和危胁的组合	
	危 胁		

图14-8　SWOT分析

使用SWOT分析方法可以得出四种战略方向：增长战略、复合战略、防御战略、翻盘战略，如图14-9所示。

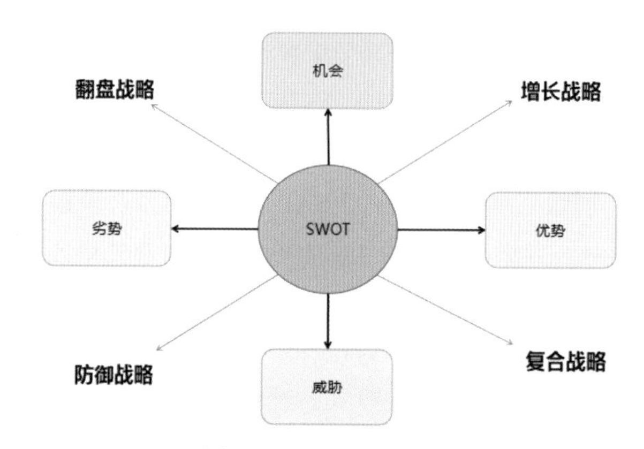

图14-9　四种战略方向

增长战略：外部的机会充足，自身具备优势，具有较强的竞争力。

复合战略：虽然自身具备优势，但是市场威胁大，竞品多，需要根据情况不断调整策略。

防御战略：自身具备劣势，同时身处威胁之中，容易遭受其他产品的攻击，要抵御其他竞品的攻击。

翻盘战略：自身具备劣势，外部的机会充足，应抓住机遇，需要不断改善自身才能翻盘。

（2）波士顿矩阵根据市场增长率、市场份额将市场上的产品划分为四类（图14-10）：明星产品、金牛产品、瘦狗产品、问题产品。

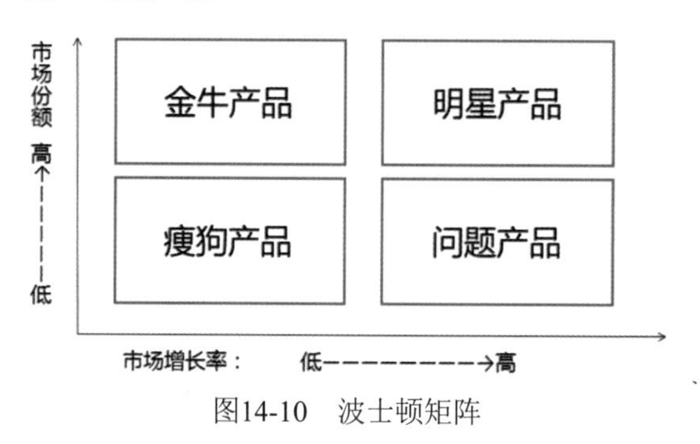

图14-10　波士顿矩阵

明星产品：高增长，高份额，需持续投资。

金牛产品：低增长，高份额，需稳定投资，寻求高利润。

问题产品：高增长，低份额，考虑是否值得投资，分析利润率预期情况。

瘦狗产品：低增长，低份额，无增长希望，经常亏损，建议出售或清算。

3）如何进行市场分析

可以用以下4步来进行市场分析：

（1）认清形势：了解市场环境、市场容量、竞品的市场销量、市场趋势等。

（2）找到差距：从竞品、产品、市场舆情等维度找到目前产品与市场的差距。

（3）明确目标和方向：确定产品定位和方向，找到目标市场，洞察目标用户。

（4）制定可行的落地措施：通过以上分析，能够判断和预测产品在当前市场下的价值，帮助调整市场竞争策略和实现利益最大化，制定落地举措。

例如，吉利在2017年的时候推出一款产品——远景SUV，公司期望打开海外市场，前期需在海外市场中做推广，如何进行海外市场的市场分析？

（1）认清形势。

图14-11是2008—2017年全球汽车及SUV销量表现情况。从图中可以看出，这十年来全球汽车工业保持高速增长，除了2009年出现下降，其他年度均保持了百万级的增长。

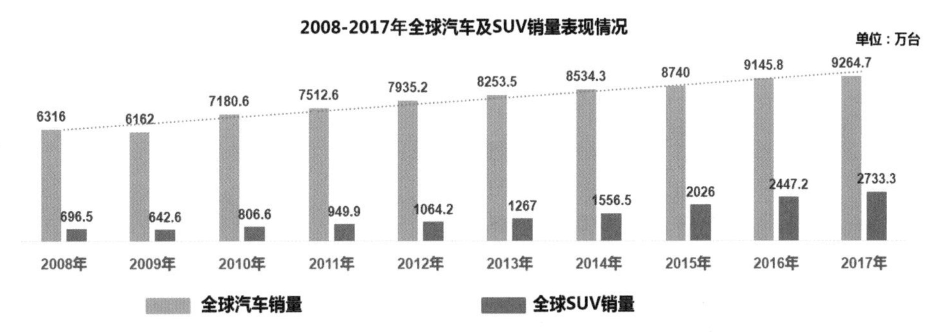

图14-11　2008—2017年全球汽车及SUV销量表现情况

如图14-12所示，2017年中国汽车出口93.87万台，其中SUV出口15.55万台。如图14-13所示。在轿车、SUV、微车这三大细分市场方面，SUV同比呈现51.42%的增长，轿车同比呈现39%的增长，微车同比出现0.63%的下滑。

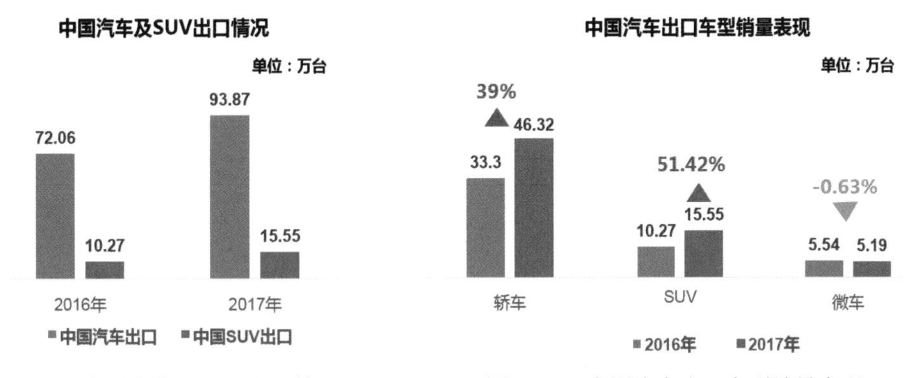

图14-12　中国汽车及SUV出口情况　　图14-13　中国汽车出口车型销量表现

从出口结构方面来看，出口车型主要集中在小型和紧凑型为主，2017年小型和紧凑车型出口分别占50.5%和48.93%，如图14-14所示。

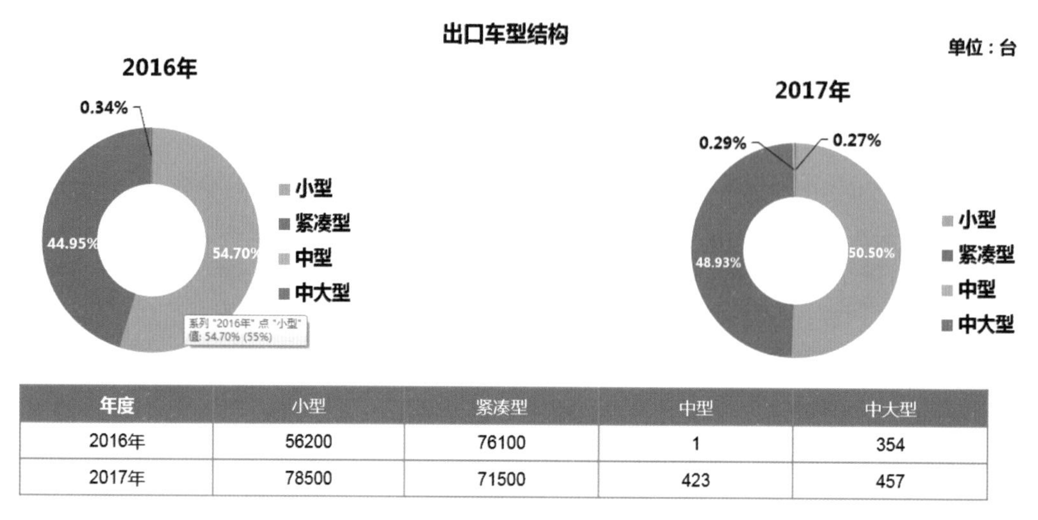

年度	小型	紧凑型	中型	中大型
2016年	56200	76100	1	354
2017年	78500	71500	423	457

图14-14　出口车型结构

2017年中国汽车主要出口市场为伊朗、智利、墨西哥、越南、美国，5个市场占据中国汽车出口的51%，如图14-15所示。

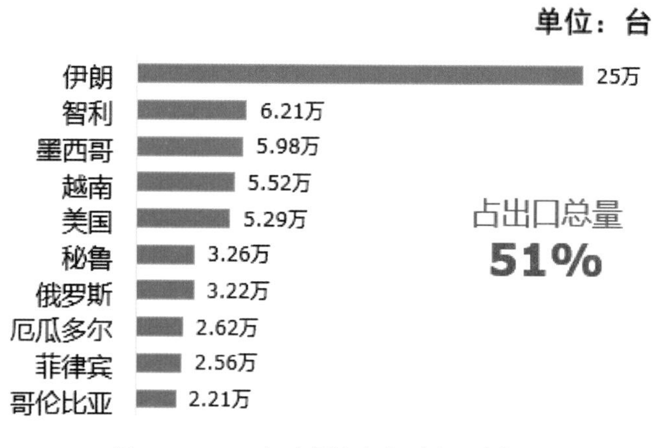

图14-15　2017年中国汽车主要出口市场

中国SUV海外主销市场为伊朗、俄罗斯、埃及、智利、秘鲁。5个市场占据中国SUV出口的93%；SUV出口类别主要为紧凑型。

2017年同比增长较大的品牌有奇瑞、江淮、长城、海马、长安。其中，奇瑞增长以向伊朗出口瑞虎5和瑞虎3为主；江淮增长源于向伊朗出口瑞风S5；长城增长源于向智利出口长城M4，以及向俄罗斯出口哈弗H6。

（2）找到差距。

下面从竞品、产品、市场舆情三个方面来找差距。

首先看竞品方面，如表14-2所示，为2017年各国市场销量排名前三的SUV车型。

表14-2　销量数据

国家	数量/台	2017年在该国市场销量排名前三的SUV车型		
中国	9931352	哈弗H6	宝骏510	广汽GS4
美国	7264547	丰田RAV4	日产Rogue	本田CR-V
加拿大	831592	丰田RAV4	本田CR-V	福特Escape
德国	827473	大众Tiguan	奔驰GLC-Class	福特Kuga
英国	797841	日产Dualis	起亚Sportage	福特Kuga
印度	691390	铃木Vitara Brezza	现代Creta （ix25）	马辛德拉Bolero
俄罗斯	621858	现代ix25	雷诺Duster	丰田RAV4
意大利	584635	菲亚特500X	吉普Renegade	日产Dualis（Qashqai）
法国	573539	标志Peugeot 2008	雷诺Duster	雷诺Kadjar
日本	550394	丰田C-HR	铃木HUSTLER	本田Vezel

2017年中国SUV出口市场排名前五的车型如图14-16所示。

1、奇瑞（瑞虎3和瑞虎5）　2、江淮S5　3、长城哈弗M4和H6　4、海马S7　5、力帆X60和X50

图14-16　2017年中国SUV出口市场排名前五的车型

根据以上车型的情况来看，全球主要SUV市场均以小型/紧凑型（车身长度<4600mm、轴距<2760mm）为主。除中国市场外，海外市场的主销车型有本田CR-V、现代ix35、丰田RAV4、雷诺Duster、福特Escape、福特Kuga、日产Dualis（Qashqai）、日产Rogue等。产品竞争圈如图14-17所示。

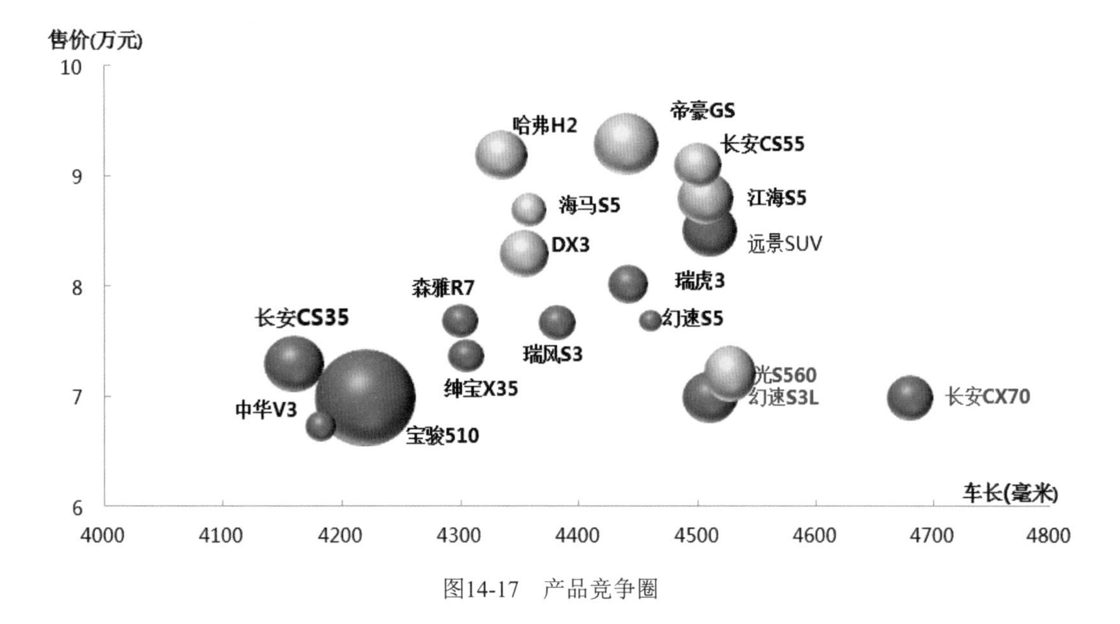

图14-17　产品竞争圈

中国的SUV出口市场，主要产品也均以紧凑型及小型SUV为主，以奇瑞瑞虎3/5、长城哈弗M4/H6、力帆X60/X50、 江淮S5、海马S7、长安CS35为主，而中型市场规模较小。远景SUV从产品本身而言，应对标全球紧凑型SUV产品，但相比国外主流SUV产品在品牌、品质等方面均存在劣势。

接下来看产品方面。以对标长城汽车为例，首先来看下长城汽车历年出口数量的整体情况（图14-18）。长城汽车自1998年开始出口，截至2017年，累计出口达63万台。

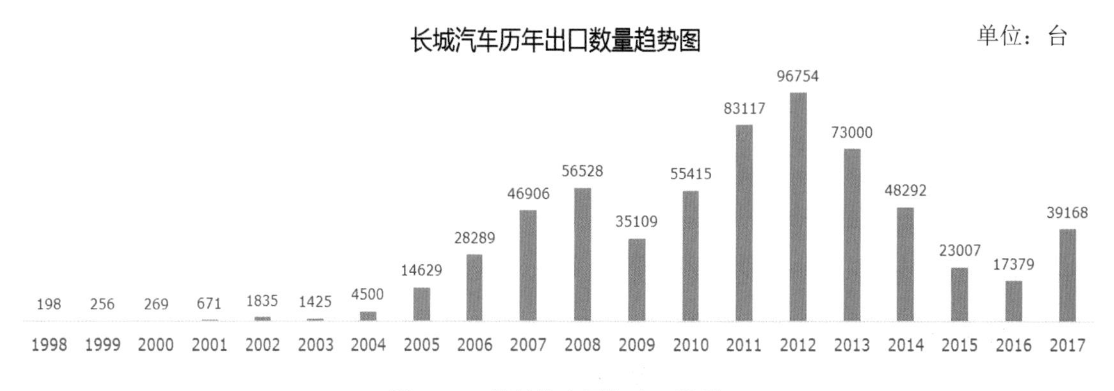

图14-18 长城汽车历年出口数量

长城汽车的出口产品主要有SUV（哈弗H1/H2/H3/M4/H5/H6/H7/H8/H9）、皮卡（风骏3/风骏5/风骏6）、轿车（腾翼C30）；主要出口国家集中在俄罗斯、厄瓜多尔、澳大利亚、南非、智利等，如图14-19所示。

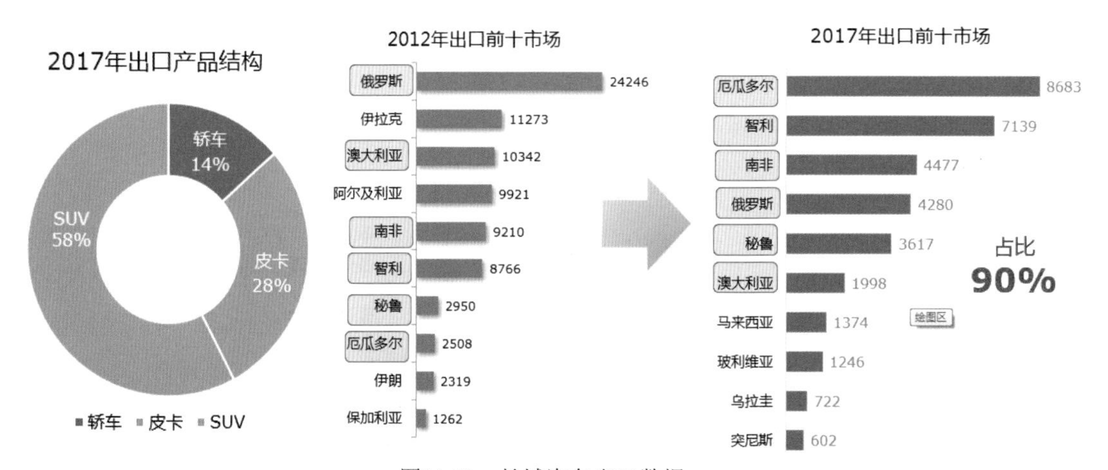

图14-19 长城汽车出口数据

其中，远景SUV在整车六个维度的配置层面拥有绝对的优势，可比肩哈弗H6；其作为紧凑型SUV也提供了类似中型SUV的7座及诸多安全、舒适、智能配置，产品力十分出色，如图14-20所示。

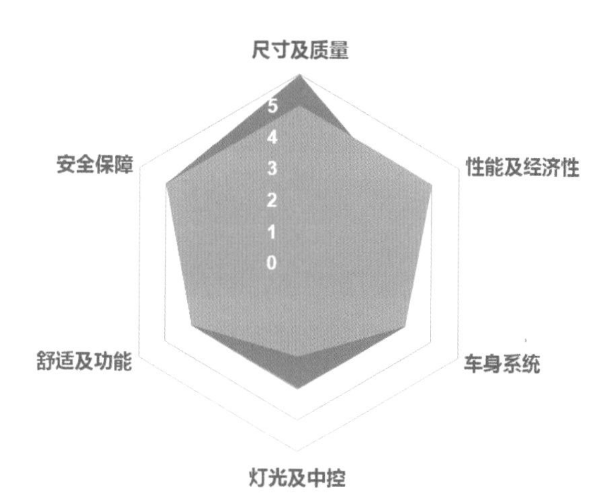

图14-20　哈佛H6与远景SUV各维度配置

最后从市场舆情来分析。图14-21是远景SUV和竞品车系的关注情感强度对比，正面强度表示正面情感，负面强度表示负面情感。除吉利-远景SUV的情感强度为负面以外，其他车系总的情感都是正面的。

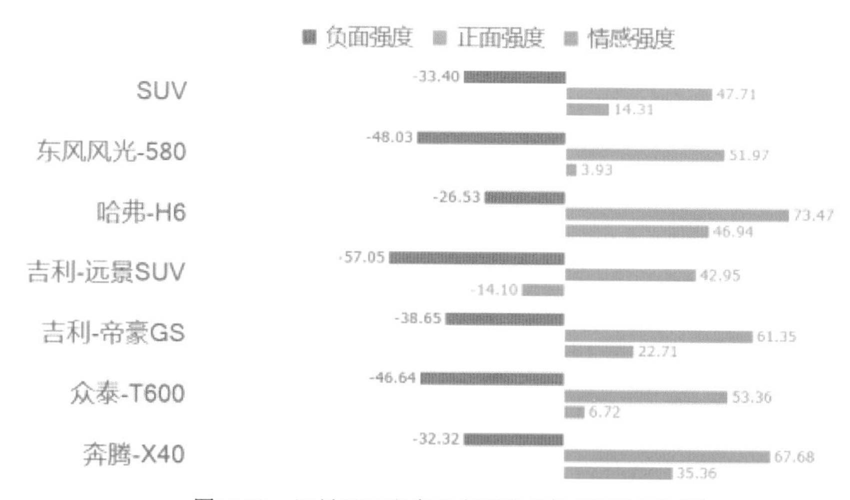

图14-21　远景SUV和竞品车系的关注情感强度对比

图14-22是2017年竞品车系在8个主题（外观、内饰、空间、动力、操控、油耗、舒适性、性价比）的评论占比。可见大家对远景SUV及其竞品关注最多的都是性价比，其次是外观；舒适性方面，东风风光-580处于第一名。

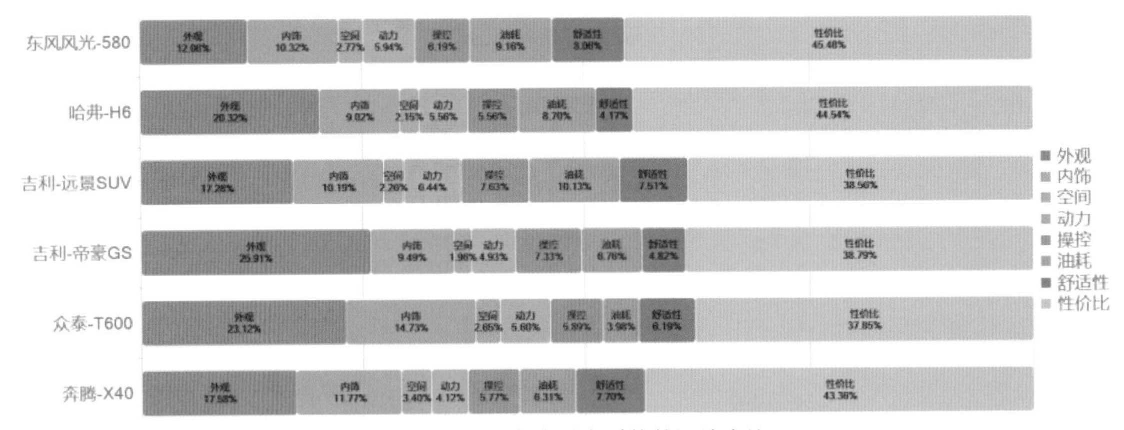

图14-22 2017年竞品车系统的评论占比

更进一步研究发现，对吉利-远景SUV的正面评价中提到最多的是空间、油耗、功能；负面评价中提到最多的是螺丝、机油，如图14-23所示。

图14-23 评论关键词

（3）明确目标和方向。

- 确定产品定位和方向。

对于远景SUV而言，目标受众的需求是性价比高、外观时尚、重视品质和科技的多重结合。此外，通过目标用户群体分析（图14-24）和用户偏好心理分析（图14-25），得出结论：远景SUV符合追求个性、科技、实用、时尚特征属性的年轻人。

图14-24 目标用户群体分析

图14-25 用户偏好心理分析

- 确定目标市场。

中国SUV海外主销市场为伊朗、俄罗斯、埃及、智利、秘鲁，这 5个市场占据中国SUV出口的93%，SUV出口类别主要为紧凑型。

- 洞察目标用户。

意向购车用户的性别和年龄如图14-26所示。

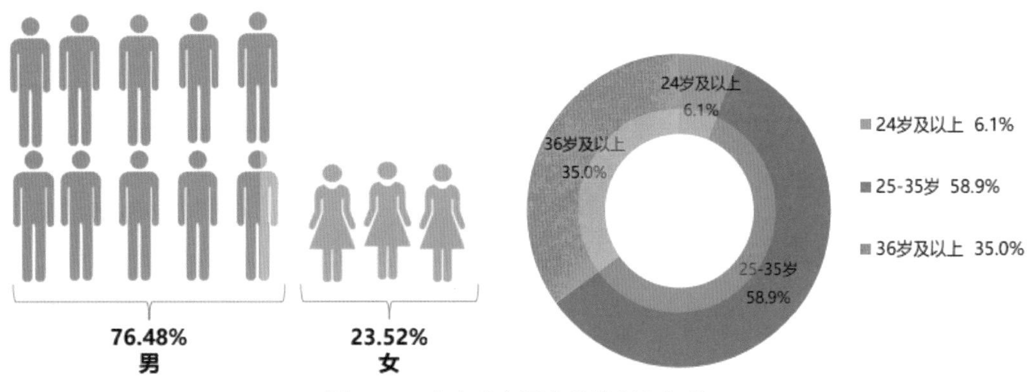

图14-26 意向购车用户的性别和年龄

意向购车用户的学历和职业如图14-27所示。

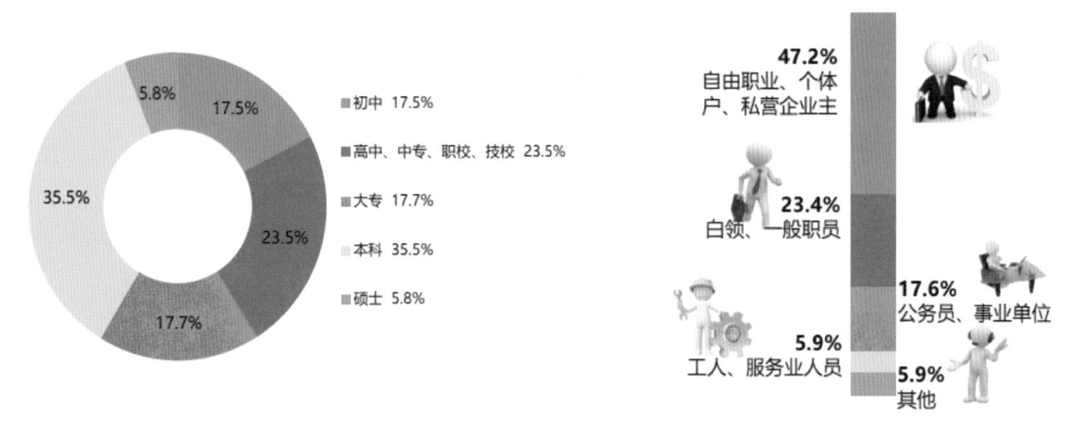

图14-27 意向购车用户的学历和职业

（4）制定可行的落地措施。

综合以上分析，多个部门结合公司实际情况，制定了图14-28的落地措施。

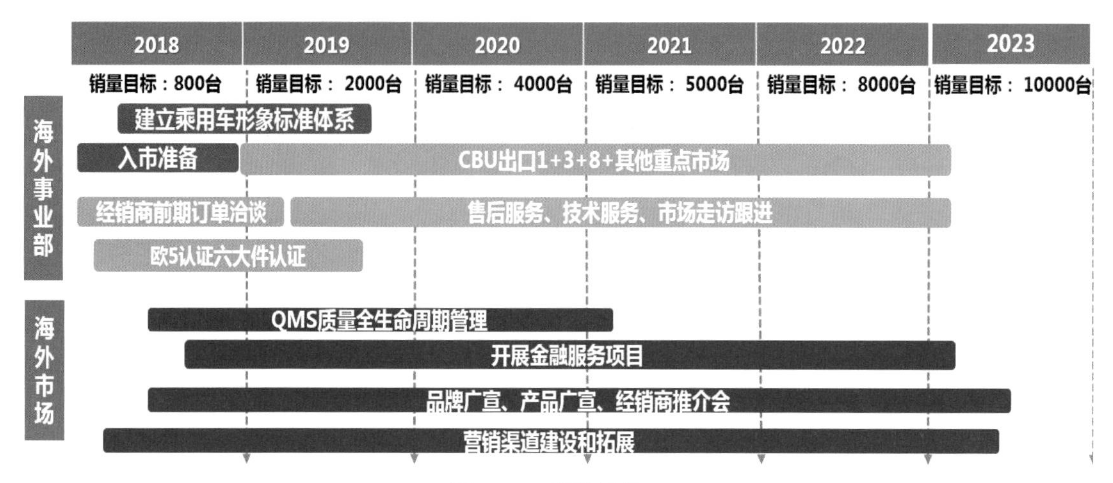

图14-28　落地措施

本章作者介绍

吴桐，目前在汽车行业从事数据分析相关的工作，同时参与编写了本书2.11节漏斗分析方法。

陈旭清，目前就职于吉利汽车研究总院，参与过市场分析、用户画像等方面的项目，设计开发了基于经营业务的数据分析平台。

第15章 零售行业

15.1 业务知识

15.1.1 业务模式

本章的零售行业研究的对象是线下实体店，例如7-11便利店、耐克实体店、线下苏宁易购等。实体店分为直营实体店和联营实体店。直营实体店是公司自己开的店，联营实体店是公司和个人一起合作开的店。实体店的业务流程如图15-1所示。

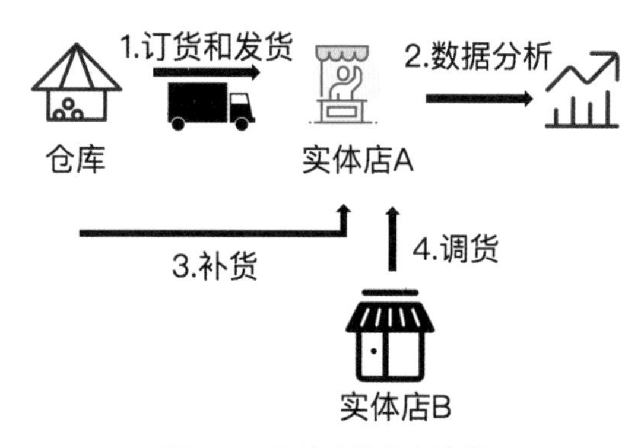

图15-1 实体店的业务流程

（1）订货和发货：根据实体店的销售情况来订货，制定实体店的进货计划，如订货数量、订货金额等。实体店订货后，商品会从总部仓库发货到实体店。

（2）数据分析：实体店的数据分析包括订发欠分析、业绩分析、价格分析、畅滞销分析、库存分析等。

（3）补货：库存不足要进行补货。例如，实体店A一开始订货了50双鞋子，但是到货后销售比预期好，有些鞋子出现了断码，这时候就要进行补货，把库存不足的商品补够。

（4）调货：通过调货来调整商品。例如，表15-1是某款畅销鞋在A实体店和B实体店的库存情况。

表15-1 库存表

实体店	库存尺码明细						
	35	36	37	38	39	40	合计
实体店A		1		1			2
实体店B	1		1				2

从表15-1中可以看出，A实体店的畅销鞋库存只有2双，分别是36码和38码。B实体店的库存同样也只有2双，分别是35码和37码。这时就可以将货品整合在一家实体店销售，例如都整合到A

实体店，这样畅销鞋就有4双，且包含4个码，码全没有断码，这样货品更集中，可以促进销售。

下面详细介绍业务流程中的数据分析部分。

1）订发欠分析

订发欠分析是指订货、发货、欠数分析。订货是订了多少商品；发货是实际发了多少商品；欠数是还有多少商品未发货。欠数=订货数-发货数。通过图15-2的例子可以直观地理解订货、发货、欠数。

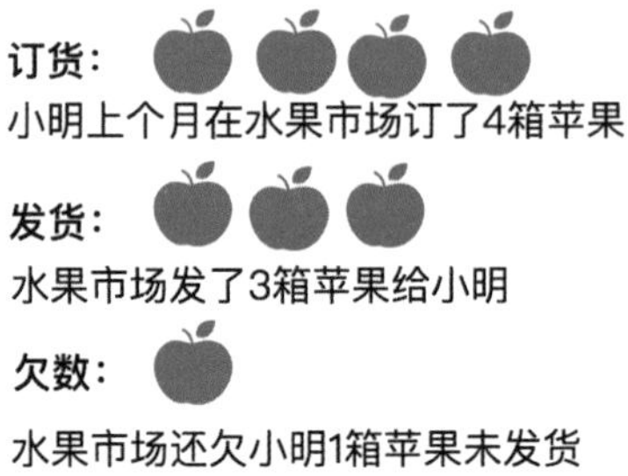

订货：

小明上个月在水果市场订了4箱苹果

发货：

水果市场发了3箱苹果给小明

欠数：

水果市场还欠小明1箱苹果未发货

图15-2 订发欠案例

订发欠分析可以看出各个地区的发货情况，例如，表15-2是北京地区和常熟地区的商品定发欠情况。

表15-2 商品定发欠情况

销售地区	大类	订货数	订单金额（万元）	已发数	已发实际金额（万元）	欠发数	执行率
北京	服装	23366	467.9	3755	66.3	19611	16.07%
北京	配件	3290	10.1	2977	8.7	31	90.49%
北京	鞋子	24656	248.4	3400	37.6	21256	13.79%
北京	合计	51312	726.5	10132	112.5	41180	19.75%
常熟	服装	28478	600.4	15067	303.8	13411	52.91%
常熟	配件	1519	5.0	1492	4.8	27	98.22%
常熟	鞋子	6794	76.4	3878	43.8	2916	57.08%
常熟	合计	36791	681.7	20437	352.4	16354	55.55%

表中的大类指的是商品的分类，可根据不同的属性去分类，这里是根据服装、配件、鞋子来分类。大类下面还可以划分小类，例如鞋子还可以分类为休闲鞋、运动鞋、复古鞋等。执行率=已发数/订货数，通过执行率可以知道订单的执行情况。

从表中可以看出，北京地区大类里的“配件”执行率是90.49%，说明配件发得差不多了，但是服装和鞋子的执行率分别只有16.07%和13.79%，相对于配件来说，服装和鞋子发货情况较差，这时候就要进一步分析服装和鞋子执行率低的原因。如果是因为工厂还没有做好商品，导致仓库没有发货，就要进一步和工厂沟通。如果是工厂有货入到仓库，但是仓库没有发货，就要进一步了解仓库未发货的原因。

2）业绩分析

业绩分析主要是指销售分析，包括结算额分析、目标完成情况分析和同比、环比分析。

表15-3是某实体店1月份1—13日的销售情况。

表15-3 销售情况

实体店	销售数量	结算额（元）	标准金额（元）	本月目标（元）
晋江店	125	15597	60364	90000
石狮店	626	66741	305849	150000
泉州店	666	85091	341052	300000
总计	1417	167429	707265	540000

表中的结算额是用户实际支付的总金额，也就是打完折后的总金额。标准金额就是商品打折之前的售价总和。本月目标是该实体店制定的月度销售额目标。

（1）结算额分析。

单价=$\frac{结算额}{销售数量}$，单价表示平均一件商品用户是花多少钱购买的。

折扣=$\frac{结算额}{标准金额}$，折扣表示平均一件商品用户是几折买到的。

计算并统计各实体店的单价和折扣，如表15-4所示。

表15-4 结算额分析

实体店	数量	结算额（元）	标准金额（元）	本月目标（元）	单价（元）	折扣
晋江店	125	15597	60364	90000	125	0.26
石狮店	626	66741	305849	150000	107	0.22
泉州店	666	85091	341052	300000	128	0.25
总计	1417	167429	707265	540000	118	0.24

通过折扣的高低可以知道该实体店是以销售什么品类为主。一般实体店的活动会按品类来定价，例如鞋服今年的新品是8折，往季商品可能是5折，特价商品可能是1～2折。如果实体店的平均折扣是4折，那基本可以知道这个实体店是以销售特价商品或者打折商品为主。上表里三家实体店的平均折扣都在2.4折，可以看出这三家店也是以销售特价商品为主。通过单价可以看出实体店大致销售的是什么价位的商品。

（2）目标完成情况分析。

上面案例里的数据时间范围是1月份1—13日，这13天的业绩完成了本月目标的多少呢？13天的时间进度又如何呢？业绩是超时间进度还是比时间进度晚呢？

时间进度就是当月已过的天数占当月总天数的比例。 那么目前的时间进度=13（当月已过的天数）/30（当月天数）=43%。

目标完成率=本月累计结算金额/本月目标。例如，晋江店完成金额是15597元，本月目标是90000元，那晋江店的目标完成率=本月累计结算金额（15597）/本月目标（90000）=17%。

差异=目标完成率-时间进度。例如晋江店目标完成率是17%，时间进度已经是43%，那么差异= 目标完成率（17%）-时间进度（42%）=-25%。

本案例的目标完成情况分析如表15-5所示。

表15-5　目标完成情况分析

实体店	数量	结算额（元）	标准金额（元）	单价（元）	折扣	本月目标（元）	本月目标完成情况	时间进度	差异
晋江店	125	15597	60364	125	0.26	90000	17%	42%	-25%
石狮店	626	66741	305849	107	0.22	150000	44%	42%	3%
泉州店	666	85091	341052	128	0.25	300000	28%	42%	-14%
总计	1417	167429	707265	118	0.24	540000	31%	42%	-11%

通过目标完成情况分析可以发现，石狮店本月目标完成了44%，时间进度是42%，石狮店是超进度的，差异是3%，表示超时间进度3%。如果按照目前的进度，完成本月目标应该是没有什么问题，甚至可能超标。

晋江店本月目标只完成了17%，时间进度是42%，差异是-25%，表示落后时间进度25%。这时候就要特别关注晋江店，分析是什么原因导致目标完成率这么低。是实体店在装修，还是竞品折扣更低，还是实体店老员工流失严重等，这些都要去具体和相关人员沟通分析原因。

3）价格分析

价格分析可以看出哪个价格范围的商品比较受欢迎，哪个价格范围的商品不受欢迎。单从业绩分析中只能看出实体店销售得如何，但是具体是哪个价位、折扣的商品销售得好是看不出来的，这时候就要进行价格分析。

例如表15-6是某实体店服装、配件、鞋子一周的价格数据。

表15-6　价格数据

大类	小类	数量	结算额	标准金额（元）	单价（元）	折扣	数量占比	结算额占比
服装	2017—2018年秋冬衣服5折	29	5109	10261	176	0.50	4%	6%
	2017年夏季衣服1件39元	11	429	2229	39	0.19	1%	1%
	2017年夏季衣服3件100元	118	3990	23644	34	0.17	15%	5%
	2018年夏季上衣2件100元	52	2600	8438	50	0.31	7%	3%
	2018年夏季上衣一件60元	7	420	1033	60	0.41	1%	0%
	2018年夏季夏装2件150元	10	750	2500	75	0.30	1%	1%
服装汇总		227	13298	48105	59	0.28	29%	16%
配件	配件5折	27	401	800	15	0.50	3%	0%
配件汇总		27	401	800	15	0.50	3%	0%
鞋	2016年鞋子2双199元	133	13356	74247	100	0.18	17%	16%
	2017年春夏鞋子2双199元	13	1438	7067	111	0.20	2%	2%
	2017年秋冬鞋子2双399元	148	27905	84232	189	0.33	19%	33%
	2018年春夏鞋子5折	36	10119	20414	281	0.50	5%	12%
	2018年秋冬鞋子5折	24	6564	13126	274	0.50	3%	8%
	童鞋99元	54	5346	18906	99	0.28	7%	6%
	样鞋2双100元	119	6472	59500	54	0.11	15%	8%
鞋汇总		527	71200	277492	135	0.26	67%	84%
总计		781	84899	326397	109	0.26	100%	100%

大类分为服装、配件、鞋；小类按照年份+季节+折扣或定价来分类；数量占比是当前分类的销售数量占总的销售数量的比例；结算额占比是当前分类的结算额占总的结算额的比例。

以“大类”里的服装为例，“数量占比”这一列最大的值是15%，说明数据对应的商品（2017年夏季衣服3件100元）最受欢迎。

4）畅滞销分析

畅滞销分析包括畅销分析和滞销分析。畅销分析是分析销售量排在最前面的几个商品；滞销分析是分析销售量排在最后面的几个商品。

一方面，畅滞销分析可以提高订货的准确性，知道什么样的款式好卖，什么样的款式不好卖，在订货的时候对商品能更有把握；另一方面，畅滞销分析能针对畅销款和滞销款的库存，查看周转情况，如果畅销款库存不够，可以进行补货；如果滞销款库存量大，就需要调整商品的陈列或者降价处理。表15-7是三家实体店1月7—13日鞋子的销售排行。

表15-7 销售排行

排名	商品代码	颜色名称	图片	商品年份	季节名称	吊牌价（元）	晋江店	石狮店	泉州店	总计销量
1	XBL990-1M	深灰		2017	春季	589		17	9	26
2	12780541	海军蓝		2017	秋季	479		16	2	18
3	XBL990-2W	紫色		2017	夏季	579		16	1	17
4	12780541	石头灰		2017	秋季	479		14		14
5	XBL5102-6M	深蓝		2016	秋季	599		10		10
6	12730212	海军蓝		2017	秋季	539		9		9

对于畅销的商品，需要看实体店的库存够不够支撑销售，是否需要补货。可以发现前6名畅销商品中，晋江店一个款的销量都没有，这时候就要和该实体店负责人沟通清楚，找到问题发生的原因。

5）库存分析

库存分析的目标是控制有效库存、清理无效库存。库存分析需要先清楚仓库的库存结构，也就是仓库里存放的是哪个年份、哪个季节、什么品类的商品，哪些是有效库存，哪些是无效库存。然后结合销售，看以现在的库存是否能够支撑销售，是否需要补货，或者哪些品类是卖不动的，造成了库存的积压，是否考虑进行促销。例如，表15-8是某实体店的库存情况，该实体店销售的商品是衣服、配件、鞋子。

表15-8 库存情况

<table>
<tr><th>大类名称</th><th>商品年份</th><th>季节名称</th><th>库存数量</th><th>库存金额（元）</th><th>数量占比</th><th>金额占比</th></tr>
<tr><td rowspan="6">服装</td><td rowspan="3">2017年</td><td>夏季</td><td>162</td><td>30398</td><td>6%</td><td>3%</td></tr>
<tr><td>秋季</td><td>177</td><td>61463</td><td>7%</td><td>5%</td></tr>
<tr><td>冬季</td><td>186</td><td>101514</td><td>7%</td><td>9%</td></tr>
<tr><td colspan="2">2017年汇总</td><td>525</td><td>193375</td><td>19%</td><td>17%</td></tr>
<tr><td>2018年</td><td>夏季</td><td>164</td><td>24746</td><td>6%</td><td>2%</td></tr>
<tr><td colspan="2">2018年汇总</td><td>164</td><td>24746</td><td>6%</td><td>2%</td></tr>
</table>

续表

大类名称	商品年份	季节名称	库存数量	库存金额（元）	数量占比	金额占比
服装 汇总			689	218121	25%	19%
配件	2016年	秋季	6	180	0%	0%
		冬季	26	780	1%	0%
		四季	14	1593	1%	0%
	2016年汇总		46	2553	2%	0%
	2017年	春季	4	100	0%	0%
	2017年汇总		4	100	0%	0%
	2018年	夏季	22	616	1%	0%
		秋季	17	476	1%	0%
	2018年汇总		39	1092	1%	0%
配件 汇总			89	3745	3%	0%
鞋子	2014年	四季	5	2395	0%	0%
	2014年汇总		5	2395	0%	0%
	2015年	春季	22	10858	1%	1%
		春夏季	2	1078	0%	0%
	2015年汇总		24	11936	1%	1%
	2016年	春季	37	20223	1%	2%
		夏季	3	1737	0%	0%
		春夏季	97	53963	4%	5%
		秋季	485	272855	18%	24%
		秋冬季	4	1916	0%	0%
		四季	620	229844	23%	20%
	2016年汇总		1246	580538	46%	50%
	2017年	夏季	115	49675	4%	4%
		秋季	38	15822	1%	1%
		秋冬季	340	179700	13%	16%
	2017年汇总		493	245197	18%	21%
	2018年	春季	69	33991	3%	3%
		夏季	18	6492	1%	1%
		春夏季	6	3114	0%	0%
		秋季	46	25134	2%	2%
		秋冬季	31	19529	1%	2%
	2018年汇总		170	88260	6%	8%
鞋子 汇总			1938	928326	71%	81%
总计			2716	1150192	100%	100%

表中先根据大类分为服装、配件、鞋子，然后又根据商品年份和季节分类。做好分类后，再分析每个类别的库存数量、库存金额、数量占比、金额占比等。

数量占比=当前品类的库存数量/全品类的库存数量。例如，2017年夏季服装的库存数量是

162，所有品类总的库存量是2716，那2017年夏季服装的库存数量占比就是162/2716=6%。

金额占比=当前品类的库存金额/总的金额。例如，2017年夏季鞋子的库存金额是49674元，总库存金额是1150192元，那2017年夏季鞋子的库存金额占比就是49674/1150192=4%。

对于无效库存要想办法进行清理。例如一次性以比较低的价格卖给收购该商品的机构。

对于有效库存，在满足现有销售的情况下要把库存降到最低，避免因库存太多积压大批资金，从而影响资金周转。例如表15-8中2016年库存的鞋子还有1246双，比2017年的库存493双还多，说明该实体店是以清理库存为主，不然如果是正常正价销售的实体店，那2016年的商品就太多了，就要想尽办法通过低折扣或者特价的方式尽快销售这些商品。

15.1.2　业务指标

下面分别从销售、库存、运营、财务这4个维度介绍零售行业的业务指标。

1）销售指标

销售指标包括完成率、退货率、折扣率（图15-3）。

图15-3　销售指标

（1）完成率。

完成率=实际销售额/目标销售额，用于表示完成目标的程度。

例如，某实体店制定的年度销售目标为1000万元，到年底会对年初的销售目标完成情况进行分析。年底的实际销售额是900万元，那么该年度销售完成率=实际销售额（900）/目标销售额（1000）=90%。

（2）退货率。

用户购买商品后，会因质量等问题而退货。如果退货率过高不但会增加实体店的经营成本，也会给管理带来诸多的不便。所以，日常管理过程中需要对退货率重点关注，并对用户退货的原因进行分析。

退货率=退货商品数/商品销售数。例如，某实体店在4月份销售成交100单，成功退货10单，那么4月份的退货率=退货商品数（10）/商品销售数（100）=10%。

（3）折扣率。

折扣率=优惠金额/售价。例如，一款衣服售价是100元，现在活动促销打八折（售价的80%），也就是这款衣服可以优惠20元，那么这款衣服的折扣率=优惠金额（20）/售价（100）=20%。

折扣率通常用于实体店活动期间的销售业绩分析。通过动态地调整活动期间的折扣率，也就是打折的程度，可以找到一个既能吸引用户购买，又能保证实体店利润的平衡点。

2）库存指标

库存指标包括库龄、周转率、周转天数、存销比（图15-4）。

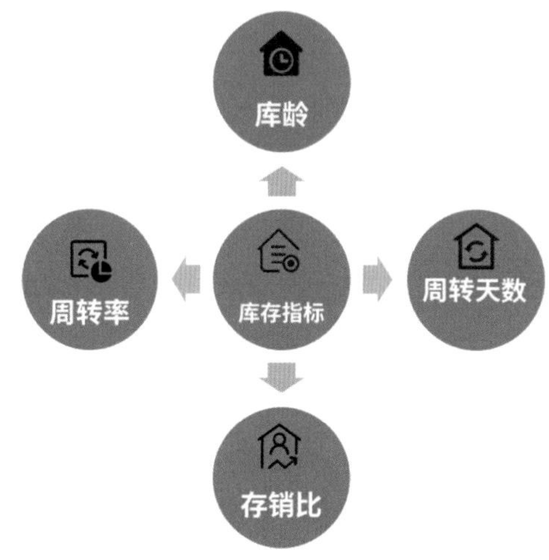

图15-4 库存指标

（1）库龄。

某个商品的库龄是指该商品在仓库存放了多长时间，也就是该商品从开始放入仓库的时间到当前统计时间的时间间隔。

例如，采购部门从供货商采购一款电视机，订单数量为50台，要求在2020年9月20日配送。供货商按订单数量如期在9月20日将商品配送至仓库。到10月1日这款电视机没有销售，此时实体店进行仓库商品盘点，统计仓库中这50台电视机的库龄为11天（从配送至仓库的时间9月20日到统计的时间10月1日）。

为加快库存周转速度，提高资金使用效率，使库存结构趋于合理，实体店会对不同种类的商品制定出商品库龄。例如家电商品一般库龄不允许大于240天。通过对仓库中商品库龄进行分析，可以指导采购部门进行合理优化商品结构，提高实体店资金的利用率。

（2）周转率。

周转率=销售数量/平均库存，其中平均库存=（期初库存+期末库存）/2。期初库存是商品开始放入仓库的数量，期末库存是商品在当前统计时间的库存数量。

例如，2020年10月1日采购入库的50台电视机，在10月份销售出30台。在11月1日公司对仓库里的该商品进行盘点，剩余数量为20台。那么，这款电视机10月份的平均库存=（期初库存50+期末库存20）/2=35台，库存周转率=销售数量（30）/平均库存（35）=0.86。

因为实体店的利润是在投入资金、采购商品、销售商品、回笼资金（收回资金）的现金流中产生的（图15-5），如果在现金流中销售商品环节的速度加快，也就是提高库存的周转率，最终也会提高实体店现金流循环速度，减少资金占用成本，这样实体店的收益才可能高。

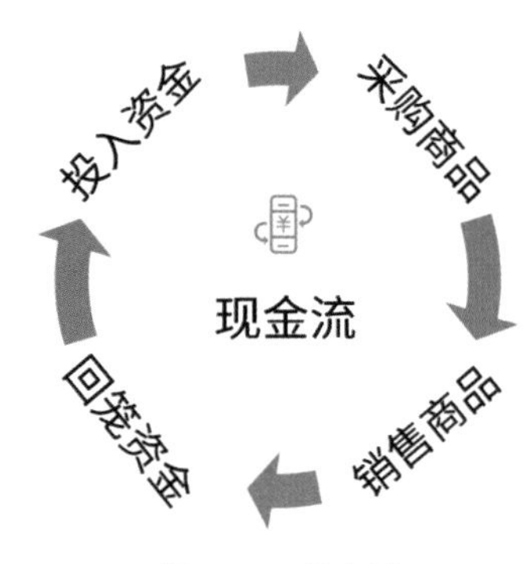

图15-5　现金流

（3）周转天数。

周转天数= 分析周期天数/库存周转率，表示从商品入库到销售出去所经历的天数。如果分析的是年度周转天数，那么分析周期天数是365天（1年有365天）；如果分析的是月度周转天数，那么分析周期天数是30天（1个月有30天）。

接上面库存周转率的例子， 10月份该款电视机的库存周转天数=分析周期天数（30）/库存周转率（0.86）=34.89天。

库存周转天数越短，库存的占用水平越低、流动性越高，库存转换为现金、应收账款等的速度越快。某些电商平台从进货到卖出需要的周转天数是30天左右，而大部分实体店要1～2个月。

（4）存销比。

存销比也称为库销比，存销比 =库存数/销售数，表示按目前的销售速度，剩下的库存需要多久才能销售完。存销比过高说明商品库存总量或者库存的结构占比不合理，存销比过低意味着商品的库存不足。

例如，某款衣服近15天的销量是20件，库存还有600件，那这款衣服近15天的存销比=库存数（600）/销售数（20）=30，表示还要30个15天该商品可以销售完。

3）运营指标

运营指标包括坪效、SKU、动销比、售罄率、订单执行率（图15-6）。

图15-6　运营指标

（1）坪效。

坪效=销售额/实体店的经营面积，表示实体店每平方米经营面积产生的销售额。经营面积是指实体店建筑面积扣除消防梯、电梯、卫生间及设备间等剩余用于经营的实际面积。

坪效通常用来衡量实体店的经营效益，也就是实体店通过销售商品所带来的收益。坪效越大，说明实体店的经营效益越高。实体店中不同位置的坪效也是不一样的，如一楼入口通道旁的区域因客流大最吸引用户的目光，商品销售成交的概率最大，所以坪效通常是最高。此处区域为实体店的“黄金位置”，通常放置的都是毛利最高的商品。可以通过坪效分析为实体店商品品类调整提供数据依据，最大化提升经营效益。

（2）SKU。

为标识某一款商品，商家制定的内部编号是款号。具体一款商品有可能会有多个SKU（Stock Keeping Unit，库存量单位），表示某款商品（款号）的规格、颜色、配置或者款式等。

例如，苹果手机中iPhone 8的款号是123，iPhone 9的款号是124。iPhone 8有3个SKU，分别是黑色的iPhone 8、白色的iPhone 8、红色的iPhone 8。 iPhone 9有2个SKU，分别是黑色的iPhone 9、白色的iPhone 9（表15-9）。

表15-9　商品数据

款号	商品名称	颜色名称
123	iPhone 8	黑色
	iPhone 8	白色
	iPhone 8	红色
124	iPhone 9	黑色
	iPhone 9	白色

通常实体店计算SKU数是通过分析店内有几个高柜（一般是指靠墙而立的柜子）、几个中岛（实体店中间摆放的柜子），以及每个高柜、中岛可以陈列多少个SKU（图15-7）。

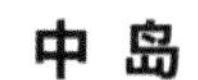

图15-7　高柜与中岛

例如，实体店中某商品在高柜中可陈列20个SKU，中岛可以陈列10个SKU，店内有1个高柜、1个中岛，那么该商品在实体店中总的SKU数=1个高柜可陈列的SKU（20）×高柜数（1）+

1个中岛可陈列的SKU（10）×中岛数（1）=30。

（3）动销比。

动销比=有销售的SKU数/总的SKU数。动销比看的就是有产生销售的SKU的比率，一般用于新品上市期间的分析。例如，夏季新品刚刚上市的时候，A实体店和B实体店商圈定位一样，实体店销售业绩也不相上下，而且都上市了包含25个SKU的一款商品，上市的商品一模一样。但是A实体店从上市以来，有产生销售的SKU数是10，而B实体店从上市以来，有产生销售的SKU数只有5。下面我们来分别计算这款商品在A实体店和B实体店的动销比。

$$\text{A实体店的动销比}=\frac{10\left(\text{有产生销售的SKU数}\right)}{25\left(\text{总的新品上市的SKU数}\right)}=0.4$$

$$\text{B实体店的动销比}=\frac{5\left(\text{有产生销售的SKU数}\right)}{25\left(\text{总的新品上市的SKU数}\right)}=0.2$$

通过以上计算结果可知B实体店的动销比比A实体店差，这时候就可以进一步去分析为什么B实体店有的新品没有产生销售。

（4）售罄率。

售罄率 =销售数/进货数。售罄率根据销售周期的不一样，一般可分为周售罄率、月售罄率、季售罄率等。售罄率表示商品库存的消化速度，售罄率高表示商品销售好，库存低；售罄率低表示商品销售差，库存高。

例如，某款衣服最近一个月的销售数是200件，一个月内进货数是300件，那么这款衣服的月售罄率=销售数（200）/进货数（300）=0.67。

（5）订单执行率。

订单执行率=已发数量/订货数量，表示订单的执行情况。

例如，某实体店的订货数量是200件，已发数量是100件，那么这家实体店的订单执行率=已发数量（100）/订货数量（200）=50%。

4）财务指标

财务指标有费率比、毛利率、净利率，如图15-8所示。

图15-8　财务指标

（1）费率比。

费率比=投入的费用/产生的销售额。例如，某实体店在2020年的“五一促销活动”期间投入营销费用10万元，活动期间实现销售额800万元。那么活动的费率比=投入的费用（10）/产生的销售额（800）=1.25%。

（2）毛利率。

毛利率=毛利润/销售额。毛利润=销售额-销售成本，表示商品的盈利能力。

例如，一件衣服的进货价格是100元，销售价格为500元。为便于理解，假设只有采购进货成本，没有产生额外的营销、人员和物流等其他成本，那么这件衣服的毛利润=销售额（500）-销售成本（100）=400元，毛利率=毛利润（400）/销售额（500）=0.8。毛利率为0.8，表示每卖出100元的东西，就可以赚80元。

（3）净利率。

净利率=净利润/销售额。净利润和毛利润有什么区别呢？

因为实体店在销售过程中会发生很多的费用，如税收、管理费、差旅费、人员工资、餐费、房租费、水电费等，这些费用需要核算到实体店的成本中。毛利润扣除这些费用后，剩下的部分就称为实体店的净利润。

零售行业的业务指标如图15-9所示。

图15-9　零售行业的业务指标

15.2　案例分析

实体店常用的分析方法是人货场分析方法，人货场分析方法是从人、货、场这三个维度去分析实体店业绩增长或者降低的原因。

（1）“人”的分析包括员工和用户。例如，某实体店最近一周的业绩下降了。

①从员工的维度出发，可以从新老员工占比来分析。例如老员工流失太多，新员工太多，新员工不熟悉业务，导致业绩下降。

②从用户的维度出发，可以从新老用户占比来分析。例如新用户最近没有增长，或者老用户的复购率不高，导致业绩下降。

（2）“货”的分析可以从以下几个方面进行。

①畅滞销分布。例如连锁店排行前20的商品，实体店A目前一个都没有。而滞销商品却很多，那就需要对商品重新整合，多配一些畅销商品，少配一些滞销商品。

②新品分布。例如实体店A是以正价销售为主的实体店，也就是不打折扣也能卖出去商品。但是实体店A的老品多，新品少，那用户进来一看没有什么新款，也是不会进行购买的。新老品的比率要跟实体店的定位一致，如果是正价实体店，那新品的比例要超过老品的比例；如果是特价店，则老品的比例要超过新品的比例。

（3）“场”的分析可以从以下几个方面进行。

①实体店的陈列。例如有些实体店新品刚刚上市的时候，动销比很差，可能就是因为实体店没有及时把新品陈列出来，导致新品没有销售。

②竞品活动力度。例如同样是新品销售，竞品可能已经在打7折了，但是你的实体店还在打9折，这样折扣力度就不如竞品，销售也会有所影响。

需要注意的是，人货场分析方法提供了分析的维度，具体分析要结合第2章介绍的分析方法来进行。下面通过一个案例，看下如何使用人货场分析方法。

泉州店1月1—13日对比去年同期销售下降了52%，具体指标如表15-10所示，如何分析业绩下降的原因？

表15-10 销售数据

实体店	本月指标完成情况					去年同期					同比增幅情况	
	销售数量	结算额（元）	标准金额（元）	单价（元）	折扣	销售数量	结算额（元）	标准金额（元）	单价（元）	折扣	数量	结算额
泉州店	666	85091	341052	128	0.25	1207	176876	582623	147	0.30	−45%	−52%

1）明确问题

使用人货场分析方法，从以下几个方面来展开分析：

（1）人的维度：新老员工占比、客单量、客单价、老用户复购情况。

（2）货的维度：畅滞销分布、新品分布。

（3）场的维度：实体店陈列、竞品活动力度如何。

2）分析原因

（1）人的维度。

①新老员工占比。

通过实地考察泉州实体店，发现实体店人员只有5人，计划招聘人员是7人，人员不足。这5个人中，其中一个是店长、一个是老员工，另外三个都是新员工，新员工对销售不熟悉，对实体店库存摆放也不熟悉。

②客单量、客单价。

客单量=销售数量/成交单数，客单价=结算额/成交单数，泉州店1月1—13日以及去年同期的客单量和客单价，如表15-11所示。

表15-11 销售数据

实体店	1月1—13日					去年同期					同比增幅情况	
	销售数量	成交单数	结算额（元）	客单量	客单价（元）	销售数量	成交单数	结算额（元）	客单量	客单价（元）	客单量	客单价
泉州店	666	445	85091	1.5	191	1207	502	176876	2.4	352	-38%	-46%

从表中可以发现，对比去年同期，泉州店1月1—13日的客单量和客单价均下降。

③老用户复购情况

老用户是指办理了该店VIP卡的用户。老用户结算额占比=老用户结算额/总结算额，泉州店1月1—13日以及去年同期的老用户结算额占比，如表15-12所示。

表15-12 销售数据

实体店	1月1—13日			去年同期			同比增幅情况
	老用户结算额（元）	总结算额（元）	老用户结算额占比	老用户结算额（元）	总结算额（元）	老用户结算额占比	老用户结算额
泉州店	6807	85091	8%	35375	176876	20%	-81%

从表中可以发现，对比去年同期，泉州店1月1—13日的老用户结算额下降了81%，说明老用户复购下降。

（2）货的维度。

①畅滞销分布。

用该连锁实体店前20的畅销商品来匹配泉州店的库存，如表15-13所示。

表15-13 库存数据

货号	35	36	37	38	39	40	41	42	43	44	合计	备注
畅销款1	1	2	10	7	2	8					30	库存足
畅销款2	1	2	6	13	2	1					25	库存足
畅销款3	4	6	5	4	4						23	库存足
畅销款4					1	6	5	2	8	2	24	库存足
畅销款5					4	6	3	2	4		19	库存足
畅销款6					2	6	5	2	4		19	库存足
畅销款7		1	3	6	4	4					18	库存足

续表

货号	35	36	37	38	39	40	41	42	43	44	合计	备注
畅销款8					3	3	6	2	4		18	库存足
畅销款11					2		3		1		6	断码
畅销款12						3					3	断码
畅销款14					1	2		2			5	断码
畅销款15						3		5			8	断码
畅销款17	1		1								2	断码
畅销款18	2		1		2						5	断码
畅销款19					1	1		2	2		6	断码
畅销款9												没有配货
畅销款10												没有配货
畅销款13												没有配货
畅销款16												没有配货
畅销款20												没有配货

从表中可以发现，泉州店只有8个畅销款有足够库存可以支撑销售。有7个畅销款断码严重，这7个畅销款就要补足货品，看下仓库是否有货，可以进行补货，或者从其他实体店调货。有5个畅销款泉州实体店没有配货，需要从仓库发货或者从其他销售差的实体店调货到泉州店。

用该连锁实体店前20的滞销商品来匹配泉州店库存，发现泉州店有18个滞销款有货，且存销比都很高。滞销款要想办法进行清仓，例如打折出售。

②新品分布。

和实体店进一步沟通发现，泉州店的定位是正价店，但是新品SKU到店不足，新品只有53个SKU，老品有87个SKU。新品销售占比只有24%。

（3）场的维度。

①实体店的陈列。

该实体店没有按照公司的统一陈列要求，新品没有摆放在主动线上，反而摆放在次动线上。

②竞品活动力度。

泉州店做买一送一的时候，竞品在做买一送二。竞品活动力度比泉州店大，且开始时间比泉州店早，竞品的活动对泉州店有一定的影响。

3）提出建议

根据上面的分析，提出以下建议：

（1）泉州店需要尽快招人，并且做好员工的培训，包括对货品的卖点、价位的熟悉。在没招到人之前，可以从其他实体店调优秀员工到泉州店进行支持。

（2）做好老用户关系的维护，例如做促销活动时发短信通知。

（3）对泉州店进行货品补充及货品整合，着重针对畅销款和新品进行补货。对滞销商品且存销比高的，进行降价处理。

（4）实体店的陈列要按公司统一要求进行，要求实体店每月进行一次陈列调整，并发陈列图片给公司。

（5）关注竞品的活动，对泉州店的活动进行优化。

本章作者介绍

蔡婉芳，目前在零售行业从事数据分析相关的工作。

岳航运，有多年零售行业工作经验，目前在某家电连锁公司从事数据分析以及相关管理工作。同时参与编写了本书第3章“用数据分析解决问题”中的分析案例。

附录　常见的业务面试题

求职中常见的面试题是给一组数据，让你分析数据下降的原因是什么，并提出改进的建议。遇到这类问题怎么办呢？可以参考本书第3章的内容。下面是一些具体题目以及答案位置，掌握这些内容，将数据分析解决问题的过程灵活应用，就可以应对这类问题。

1. 工作中常用的指标有哪些？

答案见1.2节“常用的指标有哪些？”。

2. 如何建立指标体系？

答案见1.4节“指标体系和报表”。

3. 常用的分析方法有哪些？

答案见第2章“分析方法”。

4. 某产品提供的是贷款期限为7天的短期小贷服务。在产品发放过程中，风控部门调整了风控策略。如何检验风控策略是否有效？

答案见2.8节“群组分析方法”。

5. 某线上店铺本周的销量降低严重，环比降低32%，从上周的1000单掉到了680单，那么是中间哪个业务环节出了问题？如何改善这种情况？

答案见2.11节“漏斗分析方法”。

6. 如何用数据分析解决问题？

答案见第3章“用数据分析解决问题”。

7. 某店铺上半年完成的利润与年初制定的目标还有很大差距，如果按目前销售进度，到年底是没有办法完成全年目标的。如何找到利润没有达到目标的原因，并拿出能完成年度目标的方案？

答案见3.3节“如何分析原因？”。

8. “双11”结束后，某店铺KPI未达成。经过初步分析，11月11日首次交易的新用户数量可观，KPI缺口可能与已购用户销售表现不佳有关。如何找到问题的原因，并给出改进建议？

答案见4.2.1节“回购率下降分析”。

9. 电商如何做活动复盘？

答案见4.2.2节“如何做好活动复盘？”。

10. 某店铺因为及时送达率没有达标，会员活动效果不佳。如何分析活动效果不佳的原因，并找到问题的责任所在？

答案见5.2.1节“会员分析”。

11. 广告数据如何分析？

答案见5.2.2节“广告分析”。

12. 客续贷是用户在某公司已借过款，且已还款期数≥6期的用户再次借款的产品，该产品放款期限为12个月。通过和同期的其他产品比较发现，客续贷产品的逾期率比其他产品高约2%。进一步和相关人员沟通后，测算该产品的最终逾期率会达到9.5%左右，严重偏离产品设计之初设定的5.2%的坏账计提比例，会导致该产品出现极大的亏损风险。如何分析该产品逾期率高的原因？

答案见6.2.1节“逾期分析”。

13. 现在有这样一批放款用户数据，逾期率很高，达到了29.66%，如何通过数据分析制定风控策略，从而降低逾期率？

答案6.2.2节“如何制定风控策略？”。

14. 某第三方支付公司发现成都最近两周交易笔数有明显下降，如何找到下降原因，并提出对应的解决方案？

答案见7.2节“案例分析”。

15. 某家政平台发现上海地区的净增服务提供方较多，但利润率较低，如何分析原因？

答案见8.2节“案例分析”。

16. 某旅游公司，领导希望看看投诉对用户下一年复购的影响，如何展开分析？

答案见9.2节“案例分析”。

17. 某在线教育平台在对用户进行盘点时发现，用户运营过于粗放，没能做到用户分类运营。如何在新的一年里对不同的用户进行有针对性的营销？

答案见10.2节“案例分析”。

18. 某运营商推出了一个办套餐送视频会员的活动，但是外呼渗透率一直下降，如何分析

原因？

答案见11.2节“案例分析”。

19. 某问答平台的“问答”功能在开学季过去后，回答量有所回升，日均回答量为12万～13万条，但仍然没有恢复到8月末之前的水平。如何找出回答量下降的原因？

答案见12.2.1节“回答量下滑分析”。

20. 运营人员需要知道某App首页用户的构成和活跃状态，以便有针对性地对首页用户采取一些运营策略。如何对首页用户进行分类呢？

答案见12.2.2 节“用户分类”。

21. 某房产中介停止购买了房产平台的付费增值功能，如何通过数据分析证明，房产平台的付费增值功能可以更好地促进房产中介的业务呢？

答案见13.2节“案例分析”。

22. 如何进行市场分析？如何进行竞品分析？

答案见14.2节“案例分析”。

23. 某实体店对比去年同期销售额下降了52%，如何分析业绩下降的原因？

答案见15.2节“案例分析”。

参考文献

[1] 查尔斯·惠伦. 赤裸裸的统计学[M]. 曹槟，译. 北京：中信出版社，2013.

[2] 加里·史密斯. 简单统计学：如何轻松识破一本正经的胡说八道[M]. 刘清山，译. 南昌：江西人民出版社，2018.

[3] 史蒂芬·列维特，史蒂芬·都伯纳. 魔鬼经济学[M]. 王晓鹂，译. 北京：中信出版社，2016.

[4] 阿利斯泰尔·克罗尔，本杰明·尤科维奇. 精益数据分析[M]. 韩知白，王鹤达，译. 北京：人民邮电出版社，2015.

[5] 肖恩·埃利斯，摩根·布朗. 增长黑客[M]. 张溪梦，译. 北京：中信出版社，2018.

[6] 马尔科姆·格拉德威尔. 引爆点：如何引发流行[M]. 钱清，覃爱冬，译. 北京：中信出版社，2014.